高职高专经济类与管理类规划教材

经 济 数 学

（第二版）

主　编　金慧萍

副主编　陈沛森　罗晓芳　王联荣

　　　　潘　媛　吴金勇　张胜兵

ZHEJIANG UNIVERSITY PRESS

浙江大学出版社

图书在版编目(CIP)数据

经济数学/金慧萍主编. —杭州:浙江大学出版社,2011.6(2024.12 重印)
 ISBN 978-7-308-08620-2

Ⅰ.①经… Ⅱ.①金… Ⅲ.①经济数学 Ⅳ.①F224.0

中国版本图书馆 CIP 数据核字(2011)第 071172 号

为了便于教师教学,凡以本书为教材的教师,可向浙江大学出版社责任编辑免费索取全部习题解答(电子版)。
电话:0571-88925938,E-mail:shigh888888@163.com

经济数学

金慧萍　主编

责任编辑	石国华
封面设计	刘依群
出版发行	浙江大学出版社
	(杭州市天目山路 148 号　邮政编码 310007)
	(网址:http://www.zjupress.com)
排　版	杭州星云光电图文制作有限公司
印　刷	广东虎彩云印刷有限公司绍兴分公司
开　本	787mm×1092mm　1/16
印　张	19.25
字　数	468 千
版 印 次	2013 年 12 月第 2 版　2024 年 12 月第 13 次印刷
书　号	ISBN 978-7-308-08620-2
定　价	55.00 元

版权所有　翻印必究　印装差错　负责调换

前　言

　　经济数学从狭义上讲就是高职院校经济类与管理类专业的高等数学,它是一门公共基础课程,也是培养经济类与管理类专门人才的重要课程之一。经济数学为读者学习相关专业课程和解决实际问题提供了必不可少的数学知识和数学方法,有助于培养读者的概括能力、推理能力、创新能力及解决实际问题的能力。学习经济数学,除了提高读者自身素质,为终身学习打好一定基础外,还有一个重要的目的就是应用经济数学为实际服务。

　　本教材共分十一章,内容包括函数、极限与连续,导数、微分及应用,不定积分、定积分及应用,微分方程及应用,多元函数的微分学,无穷级数,线性代数及应用,概率统计初步,Matlab 数学实验简介等(标有"＊"号的内容为选学内容)。教材中每一章都配有知识结构导图、本章小结、每节习题及每章综合练习等,方便读者的学习。本教材具有以下特点:

　　1.理论知识,够用为度。注重思想的起源与发展,淡化理论的论证与推理,却不失知识的系统性和连贯性,让读者形成良好的思维品质。

　　2.知识处理,联系实际。为了避免因数学知识的抽象枯燥而影响学习数学的兴趣,在数学知识的处理上,遵循"问题引入→产生数学→解决问题"的思路,体现数学知识来自于实际。

　　3.例子选取,结合专业。为了提高读者学习相关专业课程能力和解决实际问题能力,在例子选取上,结合实际,结合专业,突出经济应用。

　　另外,渗入数学家故事及数学史的阅读材料,以便培养读者热爱数学,并得到意志品质的熏陶;引入数学软件,解决繁琐的计算与作图,极大地提高了读者利用计算机求解数学模型的能力。

　　参加本教材编写工作的有金慧萍、陈沛森、罗晓芳、王联荣、潘媛、吴金勇、张胜兵等七位同志,其中陈沛森负责第一、二、三章,金慧萍负责第四、五、六章,潘媛负责第八、九、十章,吴金勇负责第七、十一章,罗晓芳参与第二、三章部分内容的编写,王联荣参与第四、五章部分内容的编写,张胜兵参与第八章部分内容的编写,金慧萍负责本教材的框架、结构及安排,金慧萍和陈沛森还承担了本教材的全部审稿工作。《经济数学》课程为 2010 年度浙江省高等学校省级精品课程建设项目。

　　限于编者水平,同时编写时间较仓促,书中难免存在不妥之处,希望读者批评指正。

编　者

目　　录

第1章　　函数、极限与连续

本章知识结构导图

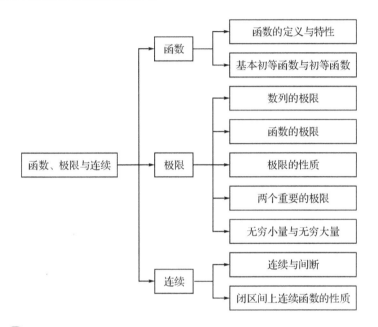

阅读材料 ▶READ 美丽的数学

中国古代著名哲学家庄子说:"判天地之美,析万物之理."这是学习与研究数学的指导思想和最高美学原则.

古希腊柏拉图派的领军人物,哲学家、评论家普洛克拉斯(Proclus,410—485)指出:"数学是这样一种东西:她提醒你有无形的灵魂,她赋予她所发现的真理以生命;她唤醒心神,澄净智慧;她给我们的内心思想添辉;她涤尽我们有生以来的蒙昧与无知.""哪里有数,哪里就有美."

数学追求的目标是,从混沌中找出秩序,使经验升华为规律,将复杂还原为基本.所有这些都是美的标志,美是真理的光辉.那么,什么是美呢?美有两条标准:一、"一切绝妙的美都显示出奇异的均衡关系"(培根);二、"美是各部分之间以及各部分与整体之间固有的和谐"(海森堡).

数学的美具体表现在:简单、对称、和谐、统一、普遍、典型、完备和奇异等.数学中的对称美是很明显的,如一切平面图形中最为完美的对称是圆形,一切立体图形中最为完美的对称是球形,再如 $11 \times 11 = 121, 111 \times 111 = 12321, 1111 \times 1111 = 1234321, \cdots$,无不体现出对称的美妙.同时数学又是相当和谐简洁的,如出身大不相同又十分重要的五个数 $0,1,\pi,e,i$ 能和谐共处在一个简洁的等式中,即欧拉公式 $e^{\pi i}+1=0$.从数的产生到数量关系的形成,再到各种演算的法则,无不体现着数学的一种平衡和谐的美.正数与负数、实数与复数、从平面上的圆方程 $(x-a)^2+(y-b)^2=R^2$ 到空间的球面方程 $(x-a)^2+(y-b)^2+(z-c)^2=R^2$ 等等,都具有一种形式上的美.加与减、乘与除、乘方与开方、函数与反函数,那是数学内在的平衡的美.正因为数学具有这种形式到内容美的品质,才使她发展得如此完善,并成为"科学的大门和钥匙". —— 培根(R. Bacon,美国哲学家、科学家和教育改革家)

1.1 预备知识

这里我们将对集合、实数集、区间与邻域等作一简单介绍.并鉴于初学者在学习本课程前所掌握的初等数学的差异,我们还适当地介绍或复习初等数学中的一些重要结果和公式,供学习者选用.

1.1.1 集 合

集合是数学中一个基本的概念,我们可通过例子来理解它.某一个教室里的学生构成一个集合;太阳及围绕太阳运动的星体构成集合,称为太阳系;所有有理数构成集合,称为有理数集;全体实数也构成一个集合,称为实数集,等等.

一般地,集合(简称集)就是具有某种属性的事物的全体.集合一般用大写字母 $A,B,C,\cdots$ 来记,而组成这个集合的事物称为该集合的元素,一般用小写字母 $a,b,c,\cdots$ 来记.

事物 a 是集合 A 的元素记作 $a\in A$(读作 a 属于 A);

事物 a 不是集合 A 的元素记作 $a\notin A$(读作 a 不属于 A).

很显然,事物 a 与集合 A 的关系是:要么 $a\in A$,要么 $a\notin A$.

集合一般有两种表示法,即列举法和描述法.所谓列举法就是集合中的所有元素都一一列出来的方法,而描述法就是通过给出元素的特性来表示集合的方法.

例如,由 $2,4,6,8,10$ 五个数所构成的集合 A,用列举法表示为 $A=\{2,4,6,8,10\}$,而用描述法表示为 $A=\{2n\mid n\leqslant 5,n\in \mathbf{Z}^+\}$;又例如,满足方程 $x^2+4x+3=0$ 的全体根的集合 A,用列举法表示为 $A=\{-1,-3\}$,用描述法表示为 $A=\{x\mid x^2+4x+3=0\}$.

由此可见,一个集合可以有不同的表示法,即集合的表示法不是唯一的.

只含有一个元素的集合也叫单元集;不含有任何元素的集合叫空集,记为 $\varnothing$.

$A=\{1,2,3,4,5\}$ 与 $B=\{1,2,3,4,5,6,7,8,9\}$.

可以看出 A 中的每一个元素都是 B 中的元素,我们称 A 为 B 的子集,并记作 $A\subset B$.

设 A,B 是两个集合,如果 $A\subset B$ 且 $B\subset A$,则称 A 与 B 相等,记作 $A=B$.很明显,两个集合只有含相同元素时才相等.

设集合 A,B,C,如果 $x\in C$,有 $x\in A$ 或 $x\in B$,则称 C 为 A 与 B 的并集,记为: $C=A\bigcup B$,显然有 $A\subset C$ 且 $B\subset C$.例如 $\{1,2,3\}\bigcup\{1,2,4,5\}=\{1,2,3,4,5\}$.

设集合 A,B,C,如果 $x\in C$,有 $x\in A$ 且 $x\in B$,则称 C 为 A 与 B 的交集,记为: $C=A\bigcap B$,可以看出 C 是由 A,B 的公共元素所构成的,显然有 $C\subset A$ 且 $C\subset B$.例如 $\{1,2,3\}\bigcap\{1,2,4,5\}=\{1,2\}$.

【例 1.1】 设集合 $A=\{0,1,2\}$,试求 A 的所有子集.

【解】　A 的子集有 2^3 个,即 $\varnothing$,$\{0\}$,$\{1\}$,$\{2\}$,$\{0,1\}$,$\{0,2\}$,$\{1,2\}$,$\{0,1,2\}$.

特别要注意,在考虑集合 A 的所有子集时不要漏掉集合 A 本身和空集 $\varnothing$.

1.1.2　实数集

经济数学这门课程主要是在实数范围之内讨论问题的,因此对于实数或实数集必须有比较清晰的认识. 在这里我们将对此作一简单的介绍.

人们对实数的认识是逐步发展的,首先是自然数 $0,1,2,3,4,\cdots$ 其全体记为 **N**,并称之为自然数集.随着客观事物的发展,从自然数集扩充到有理数集,任一有理数都可以表示成 $\dfrac{p}{q}$(p,q 为整数,且 $q\neq 0$),用 **Q** 来表示有理数集. 显然有理数集的引进解决了许多实际问题,但对如何表示方程 $x^2=2$ 的根这一问题却无能为力. 前人在有理数集基础上引进了实数集的概念,实数包括有理数与无理数,通常用 **R** 来表示实数集.

有关实数的许多性质诸如有序性、稠密性及连续性都可通过数轴直观地加以解释. 数轴可如下确定:在一条直线上取定一点,记作 O,称其为原点;取直线的一个方向为正向,并用箭头表示;再取一个单位长度,就可构成数轴.数轴上的任意一点 P,都对应一个实数 x. 这个实数 x 是这样确定的:若 P 与原点 O 重合,则 $x=0$;若 P 不与原点 O 重合,首先用所取的单位长度量出线段 OP 的长度 $|OP|$,如果有向线段 OP 与数轴正向相同,则 $x=|OP|$;如果有向线段 OP 与数轴正向相反,则 $x=-|OP|$. 反之,任给一个实数 x,都可以在数轴上找到一个点 P,使该点 P 所对应的实数为 x.这样,数轴上的点与实数之间建立起一一对应关系(如图 1.1 所示).

图 1.1

实数集合等价于数轴上点的集合. 在今后的讨论中,我们总把点与实数同等看待.

1.1.3　实数的绝对值

对任意实数 x,其绝对值用 $|x|$ 表示,并且当 $x\geqslant 0$ 时有 $|x|=x$;当 $x<0$ 时有 $|x|=-x$.绝对值 $|x|$ 有明显的几何意义:实数 x 的绝对值等于数轴上点 x 到原点 O 的距离.绝对值有如下几个主要性质(以下的 x,y 为任意实数):

(1) $-|x|\leqslant x\leqslant |x|$;

(2) $|x+y|\leqslant |x|+|y|$;

(3) $||x|-|y||\leqslant |x-y|$;

(4) $|xy|=|x||y|$;

(5) $\left|\dfrac{x}{y}\right|=\dfrac{|x|}{|y|}(y\neq 0)$.

1.1.4　区间与邻域

在实数集合 **R** 的子集中,区间是我们讨论问题时经常涉及的.所谓区间就是数轴上介于某两点之间的一切点所构成的集合,这两个点称为区间的端点. 如果端点都是定数,则称为有限区间(并称两端点之差的绝对值为区间长度),否则称为无限区间.常见的区间有:

开区间　　　　　　　　　　$(a,b)=\{x\mid a<x<b\}$;

闭区间　　　　　　　　　　$[a,b]=\{x\mid a\leqslant x\leqslant b\}$;

半开半闭区间 $[a,b) = \{x \mid a \leqslant x < b\};$

$(a,b] = \{x \mid a < x \leqslant b\};$

无穷区间 $[a,+\infty) = \{x \mid x \geqslant a\};$

$(a,+\infty) = \{x \mid x > a\};$

$(-\infty,a] = \{x \mid x \leqslant a\};$

$(-\infty,a) = \{x \mid x < a\};$

$(-\infty,+\infty) = \mathbf{R}.$

通常用大写字母如 I 表示某个给定的区间.

为了今后讨论问题在表达上的方便,还要介绍有关邻域的概念.

设 $a \in \mathbf{R}, \delta > 0$ 且 $\delta \in \mathbf{R}$,则

集合

$$\{x \mid \mid x-a \mid < \delta\},$$

称为点 a 的 δ- 邻域,记作 $U(a,\delta)$,也即 $U(a,\delta) = (a-\delta,a+\delta)$,这是以点 a 为中心,区间长度为 2δ 的开区间,正数 δ 叫做邻域的半径.

集合

$$\{x \mid 0 < \mid x-a \mid < \delta\},$$

称为点 a 的 δ- 空心邻域,记作 $U^0(a,\delta)$,也即 $U^0(a,\delta) = (a-\delta,a) \bigcup (a,a+\delta)$.

另外,点 a 的左邻域和右邻域定义为 $U^-(a,\delta) = (a-\delta,a]$ 和 $U^+(a,\delta) = [a,a+\delta)$.

当不必指明邻域半径时,上述记号中的正数 δ 可省略,即邻域、空心邻域、左邻域和右邻域可简记为 $U(a),U^0(a),U^-(a)$ 和 $U^+(a)$.

【例 1.2】 求不等式 $x^2 + x - 12 > 0$ 的解集,并用区间表示出来.

【解】 先对不等式左端分解因式,原不等式为

$$(x-3)(x+4) > 0,$$

即有 $x-3 > 0$ 或 $x+4 < 0$,即 $x > 3$ 或 $x < -4$.故原不等式的解集为 $(-\infty,-4) \bigcup (3,+\infty)$.

1.2 函 数

初等数学的研究对象基本上是不变的量,即通常所讲的常量.而经济数学研究的主要对象是变量及变量之间的关系(即函数).函数是经济数学最基本的概念之一,本章从讨论函数的概念开始,通过对一般函数特性的概括,引出初等函数,为学习经济数学打下基础.

1.2.1 函数的概念

在研究自然的、社会的以及经济活动的某个过程时,常常会碰到各种不同的量,如时间、速度、温度、成本和利润等.这些量一般可分成两类,其中一类量在所研究过程中保持不变,这种量被称为常量;而另一类量在所研究过程中总是变化着的,我们把它叫做变量.

例如,单价为 5 元的足球彩票的销售额 y(元)与销量 x(张)之间的关系 $y = 5x$ 中,显然销售额 y 和销量 x 是变量,且 y 依赖于 x,也即当 x 在自然数集 $\mathbf{N}$ 中任意取定时,由上式就可确定 y 的数值.

又如,圆的面积公式 $S = \pi R^2$ 中,π 是常量,面积 S 和半径 R 是变量,且 S 随着 R 的变化而变化,即变量 S 依赖于变量 R.

再如,自由落体的变化规律 $h=\dfrac{1}{2}gt^2$ 中,加速度 g 是常量,距离 h 和时间 t 是变量,且 h 是随着 t 的变化而变化,即变量 h 依赖于变量 t;

抽去以上这些例子中所考虑的量的实际意义,它们都表达了两个变量之间的相互依赖关系,这种关系给出了一种对应法则. 根据这一对应法则,当其中一个变量在其变化范围内任取一个值时,另一个变量就有相应的值与之对应. 两个变量之间的这种对应关系就是函数概念的实质.

1. 函数的定义

【定义 1.1】　设 D 是非空实数集,如果对于任意的 $x\in D$,按照某个对应法则 f,都有唯一的一个实数 y 与之对应,则称 y 是定义在 D 上的关于 x 的函数,记作 $y=f(x)$.

其中 x 叫做自变量,y 叫做因变量,x 的取值范围 D 叫做这个函数的定义域,当 x 在取遍 D 内的所有实数时,对应的函数值 y 的全体 $W=\{y\mid y=f(x),x\in D\}$ 叫做这个函数的值域.

2. 函数的几点说明

(1)函数的两个要素

从函数的定义可知,定义域与对应法则是函数的两个要素. 只有两个函数具有相同的定义域和相同的对应法则时,它们才是相同的函数,否则就不是相同函数.

例如,对数函数 $y=\log_a x^2$ 与 $y=2\log_a x$ 不能视为相同函数. 因为 $y=\log_a x^2$ 的定义域为 $(-\infty,0)\bigcup(0,+\infty)$,而 $y=2\log_a x$ 的定义域为 $(0,+\infty)$,两者的定义域不相同,所以不能视为相同函数. 当然在它们的公共定义域 $(0,+\infty)$ 内,两者完全一致.

(2)函数的定义域

函数的定义域就是指使得函数有意义的自变量的取值范围,为此求函数的定义域时应遵守以下原则:

分式中分母不能为零;

开偶次方根时被开方数非负;

对数中的真数大于零;

三角函数中要注意 $\tan x$ 与 $\cot x$ 的定义域;

反三角函数中要注意 $\arcsin x$ 与 $\arccos x$ 的定义域;

对于实际问题的函数,应保证符合实际意义.

【例 1.3】　求函数 $y=\dfrac{\sqrt{x+1}}{\ln(2-x)}$ 的定义域.

【解】　从函数式子中可看出需考虑:根式内非负、分母不为零、对数真数大于零等三种

情况,取它们的公共部分,即求不等式组 $\begin{cases} x+1\geqslant 0 \\ 2-x>0 \\ \ln(2-x)\neq 0 \end{cases}$ 的解集,得 $D=[-1,1)\bigcup(1,2)$.

(3)函数的图像

设函数 $y=f(x)$ 的定义域为 D,任取 $x\in D$ 得到对应的函数值 y,则实数对 (x,y) 在 xOy 平面内确定了一点 $P(x,y)$,我们称集合(平面上点的集合)

$$C=\{(x,y)\mid y=f(x),x\in D\}$$

为函数 $y=f(x)$ 的图像(或图形).

例如,函数 $y=\dfrac{1}{x}$ 的图像(如图 1.2 所示),它是以 x 轴、y 轴为渐近线的双曲线.

（4）函数的表示法

函数的表示方法有三种：公式法（解析法）、图示法（图像法）和表格法.

3. 分段函数

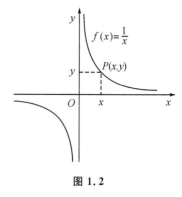

图 1.2

把定义域分成若干个区间，在不同的区间内用不同的数学式子来表示的函数称为分段函数. 例如符号函数：

$$y = \operatorname{sgn}x = \begin{cases} 1, & x > 0 \\ 0, & x = 0 \\ -1, & x < 0 \end{cases}$$

4. 反函数

设函数 $y = f(x)$ 的定义域为 D，值域为 W，如果对 W 中的任何一个实数 y，有唯一的一个 $x \in D$，使 $f(x) = y$ 成立. 那么把 y 看成自变量，x 看成因变量，由函数的定义，x 就成为 y 的函数，这个函数称之为 $y = f(x)$ 的反函数，记 $x = f^{-1}(y)$，其定义域是 W，值域是 D.

按照习惯，我们总是取 x 为自变量，y 为因变量，这样函数 $y = f(x)$ 的反函数就写成：

$$y = f^{-1}(x).$$

如果把 $y = f(x)$ 与其反函数 $y = f^{-1}(x)$ 的图像画在同一坐标平面上，那么这两个函数图像关于直线 $y = x$ 对称（如图1.3所示）.

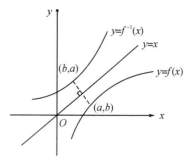

显然，$y = f(x)$ 也是 $y = f^{-1}(x)$ 的反函数，或者说，$y = f(x)$ 与 $y = f^{-1}(x)$ 是互为反函数，前者的定义域与后者的值域相同，前者的值域与后者的定义域相同.

1.2.2 函数的几个重要特性

图 1.3

研究函数的目的就是为了了解它所具有的特性，以便掌握它的变化规律.

1. 单调性

如果函数 $y = f(x)$ 对于某区间 I 内的任何两点 $x_1 < x_2$，总成立着 $f(x_1) < f(x_2)$（或 $f(x_1) > f(x_2)$），则称函数 $y = f(x)$ 在区间 I 内单调递增（或单调递减），I 叫做单调增区间（或单调减区间）.

单调递增或单调递减的函数，统称为单调函数，单调增区间和单调减区间统称为单调区间. 在单调增区间内，函数的图像随 x 的增大而上升；在单调减区间内，函数的图像随 x 的增大而下降（如图 1.4 所示）.

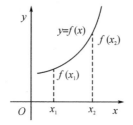
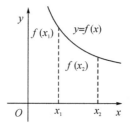

图 1.4

【例 1.4】　证明 $f(x)=x^3$ 在 $(-\infty,+\infty)$ 内是单调递增的.

【证明】　任取 $x_1,x_2\in(-\infty,+\infty)$ 且 $x_1<x_2$,则有

$$f(x_2)-f(x_1)=x_2^3-x_1^3=(x_2-x_1)(x_2^2+x_2x_1+x_1^2)$$

$$=(x_2-x_1)\left[\left(x_2+\frac{1}{2}x_1\right)^2+\frac{3}{4}x_1^2\right]>0,$$

即 $f(x_2)>f(x_1)$,也就是说 $f(x)=x^3$ 在 $(-\infty,+\infty)$ 内单调递增的.

函数的单调性与自变量所取范围有关,在不同的区间上,函数单调性可能是不同的.因此讨论函数的单调递增或递减时,首先要搞清楚自变量的取值范围.例如函数 $y=x^2$ 在区间 $(-\infty,0)$ 内是单调递减的,而在 $(0,+\infty)$ 内是单调递增的.

另外,用单调性的定义去直接检验函数是否具单调性一般是比较困难的,关于这个问题我们将在第 3 章运用导数的知识去解决它.

2. 奇偶性

如果函数 $y=f(x)$ 的定义域 D 关于原点对称,并且对任意的 $x\in D$,恒有 $f(-x)=-f(x)$,则称 $y=f(x)$ 为奇函数;如果对任意的 $x\in D$,恒有 $f(-x)=f(x)$,则称 $y=f(x)$ 为偶函数.

例如 $y=x^2$ 在 $(-\infty,+\infty)$ 内是偶函数;而 $y=x^3$ 在 $(-\infty,+\infty)$ 内是奇函数.其实对幂函数,当 n 为偶数时,$y=x^n$ 在定义域内是偶函数;当 n 为奇数时,$y=x^n$ 在定义域内是奇函数.

显然偶函数的图像关于 y 轴对称;奇函数的图像关于坐标原点对称(如图 1.5 所示).

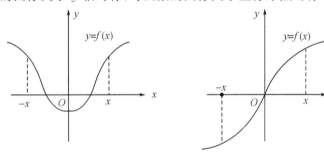

图 1.5

【例 1.5】　判定函数 $f(x)=\dfrac{e^x+e^{-x}}{2}$ 与函数 $g(x)=\dfrac{e^x-e^{-x}}{2}$ 的奇偶性.

【解】　两个函数的定义域都为 $(-\infty,+\infty)$,因为 $f(-x)=\dfrac{e^{-x}+e^x}{2}=f(x)$,所以 $f(x)$ 在定义域 $(-\infty,+\infty)$ 内是偶函数;

又因为 $g(-x)=\dfrac{e^{-x}-e^x}{2}=-\dfrac{e^x-e^{-x}}{2}=-g(x)$,所以 $g(x)$ 在定义域 $(-\infty,+\infty)$ 内是奇函数.

3. 周期性

如果 $y=f(x)$ 的定义域为 $D=(-\infty,+\infty)$,并且存在非零常数 T,使得对任意的 $x\in D$,都有

$$f(x\pm T)=f(x),$$

则称 T 为函数 $y=f(x)$ 的一个周期,并称 $y=f(x)$ 为周期函数.

容易证明,若 T 为 $f(x)$ 的一个周期,则 T 的任意非零整数倍数都是 $f(x)$ 的周期.这就是说,周期函数有无穷多个周期.周期函数无最大正周期和最小负周期.通常所说的周期是

指周期函数的最小正周期,同样记为 T.

例如正弦函数 $y = \sin x$ 中,$\pm 2\pi, \pm 4\pi, \pm 6\pi, \cdots$ 都是它的周期,其最小正周期为 $T = 2\pi$. 又例如,$y = \sin(\omega x + \varphi)$,其最小正周期为 $T = \dfrac{2\pi}{|\omega|}$.

4. 有界性

设函数 $y = f(x)$ 的定义域为 D,如果存在正数 M,使得对所有的 $x \in D$,都有
$$|f(x)| \leqslant M,$$
则称函数 $y = f(x)$ 在 D 上有界,或称 $y = f(x)$ 是 D 上的有界函数. 否则称 $y = f(x)$ 在 D 上无界,$y = f(x)$ 也就称为 D 上的无界函数.

例如函数 $y = \dfrac{1}{x}$ 在 $(0, +\infty)$ 内无界,而在 $[1, +\infty]$ 内有界.

可见函数的有界性同样与自变量的取值范围有关.

1.2.3 初等函数

1. 基本初等函数

我们接触到的函数大部分都是由几种最常见、最基本的函数经过一定的运算而得到,这几种函数就是我们已经很熟悉的函数,它们是常值函数、幂函数、指数函数、对数函数、三角函数、反三角函数. 这几种函数统称为基本初等函数. 为了今后学习与查阅方便,现将它们的表达式、定义域、图形及特性列于表 1.1 所示.

表 1.1 **基本初等函数表达式、定义域、图形及特性**

序列	函数名称	表达式	定义域	图形	特性
1	常值函数	$y = c$	$(-\infty, +\infty)$		一条平行于 x 轴的直线
2	幂函数	$y = x^{\mu}$	随 μ 而不同,$(0, +\infty)$ 都有定义		在第 I 象限内: 经过定点 $(1,1)$, $\mu > 0$,为增函数; $\mu < 0$,为减函数
3	指数函数	$y = a^x$ ($a > 0$ 且 $a \neq 1$)	$(-\infty, +\infty)$		图形在 x 轴上方, 经过定点 $(0,1)$, $a > 1$,为增函数; $0 < a < 1$,为减函数
4	对数函数	$y = \log_a x$ ($a > 0$ 且 $a \neq 1$)	$(0, +\infty)$		图形在 y 轴右侧, 经过定点 $(1,0)$, $a > 1$,为增函数; $0 < a < 1$,为减函数

续表

序列	函数名称	表达式	定义域	图形	特性
5	三角函数	正弦函数 $y = \sin x$	$(-\infty, +\infty)$		周期为 2π，奇函数，$-1 \leqslant \sin x \leqslant 1$
		余弦函数 $y = \cos x$	$(-\infty, +\infty)$		周期为 2π，偶函数，$-1 \leqslant \cos x \leqslant 1$
		正切函数 $y = \tan x$	$\left\{ x \mid x \neq k\pi + \dfrac{\pi}{2}, x \in \mathbf{R} \right\}$		周期为 π，奇函数，在 $\left(-\dfrac{\pi}{2}, \dfrac{\pi}{2}\right)$ 内为增函数
		余切函数 $y = \cot x$	$\{ x \mid x \neq k\pi, x \in \mathbf{R} \}$		周期为 π，奇函数，在 $(0, \pi)$ 内为减函数
6	反三角函数	反正弦函数 $y = \arcsin x$	$[-1, 1]$		奇函数，增函数 $-\dfrac{\pi}{2} \leqslant y \leqslant \dfrac{\pi}{2}$
		反余弦函数 $y = \arccos x$	$[-1, 1]$		减函数，$0 \leqslant y \leqslant \pi$
		反正切函数 $y = \arctan x$	$(-\infty, +\infty)$		奇函数，增函数 $-\dfrac{\pi}{2} < y < \dfrac{\pi}{2}$
		反余切函数 $y = \operatorname{arccot} x$	$(-\infty, +\infty)$		减函数，$0 < y < \pi$

另外,指数函数满足如下运算规律:

$$a^m \cdot a^n = a^{m+n}; \quad \frac{a^m}{a^n} = a^{m-n}; \quad (a^m)^n = a^{mn}.$$

对数函数满足如下运算规律:

$$\log_a bc = \log_a b + \log_a c, \quad \log_a \frac{b}{c} = \log_a b - \log_a c, \quad \log_a b = \frac{\log_c b}{\log_c a},$$

$$\log_a b^\mu = \mu \log_a b, \quad \log_a 1 = 0.$$

(注:以 10 为底的对数 $\log_{10} x$ 记为 $\lg x$,叫做常用对数;以 e 为底的对数 $\log_e x$ 记为 $\ln x$,叫做自然对数,其中 e 是一个无理数,$e \approx 2.71828\cdots$)

三角函数是通过单位圆来描述的(如图 1.6),其中自变量单位是弧度,弧度与度的关系是:

$$2\pi = 360°, \quad 1 = \frac{180°}{\pi}, \quad \begin{cases} x = \cos\varphi \\ y = \sin\varphi \end{cases}.$$

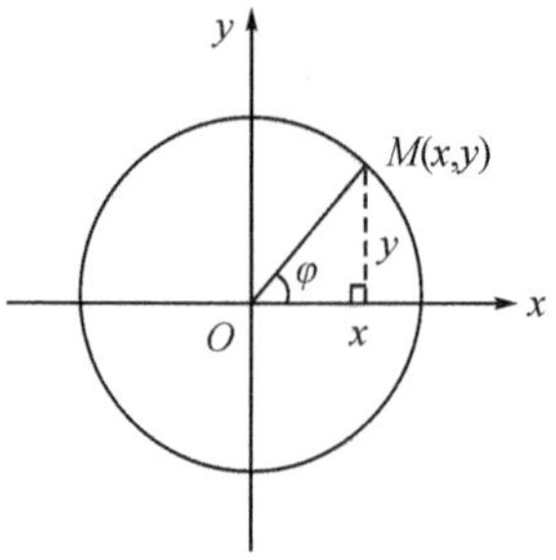

三角函数中也有如下一些公式:

$$\tan\alpha = \frac{\sin\alpha}{\cos\alpha}, \quad \cot\alpha = \frac{1}{\tan\alpha} = \frac{\cos\alpha}{\sin\alpha},$$

$$\sec\alpha = \frac{1}{\cos\alpha}, \quad \csc\alpha = \frac{1}{\sin\alpha};$$

$$\sin^2\alpha + \cos^2\alpha = 1, \quad \sec^2\alpha = 1 + \tan^2\alpha, \quad \csc^2\alpha = 1 + \cot^2\alpha;$$

$$\sin(\alpha \pm \beta) = \sin\alpha \cos\beta \pm \cos\alpha \sin\beta,$$

$$\cos(\alpha \pm \beta) = \cos\alpha \cos\beta \mp \sin\alpha \sin\beta,$$

$$\tan(\alpha \pm \beta) = \frac{\tan\alpha \pm \tan\beta}{1 \mp \tan\alpha \tan\beta};$$

$$\sin 2\alpha = 2\sin\alpha \cos\alpha, \quad \cos 2\alpha = \cos^2\alpha - \sin^2\alpha = 2\cos^2\alpha - 1 = 1 - 2\sin^2\alpha,$$

$$\tan 2\alpha = \frac{2\tan\alpha}{1 - \tan^2\alpha}.$$

图 1.6

2. 复合函数

对于一些函数,例如 $y = \tan(2x+1)$,我们可以把它看成是将 $u = 2x+1$ 代入 $y = \tan u$ 中而得。像这样在一定条件下,将一个函数"代入"到另一个函数中的运算在数学上叫做函数的复合运算,由此而得的函数就叫做复合函数。

【定义 1.2】 设函数 $y = f(u)$,定义域为 D_0;$u = \varphi(x)$,定义域为 D,值域为 D_1;若 $D_1 \subset D_0$,则对每一个值 $x \in D$,通过对应法则 φ 和 f 有唯一确定的值 y 与 x 对应,按照函数的定义,变量 y 成为 x 的函数,称之为 x 的复合函数,记

$$y = f[\varphi(x)],$$

变量 u 称为中间变量。

【例 1.6】 设 $y = u^2, u = \sin x$,求复合函数的表达式。

【解】 因 $y = u^2$ 的定义域为 $(-\infty, +\infty)$,$u = \sin x$ 的定义域为 $(-\infty, +\infty)$,值域为 $[-1,1] \subset (-\infty, +\infty)$,故有在 $(-\infty, +\infty)$ 内的复合函数 $y = \sin^2 x$。

【注】不是任意两个函数都可以复合成一个复合函数的。如 $y = \arccos u$ 及 $u = 3 + x^2$ 就不能复合。复合函数不仅可以有一个中间变量,还可以有多个中间变量。如函数 $y = \ln(1 + \cos^2 x)$,可看作由 $y = \ln u, u = 1 + v^2$ 及 $v = \cos x$ 复合而成,其中 u, v 为中间变量。

3. 初等函数

基本初等函数经过有限次的四则运算和有限次复合运算所得到的函数称为初等函数。

初等函数在其定义域内有一个统一的表达式,例如 $y = \cos x + 2^{x^2-1}$,$y = \dfrac{\ln x^2}{\sin x}$,$y = 3e^{\tan(5x+2)}$,$y = x^x = e^{x\ln x}(x > 0)$ 等等,都是初等函数.初等函数在其定义域内具有很好的性质(如连续性等),它是经济数学课程中的主要研究对象.

1.2.4 经济活动中常见的函数举例

1.复利公式

设现有本金 A_0,每期利率为 r,期数为 t.若每期结算一次,则第一期末的本利和为:
$$A_1 = A_0 + A_0 r = A_0(1+r),$$
将本利和 A_1 再存入银行,第二期末的本利和为:
$$A_2 = A_1 + A_1 r = A_0(1+r)^2,$$
再把本利和存入银行,如此反复,第 t 期末的本利和为:
$$A_t = A_0(1+r)^t,$$
这是一个以期数 t 为自变量,本利和 A_t 为因变量的函数.如果每期按年、月和日计算,则分别得相应的复利公式.

例如按年为期,年利率为 r,则第 n 年末的本利和为:
$$A_n = A_0(1+r)^n(A_0 \text{ 为本金}).$$

2.需求函数与供给函数

(1)需求函数

某种商品的需求量是消费者愿意购买此种商品,并具有支付能力购买该种商品的数量,它不一定是商品的实际销售量.消费者对某种商品的需求量除了与该商品的价格有直接关系外,还与消费者的习性和偏好、消费者的收入、其他可取代商品的价格甚至季节等诸多因素的影响有关.现在我们只考虑商品的价格因素,其他因素暂时忽略.这样,对商品的需求量就是该商品价格的函数,称为需求函数.用 Q 表示对商品的需求量,p 表示商品的价格,则需求函数为:
$$Q = Q(p),$$
鉴于实际情况,自变量 p,因变量 Q 都取非负值.

一般地,需求量随价格上涨而减少,因此通常需求函数是价格的递减函数.

在经济活动中常见的需求函数有:

线性需求函数:
$$Q = a - bp,$$
其中 a,b 均为非负常数;

二次曲线需求函数:
$$Q = a - bp - cp^2,$$
其中 a,b,c 均为非负常数;

指数需求函数:
$$Q = ae^{-bp},$$
其中 a,b 均为非负常数.

需求函数 $Q = Q(p)$ 的反函数,称为价格函数,记作:
$$p = p(Q),$$

也反映商品的需求与价格的关系.

（2）供给函数

某种商品的供给量是指在一定时期内,商品供应者在一定价格下,愿意并可能出售商品的数量.供给量记为 Q,供应者愿意接受的价格为 p,则供给量与价格之间的关系为:

$$Q = S(p),$$

称为供给函数,p 称为供给价格,Q 与 p 均取非负值.由供给函数所作图形称为供给曲线.

一般地,商品供给量随商品价格的上涨而增加,因此,商品供给函数是商品价格的递增函数.

常见供给函数有线性函数,二次函数,幂函数,指数函数等.

需求函数与供给函数密切相关,把需求曲线和供给曲线画在同一坐标系中,如图 1.7 所示,由于需求函数 $Q = Q(p)$ 是递减函数,供给函数 $Q = S(p)$ 是递增函数,它们的图形必相交于一点 (p_0, Q_0),这一点叫做均衡点,这一点所对应的价格 p_0 就是供、需平衡的价格,也叫均衡价格;这一点所对应的需求量或供给量 Q_0 就叫做均衡需求量或均衡供给量.

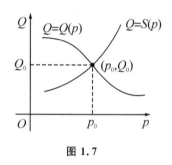

图 1.7

当市场价格 p 高于均衡价格 p_0 时,产生了"供大于求"的现象,从而使市场价格下降;当市场价格 p 低于均衡价格 p_0 时,这时会产生"供不应求"的现象,从而使市场价格上升;市场价格的调节就是这样实现的.

应该指出,市场的均衡是暂时的,当条件发生变化时,原有的均衡状态就被破坏,从而需要在新的条件下建立新的均衡.

【例 1.7】 某商品的需求量 Q 与价格 p 的关系由

$$Q^2 - 20Q - p = -99$$

给出,而供给量 Q 与价格 p 的关系由

$$3Q^2 + p = 123$$

给出,试求市场达到供需平衡时的均衡价格和均衡需求量.

【解】 解方程组

$$\begin{cases} Q^2 - 20Q - p = -99, \\ 3Q^2 + p = 123 \end{cases}$$

得到两组结果 $\begin{cases} p_1 = 120 \\ Q_1 = -1 \end{cases}$ 和 $\begin{cases} p_2 = 15 \\ Q_2 = 6 \end{cases}$.

显然,第一组结果没有意义,故所求均衡价格为 15 个单位时,均衡需求量为 6 个单位.

3.成本函数与平均成本函数

（1）成本函数

成本是指生产某种一定数量产品需要的费用,它包括固定成本和可变成本.

固定成本指在短时间内不发生变化或不明显地随产品数量增加而变化的费用,例如厂房、设备、一般管理费及管理人员的工资等.可变成本是指随产量的变化而变化的费用,如原材料、燃料及生产工人的工资等.

若记总成本为 C,固定成本为 C_0,Q 为产量,$C_1(Q)$ 为可变成本,则成本函数为:

$$C = C(Q) = C_0 + C_1(Q),$$

其中,$C_0 \geqslant 0, Q > 0$,显然成本函数是递增函数,它随产量的增加而增加.

（2）平均成本函数

平均成本是指生产每单位产品的成本，记为$\overline{C}$，即平均成本函数为：

$$\overline{C} = \frac{C(Q)}{Q} = \frac{C_0}{Q} + \frac{C_1(Q)}{Q},$$

平均成本的大小反映企业生产的好差，平均成本越小说明企业生产单位产品时消耗的资源费用越低，效益更好.

4. 收益函数与利润函数

（1）收益函数

收益是指生产者将产品出售后的全部收入. 平均收益是指生产者出售一定数量的产品时，每单位产品所得的平均收入，即单位产品的平均售价（也叫销售价格）.

若设 R 为收益，Q 为产量，$\overline{R}$ 为平均收益，则 R，$\overline{R}$ 都是 Q 的函数

$$R = R(Q),$$
$$\overline{R} = \frac{R(Q)}{Q},$$

其中 R，Q 取正值.

明显地，如果销售（即产量）为 Q 时的平均售价为 p，则 $\overline{R} = p$.

（2）利润函数

利润是指收益与成本之差. 平均利润是指生产一定数量产品时，每单位产品所得的利润. 若记利润为 L，平均利润为 $\overline{L}$，则有

$$L = L(Q) = R(Q) - C(Q),$$
$$\overline{L} = \frac{L(Q)}{Q} = p - \overline{C}(Q),$$

它们都是产量 Q 的函数，这里 p 是销售价格.

【例 1.8】　设某工厂每月生产某种商品 Q 件时的总成本为：

$$C(Q) = 20 + 2Q + 0.5Q^2（万元），$$

若每售出一件该商品时的收入是 20 万元，求每月生产 20 件（并售出）时的总利润和平均利润.

【解】　由题意知总成本函数 $C(Q)$ 及销售价格 $p = 20$ 万元，所以售出 Q 件该商品时的总收入函数为：

$$R(Q) = pQ = 20Q,$$

因此总利润 $L(Q) = R(Q) - C(Q) = -20 + 18Q - 0.5Q^2.$

当 $Q = 20$ 时，总利润为：

$$L = L(20) = 140（万元），$$

平均利润为：

$$\overline{L}(20) = \frac{L(20)}{20} = \frac{140}{20} = 7（万元）.$$

应该指出，生产产品的总成本是产量 Q 的递增函数. 但是，对产品的需求由于受到价格及其他许多因素的影响不总是增加的. 也就是说，对某种商品而言，销售的总收入 $R(Q)$ 有时显著增加，有时增长很缓慢，并可能达到顶点，如果再继续销售，收入反而下降. 因此利润函数 $L(Q)$ 出现了三种情形：

（i）$L(Q) = R(Q) - C(Q) > 0$，表示销售有盈余，再生产处于有利润状态；

(ii)$L(Q) = R(Q) - C(Q) < 0$,表示销售出现亏损,再生产亏损更大;

(iii)$L(Q) = R(Q) - C(Q) = 0$,表示销售出现无利可图但未达到亏损情形. 我们把这时的产量(销量)Q_0称为无盈亏点(保本点). 无盈亏点在分析企业经营(管理)和经济学中分析各种定价和生产决策时有重要意义.

【例 1.9】 试求例 1.8 中:(1)经济活动的无盈亏点;(2)若每月至少销售 40 件该产品,为了不亏本,单价应定多少?

【解】 (1) 令 $L(Q) = 0$,即
$$-20 + 18Q - 0.5Q^2 = 0,$$
解得 $Q_1 = 1.15, Q_2 = 34.85$.

因为 $L(Q)$ 是二次函数,当 $Q < Q_1$ 或 $Q > Q_2$ 时,都有 $L(Q) < 0$,这是生产经营是亏损的;当 $Q_1 < Q < Q_2$ 时,$L(Q) > 0$,生产经营时盈利的. 结合实际 $Q = 2$ 件和 $Q = 34$ 件是盈利的最低产量和最高产量,都可以是无盈亏点.

(2)设单价定为 p(万元),销售 40 件的收入为:
$$R(40) = 40p(万元),$$
这时的成本为:
$$C(40) = 20 + 2 \times 40 + 0.5 \times 40^2 = 900(万元),$$
利润为:
$$L = R(40) - C(40) = 40p - 900,$$
为使生产经营不亏本,就必须使
$$L = 40p - 900 \geqslant 0,$$
故得 $p \geqslant 22.5$(万元),即只有销售单价不低于 22.5 万元时才能不亏本.

从上述讨论中可以发现,运用数学工具解决实际问题时,往往需要先把从实际问题中反映出来的变量之间的函数关系表示出来,再进行计算和分析. 这个过程就是数学中常用的建立函数关系(即数学模型)的过程. 限于篇幅这里不做详细讨论,仅举一例以示之.

【例 1.10】 在 100 公里长的铁路线 AB 旁的 C 处有一个工厂,与铁路垂直距离为 20 公里,由铁路的 B 处向工厂提供原料. 公路与铁路每吨公里的货物运价比为 5∶3,为节约运费,在铁路的 D 处修一货物转运站. 设 AD 距离为 x 公里,沿 CD 修一公路(如图 1.8 所示). 试将每吨货物的总运费表示成 x 的函数.

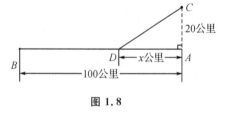

图 1.8

【解】 设公路上每吨公里货物运价为 a 元,那么铁路每吨公里运价为 $\frac{3}{5}a$ 元,每吨货物从 B 经 D 运到 C 的运费 y(元),由图 1.8 及勾股定理得:
$$|CD| = \sqrt{400 + x^2},$$
从而
$$y = \frac{3}{5}a|BD| + a|CD| = \frac{3}{5}a(100 - x) + a\sqrt{400 + x^2}(0 \leqslant x \leqslant 100).$$

这里仅列出总运价的函数表达式,而把解决 D 的选择也就是使总运价最低的 D 点的选择方案这个问题留到第 3 章去解决.

习题 1.2

1. 求下列函数的定义域：

(1) $f(x) = \sqrt{2x-3} + 2$；

(2) $f(x) = \dfrac{1}{\sqrt{x^2 + 2x - 15}}$；

(3) $f(x) = \ln\left(\dfrac{1}{1-x}\right)$；

*(4) $f(x) = \sqrt{x^2 - x - 6} + \arcsin\dfrac{2x-1}{7}$；

*(5) $f(x) = \ln(\cos 2x)$；

(6) $f(x) = \ln(\ln x)$.

2. 试找出下列在其定义域中是单调的函数：

(1) $y = \sin x$；

(2) $y = \arcsin x$；

(3) $y = \tan x$；

(4) $y = \arctan x$；

(5) $y = x^{-\frac{1}{2}}$；

(6) $y = x^2 - 1$；

(7) $y = \ln(x^2 + 1)$；

(8) $y = 3^{ax}\ (a \neq 0)$.

3. 讨论下列函数的奇偶性：

(1) $f(x) = x + \sin x$；

(2) $f(x) = x\cos x$；

(3) $f(x) = \dfrac{e^x + e^{-x}}{e^x - e^{-x}}$；

(4) $f(x) = \dfrac{2^{|x|}}{\sqrt{1-x^2}}$；

(5) $f(x) = x\sqrt{x^2 - 1} + \tan x$；

(6) $f(x) = \begin{cases} 1 - x, & x < 0 \\ 1 + x, & x \geqslant 0 \end{cases}$.

4. 求下列函数的周期：

(1) $f(x) = \sin(2x + 3)$；

(2) $f(x) = \sin^2 x$；

(3) $f(x) = |\cos x|$；

(4) $f(x) = 1 + |\sin 2x|$.

5. 求下列函数的反函数，并写出反函数的定义域：

(1) $y = 3x + 1$；

(2) $y = \dfrac{x+3}{x-3}$；

(3) $y = \log_4 \sqrt{x} + \log_4 2$；

(4) $y = \dfrac{e^x - e^{-x}}{2}$.

6. 将下列复合函数分解成较简单的函数：

(1) $y = \sin(x^2 + 1)$；

(2) $y = \sqrt{x^3 - 4}$；

*(3) $y = \arctan e^{\sqrt{x-1}}$；

(4) $y = \sqrt{\ln\sqrt{x}}$.

7. 设某商品的市场供应函数 $Q = Q(p) = -80 + 4p$，其中 Q 为供应量，p 为市场价格，商品的单位生产成本是 1.5 元，试建立利润 L 与市场价格 p 的函数关系式.

8. 设生产与销售某种商品的总收益函数 R 是产量 Q 的二次函数，经统计得知当产量分别是 $0, 2, 4$ 时，总收益 R 为 $0, 6, 8$，试确定 R 关于 Q 的函数关系式.

9. 某厂生产一种元器件，设计能力为日产 100 件，每日的固定成本为 150 元，每件的平均可变成本为 10 元.

(1) 试求该厂元器件的日总成本函数及平均成本函数；

(2) 若每件售价 14 元，试写出总收益函数；

(3) 试写出利润函数，并求无盈亏点.

10. 用 p 代表单价，某商品的需求函数为：$Q = Q(p) = 7050 - 50p$，当 Q 超过 1000 时成本函数为 $C = C(Q) = 168200 + 25Q$，试确定能达到无盈亏状态时的价格.

1.3 数列的极限与函数的极限

1.3.1 中国古代数学家的极限思想

极限概念是微积分学中最基本的概念,微积分学中的其他重要概念如导数、积分都是用极限来表述的,并且它们的主要性质和法则也可通过极限的方法推导出来.要学好经济数学这门课程,首先必须掌握好极限的概念、性质和计算.

我国古代数学家在世界数学史中占有杰出地位.《庄子·天下篇》中记载的惠施(约公元前 370 年 — 公元前 310 年)的一段话:"一尺之棰,日取其半,万世不竭." 充分反映了我们先人关于"极限"概念的朴素、直观的理解.公元 3 世纪,我国数学家刘徽成功地把极限思想应用于实践,其中最典型的例子就是在计算圆的面积和周长时建立的"割圆术",即将圆周用内接正多边形或外切正多边形逼近的一种求圆面积和周长的方法.他在求解过程中提出的"割之弥细、所失弥少,割之又割以至于不可割,则与圆合体而无所失矣"的观点,可谓中国古代极限思想的集中体现.

刘徽的割圆术是这样的:用圆的内接正三边形、正六边形、正十二边形、…、正 $3 \cdot 2^{n-1}$ 边形去代替圆(如图 1.9),即用正多边形的面积代替圆面积,正多边形的周长代替圆周长.尽管随着内接正多边形的边数(这里为 $3 \cdot 2^{n-1}$)增多,正多边形面积(周长)也越来越大,但始终不能超过圆面积(周长),且趋向于一个稳定的值,这个稳定值就是圆的面积 $S = \pi R^2$(周长 $C = 2\pi R$).

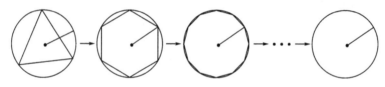

图 1.9

我们设正三边形,正六边形,正十二边形,…,正 $3 \cdot 2^{n-1}$ 边形的面积分别为 $S_1, S_2, S_3,$ …,S_n,于是得一数列

$$S_1, S_2, S_3, \cdots, S_n, \cdots$$

其中 $S_n = 3 \times 2^{n-2} \times R^2 \times \sin \dfrac{\pi}{3 \times 2^{n-2}}$.

同样若设正三边形,正六边形,正十二边形,…,正 $3 \cdot 2^{n-1}$ 边形的周长分别为 $C_1, C_2, C_3,$ …,C_n,于是得另一数列

$$C_1, C_2, C_3, \cdots, C_n, \cdots$$

其中 $C_n = 3 \times 2^n \times R \times \sin \dfrac{\pi}{3 \times 2^{n-1}}$.

可见图 1.9 中表示的正多边形面积(周长)与圆面积(周长)的关系可归结为上述两个数列中一般项(也叫通项)$S_n(C_n)$ 与 $S(C)$ 之间的关系.由前面的分析可知,当 n 越来越大时,通项 $S_n(C_n)$ 越来越接近数 $S(C)$.

这种通过考察数列一般项而获得的常数,在数学上就叫做数列的极限.

1.3.2　数列的极限

1. 数列极限的定义

所谓数列,是指按一定顺序排列起来的一列数,如

(1) $1, \dfrac{1}{2}, \dfrac{1}{3}, \dfrac{1}{4}, \cdots, \dfrac{1}{n}, \cdots$

(2) $\dfrac{1}{2}, \dfrac{2}{3}, \dfrac{3}{4}, \dfrac{4}{5}, \cdots, \dfrac{n}{n+1}, \cdots$

(3) $1, 2, 3, 4, \cdots, n, \cdots$

(4) $1, -\dfrac{1}{2}, \dfrac{1}{3}, -\dfrac{1}{4}, \cdots, \dfrac{(-1)^{n-1}}{n}, \cdots$

(5) $1, 0, 1, 0, \cdots, \dfrac{1-(-1)^n}{2}, \cdots$

(6) $a, a, a, a, \cdots, a, \cdots$

都是数列,一般地,数列可写为:

$$x_1, x_2, x_3, \cdots, x_n, \cdots$$

简记为 $\{x_n\}$. 数列中的每一个数叫做数列的项,第 n 项 x_n 叫做数列的一般项或通项. 上述六个数列的通项分别为 $x_n = \dfrac{1}{n}, x_n = \dfrac{n}{n+1}, x_n = n, x_n = \dfrac{(-1)^{n-1}}{n}, x_n = \dfrac{1-(-1)^n}{2}, x_n = a$.

通项为 $x_n = a(a$ 为常数) 的数列叫做常数数列.

对于给定的数列 $\{x_n\}$,重要的不是它的每一个项如何,而是要研究,当 n 无限增大(记作 $n \to +\infty$)时,它的项(主要考察通项)的变化趋势. 就数列(1)~(6)来看:

数列 $1, \dfrac{1}{2}, \dfrac{1}{3}, \dfrac{1}{4}, \cdots, \dfrac{1}{n}, \cdots$ 的通项 $x_n = \dfrac{1}{n}$ 随 n 的增大而减小,且越来越接近于 0;

数列 $\dfrac{1}{2}, \dfrac{2}{3}, \dfrac{3}{4}, \dfrac{4}{5}, \cdots, \dfrac{n}{n+1}, \cdots$ 的通项 $x_n = \dfrac{n}{n+1}$ 随 n 的增大而增大,且越来越接近于 1;

数列 $1, 2, 3, 4, \cdots, n, \cdots$ 的通项 $x_n = n$ 随 n 的增大而增大,且无限增大;

数列 $1, -\dfrac{1}{2}, \dfrac{1}{3}, -\dfrac{1}{4}, \cdots, \dfrac{(-1)^{n-1}}{n}, \cdots$ 的通项 $x_n = \dfrac{(-1)^{n-1}}{n}$ 随着 n 的变化在 0 两边跳跃,且随着 n 的增大而趋近于 0;

数列 $1, 0, 1, 0, \cdots, \dfrac{1-(-1)^n}{2}, \cdots$ 的通项 $x_n = \dfrac{1-(-1)^n}{2}$ 随着 n 的增大始终交替取值 0 和 1,而不能趋向于某一个确定的数;

数列 $a, a, a, a, \cdots, a, \cdots$ 的各项都是同一个数 a,故当 n 越来越大时,该数列的变化趋势总是确定的数 a.

【定义 1.3】　设数列 $\{x_n\}$,当 $n \to +\infty$ 时,通项 x_n 无限接近于某个确定的常数 a,那么就称这个数列 $\{x_n\}$ 收敛,而常数 a 就叫做数列 $\{x_n\}$ 的极限,记作 $\lim\limits_{x \to +\infty} x_n = a$. 否则就称这个数列是发散.

如数列(1),(2),(4),(6)就是收敛的数列,它们的极限分别是 $0, 1, 0, a$. 也即 $\lim\limits_{n \to +\infty} \dfrac{1}{n} = 0$,
$\lim\limits_{n \to +\infty} \dfrac{n}{n+1} = 1$, $\lim\limits_{n \to +\infty} \dfrac{(-1)^{n-1}}{n} = 0$, $\lim\limits_{n \to +\infty} a = a$.

一般地,有 $\lim\limits_{n \to +\infty} C = C$, $\lim\limits_{n \to +\infty} \dfrac{1}{n^\alpha} = 0 (\alpha > 0)$, $\lim\limits_{n \to +\infty} q^n = 0 (|q| < 1)$.

2. 收敛数列的重要性质

(1) 收敛的数列极限唯一.

(2) 收敛的数列有界.

读者可看其他微积分教材中关于这两个性质的证明,这里省略.

3. 复利年金现值与永续年金现值

在上节我们已讨论过复利计算公式:$A_t = A_0(1+r)^t$,其中 A_0 为现值即本金,t 为期数,r 为每期利率,A_t 为第 t 期末的本利和(也称年金). 现在我们可利用这个公式去推导出复利年金现值的计算公式. 复利年金现值是指复利计息时每期发生的年金现值之和.

(1) 普通复利年金现值

设每期期末发生年金为 A,利率为 r,则

第一期末年金的现值为 $A_1 = \dfrac{A}{1+r}$;

第二期末年金的现值为 $A_2 = \dfrac{A}{(1+r)^2}$;

第三期末年金的现值为 $A_3 = \dfrac{A}{(1+r)^3}$;

…

第 t 期末年金的现值为 $A_t = \dfrac{A}{(1+r)^t}$.

由上述可见,每期期末年金 A 的现值是一个公比为 $\dfrac{1}{1+r}$ 的等比数列,设普通复利年金用 P 表示,则有

$$P = A_1 + A_2 + \cdots + A_t = A\left[\frac{1}{1+r} + \frac{1}{(1+r)^2} + \cdots + \frac{1}{(1+r)^t}\right],$$

即

$$P = \frac{A}{r}\left[1 - \frac{1}{(1+r)^t}\right].$$

(2) 永续年金现值

当年金的期数永远继续,即 $t \to +\infty$ 时,称为永续年金. 由于 $\lim\limits_{t \to +\infty} \dfrac{A}{r}\left[1 - \dfrac{1}{(1+r)^t}\right] = \dfrac{A}{r}$. 故永续年金的现值计算公式为

$$P = \frac{A}{r}.$$

【例 1. 11】 某公司建立一项奖励基金,每年年终发放一次,奖金总额为 10 万元. 若以年复利率 10% 计算,试求(1)奖金发放年限为 10 年时,基金 P 应是多少?(2)若是永续性奖金,基金 P 又应是多少?

【解】 (1) 所求为普通年金现值,$A = 10$ 万元,$r = 0.1$,$t = 10$,代入公式

$$P = \frac{A}{r}\left[1 - \frac{1}{(1+r)^{10}}\right],$$

有

$$P = \frac{10}{0.1}\left[1 - \frac{1}{(1+0.1)^{10}}\right] = 61.446(万元);$$

（2）对永续性奖金，基金为

$$P = \frac{A}{r} = \frac{10}{0.1} = 100（万元）.$$

1.3.3　函数的极限

对于函数 $y = f(x)$ 的极限，根据自变量的变化分以下两种情况讨论.

1. 自变量趋于无穷时的极限[即当 $x \to \infty$ 时，函数 $f(x) \to$?]

自变量 x 趋于无穷（记 $x \to \infty$）可分为两种情况：自变量 x 趋于正无穷（记 $x \to +\infty$）和自变量 x 趋于负无穷（记 $x \to -\infty$）.

【例 1.12】　考察下列函数，当 $x \to \infty$ 时，函数 $f(x) \to$?

（1）$f(x) = \dfrac{1}{x}$

（2）$f(x) = e^x$

（3）$f(x) = \sin x$

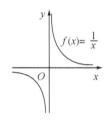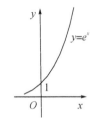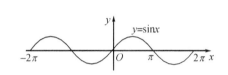

图 1.10

【解】　从如图 1.10 可看出，

（1）当 $x \to +\infty$ 时有 $\dfrac{1}{x} \to 0$，当 $x \to -\infty$ 时也有 $\dfrac{1}{x} \to 0$，所以当 $x \to \infty$ 时有 $\dfrac{1}{x} \to 0$.

（2）当 $x \to +\infty$ 时有 $e^x \to +\infty$，当 $x \to -\infty$ 时有 $e^x \to 0$，所以当 $x \to \infty$ 时 e^x 不能趋向于一个确定的常数.

（3）无论是 $x \to +\infty$ 还是 $x \to -\infty$ 时，$\sin x$ 都不能趋向于一个确定的常数，所以当 $x \to \infty$ 时 $\sin x$ 也不能趋向于一个确定的常数.

【定义 1.4】　设函数 $y = f(x)$，如果自变量 $|x|$ 无限增大时，函数值 $f(x)$ 无限接近一个确定的常数 A，则称 A 为函数 $y = f(x)$ 当 x 趋于无穷（$x \to \infty$）时的极限，记为

$$\lim_{x \to \infty} f(x) = A.$$

同理，可定义当 $x \to +\infty$ 与 $x \to -\infty$ 时的函数极限：

当自变量 x 无限增大时，函数值 $f(x)$ 无限接近一个确定的常数 A，则称 A 为函数 $y = f(x)$ 当 $x \to +\infty$ 时的极限，记为

$$\lim_{x \to +\infty} f(x) = A$$

当自变量 $x < 0$ 且 $|x|$ 无限增大时，函数值 $f(x)$ 无限接近一个确定的常数 A，则称 A 为函数 $y = f(x)$ 当 $x \to -\infty$ 时的极限，记为

$$\lim_{x \to -\infty} f(x) = A$$

显然它们之间有如下关系：

【定理 1.1】　函数 $y = f(x)$ 当 $x \to \infty$ 时极限存在的充分必要条件是函数 $y = f(x)$ 当

$x \to +\infty$ 时与 $x \to -\infty$ 时极限都存在且相等. 即

$$\lim_{x \to \infty} f(x) = A \Leftrightarrow \lim_{x \to +\infty} f(x) = \lim_{x \to -\infty} f(x) = A.$$

于是例 1.12 可写成: $\lim\limits_{x \to \infty} \dfrac{1}{x} = 0$ (包含 $\lim\limits_{x \to +\infty} \dfrac{1}{x} = 0$ 与 $\lim\limits_{x \to -\infty} \dfrac{1}{x} = 0$); $\lim\limits_{x \to -\infty} e^x = 0$, 但 $\lim\limits_{x \to +\infty} e^x$ 不存在; $\lim\limits_{x \to +\infty} \sin x$ 与 $\lim\limits_{x \to -\infty} \sin x$ 也都不存在.

【注】 数列 $\{x_n\}$ 中的通项 x_n 实际上可看成是正整数 n 的函数. 从这点上看, 数列的极限完全可归结为当自变量趋于正无穷大时的函数极限.

2. 自变量趋于某一点 x_0 时的极限[即当 $x \to x_0$ 时, 函数 $f(x) \to$?]

先看两个例子.

【例 1.13】 讨论当 $x \to 1$ 时, 函数值 $y = x^2 - 3x + 3$ 的变化趋势.

【解】 我们列出自变量 $x \to 1$ 时的某些值, 考察对应函数值的变化趋势:

x	0.9	0.99	0.999	…	1	…	1.001	1.01	1.10
y	1.11	1.0101	1.001001	…	1	…	0.999001	0.9901	0.91

从表中可看出, 当 x 越靠近 1 时, 对应函数值就越靠近常数 1, 即 $x \to 1$ 时, $y = x^2 - 3x + 3 \to 1$.

【例 1.14】 讨论当 $x \to 1$ 时, 函数值 $f(x) = \dfrac{x^2 - 1}{x - 1}$ 的变化趋势.

【解】 我们列出自变量 $x \to 1$ 时的某些值, 考察对应函数值的变化趋势:

x	0.75	0.9	0.99	0.9999	…	1.000001	1.01	1.25	1.5
$f(x)$	1.75	1.9	1.99	1.9999	…	2.000001	2.01	2.25	2.5

从表中可看出, 当 x 越靠近 1 时, 对应函数值 $f(x)$ 就越靠近 2, 尽管 $f(x)$ 在 $x = 1$ 处没有意义, 但只要 x 接近 1, $f(x)$ 就接近 2, 即

$$\text{当 } x \to 1 \text{ 时}, f(x) = \frac{x^2 - 1}{x - 1} \to 2 \quad (x \neq 1)$$

上述两个例子都说明了当自变量 x 趋于某个值 x_0 时, 函数值就趋于一个确定值, 而这个确定值的存在与否跟函数在 x_0 处是否有定义无关, 这个确定值就是函数在某点处的极限.

【定义 1.5】 设函数 $f(x)$ 在 x_0 的某空心邻域 $U^0(x_0)$ 内有定义, 如果当 x 无限接近 x_0 时, 函数值 $f(x)$ 就无限接近一个确定的常数 A, 则称 A 为函数 $f(x)$ 当 x 趋于 $x_0(x \to x_0)$ 时的极限, 记为

$$\lim_{x \to x_0} f(x) = A$$

并称 $f(x)$ 在 $x = x_0$ 处收敛或极限存在, 否则称 $f(x)$ 在 $x = x_0$ 处发散或极限不存在或无极限.

【例 1.15】 求 $\lim\limits_{x \to \frac{\pi}{2}} \sin x$.

【解】 从正弦函数 $y = \sin x$ 的图像(图 1.11)中可看出, 当 $x \to \dfrac{\pi}{2}$ 时, $\sin x \to 1$, 即

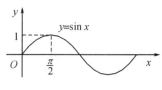

图 1.11

$$\lim_{x \to \frac{\pi}{2}} \sin x = 1.$$

在例 1.13 至例 1.15 中,我们都是考虑自变量 x 既从 x_0 的左侧,又从 x_0 的右侧趋于 x_0 时,函数值 $f(x)$ 的变化趋势的. 有时只需考虑自变量从 x_0 的左侧或右侧趋于 x_0 时,函数值的变化趋势,这就是所谓的左、右极限.

【定义 1.6】　设 $f(x)$ 在 $x=x_0$ 的左邻域 $U^-(x_0)$(x_0 可除外) 内有定义,如果当自变量 x 从 x_0 的左侧趋于 x_0(记 $x \to x_0^-$)时,函数值 $f(x)$ 趋于一个确定的常数 A,则称 A 为 $f(x)$ 在 x_0 处的左极限,记为

$$\lim_{x \to x_0^-} f(x) = A.$$

设函数 $f(x)$ 在 x_0 的右邻域 $U^+(x_0)$(x_0 可除外) 内有定义,如果当自变量 x 从 x_0 的右侧趋于 x_0(记 $x \to x_0^+$)时,函数值 $f(x)$ 趋于一个确定的常数 A,则称 A 为函数 $f(x)$ 在 x_0 处的右极限,记为

$$\lim_{x \to x_0^+} f(x) = A.$$

【例 1.16】　试讨论函数 $f(x) = \begin{cases} x+1, & x > 1 \\ x, & x < 1 \end{cases}$,在 $x=1$ 处的左、右极限.

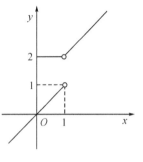

图 1.12

【解】　函数 $y = f(x)$ 的图像如图 1.12 所示,当 $x < 1$ 时,$f(x) = x$,因此当 x 从 1 的左侧趋于 1 时,$f(x)$ 趋近于 1,即

$$\lim_{x \to 1^-} f(x) = \lim_{x \to 1^-} x = 1;$$

同理可得

$$\lim_{x \to 1^+} f(x) = \lim_{x \to 1^+} (x+1) = 2.$$

由于当 x 分别从 1 的左、右两侧趋于 1 时,函数值 $f(x)$ 的变化趋势不一致,故 $y = f(x)$ 在 $x=1$ 处极限不存在. 前面所提到的符号函数在 $x=0$ 处也极限不存在.

由定义 1.5 与定义 1.6 并结合例 1.16 得到:

【定理 1.2】　函数 $y = f(x)$ 在 $x = x_0$ 处极限存在的充分必要条件是函数 $y = f(x)$ 在 $x = x_0$ 处的左、右极限都存在且相等. 即

$$\lim_{x \to x_0} f(x) = A \Leftrightarrow \lim_{x \to x_0^-} f(x) = \lim_{x \to x_0^+} f(x) = A.$$

【例 1.17】　设函数 $f(x) = \begin{cases} x^2, & x > 0 \\ -x, & x < 0 \end{cases}$,求 $\lim_{x \to 0} f(x)$.

【解】　因为函数 $y = f(x)$ 在 $x=0$ 的左、右邻域内是有不同的表达式,故要研究 $f(x)$ 在 $x=0$ 处极限存在否,必须分开讨论当 $x \to 0^-$ 与 $x \to 0^+$ 时函数值的变化趋势.

当 $x \to 0^-$ 时,$\lim\limits_{x \to 0^-} f(x) = \lim\limits_{x \to 0^-} (-x) = 0$;

当 $x \to 0^+$ 时,$\lim\limits_{x \to 0^+} f(x) = \lim\limits_{x \to 0^+} x^2 = 0$;

根据定理 1.2 于是有:$\lim\limits_{x \to 0} f(x) = 0$.

【例 1.18】　设函数 $f(x) = \begin{cases} x\sin\dfrac{1}{x}, & x \neq 0 \\ 0, & x = 0 \end{cases}$,求 $\lim\limits_{x \to 0} f(x)$.

【解】　当 $x \neq 0$ 时,$|f(x)| = \left| x\sin\dfrac{1}{x} \right| = |x| \left| \sin\dfrac{1}{x} \right| \leqslant |x|$,

又当 $x \to 0$ 时, $|x| \to 0$, 所以当 $x \to 0$ 时, 有 $|f(x)| \to 0$, 即 $\lim\limits_{x \to 0} f(x) = 0$.

另一方面, 由函数

$$f(x) = \begin{cases} x\sin\dfrac{1}{x}, & x \neq 0 \\ 0, & x = 0 \end{cases}$$ 的图像(图 1.13) 中

也可看出, 当 $x \to 0$ 时, 函数的极限为 0.

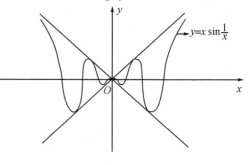

图 1.13

习题 1.3

1. 已知数列的通项, 试写出数列的前四项, 并观察判定该数列是否收敛?

(1) $x_n = (-1)^n n$;

(2) $x_n = \dfrac{n + (-1)^{n+1}}{n}$;

(3) $x_n = \dfrac{n+1}{n^2}$;

(4) $x_n = \dfrac{1}{1 \times 2} + \dfrac{1}{2 \times 3} + \cdots + \dfrac{1}{n(n+1)}$.

2. 试写出下列数列的通项, 并观察判定是否收敛, 若收敛, 写出其极限:

(1) $1, \dfrac{1}{3}, \dfrac{1}{9}, \dfrac{1}{27}, \dfrac{1}{81}, \cdots$;

(2) $\dfrac{1}{2}, -\dfrac{1}{4}, \dfrac{1}{6}, -\dfrac{1}{8}, \dfrac{1}{10}, -\dfrac{1}{12}, \cdots$;

(3) $0, 1, 0, \dfrac{1}{2}, 0, \dfrac{1}{3}, \cdots$;

(4) $\sin 1, \sin 2, \sin 3, \sin 4, \cdots$.

3. 回答下列问题:

(1) 设 $\lim\limits_{n \to +\infty} x_n = a$, $\lim\limits_{n \to +\infty} y_n = b$, 且 $a \neq b$, 则数列 $x_1, y_1, x_2, y_2, \cdots, x_n, y_n, \cdots$ 是否收敛? 为什么?

(2) 设 $\lim\limits_{n \to +\infty} x_n = a$, 若把数列的前有限项去掉得一新数列, 则该新数列是否收敛? 若收敛, 极限是什么?

4. 求下列函数的 $\lim\limits_{x \to 0^-} f(x), \lim\limits_{x \to 0^+} f(x), \lim\limits_{x \to 0} f(x)$:

(1) $f(x) = |x|$;

(2) $f(x) = \dfrac{|x|}{x}$;

(3) $f(x) = \begin{cases} e^{\frac{1}{x}}, & x < 0 \\ \ln x, & x > 0 \end{cases}$;

(4) $f(x) = \begin{cases} x^3 + 1, & x < 0 \\ 0, & x = 0 \\ 3^x, & x > 0 \end{cases}$.

1.4　极限的性质

研究函数的极限,目的之一是计算函数的极限.在前几节中,我们曾计算过几个简单函数的极限,但要计算较为复杂一些的函数极限,还是要先掌握极限的性质与运算法则,以及两个重要极限.

1.4.1　极限的性质

【性质 1.1】(唯一性)　若 $\lim\limits_{\substack{x \to x_0 \\ (x \to \infty)}} f(x) = A$,则 A 是唯一的.

*【性质 1.2】(局部有界性)　若 $\lim\limits_{x \to x_0} f(x) = A$,则 $y = f(x)$ 在某个邻域 $U^0(x_0, \delta)$ 内有界.

对 $x \to \infty$ 的情形,性质 1.2 可这样描述:若 $\lim\limits_{x \to \infty} f(x) = A$,则存在 $X > 0$,使 $y = f(x)$ 在 $|x| > X$ 上有界.

*【性质 1.3】(局部保号性)　若 $\lim\limits_{x \to x_0} f(x) = A > 0(<0)$,则 $y = f(x)$ 在某个邻域 $U^0(x_0, \delta)$ 内恒有 $f(x) > 0(<0)$.

从性质 1.3 还可得到下面的推论.

*【推论 1.1】　若在某个邻域 $U^0(x_0, \delta)$ 内,恒有 $y = f(x) \geqslant 0(\leqslant 0)$,且 $\lim\limits_{x \to x_0} f(x) = A$,则有 $A \geqslant 0(\leqslant 0)$.

*【推论 1.2】　若在某个邻域 $U^0(x_0, \delta)$ 内,恒有 $f(x) \geqslant g(x)$,且 $\lim\limits_{x \to x_0} f(x) = A$, $\lim\limits_{x \to x_0} g(x) = B$,则有 $A \geqslant B$.

对于 $x \to \infty$ 的性质,也有类似性质 1.3 的结果,我们把它留给读者去叙述.

【性质 1.4】(夹逼准则)　若在某个邻域 $U^0(x_0, \delta)$ 内(或在 $|x| > X$ 上),恒有 $g(x) \leqslant f(x) \leqslant h(x)$,且 $\lim\limits_{\substack{x \to x_0 \\ (x \to \infty)}} g(x) = \lim\limits_{\substack{x \to x_0 \\ (x \to \infty)}} h(x) = A$,则有 $\lim\limits_{\substack{x \to x_0 \\ (x \to \infty)}} f(x) = A$.

*【性质 1.5】　单调有界数列必收敛.

例如,刘徽的"割圆术"求圆周长就用到了这个性质,圆内接正 $3 \cdot 2^{n-1}$ 边形的周长构成一个单调增加的有界数列,即

圆内接正三边形的周长 $C_1 <$ 圆内接正六边形的周长 $C_2 <$ 圆内接正十二边形的周长 $C_3 < \cdots <$ 圆内接正 $3 \cdot 2^{n-1}$ 边形的周长 $C_n < \cdots <$ 圆周长.

由性质 1.5 得,$\lim\limits_{n \to +\infty} C_n = C = $ 圆周长.

1.4.2　极限的四则运算

为了叙述方便,这里总假定在自变量的某变化过程中($x \to x_0$ 或 $x \to \infty$)$f(x)$ 和 $g(x)$ 的极限存在.

【定理 1.3】　设 $\lim\limits_{\substack{x \to x_0 \\ (x \to \infty)}} f(x) = A$, $\lim\limits_{\substack{x \to x_0 \\ (x \to \infty)}} g(x) = B$,则有:

(1) $\lim\limits_{\substack{x \to x_0 \\ (x \to \infty)}} [f(x) \pm g(x)] = A \pm B$;

(2) $\lim\limits_{\substack{x \to x_0 \\ (x \to \infty)}} [kf(x)] = kA$;

(3) $\lim\limits_{\substack{x\to x_0\\(x\to\infty)}}[f(x)\cdot g(x)]=AB$;

(4) $\lim\limits_{\substack{x\to x_0\\(x\to\infty)}}\dfrac{f(x)}{g(x)}=\dfrac{A}{B}(B\neq 0)$.

证明略,定理 1.3 中的式子可推广到有限个函数的情形,即

若 $\lim\limits_{\substack{x\to x_0\\(x\to\infty)}}f_1(x)=A_1$,$\lim\limits_{\substack{x\to x_0\\(x\to\infty)}}f_2(x)=A_2$,$\cdots$,$\lim\limits_{\substack{x\to x_0\\(x\to\infty)}}f_n(x)=A_n$,则有

$$\lim\limits_{\substack{x\to x_0\\(x\to\infty)}}[k_1f_1(x)+k_2f_2(x)+\cdots+k_nf_n(x)]=k_1A_1+k_2A_2+\cdots+k_nA_n;$$

$$\lim\limits_{\substack{x\to x_0\\(x\to\infty)}}[f_1(x)f_2(x)\cdots f_n(x)]=A_1A_2\cdots A_n.$$

我们称定理 1.3 为极限的四则运算法则.它们在计算函数的极限中起着重要的作用.但要注意,运用极限四则运算法则时,必须考虑到运算法则成立的前提.

【例 1.19】 求 $\lim\limits_{x\to x_0}a_0x^n$(其中 a_0 为常数,n 为正整数).

【解】 因为 $\lim\limits_{x\to x_0}x=x_0$,所以

$$\lim\limits_{x\to x_0}x^n=\underbrace{\lim\limits_{x\to x_0}x\ \lim\limits_{x\to x_0}x\cdots\lim\limits_{x\to x_0}x}_{n\text{个}}=(\lim\limits_{x\to x_0}x)^n=x_0^n,$$

从而有

$$\lim\limits_{x\to x_0}a_0x^n=a_0\lim\limits_{x\to x_0}x^n=a_0x_0^n.$$

一般地,用极限四则运算法则可得到

$$\lim\limits_{x\to x_0}(a_0x^n+a_1x^{n-1}+\cdots+a_{n-1}x+a_n)=a_0x_0^n+a_1x_0^{n-1}+\cdots+a_{n-1}x_0+a_n,$$

也就是说,对于任一个 n 次多项式函数 $p_n(x)$,都有

$$\lim\limits_{x\to x_0}p_n(x)=p_n(x_0).$$

【例 1.20】 求 $\lim\limits_{x\to 1}\dfrac{x^3+2x^2+4x+1}{3x^4+x^3-2x^2+4x+2}$.

【解】 因为分母的极限

$$\lim\limits_{x\to 1}(3x^4+x^3-2x^2+4x+2)=3\times 1^4+1^3-2\times 1^2+4\times 1+2=8\neq 0,$$

由定理 1.3 的(4) 式子得,

$$\lim\limits_{x\to 1}\dfrac{x^3+2x^2+4x+1}{3x^4+x^3-2x^2+4x+2}=\dfrac{\lim\limits_{x\to 1}(x^3+2x^2+4x+1)}{\lim\limits_{x\to 1}(3x^4+x^3-2x^2+4x+2)}=\dfrac{8}{8}=1.$$

一般地,如果 $R(x)=\dfrac{p_n(x)}{q_m(x)}$,其中 $p_n(x)$,$q_m(x)$ 分别是 n 次和 m 次多项式函数[此时也称 $R(x)$ 为有理函数],且 $q_m(x_0)\neq 0$,则

$$\lim\limits_{x\to x_0}R(x)=R(x_0)=\dfrac{p_n(x_0)}{q_m(x_0)}.$$

【例 1.21】 求 $\lim\limits_{x\to 2}\dfrac{x^3-8}{x^2-4}$.

【解】 当 $x\to 2$ 时,分子、分母极限均为零,呈现 $\dfrac{0}{0}$ 型,不能直接运用极限四则运算法则,但当 $x\to 2$ 且 $x\neq 2$ 时,有

$$\frac{x^3 - 8}{x^2 - 4} = \frac{x^2 + 2x + 4}{x + 2},$$

从而得到

$$\lim_{x \to 2} \frac{x^3 - 8}{x^2 - 4} \overset{\frac{0}{0}}{=\!=} \lim_{x \to 2} \frac{x^2 + 2x + 4}{x + 2} = 3.$$

【例 1.22】 求 $\lim\limits_{x \to \infty} \dfrac{3x^2 - 2x + 1}{-2x^2 + x - 4}$.

【解】 当 $x \to \infty$ 时,分子、分母都没有极限,呈现 $\dfrac{\infty}{\infty}$ 型,因此不能直接运用极限四则运算法则,如果将分子、分母同除 x^2,即

$$\frac{3x^2 - 2x + 1}{-2x^2 + x - 4} = \frac{3 - \dfrac{2}{x} + \dfrac{1}{x^2}}{-2 + \dfrac{1}{x} - \dfrac{4}{x^2}},$$

由于等式右端分子、分母当 $x \to \infty$ 时极限存在且分母极限为 $-2 \neq 0$,故有

$$\lim_{x \to \infty} \frac{3x^2 - 2x + 1}{-2x^2 + x - 4} \overset{\frac{\infty}{\infty}}{=\!=} \lim_{x \to \infty} \frac{3 - \dfrac{2}{x} + \dfrac{1}{x^2}}{-2 + \dfrac{1}{x} - \dfrac{4}{x^2}} = -\frac{3}{2}.$$

一般地,有

$$\lim_{x \to \infty} \frac{a_0 x^k + a_1 x^{k-1} + \cdots + a_k}{b_0 x^l + b_1 x^{l-1} + \cdots + b_l} \overset{\frac{\infty}{\infty}}{=\!=} \begin{cases} 0, & k < l \\ \dfrac{a_0}{b_0}, & k = l. \\ \infty, & k > l \end{cases}$$

【例 1.23】 求 $\lim\limits_{x \to 0} \dfrac{1 - \sqrt{1 + x^2}}{x^2}$.

【解】 因为分母极限 $\lim\limits_{x \to 0} x^2 = 0$,所以不能直接运用极限四则运算法则,我们对分子进行有理化,得

$$\frac{1 - \sqrt{1 + x^2}}{x^2} = \frac{(1 - \sqrt{1 + x^2})(1 + \sqrt{1 + x^2})}{x^2(1 + \sqrt{1 + x^2})} = \frac{-x^2}{x^2(1 + \sqrt{1 + x^2})} = \frac{-1}{1 + \sqrt{1 + x^2}},$$

从而有

$$\lim_{x \to 0} \frac{1 - \sqrt{1 + x^2}}{x^2} \overset{\frac{0}{0}}{=\!=} \lim_{x \to 0} \frac{-1}{1 + \sqrt{1 + x^2}} = -\frac{1}{2}.$$

【例 1.24】 求 $\lim\limits_{n \to +\infty} \dfrac{1 + \dfrac{1}{2} + \dfrac{1}{4} + \cdots + \dfrac{1}{2^{n-1}}}{1 + \dfrac{1}{3} + \dfrac{1}{9} + \cdots + \dfrac{1}{3^{n-1}}}$.

【解】 由于分子、分母当 n 无限增大时,都有无穷多项,无法直接求极限,考虑到分子、分母分别是公比为 $\dfrac{1}{2}$ 和 $\dfrac{1}{3}$ 的等比数列的前 n 项和,故可先求出这个和,即

$$1 + \frac{1}{2} + \frac{1}{4} + \cdots + \frac{1}{2^{n-1}} = \frac{1 - \dfrac{1}{2^n}}{1 - \dfrac{1}{2}},$$

$$1 + \frac{1}{3} + \frac{1}{9} + \cdots + \frac{1}{3^{n-1}} = \frac{1 - \frac{1}{3^n}}{1 - \frac{1}{3}},$$

而

$$\lim_{n \to +\infty} \frac{1}{2^n} = 0, \lim_{n \to +\infty} \frac{1}{3^n} = 0,$$

所以有

$$\lim_{n \to +\infty} \frac{1 + \frac{1}{2} + \frac{1}{4} + \cdots + \frac{1}{2^{n-1}}}{1 + \frac{1}{3} + \frac{1}{9} + \cdots + \frac{1}{3^{n-1}}} = \lim_{n \to +\infty} \frac{\frac{1 - \frac{1}{2^n}}{1 - \frac{1}{2}}}{\frac{1 - \frac{1}{3^n}}{1 - \frac{1}{3}}} = \frac{\lim_{n \to +\infty} \frac{1 - \frac{1}{2^n}}{1 - \frac{1}{2}}}{\lim_{n \to +\infty} \frac{1 - \frac{1}{3^n}}{1 - \frac{1}{3}}} = \frac{4}{3}.$$

【例 1. 25】 求 $\lim\limits_{n \to +\infty} \left(\dfrac{n}{n^2 + 1} + \dfrac{n}{n^2 + 2} + \cdots + \dfrac{n}{n^2 + n} \right)$.

【解】 根据性质 1.4(即夹逼准则)

因为 $n \times \dfrac{n}{n^2 + n} < \left(\dfrac{n}{n^2 + 1} + \dfrac{n}{n^2 + 2} + \cdots + \dfrac{n}{n^2 + n} \right) < n \times \dfrac{n}{n^2 + 1}$,

而 $\lim\limits_{n \to +\infty} \dfrac{n^2}{n^2 + n} = \lim\limits_{n \to +\infty} \dfrac{n^2}{n^2 + 1} = 1$, 所以有 $\lim\limits_{n \to +\infty} \left(\dfrac{n}{n^2 + 1} + \dfrac{n}{n^2 + 2} + \cdots + \dfrac{n}{n^2 + n} \right) = 1$.

习题 1. 4

求下列极限：

(1) $\lim\limits_{x \to 1} (2x^3 - x + 4)$;

(2) $\lim\limits_{x \to -1} \dfrac{x^2 - x - 2}{x^2 + 6x + 5}$;

(3) $\lim\limits_{x \to 2} \dfrac{x - 2}{x^2 + 3x - 10}$;

(4) $\lim\limits_{x \to 0} \dfrac{3x + 2}{x}$

(5) $\lim\limits_{x \to \infty} (e^{\frac{1}{x}} - 1)$;

(6) $\lim\limits_{x \to 4} \dfrac{x - 4}{\sqrt{x} - 2}$;

(7) $\lim\limits_{x \to 4} \dfrac{\sqrt{x - 2} - \sqrt{2}}{\sqrt{2x + 1} - 3}$;

(8) $\lim\limits_{t \to 0} \dfrac{(x + t)^3 - x^3}{t}$;

(9) $\lim\limits_{x \to +\infty} \dfrac{\sqrt{x^2 + 2x + 2} - 1}{x + 2}$;

(10) $\lim\limits_{x \to \infty} \dfrac{x^3 - 1}{x^2 + 2x + 3}$;

(11) $\lim\limits_{x \to \infty} \dfrac{(3x - 2)^{12} (4x + 1)^{13}}{(5x + 1)^{25}}$;

(12) $\lim\limits_{x \to +\infty} x(\sqrt{x^2 + 1} - x)$;

(13) $\lim\limits_{x \to +\infty} (\sqrt{9x^2 + 1} - 3x)$;

(14) $\lim\limits_{x \to 1} \left(\dfrac{3}{1 - x^3} - \dfrac{2}{1 - x^2} \right)$.

1.5　两个重要的极限

1.5.1　重要极限 Ⅰ $:\lim\limits_{x \to 0} \dfrac{\sin x}{x} = 1\left(\dfrac{0}{0}\ \text{型}\right)$

【证明】　因为 $f(x) = \dfrac{\sin x}{x}$ 是一个偶函数，所以只要能证明

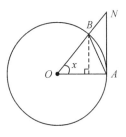

图 1.14

$\lim\limits_{x \to 0^+} \dfrac{\sin x}{x} = 1$ 成立即可. 另外，由 $x \to 0^+$，不妨限制 x 在 $\left(0, \dfrac{\pi}{2}\right)$ 内取

值. 如图 1.14 所示，设单位圆的圆心为 O，在圆周上取一定点 A，在圆

周上任取一点 B 使 $\angle AOB = x\left(0 < x < \dfrac{\pi}{2}\right)$. 过点 A 作圆周的切线交

OB 的延长线于 N，连结 AB，则得 $\triangle AOB$、扇形 AOB、$\triangle AON$ 三个图

形，设其面积分别为 $S_{\triangle AOB}, S_{扇形 AOB}, S_{\triangle AON}$，则有关系

$$S_{\triangle AOB} < S_{扇形 AOB} < S_{\triangle AON}.$$

根据三角形、扇形面积公式，于是有

$$\frac{1}{2}\sin x < \frac{1}{2}x < \frac{1}{2}\tan x,$$

即

$$\sin x < x < \tan x.$$

因为 $x \in \left(0, \dfrac{\pi}{2}\right)$，所以 $\sin x > 0$，上式各端同除以 $\sin x$ 得

$$1 < \frac{x}{\sin x} < \frac{1}{\cos x},$$

即

$$\cos x < \frac{\sin x}{x} < 1.$$

因为 $\lim\limits_{x \to 0^+} \cos x = 1, \lim\limits_{x \to 0^+} 1 = 1$，于是由夹逼准则得 $\lim\limits_{x \to 0^+} \dfrac{\sin x}{x} = 1$，从而

$$\lim_{x \to 0} \frac{\sin x}{x} = 1.$$

极限 $\lim\limits_{x \to 0} \dfrac{\sin x}{x} = 1$ 还有另一种等价形式

$$\lim_{x \to \infty} x\sin\frac{1}{x} = \lim_{x \to \infty} \frac{\sin\dfrac{1}{x}}{\dfrac{1}{x}} = 1.$$

【例 1.26】　求 $\lim\limits_{x \to 0} \dfrac{\sin 3x}{x}$.

【解】　令 $u = 3x$，则当 $x \to 0$ 时，$u \to 0$，所以

$$\lim_{x \to 0} \frac{\sin 3x}{x} = \lim_{u \to 0} \frac{\sin u}{\dfrac{u}{3}} = 3\lim_{u \to 0} \frac{\sin u}{u} = 3.$$

一般地，

$$\lim_{x \to 0} \frac{\sin kx}{x} = \lim_{x \to 0} k \cdot \frac{\sin kx}{kx} = k.$$

【例 1.27】 求 $\lim\limits_{x \to 0} \dfrac{1 - \cos x}{x^2}$.

【解】 因为 $\dfrac{1 - \cos x}{x^2} = \dfrac{(1 - \cos x)(1 + \cos x)}{x^2(1 + \cos x)} = \dfrac{1 - \cos^2 x}{x^2(1 + \cos x)} = \left(\dfrac{\sin x}{x}\right)^2 \dfrac{1}{1 + \cos x}$，

所以

$$\lim_{x \to 0} \frac{1 - \cos x}{x^2} = \lim_{x \to 0} \left(\frac{\sin x}{x}\right)^2 \lim_{x \to 0} \frac{1}{1 + \cos x} = 1^2 \times \frac{1}{1 + 1} = \frac{1}{2}.$$

【例 1.28】 求圆的内接正 $3 \cdot 2^{n-1}$ 边形面积 S_n 所构成数列 $\{S_n\}$ 的极限值

【解】 我们已计算出：

$$S_n = 3 \times 2^{n-2} \times R^2 \times \sin \frac{\pi}{3 \times 2^{n-2}}$$

$$\lim_{n \to +\infty} S_n = \lim_{n \to +\infty} \left(3 \times 2^{n-2} \times R^2 \times \sin \frac{\pi}{3 \times 2^{n-2}}\right) = R^2 \lim_{n \to +\infty} \frac{\sin \dfrac{\pi}{3 \times 2^{n-2}}}{\dfrac{1}{3 \times 2^{n-2}}},$$

令 $u = \dfrac{1}{3 \times 2^{n-2}}$，则当 $n \to +\infty$ 时，$u \to 0$，所以

$$\lim_{n \to +\infty} S_n = R^2 \lim_{u \to 0} \frac{\sin \pi u}{u} = R^2 \times \pi = \pi R^2.$$

这个结果正是我们需要的，即圆面积等于其内接正多边形面积当其边数无限增大时的极限.

1.5.2 重要极限 Ⅱ：$\lim\limits_{x \to \infty} \left(1 + \dfrac{1}{x}\right)^x = e(1^\infty$ 型$)$

证明比较复杂，这里只从函数值的变化趋势来说明. 先看 $x \to +\infty$ 时的情况：

x	$\cdots$	10	10^2	10^3	10^4	10^5	$\cdots$
$\left(1 + \dfrac{1}{x}\right)^x$	$\cdots$	2.59374	2.70481	2.71692	2.71815	2.71827	$\cdots$

从以上表可看出，当 $x \to +\infty$ 时，函数 $\left(1 + \dfrac{1}{x}\right)^x$ 的值单调递增且无限接近于一个确定的常数，可以证明这个常数就是无理数 $e = 2.71828\cdots$，于是有 $\lim\limits_{x \to +\infty} \left(1 + \dfrac{1}{x}\right)^x = e$.

同理可以观察 $x \to -\infty$ 时的情况：

x	$\cdots$	-10	-10^2	-10^3	-10^4	-10^5	$\cdots$
$\left(1 + \dfrac{1}{x}\right)^x$	$\cdots$	2.86792	2.73200	2.71964	2.71841	2.71830	$\cdots$

当然也看出，当 $x \to -\infty$ 时，函数 $\left(1 + \dfrac{1}{x}\right)^x$ 的值也无限接近于常数 $e = 2.71828\cdots$，于是也有 $\lim\limits_{x \to -\infty} \left(1 + \dfrac{1}{x}\right)^x = e$.

即有

$$\lim_{x\to\infty}\left(1+\frac{1}{x}\right)^x=e.$$

极限 $\lim\limits_{x\to\infty}(1+\frac{1}{x})^x=e$ 还有另一种等价形式

$$\lim_{x\to0}(1+x)^{\frac{1}{x}}=e.$$

【例 1. 29】　求 $\lim\limits_{x\to\infty}\left(1+\dfrac{4}{x}\right)^x$.

【解】　令 $u=\dfrac{x}{4}$,则

$$\lim_{x\to\infty}\left(1+\frac{4}{x}\right)^x=\lim_{u\to\infty}\left(1+\frac{1}{u}\right)^{4u}=\lim_{u\to\infty}\left[\left(1+\frac{1}{u}\right)^u\right]^4=e^4.$$

一般地有:

$$\lim_{x\to\infty}\left(1+\frac{k}{x}\right)^x=e^k.$$

【例 1. 30】　求 $\lim\limits_{x\to0}(1+kx)^{\frac{1}{x}}(k\neq0)$.

【解】　令 $t=kx$,则

$$\lim_{x\to0}(1+kx)^{\frac{1}{x}}=\lim_{t\to0}(1+t)^{\frac{k}{t}}=\lim_{t\to0}\left[(1+t)^{\frac{1}{t}}\right]^k=e^k.$$

【例 1. 31】　求 $\lim\limits_{x\to\infty}\left(1-\dfrac{2}{x}\right)^{3x}$.

【解】　令 $t=-\dfrac{x}{2}$,则

$$\lim_{x\to\infty}\left(1-\frac{2}{x}\right)^{3x}=\lim_{x\to\infty}\left(1+\frac{1}{t}\right)^{-6t}=\lim_{x\to\infty}\left[\left(1+\frac{1}{t}\right)^t\right]^{-6}=e^{-6}.$$

【例 1. 32】　求 $\lim\limits_{x\to\infty}\left(\dfrac{x+2}{x-1}\right)^x$.

【解 1】　因为 $\dfrac{x+2}{x-1}=1+\dfrac{3}{x-1}$,令 $t=\dfrac{1}{x-1}$,则 $x=1+\dfrac{1}{t}$,并且当 $x\to\infty$ 时,$t\to0$,
所以

$$\lim_{x\to\infty}\left(\frac{x+2}{x-1}\right)^x=\lim_{t\to0}(1+3t)^{\frac{1}{t}+1}=\lim_{t\to0}(1+3t)^{\frac{1}{t}}\times(1+3t)=e^3\times1=e^3.$$

【解 2】　$\lim\limits_{x\to\infty}\left(\dfrac{x+2}{x-1}\right)^x=\lim\limits_{x\to\infty}\dfrac{\left(\dfrac{x+2}{x}\right)^x}{\left(\dfrac{x-1}{x}\right)^x}=\lim\limits_{x\to\infty}\dfrac{\left(1+\dfrac{2}{x}\right)^x}{\left(1-\dfrac{1}{x}\right)^x}=\dfrac{\lim\limits_{x\to\infty}\left(1+\dfrac{2}{x}\right)^x}{\lim\limits_{x\to\infty}\left(1-\dfrac{1}{x}\right)^x}=\dfrac{e^2}{e^{-1}}=e^3.$

习题 1. 5

1. 求下列极限:

(1) $\lim\limits_{x\to0}\dfrac{\sin3x}{x}$;

(2) $\lim\limits_{x\to0}\dfrac{\sin nx}{\sin mx}(m\neq0)$;

(3) $\lim\limits_{x\to0}\dfrac{\sin5x}{\tan4x}$;

(4) $\lim\limits_{x\to\infty}x\sin\dfrac{a}{x}$;

(5) $\lim\limits_{x\to0^+}\dfrac{\sin3x}{\sqrt{x}}$;

(6) $\lim\limits_{x\to0}\dfrac{2\arcsin x}{3x}$;

(7) $\lim\limits_{x\to 0}\dfrac{\tan x-\sin x}{x^3}$; (8) $\lim\limits_{x\to\pi}\dfrac{\tan x}{x-\pi}$.

2. 求下列极限:

(1) $\lim\limits_{x\to\infty}\left(1+\dfrac{1}{x}\right)^{-x}$; (2) $\lim\limits_{x\to 0}\left(1-\dfrac{1}{2}x\right)^{\frac{1}{x}}$;

(3) $\lim\limits_{x\to 0}(1+\tan x)^{\cot x}$; (4) $\lim\limits_{x\to\infty}\left(\dfrac{x-1}{x+3}\right)^{x+2}$;

(5) $\lim\limits_{x\to 0}\dfrac{\ln(a+x)-\ln a}{x}$; (6) $\lim\limits_{x\to 0}\dfrac{a^x-1}{x}$(提示:令 $u=a^x-1$);

(7) $\lim\limits_{n\to+\infty}\left(1+\dfrac{1}{3n}\right)^{2n}$; (8) $\lim\limits_{n\to+\infty}\left(1+\dfrac{1}{n}+\dfrac{1}{n^2}\right)^n$(提示:$\dfrac{1}{n}+\dfrac{1}{n^2}=\dfrac{n+1}{n^2}$).

1.6　无穷小量与无穷大量

本节讨论两类极限值很特殊的变量,即极限值为零与极限值趋向无穷大的两类变量.
先观察如下一些极限:

$\lim\limits_{x\to 1}(x-1)=0,\lim\limits_{x\to\infty}\dfrac{x+1}{x^2}=0,\lim\limits_{x\to 0}2x^3=0$ 共同特点是:极限值都为零.

$\lim\limits_{x\to 1}\dfrac{1}{x-1}=\infty,\lim\limits_{x\to\infty}\dfrac{x^2}{x+1}=\infty,\lim\limits_{x\to 0}\dfrac{1}{2x^3}=\infty$ 共同特点是:极限值都不存在,但都趋向于无穷大. 且前三个变量(函数)与后三个变量(函数)的关系分别是倒数关系.

1.6.1　无穷小量与无穷大量的概念

【定义 1.7】　如果当 $x\to x_0(x\to\infty)$ 时,变量 $y=f(x)$ 极限值为零,即 $\lim\limits_{\substack{x\to x_0\\(x\to\infty)}}f(x)=0$,
则称变量 $y=f(x)$ 为 $x\to x_0(x\to\infty)$ 时的无穷小量.

如果当 $x\to x_0(x\to\infty)$ 时,变量 $y=f(x)$ 的绝对值无限增大,即 $\lim\limits_{\substack{x\to x_0\\(x\to\infty)}}f(x)=\infty$,则称变量 $y=f(x)$ 为 $x\to x_0(x\to\infty)$ 时的无穷大量.

【注】

(1) 常数 0 也是无穷小量.

(2) 无穷小量(常数 0 例外)或无穷大量都是变量,不能与很小的正数或很大的数混为一谈.

(3) 一个函数(即变量)是否是无穷小(大)量与自变量的变化过程密切相关,离开了自变量的变化过程,无穷小(大)量无从说起.

例如函数 $y=x$ 在 $x\to 0$ 时为无穷小量,而在 $x\to\infty$ 时则为无穷大量.

(4) 无穷小量与无穷大量之间有倒数的关系,即无穷小量(非零)的倒数是无穷大量,无穷大量的倒数是无穷小量.

1.6.2　无穷小量的性质

1. 有限个无穷小量的代数之和为无穷小量;

2. 有限个无穷小量之积为无穷小量;

3. 无穷小量与有界变量之积为无穷小量.

4. 无穷小量与函数极限的关系:由于 $\lim\limits_{\substack{x \to x_0 \\ (x \to \infty)}} f(x) = A$ 等价于 $\lim\limits_{\substack{x \to x_0 \\ (x \to \infty)}} (f(x) - A) = 0$,令 $\alpha(x) = f(x) - A$,则 $f(x) = A + \alpha(x)$. 于是有:

【定理 1.4】 $\lim\limits_{\substack{x \to x_0 \\ (x \to \infty)}} f(x) = A$ 的充分必要条件是 $f(x) = A + \alpha(x)$,其中 $\lim\limits_{\substack{x \to x_0 \\ (x \to \infty)}} \alpha(x) = 0$.

*1.6.3 无穷小量阶的比较

考虑变量 x, x^2, x^3,当 $x \to 0$ 时,它们都是无穷小量,即当 $x \to 0$ 时,它们都趋于 0. 但很明显,三者趋于 0 的快慢程度不同,x^3 最快,x 最慢. 为了比较这种快慢程度,我们引进无穷小量"阶"的概念.

【定义 1.8】 设 $\lim\limits_{\substack{x \to x_0 \\ (x \to \infty)}} \alpha(x) = 0$, $\lim\limits_{\substack{x \to x_0 \\ (x \to \infty)}} \beta(x) = 0$,且 $\beta(x) \neq 0$,

(1) 若 $\lim\limits_{\substack{x \to x_0 \\ (x \to \infty)}} \dfrac{\alpha(x)}{\beta(x)} = 0$,则称 $\alpha(x)$ 是比 $\beta(x)$ 高阶的无穷小量,记作 $\alpha(x) = o(\beta(x))$;

(2) 若 $\lim\limits_{\substack{x \to x_0 \\ (x \to \infty)}} \dfrac{\alpha(x)}{\beta(x)} = l \neq 0$,则称 $\alpha(x)$ 和 $\beta(x)$ 是同阶无穷小量,记作 $\alpha(x) = o(\beta(x))$;

特别地,若 $l = 1$,则称 $\alpha(x)$ 与 $\beta(x)$ 是等价无穷小量,记 $\alpha(x) \sim \beta(x)$;

(3) 若 $\lim\limits_{\substack{x \to x_0 \\ (x \to \infty)}} \dfrac{\alpha(x)}{\beta(x)} = \infty$,则称 $\alpha(x)$ 是比 $\beta(x)$ 低阶的无穷小量.

根据定义 1.8,当 $x \to 0$ 时,无穷小量 x^3 比 x^2 高阶,x^2 比 x 高阶,当然 x^3 也比 x 高阶. 由重要极限 $\lim\limits_{x \to 0} \dfrac{\sin x}{x} = 1$ 知,当 $x \to 0$ 时,$\sin x$ 与 x 是等价无穷小量,即 $\sin x \sim x$.

习题 1.6

1. 下列函数在什么情况下,为无穷小量或无穷大量?

(1) $\dfrac{x+1}{x-1}$; (2) $\lg x$.

2. 试证明当 $x \to 0$ 时:

(1) $\sqrt{1+x} - 1 \sim \dfrac{x}{2}$; (2) $1 - \cos x \sim \dfrac{1}{2} x^2$;

(3) $\arcsin x \sim \ln(1+x)$; (4) $\sqrt{1 + \sin x} - \sqrt{1 - \sin x} \sim x$.

3. 求下列函数的极限:

(1) $\lim\limits_{x \to \infty} \dfrac{\sin x}{x}$; (2) $\lim\limits_{x \to \infty} x \sin \dfrac{1}{x}$;

(3) $\lim\limits_{x \to \infty} \cos x \sin \dfrac{1}{x}$; (4) $\lim\limits_{x \to 0} \sin x \cos \dfrac{1}{x}$.

1.7 函数的连续性

我们在介绍函数 $y = f(x)$ 在 $x = x_0$ 处极限的概念时,并不要求 $y = f(x)$ 在 $x = x_0$ 有定义. 从几何上看,曲线 $y = f(x)$ 可被直线 $x = x_0$ 隔开而不必相连,如符号函数 $y = \text{sgn} x$,

其图像被 $x = 0$ 分成两条不相连的"直线". 又如函数 $y = |x|$,虽然其图形仍由两条"直线"构成,但它们仍在原点 $(0,0)$ 处相连,此时,我们说,函数 $y = |x|$ 在 $x = 0$ 处连续. 函数的连续性也是经济数学中的重要概念. 在自然界里,也存在着体现连续性的情况,如一天内气温的变化、河水的流动、植物的生长等. 下面我们给出函数 $y = f(x)$ 在 $x = x_0$ 处连续的定义.

1.7.1 函数 $y = f(x)$ 的连续与间断

1. $y = f(x)$ 在某点 x_0 处的连续性

【定义 1.9】 设函数 $y = f(x)$ 在 x_0 的某邻域 $U(x_0, \delta_0)$ 内有定义,且

$$\lim_{x \to x_0} f(x) = f(x_0),$$

则称函数 $y = f(x)$ 在 $x = x_0$ 处连续,x_0 叫做函数 $y = f(x)$ 的连续点.

例如,函数 $y = x^2$ 在其定义域 $(-\infty, +\infty)$ 内任一点 x_0 处都有 $\lim\limits_{x \to x_0} x^2 = x_0^2$,因此,函数 $y = x^2$ 在其定义域内任一点 x_0 处都连续.

又如函数 $f(x) = \begin{cases} x\sin\dfrac{1}{x}, & x \neq 0 \\ 0, & x = 0 \end{cases}$,因为 $\lim\limits_{x \to 0} f(x) = \lim\limits_{x \to 0} x\sin\dfrac{1}{x} = 0 = f(0)$,所以该函数在 $x = 0$ 处也连续.

函数 $y = f(x)$ 在 $x = x_0$ 处连续,意味着同时满足下列三个条件:

(1) 函数 $y = f(x)$ 在 x_0 的某邻域 $U(x_0, \delta_0)$ 内有定义;

(2) 极限 $\lim\limits_{x \to x_0} f(x)$ 存在;

(3) 极限值 $\lim\limits_{x \to x_0} f(x)$ 与函数值 $f(x_0)$ 相等.

如果 $y = f(x)$ 不满足 (1) ~ (3) 中的一条,我们就说函数 $y = f(x)$ 在 $x = x_0$ 处间断,并称 x_0 为函数的间断点(即不连续点). 例如符号函数 $y = \mathrm{sgn}\, x$ 在 $x = 0$ 处间断,$x = 0$ 是间断点.

从函数在某点 x_0 处连续的定义 $\lim\limits_{x \to x_0} f(x) = f(x_0)$ 看,x 趋于 x_0 是指从 x 从 x_0 的左、右两侧都趋于 x_0. 如果单从 x_0 的左侧或右侧趋于 x_0 看,就可得到左、右连续的概念. 即:

如果 $\lim\limits_{x \to x_0^-} f(x) = f(x_0)$,则称 $y = f(x)$ 在 $x = x_0$ 处左连续;

如果 $\lim\limits_{x \to x_0^+} f(x) = f(x_0)$,则称 $y = f(x)$ 在 $x = x_0$ 处右连续.

【定理 1.5】 $y = f(x)$ 在 $x = x_0$ 处连续的充分必要条件是 $y = f(x)$ 在 $x = x_0$ 处左、右都连续.

2. 间断点的分类

根据函数 $y = f(x)$ 在间断点处左、右极限的存在与否,可以把间断点分成两类:即第一类间断点与第二类间断点.

如果函数 $y = f(x)$ 在间断点 $x = x_0$ 处存在左、右极限,则称 x_0 为函数的第一类间断点;特别地,如果函数在间断点处左、右极限相等,则称 $x = x_0$ 为函数的可去间断点;如果函数在间断点处左、右极限存在但不相等,则称 $x = x_0$ 为函数的跳跃间断点.

如果函数 $y = f(x)$ 在间断点 $x = x_0$ 处左、右极限至少有一个不存在,则称 x_0 为函数的第二类间断点.

例如函数

$$f(x) = \begin{cases} e^x, & x < 0 \\ x+1, & x > 0 \end{cases}$$

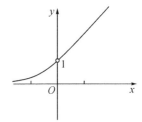

图 1.15

其图像(如图 1.15 所示)在 $x = 0$ 处的左、右极限都是 1,即 $\lim\limits_{x \to 0^-} e^x = 1, \lim\limits_{x \to 0^+}(x+1) = 1$,但定义域不含 $x = 0$ 点,故 $x = 0$ 是第一类间断点,且是可去间断点.

函数

$$f(x) = \begin{cases} x-1, & x < 0 \\ 0, & x = 0 \\ x+1, & x > 0 \end{cases}$$

其图像(如图 1.16 所示)在 $x = 0$ 处的左、右极限分别是 -1、1,即 $\lim\limits_{x \to 0^-}(x-1) = -1, \lim\limits_{x \to 0^+}(x+1) = 1$,故 $x = 0$ 是第一类间断点,且为跳跃间断点.

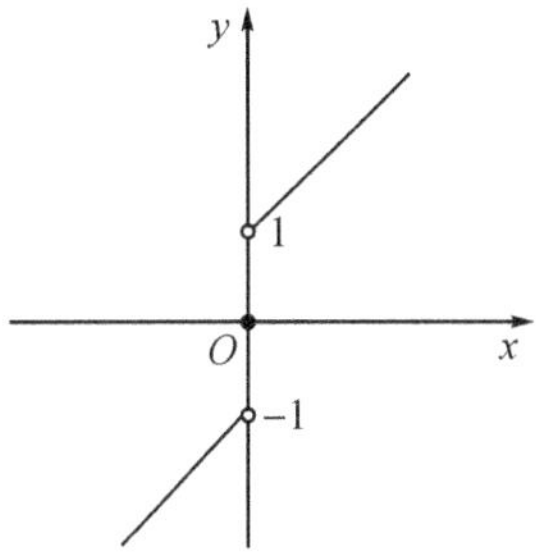

图 1.16

而函数 $f(x) = \dfrac{1}{x}$ 在 $x = 0$ 处是第二类间断点,函数 $y = \tan x$ 在 $x = \dfrac{\pi}{2}$ 也是第二类间断点,等等.

3. $y = f(x)$ 在区间上的连续性

由函数在一点处连续的定义,很自然地推广到一个区间上.

【定义 1.10】　若函数 $y = f(x)$ 在区间 I 上每一点都连续,则称函数 $y = f(x)$ 在 I 上连续,并称 $y = f(x)$ 为区间 I 上的连续函数,称 I 为函数 $y = f(x)$ 的连续区间.

对闭区间 $[a,b]$ 上区间端点的连续性,按左、右连续来确定,即若 $\lim\limits_{x \to a^+} f(x) = f(a)$,$\lim\limits_{x \to b^-} f(x) = f(b)$,则说函数 $y = f(x)$ 在左端点 $x = a$ 处连续、在右端点 $x = b$ 处连续.

例如,函数 $y = f(x) = x^2$ 在其定义域 $(-\infty, +\infty)$ 上连续;$f(x) = \dfrac{1}{x}$ 在 $(1,2)$ 上连续,在 $[1,2]$ 上也连续,但在 $[0,1]$ 上就不连续了,因为它在 $x = 0$ 处没有意义.

区间上的连续函数其图像是一条连续的曲线.

1.7.2　连续函数的性质及初等函数的连续性

1. 连续函数在其连续点上的性质

(1)四则运算性质:若函数 $f(x), g(x)$ 在 x_0 处连续,则它们的和、差、积、商(分母不为 0)在 x_0 处也连续.

(2)复合函数的连续性:若函数 $u = \varphi(x)$ 在 x_0 处连续,而函数 $y = f(u)$ 在 $u_0 = \varphi(x_0)$ 处也连续,则复合函数 $y = f[\varphi(x)]$ 在 $x = x_0$ 处连续,即有 $\lim\limits_{x \to x_0} f[\varphi(x)] = f[\varphi(x_0)]$.

例如函数 $y = \sin x^2$ 由 $y = \sin u, u = x^2$ 复合而成,因为 $u = x^2$ 在 $x = \sqrt{\dfrac{\pi}{2}}$ 处连续,而 $y = \sin u$ 在 $u = \dfrac{\pi}{2}$ 也连续,故函数 $y = \sin x^2$ 在 $x = \sqrt{\dfrac{\pi}{2}}$ 处连续,即 $\lim\limits_{x \to \sqrt{\frac{\pi}{2}}} \sin x^2 = \sin \dfrac{\pi}{2}$.

(3)反函数的连续性:单调递增(递减)且连续的函数,其反函数也单调递增(递减)且连续.

从几何上是很好理解这一性质的,假如函数 $y = f(x)$,其图形是一条连续上升的曲线,则与该曲线关于直线 $y = x$ 对称的曲线 $y = f^{-1}(x)$[$y = f(x)$ 的反函数],也肯定是连续上升的曲线.

2. 初等函数的连续性

可以证明基本初等函数在其定义域上连续.

再由初等函数的定义及连续函数的四则运算性质、复合函数的连续性,可得出下面重要结论:

初等函数在其定义域内是连续的.

根据这个结论,由于函数在某点连续时,其极限值与函数值相等,故求初等函数在其定义域内点 x_0 处的极限时,只需求出函数在 x_0 处的函数值即可.

【例 1.33】 求 $\lim\limits_{x \to 0} \left[\dfrac{\lg(100 + x)}{a^x + \arcsin x} \right]^{\frac{1}{2}}$ $(a > 0$ 且 $a \neq 1)$.

【解】 因为初等函数 $f(x) = \left[\dfrac{\lg(100 + x)}{a^x + \arcsin x} \right]^{\frac{1}{2}}$ 在 $x = 0$ 处有定义,故由初等函数的连续性得

$$\lim_{x \to 0} \left[\frac{\lg(100 + x)}{a^x + \arcsin x} \right]^{\frac{1}{2}} = \left[\frac{\lg(100 + 0)}{a^0 + \arcsin 0} \right]^{\frac{1}{2}} = \sqrt{2}.$$

1.7.3 闭区间上连续函数的性质

闭区间上的连续函数具有其他区间上(如开区间)连续函数所没有的重要性质,如最大(小)值的存在性、有界性等.

设函数 $y = f(x)$ 在区间 I 上有定义,如果存在 $x_1, x_2 \in I$,使得对任意的 $x \in I$,有
$$f(x_2) \leqslant f(x) \leqslant f(x_1),$$
则称 $f(x_1), f(x_2)$ 分别为函数 $y = f(x)$ 在 I 上的最大值和最小值,点 x_1, x_2 叫做 $y = f(x)$ 的最大值点和最小值点.

【定理 1.6】 (最大、小值定理)若函数 $y = f(x)$ 在 $[a, b]$ 上连续,则 $y = f(x)$ 在 $[a, b]$ 上必取得最大值和最小值.

【注】 定理中闭区间这个条件很重要,若是开区间,则未必有这个结论.如 $y = x^2$,它在 $(0, 1)$ 上连续,但在 $(0, 1)$ 上取不到最大值与最小值.

由定理 1.6 即可推出下面的推论

【推论 1.1】 若函数 $y = f(x)$ 在 $[a, b]$ 上连续,则 $y = f(x)$ 在 $[a, b]$ 上有界.

这个推论也叫做闭区间上连续函数的有界性定理.

【定理 1.7】(零点定理) 若函数 $y = f(x)$ 在 $[a, b]$ 上连续,且 $f(a) \cdot f(b) < 0$,则至少存在一个点 $\xi \in (a, b)$,使得
$$f(\xi) = 0.$$

从图 1.17 来看,这个结论是很明显的.若点 $A(a, f(a))$ 与点 $B(b, f(b))$ 分别在 x 轴的上下两侧,则连接 A 与 B 的连续曲线 $y = f(x)$ 与 x 轴至少有一个交点 ξ.

零点定理说明,若 $y = f(x)$ 在 $[a, b]$ 上连续,且 $f(a)$ 与 $f(b)$ 异号,则方程 $f(x) = 0$ 在 (a, b) 内至少有一个根.故零点定理也称

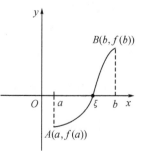

图 1.17

为根的存在性定理.

【例 1.34】　证明方程 $x^5 - 3x = 1$ 至少有一个根介于 1 和 2 之间.

【证明】　设 $f(x) = x^5 - 3x - 1$,显然 $f(x)$ 在 $[1,2]$ 上连续,且 $f(1) = -3 < 0, f(2) = 25 > 0$,即 $f(1) \cdot f(2) < 0$,由零点定理知,在 $(1,2)$ 上至少有一个根 ξ,使得 $f(\xi) = 0$,即方程 $x^5 - 3x = 1$ 至少有一个根介于 1 和 2 之间.

由定理 1.7 可得下面的推论:

【推论 1.2】(介值定理)　设 $y = f(x)$ 在 $[a,b]$ 上连续,M 和 m 为 $y = f(x)$ 在 $[a,b]$ 上的最大值和最小值,则任给值 $c:m < c < M$,至少存在一个点 $\xi \in (a,b)$,使得

$$f(\xi) = c.$$

1.7.4　经济和管理中函数的连续性

在经济理论中,为了简化所讨论的问题,通常假设所讨论的函数是连续的.需求函数 $Q = Q(p)$,当价格 p 有微小变动时,对应的需求函数的变动也是微小的.因此,需求函数是连续函数.我们还假定国民经济的增长是连续的,供给函数、成本函数、收益函数等都是连续函数.

实际上,在经济活动中表达经济量的函数也有不是连续的情形,其中一类是离散取值的函数,我们通常把它视为连续函数来处理.譬如电视机的销售价格是每台 5000 元,于是销售 x 台的收益函数 $R = R(x)$ 可写为:

$$R(x) = 5000x,$$

显然,这里的 x 只能取正整数.因此,从几何上看 $R(x) = 5000x$ 的图形也只能是一些离散的孤立点,而不是一条连续曲线,但是为了简化讨论,我们总把这类问题视为连续函数,即 x 可取任何正实数,$R(x)$ 就是连续函数了,有了这个假定,才可以用微积分方法讨论经济问题.另一类是真正具有间断点的函数,它们是分段连续的,这类分段连续的函数在经济活动中也是常见的,这里不作详细说明.

习题 1.7

1. 讨论下列函数在 $x = 0$ 处的连续性:

(1) $f(x) = \begin{cases} e^{-\frac{1}{x^2}}, & x \neq 0 \\ 0, & x = 0 \end{cases};$

(2) $f(x) = \begin{cases} \dfrac{\sin x}{|x|}, & x \neq 0 \\ 1, & x = 0 \end{cases};$

(3) $f(x) = \begin{cases} \dfrac{x}{1 - \sqrt{1-x}}, & x < 0 \\ x + 2, & x \geq 0 \end{cases}.$

2. 求下列函数的间断点,并说明是哪类间断点:

(1) $f(x) = \dfrac{1}{x^2 - 3x + 2}$;

(2) $f(x) = \dfrac{x - 1}{|x - 1|}$;

(3) $f(x) = \dfrac{x}{\sin x}$;

(4) $f(x) = \begin{cases} 3 + x^2, & x \leq 0 \\ \dfrac{\sin x}{x}, & x > 0 \end{cases}.$

3.设函数 $f(x) = \begin{cases} e^x, & x < 0 \\ a + x, & x \geqslant 0 \end{cases}$，应当怎样选择数 a，使 $f(x)$ 在 $(-\infty, +\infty)$ 内连续.

本章小结

一、函数

1.函数概念:任意 $x \in D$，由对应法则 f，有唯一的一个实数 y 与之对应,记 $y = f(x)$.

2.函数的两要素:定义域与对应法则.函数的定义域是指使函数有意义的自变量取值范围.

3.函数的几个重要特性:单调性,奇偶性,周期性,有界性.

4.基本初等函数:常值函数,幂函数,指数函数,对数函数,三角函数,反三角函数.

5.初等函数:基本初等函数经过有限次的四则运算和有限次复合运算所得到的函数,且可用一个解析式表示.

二、极限

1.数列极限: $\lim\limits_{n \to +\infty} x_n = a$.

2.函数极限: $\lim\limits_{x \to \infty} f(x) = A\left[\text{其中}\lim\limits_{x \to \infty} f(x) = A \Leftrightarrow \lim\limits_{x \to +\infty} f(x) = \lim\limits_{x \to -\infty} f(x) = A\right]$;

$\lim\limits_{x \to x_0} f(x) = A\left[\text{其中}\lim\limits_{x \to x_0} f(x) = A \Leftrightarrow \lim\limits_{x \to x_0^-} f(x) = \lim\limits_{x \to x_0^+} f(x) = A\right]$.

3.极限的性质:唯一性,局部有界性,局部保号性,夹逼准则以及四则运算等.

4.两个重要的极限: $\lim\limits_{x \to 0} \dfrac{\sin x}{x} \overset{\frac{0}{0}}{=} 1$ 与 $\lim\limits_{x \to \infty} \left(1 + \dfrac{1}{x}\right)^x \overset{1^\infty}{=} e$.

5.无穷小量与无穷大量: $\lim\limits_{\substack{x \to x_0 \\ (x \to \infty)}} f(x) = 0$ 与 $\lim\limits_{\substack{x \to x_0 \\ (x \to \infty)}} f(x) = \infty$;无穷小量的性质及阶的比较.

三、函数的连续性

1.在某点处连续的概念: $\lim\limits_{x \to x_0} f(x) = f(x_0)$.

2.间断点的分类:第一类间断点(可去间断点与跳跃间断点),第二类间断点.

3.初等函数的连续性:在其定义域内是连续的.

4.闭区间上连续函数的性质:

【定理 1.6】(最大、小值定理)　若函数 $y = f(x)$ 在 $[a, b]$ 上连续,则 $y = f(x)$ 在 $[a, b]$ 上必取得最大值和最小值.

【定理 1.7】(零点定理)　若函数 $y = f(x)$ 在 $[a, b]$ 上连续,且 $f(a)f(b) < 0$,则存在 $\xi \in (a, b)$,使得 $f(\xi) = 0$.

四、求极限

1.利用连续求极限:设 $f(x)$ 的定义域为 D,若 $x_0 \in D$,则 $\lim\limits_{x \to x_0} f(x) = f(x_0)$.

2.对 $\dfrac{0}{0}$ 型:或先因式分解再约去零因子、或先有理化再约去零因子、或用 $\lim\limits_{x \to 0} \dfrac{\sin x}{x} = 1$ 等.

3. 对 $\dfrac{\infty}{\infty}$ 型：分子分母同时除以"变量的最高次数项".

4. 对 1^{∞} 型：用 $\lim\limits_{x\to\infty}\left(1+\dfrac{1}{x}\right)^{x}=e$.

5. 对 $0\cdot M$ 型：　根据无穷小量与有界函数之积为无穷小量这一性质,得极限值为零.

*6. 其他型,如 $\infty-\infty,\infty\cdot0,\infty^{0},0^{\infty}$ 等：转化为 $\dfrac{0}{0}$ 型或 $\dfrac{\infty}{\infty}$ 型来求.

综合练习

一、单项选择题

1. 下列集合中,表示不等式 $|x-2|<3$ 的解集的是(　　).

A. $x<5$　　　　　　B. $x>5$　　　　　　C. $2<x<3$　　　　D. $-1<x<5$

2. 设 n 为自然数,则 $f(x)=(-1)^{\frac{n(n+1)}{2}}\sin\dfrac{x}{n}$ 是(　　).

A. 无界函数　　　　B. 有界函数　　　　　C. 单调函数　　　　D. 周期函数

3. 在下列函数中,属于基本初等函数的是(　　).

A. $f(x)=2x^{2}$　　　　　　　　　　　　B. $f(x)=\dfrac{1}{x^{2}}$

C. $f(x)=\begin{cases}1, & x\leqslant1\\ 0, & x>1\end{cases}$　　　　　　　D. $f(x)=x+1$

4. 设 $f(x)=\cos x^{2}$,且 $\varphi(x)=x^{2}+1$,则 $f(\varphi(x))=$(　　),$\varphi(f(x))=$(　　).

A. $\cos(x^{2}+1)^{2}$　　B. $\cos^{2}(x^{2}+1)$　　C. $\cos(x^{2}+1)$　　D. $\cos^{2}x^{2}+1$

5. 下列变量中是无穷小量的是(　　).

A. $\ln x(x\to1)$　　　　B. $\sin\dfrac{1}{x}(x\to0)$　　C. $\dfrac{x-3}{x^{2}-9}(x\to3)$　　D. $e^{\frac{1}{x}}(x\to0)$

6. 当 $x\to0$ 时,$\tan x$ 是比 x 的(　　).

A. 高价无穷小量　　B. 低价无穷小量　　C. 等价无穷小量　　D. 不能确定

7. 函数 $f(x)$ 在 $x=0$ 处连续的有(　　).

A. $f(x)=\begin{cases}\dfrac{x}{|x|}, & x\neq0\\ 0, & x=0\end{cases}$　　　　　　B. $f(x)=\begin{cases}\dfrac{\sin x}{x}, & x\neq0\\ 1, & x=0\end{cases}$

C. $f(x)=\begin{cases}|x|, & x\neq0\\ -1, & x=0\end{cases}$　　　　　　D. $f(x)=\begin{cases}e^{x}, & x\neq0\\ 0, & x=0\end{cases}$

8. 设函数 $f(x)$ 在 $[a,b]$ 上有定义,则方程 $f(x)=0$ 在 (a,b) 内有唯一实根的条件是(　　).

A. $f(x)$ 在 $[a,b]$ 上连续;

B. $f(x)$ 在 $[a,b]$ 上连续,且 $f(a)\cdot f(b)<0$;

C. $f(x)$ 在 $[a,b]$ 上单调,且 $f(a)\cdot f(b)<0$;

D. $f(x)$ 在 $[a,b]$ 上连续单调,且 $f(a)\cdot f(b)<0$;

二、填空题

1. 设 $f(x)=x^{2}-2$,则 $f(e^{x}-2)=$ _____;

2. 函数 $f(x) = x\sin\dfrac{1}{x}$ 的间断点是_____；

3. 函数 $f(x) = \dfrac{1}{\sqrt{x^2 - 4}}$ 的定义域是_____，连续区间是_____.

三、有一边长为 a 的正方形厚纸，在各角剪去边长为 x 的小正方形，然后把四边折起来成为一个无盖的盒子．试写出这个盒子的容积 V 与 x 之间的函数关系式，并指出这个函数的定义域．

四、求下列各式的极限：

1. $\lim\limits_{n \to +\infty} \left[2 + \dfrac{2}{3} + \left(\dfrac{2}{3} \right)^2 + \cdots + \left(\dfrac{2}{3} \right)^n \right]$；

2. $\lim\limits_{x \to -2} \left(\dfrac{4}{x+2} + \dfrac{16}{x^2 - 4} \right)$；

3. $\lim\limits_{x \to \infty} \dfrac{2x+5}{x^2 - 1}\sin x$；

4. $\lim\limits_{n \to +\infty} 2^n \sin\dfrac{x}{2^n}$；

5. $\lim\limits_{x \to \infty} \left(1 + \dfrac{a}{x} \right)^{bx}$；

6. $\lim\limits_{x \to +\infty} \tan(\sqrt{x+2} - \sqrt{x-2})$.

五、证明方程 $x = a\sin x + b$（其中 $a > 0, b > 0$）至少有一个正根 x_0，且 $x_0 \leqslant a + b$.

第 2 章　导数与微分

本章知识结构导图

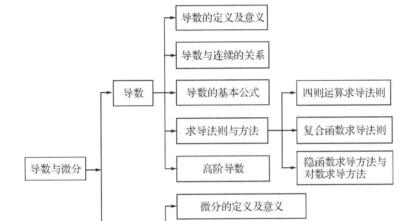

阅读材料　READ　数学家费马(Fermat)

费马,法国数学家.1601 年 8 月 17 日生于法国南部博蒙德洛马涅,1665 年 1 月 12 日卒于卡斯特尔.他利用公务之余钻研数学,在数论、解析几何学、概率论等方面都有重大贡献,被誉为"业余数学家之王".

费马最初学习法律,但后来却以图卢兹议会议员的身份终其一生.费马博览群书,精通数国文字,掌握多门自然科学.虽然年近三十才认真研究数学,但成果累累.他在 1637 年提出的费马大定理是数学研究中最著名的难题之一,至今尚未得到解决.

费马性情淡泊,为人谦逊,对著作无意发表.去世后,很多论述都遗留在旧纸堆里,或书页的空白处,或在给朋友的书信中.他的儿子将这些汇集成书,在图卢兹出版.

费马一生从未受过专门的数学教育,数学研究也不过是业余之爱好,然而,在 17 世纪的法国还找不到哪位数学家可以与之匹敌.他是解析几何的发明者之一,对于微积分诞生的贡献仅次于牛顿、莱布尼茨,概率论的主要创始人,以及独承 17 世纪数论天地的人.此外,费马对物理学也有重要贡献.一代数学天才费马堪称是 17 世纪法国最伟大的数学家.

费马于 1636 年与当时的大数学家梅森、罗贝瓦尔开始通信,对自己的数学工作略有言及.但是《平面与立体轨迹引论》的出版是在费马去世 14 年以后的事,因而 1679 年以前,很少有人了解到费马的工作,而现在看来,费马的工作却是开创性的.

16、17 世纪,微积分是继解析几何之后的最璀璨的明珠.人所共知,牛顿和莱布尼茨是微积分的缔造者,并且在其之前,至少有数十位科学家为微积分的发明做了奠基性的工作.但在诸多先驱者当中,费马仍然值得一提,主要原因是他为微积分概念的引出提供了与现代形式最接近的启示,以至于在微积分领域,在牛顿和莱布尼茨之后再加上费马作为创立者,也会得到数学界的认可.

曲线的切线问题和函数的极大、极小值问题是微积分的起源之一.这项工作较为古老,最早可追溯到古希腊时期.阿基米德为求出一条曲线所包任意图形的面积,曾借助于穷竭法.由于穷竭法繁琐笨拙,后来渐渐被人遗忘,直到 16 世纪才又被重视.由于开普勒在探索行星运动规律时,遇到了如何确定椭圆形面积和椭圆弧长的问题,无穷大和无穷小的概念被引入并代替了繁琐的穷竭法.尽管这种方法并不完善,但却为自卡瓦列里到费马以来的数学家开辟了一个十分广阔的思考空间.

费马建立了求切线、求极大值和极小值以及定积分方法,对微积分作出了重大贡献.

2.1　导数的概念

在研究函数时,仅仅求出两个变量 y 与 x 之间的函数关系是不够的,进一步要研究的是在已有的函数关系下,由自变量变化引起的函数变化的快慢程度.如曲线的切线斜率,边际成本,变速直线运动的速度,电流强度和化学反应速度等等问题.在数学上,"导数"就是表示函数变化快慢程度的一个"量".

2.1.1　问题的引入

为了引出导数的概念,我们先讨论两个具体的问题:曲线的切线斜率问题和边际成本问题.

1. 曲线的切线斜率问题

设曲线的方程为 $y = f(x)$,如图 2.1 所示,设 $P_0(x_0, y_0)$ 和 $P(x_0 + \Delta x, y_0 + \Delta y)$ 为曲线 $y = f(x)$ 上的两个点,连接 P_0 与 P 得割线 P_0P,当点 P 沿曲线趋向于点 P_0 时,割线 P_0P 的极限位置 P_0T 叫做曲线 $y = f(x)$ 在点 P_0 处的切线.下面求切线 P_0T 的斜率.

设 φ 为割线 P_0P 的倾斜角,那么割线 P_0P 的斜率为 $\tan\varphi$,由于当点 P 沿曲线趋向于点 P_0(即 $\Delta x \to 0$)时,割线 P_0P 的极限就是切线 P_0T,所以切线 P_0T 的斜率为:

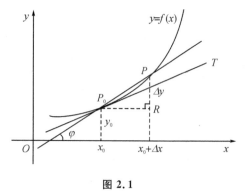

图 2.1

$$k = \lim_{\Delta x \to 0} \tan\varphi = \lim_{\Delta x \to 0} \frac{PR}{P_0R} = \lim_{\Delta x \to 0} \frac{\Delta y}{\Delta x} = \lim_{\Delta x \to 0} \frac{f(x_0 + \Delta x) - f(x_0)}{\Delta x}$$

2. 边际成本问题

设某产品的成本函数为 $C = C(Q)$，当产量 Q 由 Q_0 变到 $Q_0 + \Delta Q$ 时，成本的改变量为

$$\Delta C = C(Q_0 + \Delta Q) - C(Q_0) ,$$

而成本的平均变化率为

$$\frac{\Delta C}{\Delta Q} = \frac{C(Q_0 + \Delta Q) - C(Q_0)}{\Delta Q} .$$

如果极限 $\lim\limits_{\Delta Q \to 0} \dfrac{\Delta C}{\Delta Q} = \lim\limits_{\Delta Q \to 0} \dfrac{C(Q_0 + \Delta Q) - C(Q_0)}{\Delta Q}$ 存在，则这极限值表示成本函数 $C = C(Q)$ 在产量为 Q_0 时的变化率，称为成本函数 $C = C(Q)$ 在产量为 Q_0 时的边际成本，记为 MC.

2.1.2　导数的定义

上面所讨论的两个问题，一个是几何问题，一个是经济问题，其具体背景不一样，但解决问题的数学方法是相同的，可以归结为：当自变量的改变量趋向于零时，函数值的改变量与自变量的改变量之比的极限. 类似的问题不难从其他领域中找到. 抛开问题的具体含义，抽象出它们在数量方面的共性，就得到导数的概念.

【**定义 2.1**】　设函数 $y = f(x)$ 在 x_0 及其附近有定义，当自变量 x 在 x_0 处有改变量（也叫增量）Δx 时，相应的函数值 y 有改变量 $\Delta y = f(x_0 + \Delta x) - f(x_0)$，若函数值的改变量与自变量的改变量之比的极限：

$$\lim_{\Delta x \to 0} \frac{\Delta y}{\Delta x} = \lim_{\Delta x \to 0} \frac{f(x_0 + \Delta x) - f(x_0)}{\Delta x}$$

存在，则称函数 $y = f(x)$ 在点 x_0 处可导，并称这个极限值为函数 $y = f(x)$ 在点 x_0 处的导数，记为 $f'(x_0)$. 即

$$f'(x_0) = \lim_{\Delta x \to 0} \frac{\Delta y}{\Delta x} = \lim_{\Delta x \to 0} \frac{f(x_0 + \Delta x) - f(x_0)}{\Delta x} .$$

若定义中极限不存在，则称函数 $y = f(x)$ 在点 x_0 不可导.

【**注**】

1. 导数的定义可取不同的形式，如

$$f'(x_0) = \lim_{h \to 0} \frac{f(x_0 + h) - f(x_0)}{h} = \lim_{x \to x_0} \frac{f(x) - f(x_0)}{x - x_0} .$$

根据需要导数 $f'(x_0)$ 也可记作：$y'\big|_{x = x_0}, \dfrac{\mathrm{d}y}{\mathrm{d}x}\bigg|_{x = x_0}$ 或 $\dfrac{\mathrm{d}f(x)}{\mathrm{d}x}\bigg|_{x = x_0}$.

2. 根据导数的定义，上面所讨论的两个问题又可叙述为：

曲线 $y = f(x)$ 在点 $P_0(x_0, y_0)$ 处的切线斜率，就是函数 $y = f(x)$ 在点 x_0 处的导数，即

$$k = \frac{\mathrm{d}y}{\mathrm{d}x}\bigg|_{x = x_0} = f'(x_0) ;$$

某产品的成本函数 $C = C(Q)$ 在产量为 Q_0 时的边际成本就是函数 $C = C(Q)$ 在点 Q_0 的导数，即 $MC = \dfrac{\mathrm{d}C}{\mathrm{d}Q}\bigg|_{Q = Q_0} = C'(Q_0)$.

3. 上面讲的是函数在一点处的导数，如果函数 $y = f(x)$ 在开区间 (a, b) 内的每一点都可导，就称函数 $f(x)$ 在开区间 (a, b) 内可导. 此时对于任意 $x \in (a, b)$，都对应着 $f(x)$ 的一个确定的导数值 $f'(x)$，它是 x 的一个函数，这个函数就叫做原来函数 $y = f(x)$ 的导函数，

仍记为：$f'(x),y',\dfrac{\mathrm{d}y}{\mathrm{d}x}$ 或 $\dfrac{\mathrm{d}f(x)}{\mathrm{d}x}$.

在定义中把 x_0 换成 x 即得到导函数的定义形式：即

$$f'(x) = \lim_{\Delta x \to 0} \frac{f(x+\Delta x) - f(x)}{\Delta x}.$$

在不致混淆的情况下，导函数也简称为导数.

4. 函数 $y=f(x)$ 在 x_0 处的导数 $f'(x_0)$ 与函数 $f(x)$ 的导函数既有区别又有联系，并且显然有 $f'(x_0) = f'(x)\mid_{x=x_0}$.

2.1.3　导数的几何意义

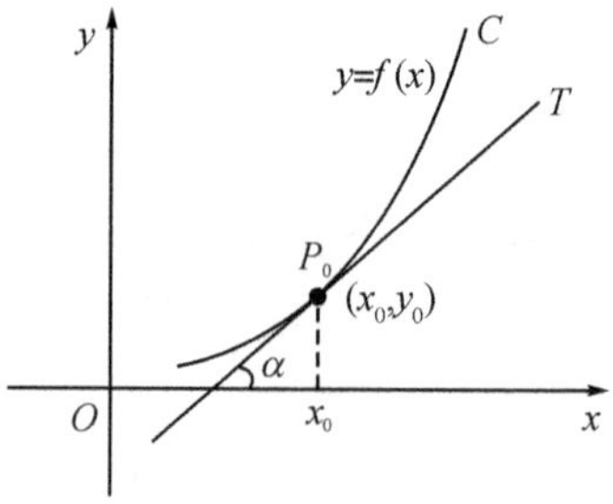

由前面的讨论可知，函数 $y=f(x)$ 在点 x_0 处的导数等于函数所表示的曲线 C 在相应点 $P_0(x_0,y_0)$ 处的切线的斜率（如图 2.2 所示），即

$$f'(x_0) = k_{切},$$

这就是导数的几何意义.

如果函数 $y=f(x)$ 在点 x_0 处的导数为无穷大，则表示曲

图 2.2

线 $y=f(x)$ 在点 $P_0(x_0,y_0)$ 处具有垂直于 x 轴的切线 $x=x_0$.

根据导数的几何意义，曲线 $y=f(x)$ 在点 $P_0(x_0,y_0)$ 处的切线方程为：

$$y - y_0 = f'(x_0)(x - x_0);$$

过点 $P_0(x_0,y_0)$ 且与切线垂直的直线称为曲线 $y=f(x)$ 在 P_0 处的法线. 如果 $f'(x_0) \neq 0$，那么法线的方程为：

$$y - y_0 = -\frac{1}{f'(x_0)}(x - x_0).$$

【例 2.1】　求曲线 $y=x^3$ 在点 $(1,1)$ 处的切线方程和法线方程.

【解】　由定义可求得 $y=x^3$ 在 $x=1$ 处的导数为：

$$y'\mid_{x=1} = \lim_{\Delta x \to 0} \frac{(1+\Delta x)^3 - 1}{\Delta x} = \lim_{\Delta x \to 0}\left[(1+\Delta x)^2 + (1+\Delta x) + 1\right] = 3,$$

再由导数的几何意义知，$k_{切线} = y'\mid_{x=1} = 3$，所以曲线在点 $(1,1)$ 处的切线方程为：

$$y - 1 = 3(x - 1)，即：3x - y - 2 = 0;$$

曲线在点 $(1,1)$ 处的法线方程为：

$$y - 1 = -\frac{1}{3}(x - 1)，即：3y + x - 4 = 0.$$

2.1.4　左、右导数

根据函数 $f(x)$ 在点 x_0 处的导数 $f'(x_0)$ 的定义

$$f'(x_0) = \lim_{\Delta x \to 0} \frac{f(x_0+\Delta x) - f(x_0)}{\Delta x}$$

是一个极限，而极限存在的充分必要条件是左、右极限都存在且相等，因此 $f'(x_0)$ 存在，即 $f(x)$ 在 x_0 处可导的充分必要条件是左、右极限

$$\lim_{\Delta x \to 0^-} \frac{f(x_0+\Delta x) - f(x_0)}{\Delta x} \text{ 和 } \lim_{\Delta x \to 0^+} \frac{f(x_0+\Delta x) - f(x_0)}{\Delta x}$$

都存在且相等.这两个极限分别称为函数在点 x_0 处的左导数和右导数,记作 $f_-{}'(x_0)$ 和 $f_+{}'(x_0)$,即

$$f_-{}'(x_0) = \lim_{\Delta x \to 0^-} \frac{f(x_0 + \Delta x) - f(x_0)}{\Delta x},$$

$$f_+{}'(x_0) = \lim_{\Delta x \to 0^+} \frac{f(x_0 + \Delta x) - f(x_0)}{\Delta x}.$$

由函数极限存在的充分必要条件可知,函数 $f(x)$ 在 x_0 处的导数与该点的左、右导数之间有如下关系.

【定理 2.1】 函数 $f(x)$ 在 x_0 处可导的充分必要条件是左导数 $f'_-(x_0)$ 和右导数 $f'_+(x_0)$ 都存在且相等. 即 $f'(x_0) = A \Leftrightarrow f'_-(x_0) = f'_+(x_0) = A$.

此定理为我们求分段函数分界点的导数或求函数在某点单侧的导数提供了方便.

【例 2.2】 试证函数 $f(x) = |x|$ 在 $x = 0$ 处不可导.

【解】 因为 $\lim\limits_{\Delta x \to 0} \dfrac{f(0 + \Delta x) - f(0)}{\Delta x} = \lim\limits_{\Delta x \to 0} \dfrac{|\Delta x|}{\Delta x} = \begin{cases} -1, & \Delta x < 0 \\ 1, & \Delta x > 0 \end{cases}$,所以 $f(x) = |x|$ 在 $x = 0$ 处的左导数为 -1,右导数为 1,左、右导数尽管都存在,但不相等,故函数 $f(x) = |x|$ 在 $x = 0$ 处不可导.

2.1.5　函数的可导与连续的关系

函数的连续与可导是两个重要概念,它们之间既有联系又有区别.

若函数 $y = f(x)$ 在点 x_0 处可导,则有 $f'(x_0) = \lim\limits_{\Delta x \to 0} \dfrac{\Delta y}{\Delta x} = \lim\limits_{x \to x_0} \dfrac{f(x) - f(x_0)}{x - x_0}$,由于

$\lim\limits_{x \to x_0} [f(x) - f(x_0)] = \lim\limits_{x \to x_0} \dfrac{f(x) - f(x_0)}{x - x_0}(x - x_0) = 0$,则 $\lim\limits_{x \to x_0} f(x) = f(x_0)$,说明函数 $y = f(x)$ 在点 x_0 处连续.于是函数的连续与可导有如下关系:

【定理 2.2】 如果函数 $y = f(x)$ 在点 x_0 处可导,则它在点 x_0 处一定连续.

然而,一个函数在某点连续却不一定在该点可导.由例 2.2 可知 $f(x) = |x|$ 在 $x = 0$ 处显然连续但不可导.

以上可知,函数在某点连续是在该点可导的必要条件,但不是充分条件.

习题 2.1

1. 根据导数定义,求下列函数在指定点的导数 $f'(x_0)$:

(1) $f(x) = x^2 + 3x - 1, x_0 = 0$; 　　　　　　　　(2) $f(x) = \cos x, x_0 = \dfrac{\pi}{6}$.

2. 设 $f'(x_0)$ 存在,根据导数的定义求出下列各极限:

(1) $\lim\limits_{x \to x_0} \dfrac{f(x) - f(x_0)}{x - x_0}$;　　　　　　　　(2) $\lim\limits_{\Delta x \to 0} \dfrac{f(x_0 + 3\Delta x) - f(x_0)}{\Delta x}$;

(3) $\lim\limits_{h \to 0} \dfrac{f(x_0 - h) - f(x_0)}{h}$;　　　　　　　(4) $\lim\limits_{h \to 0} \dfrac{f(x_0 + h) - f(x_0 - h)}{h}$.

3. 用定义求下列函数的导数 $f'(x)$:

(1) $y = x$;　　　　(2) $y = x^3$;　　　　(3) $y = \dfrac{1}{x}$;　　　　(4) $y = \sqrt{x}$.

4. 求曲线 $y = x^2$ 上横坐标为 $x_0 = 1$ 点处的切线方程和法线方程.

*5. 讨论下列函数在 $x = 0$ 处的连续性与可导性:

$$(1) y = \begin{cases} \sin x, & x \geqslant 0 \\ x - 1, & x < 0 \end{cases}; \qquad\qquad (2) y = \begin{cases} x \sin \dfrac{1}{x}, & x \neq 0 \\ 0, & x = 0 \end{cases}.$$

2.2 导数的基本公式与求导法则

2.2.1 导数的基本公式

根据导数的定义,求函数 $y = f(x)$ 的导数 $f'(x)$ 的一般步骤为:

(1) 求出函数的改变量 $\Delta y = f(x + \Delta x) - f(x)$;

(2) 求比值 $\dfrac{\Delta y}{\Delta x}$;

(3) 求极限 $\lim\limits_{\Delta x \to 0} \dfrac{\Delta y}{\Delta x}$.

下面来导出一些基本初等函数的导数.

1. $y = C(C$ 为常数$)$ 的导数

因为 $\Delta y = C - C = 0$,则 $\dfrac{\Delta y}{\Delta x} = 0$,从而有 $y' = \lim\limits_{\Delta x \to 0} \dfrac{\Delta y}{\Delta x} = 0$,即

$$(C)' = 0.$$

2. 幂函数 $y = x^\alpha (\alpha$ 为实数$)$ 的导数

当 $\alpha = n(n$ 为正整数$)$ 时,利用二项式定理,

因为 $\Delta y = (x + \Delta x)^n - x^n = x^n + C_n^1 x^{n-1} \Delta x + C_n^2 x^{n-2} (\Delta x)^2 + \cdots + C_n^n (\Delta x)^n - x^n$,

则 $\dfrac{\Delta y}{\Delta x} = C_n^1 x^{n-1} + C_n^2 x^{n-2} (\Delta x) + \cdots + C_n^n (\Delta x)^{n-1}$,从而有

$$y' = \lim_{\Delta x \to 0} \frac{\Delta y}{\Delta x} = \lim_{\Delta x \to 0} [C_n^1 x^{n-1} + C_n^2 x^{n-2} (\Delta x) + \cdots + C_n^n (\Delta x)^{n-1}] = nx^{n-1}, 即$$

$$(x^n)' = nx^{n-1}.$$

当 α 为任意的实数时,也可以证明(略)上述公式成立. 即

$$(x^\alpha)' = \alpha x^{\alpha-1}.$$

3. 指数函数 $y = a^x (a > 0, a \neq 1)$ 的导数

因为 $\Delta y = a^{x+\Delta x} - a^x = a^x (a^{\Delta x} - 1)$,则 $\dfrac{\Delta y}{\Delta x} = a^x \dfrac{(a^{\Delta x} - 1)}{\Delta x}$,从而有

$$y' = \lim_{\Delta x \to 0} \frac{\Delta y}{\Delta x} = a^x \lim_{\Delta x \to 0} \frac{a^{\Delta x} - 1}{\Delta x} = a^x \ln a, 即$$

$$(a^x)' = a^x \ln a.$$

特殊地,有 $(e^x)' = e^x$.

4. 对数函数 $y = \log_a x (a > 0, a \neq 1)$ 的导数

因为 $\Delta y = \log_a (x + \Delta x) - \log_a x = \log_a \left(1 + \dfrac{\Delta x}{x}\right)$,则 $\dfrac{\Delta y}{\Delta x} = \dfrac{1}{\Delta x} \log_a \left(1 + \dfrac{\Delta x}{x}\right)$,从而有

$$y' = \lim_{\Delta x \to 0} \frac{\Delta y}{\Delta x} = \lim_{\Delta x \to 0} \frac{1}{x} \cdot \frac{x}{\Delta x} \log_a \left(1 + \frac{\Delta x}{x}\right) = \lim_{\Delta x \to 0} \frac{1}{x} \log_a \left(1 + \frac{\Delta x}{x}\right)^{\frac{x}{\Delta x}} = \frac{1}{x} \log_a e = \frac{1}{x \ln a}, 即$$

$$(\log_a x)' = \frac{1}{x\ln a}.$$

特殊地,有 $(\ln x)' = \frac{1}{x}$.

5. 三角函数 $y = \sin x$ 的导数

因为 $\Delta y = \sin(x + \Delta x) - \sin x = 2\cos\left(x + \frac{\Delta x}{2}\right)\sin\left(\frac{\Delta x}{2}\right)$,

则 $\dfrac{\Delta y}{\Delta x} = \cos\left(x + \dfrac{\Delta x}{2}\right)\dfrac{\sin\left(\dfrac{\Delta x}{2}\right)}{\dfrac{\Delta x}{2}}$,

从而有 $y' = \lim\limits_{\Delta x \to 0}\dfrac{\Delta y}{\Delta x} = \lim\limits_{\Delta x \to 0}\cos\left(x + \dfrac{\Delta x}{2}\right)\dfrac{\sin\left(\dfrac{\Delta x}{2}\right)}{\dfrac{\Delta x}{2}} = \cos x$,即 $(\sin x)' = \cos x$.

用类似的方法可证得

$$(\cos x)' = -\sin x.$$

上面我们根据导数的定义求了一些基本初等函数的导数,但对于较复杂的初等函数的导数直接用定义去计算往往是很繁琐困难的.下面我们引入一些求导法则,试图通过这些法则并结合基本初等函数的导数解决初等函数的求导问题.

2.2.2　导数的四则运算法则

【定理 2.3】　设 $u(x)$、$v(x)$ 是可导函数,则它们经过加减乘除四则运算组合而成的函数仍可导且其导数满足以下法则:

(1) $[u(x) \pm v(x)]' = u'(x) \pm v'(x)$;

(2) $[u(x)v(x)]' = u'(x)v(x) + u(x)v'(x)$;

(3) $\left[\dfrac{u(x)}{v(x)}\right]' = \dfrac{u'(x)v(x) - u(x)v'(x)}{v^2(x)}(v(x) \neq 0)$.

证明略.

【注】

1. 由定理 2.3 中的法则(1) 和(2),可以推广到有限个可导函数的情形,例如

$(u \pm v \pm w)' = u' \pm v' \pm w'$;

$(uvw)' = u'vw + uv'w + uvw'$.

2. 由定理 2.3 中的法则(2) 还可推得:

$(Cu)' = Cu'$(C 为常数).

【例 2.3】　设 $y = 1 + 3x^4 - \dfrac{1}{\sqrt{x}} + \dfrac{1}{x^2}$,求 y'.

【解】　函数可写成 $y = 1 + 3x^4 - x^{-\frac{1}{2}} + x^{-2}$,故

$$y' = (1)' + (3x^4)' - (x^{-\frac{1}{2}})' + (x^{-2})' = 12x^3 + \frac{1}{2}x^{-\frac{3}{2}} - 2x^{-3}.$$

【例 2.4】　设 $y = e^x \sin x$,求 y'.

【解】　$y' = (e^x \sin x)' = (e^x)'\sin x + e^x(\sin x)' = e^x \sin x + e^x \cos x = e^x(\sin x + \cos x)$.

【例 2.5】 设 $y = \dfrac{3e^x}{1+x}$,求 y' 和 $y'|_{x=1}$.

【解】 $y' = \left(\dfrac{3e^x}{1+x}\right)' = \dfrac{(3e^x)'(1+x) - (3e^x)(1+x)'}{(1+x)^2} = \dfrac{3xe^x}{(1+x)^2}$,$y'\Big|_{x=1} = \dfrac{3}{4}e$.

【例 2.6】 设 $y = \tan x$,求 y'.

【解】 $y' = (\tan x)' = \left(\dfrac{\sin x}{\cos x}\right)' = \dfrac{(\sin x)'\cos x - \sin x(\cos x)'}{\cos^2 x}$

$$= \dfrac{\cos^2 x + \sin^2 x}{\cos^2 x} = \dfrac{1}{\cos^2 x} = \sec^2 x.$$

即

$$(\tan x)' = \sec^2 x.$$

类似可得

$$(\cot x)' = -\csc^2 x.$$

【例 2.7】 设 $y = \sec x$,求 y'.

【解】 $y' = (\sec x)' = \left(\dfrac{1}{\cos x}\right)' = \dfrac{(1)' \times \cos x - 1 \times (\cos x)'}{\cos^2 x}$

$$= \dfrac{\sin x}{\cos^2 x} = \sec x \tan x.$$

即

$$(\sec x)' = \sec x \tan x.$$

类似可得

$$(\csc x)' = -\csc x \cot x.$$

2.2.3 复合函数的求导法则

那么对于复合函数又该如何求导?如复合函数 $y = (2x+1)^2$ 可以看作是由函数 $y = u^2$ 与 $u = 2x+1$ 复合而成,那么 $y = (2x+1)^2$ 的导数与这两个简单函数 $y = u^2$ 与 $u = 2x+1$ 的导数之间有什么关系呢?下面的这个复合函数的求导法则就给出了答案.

【定理 2.4】 若函数 $u = \varphi(x)$ 在点 x 处可导,函数 $y = f(u)$ 在对应点 $u = \varphi(x)$ 处也可导,则复合函数 $y = f[\varphi(x)]$ 在点 x 处可导,且有

$$\dfrac{\mathrm{d}y}{\mathrm{d}x} = \dfrac{\mathrm{d}y}{\mathrm{d}u} \cdot \dfrac{\mathrm{d}u}{\mathrm{d}x} \ \text{或} \ \{f[\varphi(x)]\}' = f'(u) \cdot \varphi'(x).$$

*【证明】 当自变量 x 有一个增量 Δx 时,由 $u = \varphi(x)$ 得 Δu,由 $y = f(u)$ 得 Δy,所以

$$\dfrac{\Delta y}{\Delta x} = \dfrac{\Delta y}{\Delta u} \cdot \dfrac{\Delta u}{\Delta x},$$

由于 $\dfrac{\mathrm{d}u}{\mathrm{d}x}$ 存在,则 $u = \varphi(x)$ 是连续函数,因而当 $\Delta x \to 0$ 时有 $\Delta u \to 0$,故有

$$\lim_{\Delta x \to 0} \dfrac{\Delta y}{\Delta x} = \lim_{\Delta x \to 0} \dfrac{\Delta y}{\Delta u} \cdot \dfrac{\Delta u}{\Delta x} = \lim_{\Delta u \to 0} \dfrac{\Delta y}{\Delta u} \cdot \lim_{\Delta x \to 0} \dfrac{\Delta u}{\Delta x} = \dfrac{\mathrm{d}y}{\mathrm{d}u} \cdot \dfrac{\mathrm{d}u}{\mathrm{d}x},$$

即

$$\dfrac{\mathrm{d}y}{\mathrm{d}x} = \dfrac{\mathrm{d}y}{\mathrm{d}u} \cdot \dfrac{\mathrm{d}u}{\mathrm{d}x}.$$

通俗地讲,复合函数关于自变量的导数等于复合函数关于中间变量的导数与中间变量

关于自变量的导数之积. 这个结果可以推广到多个中间变量的情况. 我们以两个中间变量为例, 设 $y = f(u), u = h(v), v = \varphi(x)$ 都可导, 对于复合函数 $y = f(h(\varphi(x)))$ 的导数为

$$\frac{\mathrm{d}y}{\mathrm{d}x} = \frac{\mathrm{d}y}{\mathrm{d}u} \cdot \frac{\mathrm{d}u}{\mathrm{d}v} \cdot \frac{\mathrm{d}v}{\mathrm{d}x}.$$

【例 2.8】 设 $y = \ln\tan x$, 求 $\dfrac{\mathrm{d}y}{\mathrm{d}x}$.

【解】 $y = \ln\tan x$ 可看成 $y = \ln u, u = \tan x$ 复合而成的, 因此

$$\frac{\mathrm{d}y}{\mathrm{d}x} = \frac{\mathrm{d}y}{\mathrm{d}u} \cdot \frac{\mathrm{d}u}{\mathrm{d}x} = \frac{1}{u}\sec^2 x = \frac{1}{\tan x}\sec^2 x = \frac{1}{\sin x \cos x} = 2\csc 2x.$$

【例 2.9】 设 $y = e^{-x^2}$, 求 $\dfrac{\mathrm{d}y}{\mathrm{d}x}$.

【解】 $y = e^{-x^2}$ 由 $y = e^u, u = -x^2$ 复合而成, 因而

$$\frac{\mathrm{d}y}{\mathrm{d}x} = \frac{\mathrm{d}y}{\mathrm{d}u}\frac{\mathrm{d}u}{\mathrm{d}x} = e^u \cdot (-2x) = -2xe^{-x^2}.$$

【例 2.10】 设 $y = \sin^2 x^2$, 求 $\dfrac{\mathrm{d}y}{\mathrm{d}x}$.

【解】 $y = \sin^2 x^2$ 由 $y = u^2, u = \sin v, v = x^2$ 复合而成, 所以

$$\frac{\mathrm{d}y}{\mathrm{d}x} = \frac{\mathrm{d}y}{\mathrm{d}u} \cdot \frac{\mathrm{d}u}{\mathrm{d}v} \cdot \frac{\mathrm{d}v}{\mathrm{d}x} = 2u \cdot \cos v \cdot 2x = 2(\sin x^2) \cdot \cos x^2 \cdot 2x = 2x\sin 2x^2.$$

由以上例子可以看出, 求复合函数的导数时, 首先要分析所给的函数由哪些基本初等函数复合而成, 而这些基本初等函数的导数我们已经会求, 那么应用复合函数求导法则就可以求所给函数的导数.

运算熟练以后, 就可不再写出中间变量, 只要分析清楚函数的复合关系, 求导的顺序是由外往里一层一层进行, 可以采用下列例题的方式来进行.

【例 2.11】 设 $y = \ln\sin x$, 求 $\dfrac{\mathrm{d}y}{\mathrm{d}x}$.

【解】 $\dfrac{\mathrm{d}y}{\mathrm{d}x} = (\ln\sin x)' = \dfrac{1}{\sin x}(\sin x)' = \left(\dfrac{1}{\sin x}\right)\cos x = \cot x.$

【例 2.12】 设 $y = e^{\sin\frac{1}{x}}$, 求 $\dfrac{\mathrm{d}y}{\mathrm{d}x}$.

【解】 $y' = (e^{\sin\frac{1}{x}})' = e^{\sin\frac{1}{x}}\left(\sin\dfrac{1}{x}\right)' = e^{\sin\frac{1}{x}}\cos\dfrac{1}{x} \cdot \left(\dfrac{1}{x}\right)' = -\dfrac{1}{x^2}\cos\dfrac{1}{x}e^{\sin\frac{1}{x}}.$

【例 2.13】 设 $y = \sin nx \cdot \sin^n x$($n$ 为常数), 求 y'.

【解】 $y' = (\sin nx \cdot \sin^n x)' = (\sin nx)'\sin^n x + \sin nx(\sin^n x)'$

$= n\cos nx \cdot \sin^n x + n\sin nx \cdot \sin^{n-1} x \cdot \cos x$

$= n\sin^{n-1} x(\cos nx \cdot \sin x + \sin nx \cdot \cos x)$

$= n\sin^{n-1} x\sin(n+1)x.$

2.2.4 两种求导法

1. 隐函数的求导法

前面讨论的函数, 如 $y = x^2 - \dfrac{1}{x} + \ln x, y = e^x + \sin 2x$ 等, 其特点是函数 y 是用自变量 x 的关系式 $y = f(x)$ 来表示的, 这种函数称为显函数. 但是有时会遇到另一类函数, 如 $x^2 +$

$y^2 = a^2$，$e^{xy} + \sin y - x = 1$ 等，其特点是变量 y,x 之间的函数关系 $y = f(x)$ 是用方程 $F(x,y) = 0$ 来表示的，这种函数就称为隐函数.

隐函数如何求导呢，如果能把隐函数化为显函数，问题就解决了. 但不少情况下，隐函数是很难甚至不可能化为显函数的，因此有必要掌握隐函数的求导方法. 隐函数的求导法可分为如下两步：

(1) 将方程 $F(x,y) = 0$ 两边对 x 求导(注意 y 是 x 的函数)；

(2) 从已求得的等式中解出 y'.

【例 2.14】 求由方程 $x^2 + y^2 = a^2$ 所确定的隐函数 $y = f(x)$ 的导数 y'.

【解】 将方程 $x^2 + y^2 = a^2$ 两边对 x 求导，即 $(x^2)' + (y^2)' = (a^2)'$，注意 y 是 x 的函数(即把 y 看作是复合函数中的中间变量)，得

$$2x + 2yy' = 0,$$

解出 y' 得

$$y' = -\frac{x}{y}.$$

【例 2.15】 求由方程 $e^{xy} + \sin y - x = 1$ 所确定的隐函数 $y = f(x)$ 的导数 y'.

【解】 将方程两边对 x 求导，即 $(e^{xy})' + (\sin y)' - (x)' = (1)'$，注意 y 是 x 的函数，得

$$e^{xy}(xy)' + \cos y \cdot y' - 1 = 0,$$

即

$$e^{xy}(y + xy') + \cos y \cdot y' = 1,$$

解出 y' 得

$$y' = \frac{1 - ye^{xy}}{xe^{xy} + \cos y}.$$

【例 2.16】 求函数 $y = \arcsin x (-1 < x < 1)$ 的导数.

【解】 由 $y = \arcsin x$ 可得方程 $x = \sin y$，将方程两边对 x 求导，得

$$(x)' = (\cos y)y',$$

所以

$$y' = \frac{1}{\cos y} = \frac{1}{\sqrt{1 - \sin^2 y}} = \frac{1}{\sqrt{1 - x^2}},$$

即

$$(\arcsin x)' = \frac{1}{\sqrt{1 - x^2}} (-1 < x < 1).$$

类似可得

$$(\arccos x)' = -\frac{1}{\sqrt{1 - x^2}} (-1 < x < 1),$$

$$(\arctan x)' = \frac{1}{1 + x^2} (-\infty < x < +\infty),$$

$$(\text{arc} \cot x)' = -\frac{1}{1 + x^2} (-\infty < x < +\infty).$$

2. 对数求导法

在某些情况下，求显函数的导数时需要利用两边取自然对数把它化为隐函数来求导，这种方法就是对数求导法.

【例 2.17】　求函数 $y = x^x$ 的导数.

【解】　两边取自然对数,得

$$\ln y = x\ln x,$$

两边对 x 求导,得

$$\frac{1}{y} \cdot y' = 1 + \ln x,$$

于是

$$y' = y(1 + \ln x) = x^x(1 + \ln x),$$

即

$$(x^x)' = x^x(1 + \ln x).$$

【例 2.18】　求函数 $y = \dfrac{\sqrt{x+2}(3-x)^4}{(x+1)^5}$ 的导数.

【解】　两边取自然对数,得

$$\ln y = \frac{1}{2}\ln(x+2) + 4\ln(3-x) - 5\ln(x+1)$$

两边对 x 求导,得

$$\frac{1}{y} \cdot y' = \frac{1}{2} \cdot \frac{1}{x+2} + 4 \cdot \frac{1}{3-x}(-1) - \frac{5}{x+1},$$

于是

$$y' = y\left[\frac{1}{2(x+2)} - \frac{4}{3-x} - \frac{5}{x+1}\right] = \frac{\sqrt{x+2}(3-x)^4}{(x+1)^5}\left[\frac{1}{2(x+2)} - \frac{4}{3-x} - \frac{5}{x+1}\right].$$

由于初等函数是由基本初等函数经过有限次的四则运算和有限次的复合运算得到的,所以求初等函数的导数,只要运用基本初等函数的导数公式,并结合四则运算的求导法则和复合函数的求导法则,就可解决.

为了方便查阅,我们把这些导数公式和求导法则归纳如下:

基本初等函数的导数公式

(1) $C' = 0$

(2) $(x^a)' = \alpha x^{a-1}$

(3) $(a^x)' = a^x\ln a\ (a > 0, a \neq 1)$

(4) $(e^x)' = e^x$

(5) $(\log_a x)' = \dfrac{1}{x\ln a}\ (a > 0, a \neq 0)$

(6) $(\ln|x|)' = \dfrac{1}{x}$

(7) $(\sin x)' = \cos x$

(8) $(\cos x)' = -\sin x$

(9) $(\tan x)' = \dfrac{1}{\cos^2 x}$

(10) $(\cot x)' = -\dfrac{1}{\sin^2 x}$

(11) $(\sec x)' = \sec x\tan x$

(12) $(\csc x)' = -\csc x\cot x$

(13) $(\arcsin x)' = \dfrac{1}{\sqrt{1-x^2}}$

(14) $(\arccos x)' = -\dfrac{1}{\sqrt{1-x^2}}$

(15) $(\arctan x)' = \dfrac{1}{1+x^2}$

(16) $(\operatorname{arccot} x)' = -\dfrac{1}{1+x^2}$

四则运算的求导法则

(1) $(u \pm v)' = u' \pm v'$

(2) $(uv)' = u'v + uv'$

(3) $\left(\dfrac{u}{v}\right)' = \dfrac{u'v - uv'}{v^2}\ (v \neq 0)$

复合函数的求导法则

设 $y = f(u), u = \varphi(x)$,则复合函数 $y = f[\varphi(x)]$ 的导数为:

$$\frac{dy}{dx} = \frac{dy}{du} \cdot \frac{du}{dx}.$$

2.2.5   高阶导数

设一物体做直线运动,其运动方程为 $s = s(t)$,则由导数的定义和运动方程的意义可知,运动的速度方程为 $v(t) = s'(t)$,$v(t)$ 仍然是一个关于 t 的函数,对于这个运动而言,其加速度 $a(t) = v'(t) = [s'(t)]'$,所以加速度 $a(t)$ 可以看作是 $s(t)$ 的导数的导数.

一般地,函数 $y = f(x)$ 的导数 $y' = f'(x)$ 仍然是 x 的函数,如果 $f'(x)$ 仍可求导,我们把 $y' = f'(x)$ 的导数 $(y')' = (f'(x))'$ 叫做函数 $y = f(x)$ 的二阶导数,记作

$$y'', f''(x) \text{ 或 } \frac{d^2 y}{dx^2} = \frac{d}{dx}\left(\frac{dy}{dx}\right).$$

相应地,我们称 $y' = f'(x)$ 为 $y = f(x)$ 的一阶导数.

类似地,如果 $y = f(x)$ 的 $(n-1)$ 阶导数的导数存在,则称该导数为 $y = f(x)$ 的 n 阶导数,记作 $y^{(n)}, f^{(n)}(x)$ 或 $\dfrac{d^n y}{dx^n}$.

二阶及二阶以上的导数统称为高阶导数.由此可见,求高阶导数的过程就是多次反复求导的过程.

【例 2.19】 设 $S(t) = \sin\omega t$,求 $S''(t)$.

【解】 $S'(t) = \omega\cos\omega t$,$S''(t) = -\omega^2 \sin\omega t$.

【例 2.20】 设 $y = 4x^3 - 7x^2 + 6$,求 $y'', y''', y^{(4)}$.

【解】 $y' = 12x^2 - 14x$,$y'' = 24x - 14$,$y''' = 24$,$y^{(4)} = 0$.

【例 2.21】 设 $y = xe^x$,求 $y^{(n)}$.

【解】 $y' = e^x + xe^x = (1+x)e^x$,

$y'' = e^x + (1+x)e^x = (2+x)e^x$,

$y''' = e^x + (2+x)e^x = (3+x)e^x$,

……

依次类推可得:$y^{(n)} = (n+x)e^x$.

【例 2.22】 设由方程 $xy + y^2 - 2x = 0$ 确定函数 $y = f(x)$,求 y''.

【解】 两边对 x 求导,得

$$xy' + y + 2yy' - 2 = 0,$$

于是

$$y' = \frac{2-y}{x+2y},$$

所以

$$y'' = \frac{(2-y)'(x+2y) - (2-y)(x+2y)'}{(x+2y)^2}$$

$$= \frac{-y'(x+2y) - (2-y)(1+2y')}{(x+2y)^2},$$

用 $y' = \dfrac{2-y}{x+2y}$ 代入,得

$$y'' = \frac{2(y-2)(x+y+2)}{(x+2y)^3}.$$

【例 2.23】　设 $y = \sin x$，求 $y^{(n)}$.

【解】　$y' = \cos x = \sin\left(x + \dfrac{\pi}{2}\right)$,

$$y'' = \cos\left(x + \frac{\pi}{2}\right) = \sin\left(x + \frac{\pi}{2} + \frac{\pi}{2}\right) = \sin\left(x + \frac{2\pi}{2}\right),$$

$$y''' = \cos\left(x + \frac{2\pi}{2}\right) = \sin\left(x + \frac{2\pi}{2} + \frac{\pi}{2}\right) = \sin\left(x + \frac{3\pi}{2}\right),$$

$$\cdots$$

依次类推可得　$y^{(n)} = \sin\left(x + \dfrac{n\pi}{2}\right)$.

类似的方法可求得 $(\cos x)^{(n)} = \cos\left(x + \dfrac{n\pi}{2}\right)$.

习题 2.2

1. 求下列函数的导数：

(1) $y = 2x^5 - \dfrac{1}{x^2} + \sin x$;

(2) $y = \sqrt{x} + \cos x - 8$;

(3) $y = 5\cos x + \ln x$;

(4) $y = \sec x + \csc x$;

(5) $y = \dfrac{\sqrt[5]{x^3}}{x^2}$;

(6) $y = \sqrt{x\sqrt{x\sqrt{x}}}$;

(7) $y = x^3 \log_a x \quad (a > 0, a \neq 1)$;

(8) $y = x^3 \tan x + 20$;

(9) $y = x^2(\sin x + \sqrt{x})$;

(10) $y = x^2 \sec x$;

(11) $y = e^x \cdot 10^x$;

(12) $y = (2^x + \sqrt{x})\ln x$;

(13) $y = (e^x + 3^x)\arctan x$;

(14) $y = x^3 \arccos x$;

(15) $y = \arcsin x + \arccos x$;

(16) $y = x(\ln x)\sin x$;

(17) $y = \dfrac{2x}{1 - x^3}$;

(18) $y = \dfrac{\tan x}{x}$;

(19) $y = \dfrac{1 - \cos x}{1 + \cos x}$;

(20) $y = \dfrac{1}{x + \sin x}$.

2. 求下列函数的导数：

(1) $y = (2x + 1)^{100}$;

(2) $y = \sin 5x + \tan 2x$;

(3) $y = 2\cos\dfrac{x}{3} + e^{5x}$;

(4) $y = \sqrt[3]{1 - \sin x}$;

(5) $y = x\sqrt{1 + x^3}$;

(6) $y = \dfrac{1}{\sqrt{2x + 1}}$;

(7) $y = \sqrt{x} + \arccos\dfrac{2}{x}$;

(8) $y = 2^{\sin x} + \cos\sqrt{x}$;

(9) $y = e^{\frac{5}{x}}$;

(10) $y = e^{-3x} + e^{x^2}$;

(11) $y = \sin^2(x^2 + 1)$;

(12) $y = \dfrac{1}{\sqrt{10 - 3x^2}}$.

3. 求下列方程所确定的函数 $y = f(x)$ 的导数：

(1) $x^3 + 2x^2 y - 3xy + 9 = 0$;

(2) $xy = e^{x+y}$;

(3)$e^{xy} + \ln y - x = 5$; (4)$y = \sin(x + y)$;

(5)$xy = 1 + xe^y$; (6)$\ln \sqrt{x^2 + y^2} = \arctan \dfrac{y}{x}$.

4. 求下列函数的导数：

(1)$y = \dfrac{\sqrt{x+1}\sqrt[3]{x^2+2}}{(x-3)(x-4)}$; (2)$y = x^2 \sqrt{\dfrac{2x-1}{x+1}}$;

(3)$y = \left(\dfrac{x}{1+x}\right)^x$; (4)$y = (\cos x)^{\sin x}$.

5. 证明：

(1)$(\arccos x)' = -\dfrac{1}{\sqrt{1-x^2}}$; (2)$(\text{arccot} x)' = -\dfrac{1}{1+x^2}$.

6. 设 $y = y(x)$ 是由方程 $e^{x^2+2y} - \cos(xy) = 1$ 所确定的函数，试求 $y'(0)$.

7. 求下列函数的二阶导数：

(1)$y = 4x + \ln x$; (2)$y = \cos x + \sin x$;

(3)$y = e^{2x-1}$; (4)$y = \ln(1 - x^2)$;

(5)$y = x\sin x$; (6)$y = x^3 \ln x$;

(7)$y = \dfrac{e^x}{x}$; (8)$x^2 + 4y^2 = 25$.

8. 求下列函数的高阶导数：

(1)$y = \ln x$，求 $y^{(n)}$; (2)$y = e^{2x}$，求 $y^{(n)}$.

9. 求曲线 $y = \sqrt{x} + \sin 2x$ 上横坐标为 $x_0 = \pi$ 点处的切线方程和法线方程.

2.3 函数的微分

2.3.1 问题的引入

本节将介绍另一个重要概念：微分. 导数表示函数在一点处由于自变量变化所引起的函数变化的快慢程度，微分是反映函数在一点处由于自变量的微小变化所引起的函数值改变的情况. 两者都是研究函数在局部的性质，有着密切的联系.

先看一个具体的例子：S 表示边长为 x_0 的正方形面积，那么 $S = x_0^2$. 如果给边长一个改变量 Δx，则 S 相应也有一个改变量 ΔS，$\Delta S = (x_0 + \Delta x)^2 - x_0^2 = 2x_0\Delta x + (\Delta x)^2$. 从此式中可见 ΔS 分成两部分，第一部分 $2x_0\Delta x$ 是 Δx 的线性部分，即图 2.3 中阴影的两个矩形的面积之和；而第二部分 $(\Delta x)^2$ 是关于 Δx 的高阶无穷小. 由此可见，当 Δx 很小时，$(\Delta x)^2$ 可以忽略不计，ΔS 可用 $2x_0\Delta x$ 近似它，即 $\Delta S \approx 2x_0\Delta x$. 由于 $S'(x_0) = 2x_0$，所以上式可写成：

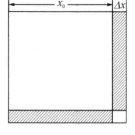

图 2.3

$$\Delta S \approx S'(x_0)\Delta x.$$

这个结论可推广到一般情形.

设函数 $y = f(x)$ 在点 x_0 处可导，且当自变量 x 从 x_0 改变到 $x_0 + \Delta x$ 时，相应的函数值也有改变量 $\Delta y = f(x_0 + \Delta x) - f(x_0)$，由于函数在点 x_0 处可导，则有

$$\lim_{\Delta x \to 0} \frac{\Delta y}{\Delta x} = f'(x_0),$$

根据极限与无穷小的关系,有

$$\frac{\Delta y}{\Delta x} = f'(x_0) + \alpha(x),其中 \lim_{\Delta x \to 0} \alpha(x) = 0,$$

于是得

$$\Delta y = f'(x_0)\Delta x + \alpha(x)\Delta x.$$

这表明,函数的改变量 Δy 有 $f'(x_0)\Delta x$ 与 $\alpha(x)\Delta x$ 两部分组成,当 $|\Delta x|$ 很小时,后面部分可以忽略不计,所以也有:

$$\Delta y \approx f'(x_0)\Delta x.$$

于是可引出微分的定义如下.

2.3.2　微分的定义

【定义 2.2】　设函数 $y = f(x)$ 在点 x_0 处可导,且当自变量 x 从 x_0 改变到 $x_0 + \Delta x$ 时,相应的函数值也有改变量 $\Delta y = f(x_0 + \Delta x) - f(x_0) = f'(x_0)\Delta x + \alpha(x)\Delta x$,我们把 Δy 的主要部分 $f'(x_0)\Delta x$ 称为函数 $y = f(x)$ 在点 x_0 的微分,记为

$$\mathrm{d}y = f'(x_0)\Delta x.$$

【注】

1.若不特别指明函数在哪一点的微分,那么一般地,函数 $y = f(x)$ 的微分就记为:

$$\mathrm{d}y = f'(x)\Delta x.$$

这表明,求一个函数的微分只需求出这个函数的导数 $f'(x)$ 再乘以 Δx 即可.

2.因为,当 $y = x$ 时,$\mathrm{d}y = \mathrm{d}x = (x)'\Delta x = \Delta x$,即 $\mathrm{d}x = \Delta x$.所以函数 $y = f(x)$ 的微分又可记为:

$$\mathrm{d}y = f'(x)\mathrm{d}x.$$

3.将 $\mathrm{d}y = f'(x)\mathrm{d}x$ 两边同除以 $\mathrm{d}x$,得

$$\frac{\mathrm{d}y}{\mathrm{d}x} = f'(x),$$

这表明,函数的微分与自变量的微分之商等于该函数的导数,因此导数又叫做微商.

以后我们也把可导函数称为可微函数,把函数在某点可导也称为在某点可微.即可导与可微这两个概念是等价的.

【例 2.24】　求 $y = x^3$ 在 $x_0 = 1$ 处,$\Delta x = 0.01$ 时函数 y 的改变量 Δy 及微分 $\mathrm{d}y$.

【解】　$\Delta y = (x_0 + \Delta x)^3 - x_0^3 = (1 + 0.01)^3 - 1^3 = 0.030301$,而 $\mathrm{d}y = (x^3)'\Delta x = 3x^2\Delta x$,即 $\mathrm{d}y \Big|_{\substack{x_0 = 1 \\ \Delta x = 0.01}} = 3 \times 1^2 \times 0.01 = 0.03$.

【例 2.25】　设函数 $y = \sin x$,求 $\mathrm{d}y$.

【解】　$\mathrm{d}y = (\sin x)'\mathrm{d}x = \cos x\mathrm{d}x.$

2.3.3　微分的几何意义

为了对微分有一个直观的了解,我们来看一下微分的几何意义.如图 2.4 所示,曲线 $y = f(x)$ 上有两个点 $P_0(x_0, y_0)$ 与 $Q(x_0 + \Delta x, y_0 + \Delta y)$,其中 P_0T 是点 P_0 处的切线,α 为切线的倾斜角,P_0P 平行于 x 轴,PQ 平行于 y 轴.

从图中可知, $P_0P = \Delta x, PQ = \Delta y$, 则 $PT = P_0P\tan\alpha = P_0Pf'(x_0) = f'(x_0)\Delta x$, 即

$$\mathrm{d}y = PT.$$

这就是说, 函数 $y = f(x)$ 在点 x_0 处的微分 $\mathrm{d}y$, 等于曲线 $y = f(x)$ 在点 P_0 处切线的纵坐标对应于 Δx 的改变量, 这就是微分的几何意义.

很显然, 当 $|\Delta x| \to 0$ 时, $\Delta y = PQ$ 可以用 $PT = \mathrm{d}y$ 来近似, 这就是微积分常用的方法:"以直代曲".

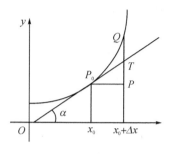

图 2.4

2.3.4 微分在近似计算中的应用

在实际问题中, 经常会遇到一些复杂的计算, 下面我们利用微分来近似它, 可以使计算简单. 由前面的讨论知道, 当 $|\Delta x|$ 很小时, 函数 $y = f(x)$ 在点 x_0 处的改变量 Δy 可以用函数的微分 $\mathrm{d}y$ 来近似, 即

$$\Delta y = f(x_0 + \Delta x) - f(x_0) \approx f'(x_0)\Delta x = \mathrm{d}y,$$

于是得近似计算公式:

$$f(x_0 + \Delta x) \approx f(x_0) + f'(x_0)\Delta x (当 |\Delta x| 很小), \tag{1}$$

取 $x_0 = 0, \Delta x = x$ 得另一个近似计算公式:

$$f(x) \approx f(0) + f'(0)x (当 |x| 很小). \tag{2}$$

公式(1)常用来近似计算函数 $y = f(x)$ 在点 x_0 附近的点的函数值, 公式(2)常用来近似计算函数 $y = f(x)$ 点 $x_0 = 0$ 附近的点的函数值.

【例 2.26】 求 $\cos 60°30'$ 的近似值

【解】 设 $f(x) = \cos x$, 取 $x_0 = \dfrac{\pi}{3}, \Delta x = \dfrac{\pi}{360}, f'(x) = -\sin x$, 则由公式(1)得:

$$f(60°30') = f\left(\frac{\pi}{3} + \frac{\pi}{360}\right) \approx f\left(\frac{\pi}{3}\right) + f'\left(\frac{\pi}{3}\right) \cdot \frac{\pi}{360}$$

$$= \cos\frac{\pi}{3} + \left(-\sin\frac{\pi}{3}\right) \cdot \frac{\pi}{360} = \frac{1}{2} - \frac{\sqrt{3}}{2} \times \frac{\pi}{360} \approx 0.4924.$$

【例 2.27】 计算 $\sqrt{1.02}$ 的近似值.

【解 1】 设 $f(x) = \sqrt{x}$, 取 $x_0 = 1, \Delta x = 0.02, f'(x) = \dfrac{1}{2\sqrt{x}}$, 则由公式(1)得:

$$f(1.02) = \sqrt{1.02} \approx f(1) + f'(1)\Delta x = \sqrt{1} + \frac{1}{2\sqrt{1}} \times 0.02 = 1.01.$$

【解 2】 设 $f(x) = \sqrt{1+x}$, 取 $x_0 = 0, x = 0.02, f'(x) = \dfrac{1}{2\sqrt{1+x}}$, 则由公式(2)得:

$$f(0.02) = \sqrt{1.02} \approx f(0) + f'(0)x = \sqrt{1+0} + \frac{1}{2\sqrt{1+0}} \times 0.02 = 1.01.$$

这类近似计算中, $f(x)$ 可按题意设置, 而 x_0 的选取是关键.

应用公式(2)可以推出下面一些在实际运算中常用的近似公式(当 $|x|$ 很小时):

(1) $\sqrt[n]{1+x} \approx 1 + \dfrac{1}{n}x$;

(2) $e^x \approx 1 + x$;

(3)$\ln(1+x) \approx x$;

(4)$\sin x \approx x$(x 为弧度);

(5)$\tan x \approx x$(x 为弧度);

(6)$\arcsin x \approx x$(x 为弧度).

【例 2.28】 计算 $e^{-0.001}$ 的近似值.

【解】 由 $e^x \approx 1+x$ 得,$e^{-0.001} \approx 1 - 0.001 = 0.999$.

【例 2.29】 计算 $\sqrt[6]{65}$ 的近似值.

【解】 因为 $\sqrt[6]{65} = \sqrt[6]{64+1} = 2 \times \sqrt[6]{1+\dfrac{1}{64}}$,由 $\sqrt[n]{1+x} \approx 1 + \dfrac{1}{n}x$ 得,

$$\sqrt[6]{1+\frac{1}{64}} \approx \left(1 + \frac{1}{6} \times \frac{1}{64}\right) = \left(1 + \frac{1}{384}\right) \approx 1.0026,$$

于是得,
$$\sqrt[6]{65} \approx 2.0052.$$

2.3.5　微分基本公式和微分的运算法则

从微分与导数的关系 $dy = f'(x)dx$ 可知,只要求出 $y = f(x)$ 的导数 $f'(x)$,即可以求出 $y = f(x)$ 的微分 $dy = f'(x)dx$. 如此我们可得到下列微分的基本公式和微分的运算法则:

1. 基本初等函数的微分公式

(1)$dC = 0$

(2)$d(x^\alpha) = \alpha x^{\alpha-1}dx$

(3)$d(a^x) = a^x \ln a\, dx$

(4)$d(e^x) = e^x dx$

(5)$d(\log_a x) = \dfrac{1}{x \ln a}dx$

(6)$d(\ln |x|) = \dfrac{1}{x}dx$

(7)$d(\sin x) = \cos x\, dx$

(8)$d(\cos x) = -\sin x\, dx$

(9)$d(\tan x) = \dfrac{1}{\cos^2 x}dx$

(10)$d(\cot x) = -\dfrac{1}{\sin^2 x}dx$

(11)$d(\sec x) = \sec x \tan x\, dx$

(12)$d(\csc x) = -\csc x \cot x\, dx$

(13)$d(\arcsin x) = \dfrac{1}{\sqrt{1-x^2}}dx$

(14)$d(\arccos x) = -\dfrac{1}{\sqrt{1-x^2}}dx$

(15)$d(\arctan x) = \dfrac{1}{1+x^2}dx$

(16)$d(\text{arccot}\,x) = -\dfrac{1}{1+x^2}dx$

2. 函数四则运算的微分法则

若 $u(x)$,$v(x)$ 可微,则

(1)$d(u \pm v) = du \pm dv$

(2)$d(uv) = v\, du + u\, dv$

(3)$d\left(\dfrac{u}{v}\right) = \dfrac{v\, du - u\, dv}{v^2}$($v \neq 0$)

3. 复合函数的微分法则

设 $y = f(u)$,$u = \varphi(x)$ 都可微,则复合函数 $y = f[\varphi(x)]$ 的微分为:
$$dy = \{f[\varphi(x)]\}' dx = f'(u)\varphi'(x)dx = f'(u)du.$$

这公式与 $dy = f'(x)dx$ 比较,可见不论 u 是自变量还是中间变量,函数 $y = f(x)$ 的微分总保持同一形式,这个性质称为微分形式不变性. 这一性质在复合函数求微分时非常

有用.

【例 2.30】 设函数 $y = e^x \sin x$, 求 dy.

【解】 $dy = d(e^x \sin x) = \sin x d(e^x) + e^x d(\sin x)$

$\qquad = e^x \sin x dx + e^x \cos x dx = e^x (\sin x + \cos x) dx.$

【例 2.31】 设函数 $y = \ln \sin(e^x + 1)$, 求 dy.

【解】 $dy = d(\ln \sin(e^x + 1)) = \dfrac{1}{\sin(e^x + 1)} d(\sin(e^x + 1))$

$\qquad = \dfrac{1}{\sin(e^x + 1)} \cos(e^x + 1) d(e^x + 1) = e^x \cot(e^x + 1) dx.$

【例 2.32】 在下列等式左端的括号中填入适当的函数使等式成立:

(1) $d(\quad) = x^2 dx$;

(2) $d(\quad) = \cos x dx$.

【解】 (1) 因为 $d(x^3) = 3x^2 dx$, 所以有 $d\left(\dfrac{x^3}{3}\right) = x^2 dx$,

一般地有, $d\left(\dfrac{x^3}{3} + C\right) = x^2 dx$ (C 为任意常数).

(2) 因为 $d(\sin x) = \cos x dx$, 一般地有, $d(\sin x + C) = \cos x dx$ (C 为任意常数).

习题 2.3

1. 已知 $y = x^3 + x + 1$, 在点 $x_0 = 2$ 处分别计算当 $\Delta x = 0.1, 0.001$ 时的 Δy 和 dy.

2. 函数 $y = f(x)$ 的图像如图 2.5 所示, 试在图中分别标出 x_0 处的 Δy、dy 及 $\Delta y - dy$, 并说明其正负.

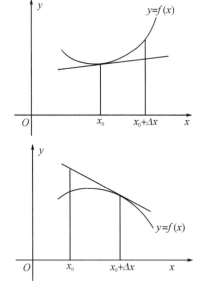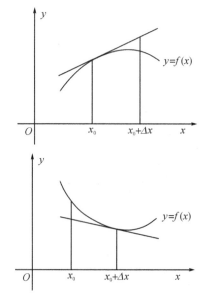

图 2.5

3. 利用微分求下列各数的近似值:

(1) $e^{1.01}$;

(2) $\sqrt[3]{998}$;

(3) $\ln 0.98$;

(4) $\tan \dfrac{\pi}{1800}$.

4.求下列函数的微分 $\mathrm{d}y$：

(1)$y = x - \dfrac{1}{2}x^2 + \dfrac{1}{3}x^3 - \dfrac{1}{4}x^4$；

(2)$y = x^2\sin x$；

(3)$y = x\ln x - x$；

(4)$y = \dfrac{x}{1 + x^2}$；

(5)$y = 3^{\ln x}$；

(6)$y = e^{ax}\cos bx$；

(7)$y = e^x\sin x$；

(8)$y = e^{-x}\sin(3 - x)$；

(9)$y = \ln(3\sin^2 x + 2)$；

(10)$y = (1 - x^2)^n$.

5.将适当的函数填入下列括号内,使等式成立：

(1)$\mathrm{d}($　　　　$) = 2\mathrm{d}x$；

(2)$\mathrm{d}($　　　　$) = x\mathrm{d}x$；

(3)$\mathrm{d}($　　　　$) = \dfrac{1}{1 + x^2}\mathrm{d}x$；

(4)$\mathrm{d}($　　　　$) = 2(x + 1)\mathrm{d}x$；

(5)$\mathrm{d}($　　　　$) = \cos 2x\mathrm{d}x$；

(6)$\mathrm{d}($　　　　$) = 3e^{2x}\mathrm{d}x$；

(7)$\mathrm{d}($　　　　$) = \dfrac{1}{x^2}\mathrm{d}x$；

(8)$\mathrm{d}($　　　　$) = 2^x\mathrm{d}x$；

(9)$\mathrm{d}($　　　　$) = e^{-3x}\mathrm{d}x$；

(10)$\mathrm{d}($　　　　$) = \dfrac{1}{\sqrt{x}}\mathrm{d}x$；

(11)$\mathrm{d}($　　　　$) = \sec^2 x\mathrm{d}x$；

(12)$\mathrm{d}($　　　　$) = \dfrac{1}{\sqrt{1 - x^2}}\mathrm{d}x$.

本章小结

1.导数的定义：$f'(x) = y' = \dfrac{\mathrm{d}y}{\mathrm{d}x} = \lim\limits_{\Delta x \to 0}\dfrac{\Delta y}{\Delta x} = \lim\limits_{\Delta x \to 0}\dfrac{f(x + \Delta x) - f(x)}{\Delta x}$，

$f'(x_0) = f'(x)\big|_{x = x_0}$；

2.导数的几何意义：$f'(x_0) = k_{切线}$；切线方程：$y - y_0 = f'(x_0)(x - x_0)$；

3.可导与连续的关系：函数在某点连续是函数在该点可导的必要条件,但不是充分条件；

4.导数公式：

(1)$(C)' = 0$

(2)$(x^a)' = ax^{a-1}$

(3)$(a^x)' = a^x\ln a(a > 0, a \neq 1)$

(4)$(e^x)' = e^x$

(5)$(\log_a x)' = \dfrac{1}{x\ln a}(a > 0, a \neq 1)$

(6)$(\ln|x|)' = \dfrac{1}{x}$

(7)$(\sin x)' = \cos x$

(8)$(\cos x)' = -\sin x$

(9)$(\tan x)' = \dfrac{1}{\cos^2 x}$

(10)$(\cot x)' = -\dfrac{1}{\sin^2 x}$

(11)$(\sec x)' = \sec x\tan x$

(12)$(\csc x)' = -\csc x\cot x$

(13)$(\arcsin x)' = \dfrac{1}{\sqrt{1 - x^2}}$

(14)$(\arccos x)' = -\dfrac{1}{\sqrt{1 - x^2}}$

(15)$(\arctan x)' = \dfrac{1}{1 + x^2}$

(16)$(\text{arc}\cot x)' = -\dfrac{1}{1 + x^2}$

5.求导法则与方法：

(1)$(u \pm v)' = u' \pm v'$

(2)$(uv)' = u'v + uv'$

(3) $\left(\dfrac{u}{v}\right)' = \dfrac{u'v - uv'}{v^2}(v \neq 0)$

(4) 设 $y = f(u), u = \varphi(x)$,则复合函数 $y = f[\varphi(x)]$ 的导数为:

$$\dfrac{\mathrm{d}y}{\mathrm{d}x} = \dfrac{\mathrm{d}y}{\mathrm{d}u} \cdot \dfrac{\mathrm{d}u}{\mathrm{d}x} \text{ 或 } \{f[\varphi(x)]\}' = f'(u) \cdot \varphi'(x);$$

(5) 隐函数的求导法:将方程 $F(x, y) = 0$ 两边对 x 求导,然后解出 y';

(6) 对数求导法:先两边取自然对数,然后用隐函数求导法,求出 y' 即可;

6. 高阶导数:$f''(x) = y'' = (y')'$ 或 $\dfrac{\mathrm{d}^2 y}{\mathrm{d}x^2} = \dfrac{\mathrm{d}}{\mathrm{d}x}\left(\dfrac{\mathrm{d}y}{\mathrm{d}x}\right), f^{(n)}(x) = y^{(n)} = \dfrac{\mathrm{d}^n y}{\mathrm{d}x^n} = \dfrac{\mathrm{d}}{\mathrm{d}x}\left(\dfrac{\mathrm{d}^{n-1} y}{\mathrm{d}x^{n-1}}\right);$

7. 微分:$\mathrm{d}y = f'(x)\mathrm{d}x$;

8. 微分近似计算公式:$f(x_0 + \Delta x) \approx f(x_0) + f'(x_0)\Delta x$(当 $|\Delta x|$ 很小),

$$f(x) \approx f(0) + f'(0)x(\text{当 } |x| \text{ 很小}).$$

综合练习

一、填空题

1. $y = \cos x$ 上点 $\left(\dfrac{\pi}{3}, \dfrac{1}{2}\right)$ 处的切线方程和法线方程分别为 _____.

2. 曲线 $y = \dfrac{x-1}{x}$ 上切线斜率等于 $\dfrac{1}{4}$ 的点是 _____.

3. 设 $y = \ln\tan x$ 则 $y' = $ _____.

4. $f(x) = \sin x + \ln x$,则 $f''(1) = $ _____.

5. 由方程 $2y - x = \sin y$ 确定 $y = f(x)$,则 $\mathrm{d}y = $ _____.

6. 设 $y = x^n$,则 $y^{(n)} = $ _____.

7. 已知 $f(x)$ 可微,则 $\mathrm{d}f(e^x) = $ _____.

8. 已知 $f(x) = e^{x^2} + \sin x$,则 $f'(0) = $ _____.

9. $\mathrm{d}(\sin x + 5^x) = $ _____ $\mathrm{d}x$.

10. $\sqrt[100]{1.005} \approx$ _____(精确到小数四位).

二、选择题

1. 设 $f(0) = 0, f'(0)$ 存在,则 $\lim\limits_{x \to 0} \dfrac{f(x)}{x} = ($ 　　).

A. $f'(x)$ 　　　　　　B. $f'(0)$ 　　　　　　C. $f(0)$ 　　　　　　D. $\dfrac{1}{2}f(0)$

2. 函数在 x_0 处连续是在 x_0 处可导的(　　).

A. 充分条件但不是必要条件 　　　　　　B. 必要条件但不是充分条件

C. 充分必要条件 　　　　　　D. 既非充分也非必要条件

3. 下列函数中在 $x = 0$ 处不可导的是(　　).

A. $y = \sin x$ 　　　　B. $y = \cos x$ 　　　　C. $y = \ln x$ 　　　　D. $y = x^3$

4. 设 $f(x) = x(x-1)(x-2)(x-3)\cdots(x-99)$,则 $f'(0) = ($ 　　).

A. 999 　　　　　　B. -999 　　　　　　C. $99!$ 　　　　　　D. $-99!$

5. 曲线 $y = 3x^2 + 2x + 1$ 在 $x = 0$ 处的切线方程是(　　).

A. $y = 2x + 1$ 　　　　B. $y = 2x + 2$ 　　　C. $y = x + 1$ 　　　　D. $y = x + 2$

6. 设 $y = \ln | x |$，则 $\mathrm{d}y = ($ 　　).

A. $\dfrac{1}{| x |}\mathrm{d}x$ 　　　　B. $-\dfrac{1}{| x |}\mathrm{d}x$ 　　　C. $\dfrac{1}{x}\mathrm{d}x$ 　　　　D. $-\dfrac{1}{x}\mathrm{d}x$

7. 设 $y = f(e^x)$，$f'(x)$ 存在，则 $y' = ($ 　　).

A. $f'(x)$ 　　　　B. $e^x f'(x)$ 　　　C. $e^x f'(e^x)$ 　　　　D. $f'(e^x)$

8. 若 $f(x) = \begin{cases} e^x, & x > 0 \\ a - bx, & x \leqslant 0 \end{cases}$，在 $x = 0$ 处可导，则 a,b 之值（　　).

A. $a = -1, b = -1$ 　　　　　　　　B. $a = -1, b = 1$

C. $a = 1, b = -1$ 　　　　　　　　D. $a = 1, b = 1$

三、计算下列函数的导数

1. $y = x^3 + 5\cos x + 3x + 1$ 　　　　　2. $y = x^3 \ln x$

3. $y = \dfrac{1}{2 + \sqrt{x}}$ 　　　　　　　4. $y = \dfrac{1 - x}{x}$

5. $y = \cos^2(2x + 1)$ 　　　　　　　6. $y = \dfrac{\sin x}{x^2}$

7. $y = \ln(1 + x^2)$ 　　　　　　　　8. $y = \sqrt{4 - x^2}$

9. $y = \tan \dfrac{1}{x}$ 　　　　　　　　10. $y = \sin(\ln x)$

11. $y = \sin^{10} x$ 　　　　　　　　12. $y = 5^{\cos x}$

13. $y = e^{-x}\arcsin x$ 　　　　　　　14. $y = \cot(1 + x^2)$

15. $y = \sqrt{1 + \cos^2 x}$ 　　　　　　16. $y = x^2 e^{\frac{1}{x}}$

17. $y = \lg(x^2 + x + 1)$ 　　　　　　18. $y = e^{x^2}$

19. $y = (\arctan x)^2$ 　　　　　　　20. $y = \arcsin e^x$

21. $y = \arctan(ax)$ 　　　　　　　22. $y = e^{-3x} + \ln(2x^3 + 1)$

23. $y = e^{3x}$，求 $y^{(n)}$ 　　　　　　24. $y = \ln(1 + 4x)$，求 $y^{(n)}(0)$

四、计算下列隐函数的导数 y'

1. $\sin xy = y + x$ 　　　　　　　　2. $xe^y - ye^y = x^2$

3. $y = x^y$ 　　　　　　　　　　　4. $\sin(x^2 + y) = x$

5. $x^2 + 4y^2 = 25$，求 y'' 　　　　　6. $y^2 + 2xy = 16$，求 y''

五、计算下列函数的微分

1. $y = x^3 - 2x + 5$ 　　　　　　　　2. $y = \dfrac{1}{x} + 2\sqrt{x} - \ln x$

3. $y = \dfrac{\ln x}{x^2}$ 　　　　　　　　4. $y = x^2 \ln x$

5. $y = e^{2x^2}$ 　　　　　　　　　　6. $y = \tan^2(1 + 2x)$

六、利用微分近似公式求下列各数的近似值

1. $e^{0.001}$ 　　　　　2. $\ln 0.99$ 　　　　3. $\sqrt[4]{1.05}$ 　　　　4. $\sqrt[3]{126}$

第3章　导数的应用

本章知识结构导图

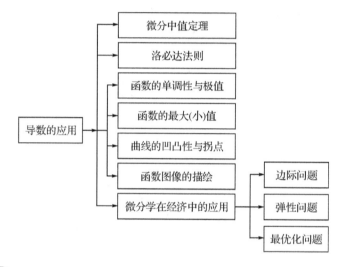

导数的应用
- 微分中值定理
- 洛必达法则
- 函数的单调性与极值
- 函数的最大(小)值
- 曲线的凹凸性与拐点
- 函数图像的描绘
- 微分学在经济中的应用
  - 边际问题
  - 弹性问题
  - 最优化问题

阅读材料　数学家拉格朗日(Lagrange)

拉格朗日,法国数学家、物理学家及天文学家.1736 年 1 月 25 日生于意大利西北部的都灵,1755 年 19 岁的他就在都灵的皇家炮兵学校当数学教授;1766 年应德国的普鲁士王腓特烈的邀请去了柏林,不久便成为柏林科学院通讯院院士,在那里他居住了达二十年之久;1786 年普鲁士王腓特烈逝世后,他应法王路易十六之邀,于 1787 年定居巴黎,其间出任法国米制委员会主任,并先后于巴黎高等师范学院及巴黎综合工科学校任数学教授;最后于 1813 年 4 月 10 日在巴黎逝世.

拉格朗日一生的科学研究所涉及的数学领域极其广泛.如:他在探讨"等周问题"的过程中,他用纯分析的方法发展了欧拉所开创的变分法,为变分法奠定了理论基础;他完成的《分析力学》一书,建立起完整和谐的力学体系;他的两篇著名的论文:《关于解数值方程》和《关于方程的代数解法的研究》,总结出一套标准方法即把方程化为低一次的方程(辅助方程或预解式)以求解,但这并不适用于五次方程;然而他的思想已蕴含着群论思想,这使他成为伽罗瓦建立群论之先导;在数论方面,他也显示出非凡的才能,费马所提出的许多问题都被他一一解答,他还证明了圆周率的无理性,这些研究成果丰富了数论的内容;他的巨著《解析函数论》,为微积分奠定理论基础方面作了独特的尝试,他企图把微分运算归结为代数运算,从而抛弃自牛顿以来一直令人困惑的无穷小量,并想由此出发建立全部分析学;另外他用幂级数表示函数的处理方法对分析学的发展产生了影响,成为实变函数论的起点;而且,他还在微分方程理论中作出奇解为积分曲线族的包络的几何解释,提出线性变换的特征值概念等.

数学界近百多年来的许多成就都可直接或间接地追溯于拉格朗日的工作,为此他在数学史上被认为是对分析数学的发展产生全面影响的数学家之一.

拉格朗日的研究工作中,约有一半同天体力学有关.他是分析力学的创立者,为把力学理论推广应用到物理学其他领域开辟了道路;他用自己在分析力学中的原理和公式,建立起各类天体的运动方程,他对三体问题的求解方法、对流体运动的理论等都有重要贡献,他还研究了彗星和小行星的摄动问题,提出了彗星起源假说等.

3.1　微分中值定理与洛必达法则

为了更好地应用导数知识来研究函数及其图形的性态,并利用这些知识解决一些实际问题.本节主要介绍微分学的几个中值定理,它们是导数应用的理论基础.

3.1.1　罗尔(Rolle)中值定理

【定理 3.1】　设函数 $y = f(x)$ 满足条件:

(1) 在闭区间 $[a,b]$ 上连续;

(2) 在开区间 (a,b) 内可导;

(3) $f(a) = f(b)$;

则至少存在一点 $\xi \in (a,b)$,使得 $f'(\xi) = 0$.

证明略.

罗尔中值定理有其明显的几何意义:

如图 3.1 所示,若在闭区间 $[a,b]$ 上的连续曲线 $y = f(x)$,其上每一点(除端点外)处都有不垂直于 x 轴 的切线,且两个端点 A、B 的纵坐标相等,那么曲线 $y = f(x)$ 上至少存在一点 C,使曲线在点 C 处的切线与 x 轴平行.

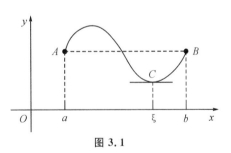

图 3.1

3.1.2　拉格朗日(Lagrange)中值定理

罗尔中值定理中的第三个条件 $f(a) = f(b)$ 相当特殊,如果去掉这个条件而保留其余两个条件,结论不一定成立,但可以得到另一个在微分学中十分重要的中值定理 —— 拉格朗日中值定理.

【定理 3.2】　若函数 $y = f(x)$ 满足条件:

(1) 在闭区间 $[a,b]$ 上连续;

(2) 在开区间 (a,b) 内可导;

则至少存在一点 $\xi \in (a,b)$,使 $f'(\xi) = \dfrac{f(b) - f(a)}{b - a}$.

证明略.

拉格朗日中值定理也具明显的几何意义:

如图 3.2 所示,若在闭区间 $[a,b]$ 上的连续曲线 $y=f(x)$,其上每一点(除端点外)处都有不垂直于 x 轴的切线,那么曲线 $y=f(x)$ 上至少存在一点 C,使曲线在点 C 处的切线与弦 AB 平行.

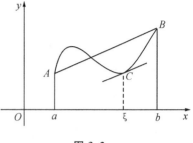

图 3.2

在定理 3.2 中,若 $f(a)=f(b)$,则 $f'(\xi)=0$. 故罗尔中值定理是拉格朗日中值定理的一种特殊情况.

作为拉格朗日中值定理的一个应用,我们来导出下面两个十分有用的推论.

【推论 3.1】 如果在 (a,b) 内,函数 $f(x)$ 导数恒等于 0,则在 (a,b) 内 $f(x)$ 为常数.

【证明】 任意取 $x_1,x_2 \in (a,b)$,不妨设 $x_1 < x_2$,由拉格朗日中值定理存在一点 $\xi \in (x_1,x_2)$,有

$$\frac{f(x_2)-f(x_1)}{x_2-x_1}=f'(\xi),$$

而 $f'(\xi) \equiv 0$,故 $f(x_2)-f(x_1)=0$,即 $f(x_1)=f(x_2)$,这表明在 (a,b) 内 $f(x)$ 为常数.

【推论 3.2】 如果在 (a,b) 内,有 $f'(x)=g'(x)$,则 $f(x)$ 和 $g(x)$ 至多相差一个常数,即

$$f(x)-g(x)=C(C \text{ 为常数}).$$

【证明】 因 $f'(x)=g'(x)$,所以 $(f(x)-g(x))'=0$,由推论 2.1 知,$f(x)-g(x)=C$.

3.1.3 柯西(Cauchy) 中值定理

【定理 3.3】 如果函数 $f(x),g(x)$ 满足条件:

(1) 在 $[a,b]$ 上连续;

(2) 在 (a,b) 内可导;

(3) $g'(x) \neq 0$;

则至少存在一点 $\xi \in (a,b)$,使得

$$\frac{f(b)-f(a)}{g(b)-g(a)}=\frac{f'(\xi)}{g'(\xi)}.$$

证明略.

柯西中值定理中的 $g(x)=x$ 时,就变成拉格朗日中值定理,所以柯西中值定理适用于更一般的情形.

【例 3.1】 证明当 $x > 0$ 时,$e^x > 1+x$.

【证明】 设 $f(x)=e^x$,在 $[0,x]$ 上,$f(x)$ 满足拉格朗日中值定理的条件,因此存在一点 $\xi \in (0,x)$,使得 $f'(\xi)=\dfrac{f(x)-f(0)}{x-0}=\dfrac{e^x-e^0}{x-0}=e^\xi > 1$,即 $e^x-1 > x$,所以

$$e^x > 1+x.$$

【例 3.2】 证明 $\arcsin x + \arccos x = \dfrac{\pi}{2}$.

【证明】 设 $f(x)=\arcsin x + \arccos x$,因为 $f'(x)=\dfrac{1}{\sqrt{1-x^2}}-\dfrac{1}{\sqrt{1-x^2}}=0$,

所以 $f(x)=C$,令 $x=0$,则 $C=\arcsin 0 + \arccos 0 = \dfrac{\pi}{2}$,所以

$$\arcsin x + \arccos x = \frac{\pi}{2}.$$

3.1.4   洛必达法则

在函数的极限运算中我们碰到过下面两种情况,即当自变量某一变化过程中,$f(x)$ 与 $g(x)$ 都趋向于 0 或都趋向于 ∞,此时极限 $\lim \dfrac{f(x)}{g(x)}$ 可能存在,也可能不存在,称这种极限形式为未定型,并分别简记为 $\dfrac{0}{0}$ 型或 $\dfrac{\infty}{\infty}$ 型. 对于这种形式的极限不能直接运用极限四则运算的法则. 本节介绍一种求此两类极限简便且重要的方法,即所谓的洛必达法则.

1. $\lim \dfrac{f(x)}{g(x)}$ 为 $\dfrac{0}{0}$ 型时

我们着重讨论 $x \to x_0$ 时的未定型情形,$x \to \infty$ 时的情形类似可得.

【定理 3.4】   若(1) $\lim\limits_{x \to x_0} f(x) = \lim\limits_{x \to x_0} g(x) = 0$;

(2) 在 x_0 的某邻域内(点 x_0 可除外),$f'(x)$ 与 $g'(x)$ 都存在,且 $g'(x) \neq 0$;

(3) $\lim\limits_{x \to x_0} \dfrac{f'(x)}{g'(x)} = A$(或 ∞);

则有

$$\lim_{x \to x_0} \frac{f(x)}{g(x)} = \lim_{x \to x_0} \frac{f'(x)}{g'(x)} = A(\text{或} \infty).$$

这种求极限的法则就称为洛必达法则,其具体思想是:当极限 $\lim\limits_{x \to x_0} \dfrac{f(x)}{g(x)}$ 为 $\dfrac{0}{0}$ 型时,可以对分子分母分别求导数后再求极限 $\lim\limits_{x \to x_0} \dfrac{f'(x)}{g'(x)}$,若这种形式的极限存在,则此极限值就是所要求的.

*【证明】   由于求极限 $\lim\limits_{x \to x_0} \dfrac{f(x)}{g(x)}$ 与值 $f(x_0)$,$g(x_0)$ 无关,故不妨设 $f(x_0) = g(x_0) = 0$,由条件(1)与(2)知:$f(x)$ 与 $g(x)$ 在点 x_0 的某邻域内是连续的,设 x 是这邻域内的一点,那么在 $[x, x_0]$(或 $[x_0, x]$)上,应用柯西中值定理,则有 $\dfrac{f(x)}{g(x)} = \dfrac{f(x) - f(x_0)}{g(x) - g(x_0)} = \dfrac{f'(\xi)}{g'(\xi)}$,其中 $\xi \in [x, x_0]$(或 $\xi \in [x_0, x]$).

显然当 $x \to x_0$ 时,有 $\xi \to x_0$,所以有 $\lim\limits_{x \to x_0} \dfrac{f(x)}{g(x)} = \lim\limits_{\xi \to x_0} \dfrac{f'(\xi)}{g'(\xi)} = \lim\limits_{x \to x_0} \dfrac{f'(x)}{g'(x)}$,定理得证.

【注】   若 $\lim\limits_{x \to x_0} \dfrac{f'(x)}{g'(x)}$ 仍是 $\dfrac{0}{0}$ 型,且 $f'(x)$ 与 $g'(x)$ 也满足定理 3.4 中的条件,则可连续使用洛必达法则,即 $\lim\limits_{x \to x_0} \dfrac{f(x)}{g(x)} = \lim\limits_{x \to x_0} \dfrac{f'(x)}{g'(x)} = \lim\limits_{x \to x_0} \dfrac{f''(x)}{g''(x)}$.

对定理 3.4 的条件(2)中把"x_0 的某邻域内"改成"当 $|x| > N > 0$ 时",即得到关于 $x \to \infty$ 时的 $\dfrac{0}{0}$ 型的相应结果.

【例 3.3】   求 $\lim\limits_{x \to 0} \dfrac{e^x - 1}{x}$.

【解】   是 $\dfrac{0}{0}$ 型,所以有

$$\lim_{x \to 0} \frac{e^x - 1}{x} = \lim_{x \to 0} \frac{e^x}{1} = 1.$$

【**例 3.4**】 求 $\lim\limits_{x \to 0} \dfrac{1 - \cos x}{x^2}$.

【**解**】 是 $\dfrac{0}{0}$ 型，所以有

$$\lim_{x \to 0} \frac{1 - \cos x}{x^2} = \lim_{x \to 0} \frac{\sin x}{2x} = \frac{1}{2}.$$

【**例 3.5**】 求 $\lim\limits_{x \to 0} \dfrac{x - x\cos x}{x - \sin x}$.

【**解**】 是 $\dfrac{0}{0}$ 型，所以有

$$\lim_{x \to 0} \frac{x - x\cos x}{x - \sin x} = \lim_{x \to 0} \frac{1 - \cos x + x\sin x}{1 - \cos x} \text{（仍为} \frac{0}{0} \text{型）}$$

$$= \lim_{x \to 0} \frac{\sin x + \sin x + x\cos x}{\sin x}$$

$$= \lim_{x \to 0} \left(2 + \frac{x}{\sin x} \cos x\right) = 2 + 1 \times 1 = 3.$$

2. $\lim \dfrac{f(x)}{g(x)}$ 为 $\dfrac{\infty}{\infty}$ 型时

【**定理 3.5**】 若(1) $\lim\limits_{x \to x_0} f(x) = \lim\limits_{x \to x_0} g(x) = \infty$；

(2) 在 x_0 的某空心邻域内，$f'(x)$ 与 $g'(x)$ 都存在，且 $g'(x) \neq 0$；

(3) $\lim\limits_{x \to x_0} \dfrac{f'(x)}{g'(x)} = A(\text{或} \infty)$；

则有

$$\lim_{x \to x_0} \frac{f(x)}{g(x)} = \lim_{x \to x_0} \frac{f'(x)}{g'(x)} = A(\text{或} \infty).$$

证明略.

同理对定理 3.5 的条件(2)中把"x_0 的某邻域内"改成"当 $|x| > N > 0$ 时"，即得到关于 $x \to \infty$ 时的 $\dfrac{\infty}{\infty}$ 型的相应结果.

【**例 3.6**】 求 $\lim\limits_{x \to +\infty} \dfrac{\ln x}{x^n} (n > 0)$.

【**解**】 是 $\dfrac{\infty}{\infty}$ 型，则有 $\lim\limits_{x \to +\infty} \dfrac{\ln x}{x^n} = \lim\limits_{x \to +\infty} \dfrac{\dfrac{1}{x}}{nx^{n-1}} = \lim\limits_{x \to +\infty} \dfrac{1}{nx^n} = 0$.

【**例 3.7**】 求 $\lim\limits_{x \to +\infty} \dfrac{x^5}{e^x}$.

【**解**】 是 $\dfrac{\infty}{\infty}$ 型，则有 $\lim\limits_{x \to +\infty} \dfrac{x^5}{e^x} \overset{\frac{\infty}{\infty}}{=} \lim\limits_{x \to +\infty} \dfrac{5x^4}{e^x} \overset{\frac{\infty}{\infty}}{=} \lim\limits_{x \to +\infty} \dfrac{20x^3}{e^x} \overset{\frac{\infty}{\infty}}{=} \lim\limits_{x \to +\infty} \dfrac{60x^2}{e^x}$

$$\overset{\frac{\infty}{\infty}}{=} \lim_{x \to +\infty} \frac{120x}{e^x} \overset{\frac{\infty}{\infty}}{=} \lim_{x \to +\infty} \frac{120}{e^x} = 0.$$

*3. $\lim \dfrac{f(x)}{g(x)}$ 为其他未定型时

除了上述两种未定型外,还有其他的未定型,如 $0 \cdot \infty, \infty - \infty, 0^0, 1^\infty, \infty^0$ 等.

由于他们都可化为 $\dfrac{0}{0}$ 或 $\dfrac{\infty}{\infty}$,因此也常用洛必达法则求出极限.其步骤如下:

(1) $0 \cdot \infty$ 型,先化为 $\dfrac{1}{\infty} \cdot \infty$ 型或 $0 \cdot \dfrac{1}{0}$ 型,然后用洛必达法则求出极限;

(2) $\infty - \infty$ 型,先化为 $\dfrac{1}{0} - \dfrac{1}{0}$ 型,再化为 $\dfrac{0}{0}$ 型,最后用洛必达法则求出极限;

(3) 0^0 或 1^∞ 或 ∞^0 型,先化为 $e^{\ln 0^0}$ 或 $e^{\ln 1^\infty}$ 或 $e^{\ln \infty^0}$ 型,再化为 $e^{\frac{0}{0}}$ 或 $e^{\frac{\infty}{\infty}}$ 型,最后用洛必达法则求出极限.

【例 3.8】 求 $\lim\limits_{x \to 0^+} x \ln x$.

【解】 是 $0 \cdot \infty$ 型,所以有 $\lim\limits_{x \to 0^+} x \ln x = \lim\limits_{x \to 0^+} \dfrac{\ln x}{\dfrac{1}{x}} \overset{\frac{\infty}{\infty}}{=\!=\!=} \lim\limits_{x \to 0^+} \dfrac{\dfrac{1}{x}}{-\dfrac{1}{x^2}} = \lim\limits_{x \to 0^+}(-x) = 0.$

【例 3.9】 求 $\lim\limits_{x \to 0}\left(\dfrac{1}{\sin x} - \dfrac{1}{x}\right)$.

【解】 是 $\infty - \infty$ 型,所以有

$$\lim_{x \to 0}\left(\frac{1}{\sin x} - \frac{1}{x}\right) = \lim_{x \to 0} \frac{x - \sin x}{x \sin x} \overset{\frac{0}{0}}{=\!=\!=} \lim_{x \to 0} \frac{1 - \cos x}{\sin x + x \cos x} \overset{\frac{0}{0}}{=\!=\!=} \lim_{x \to 0} \frac{\sin x}{\cos x + \cos x - x \sin x} = 0.$$

【例 3.10】 求 $\lim\limits_{x \to 0^+} x^x$.

【解】 是 0^0 型,所以有

$$\lim_{x \to 0^+} x^x = \lim_{x \to 0^+} e^{\ln x^x} = \lim_{x \to 0^+} e^{x \ln x}, \text{而} \lim_{x \to 0^+} x \ln x = \lim_{x \to 0^+} \frac{\ln x}{\dfrac{1}{x}} = 0, \text{故} \lim_{x \to 0^+} x^x = e^0 = 1.$$

【注】 (1) 洛必达法则只适用 $\dfrac{0}{0}$ 型或 $\dfrac{\infty}{\infty}$ 型,其他未定型必须先化成 $\dfrac{0}{0}$ 型或 $\dfrac{\infty}{\infty}$ 型,然后再用洛必塔法则.

(2) 洛必达法则只适用 $\lim\limits_{\substack{x \to x_0 \\ (x \to \infty)}} \dfrac{f'(x)}{g'(x)}$ 存在或无穷大时,如果 $\lim\limits_{\substack{x \to x_0 \\ (x \to \infty)}} \dfrac{f'(x)}{g'(x)}$ 不存在则不能用洛必达法则,需要通过其他方法来讨论.

【例 3.11】 求 $\lim\limits_{x \to \infty} \dfrac{x + \cos x}{x + \sin x}$.

【解】 是 $\dfrac{\infty}{\infty}$ 型,由于对分子分母同时求导后的极限 $\lim\limits_{x \to \infty} \dfrac{1 - \sin x}{1 + \cos x}$ 不存在,所以不能用洛必达法则求解.事实上,

$$\lim_{x \to \infty} \frac{x + \cos x}{x + \sin x} = \lim_{x \to \infty} \frac{1 + \dfrac{1}{x}\cos x}{1 + \dfrac{1}{x}\sin x} = 1.$$

习题 3.1

1. 下列函数在所给区间上是否满足罗尔定理的条件,若满足,试求出使 $f'(\xi)=0$ 的点 ξ.

(1) $f(x)=x\sqrt{3-x}, x\in[0,3]$;

(2) $f(x)=\sin x, x\in\left[-\dfrac{3\pi}{2},\dfrac{\pi}{2}\right]$.

2. 下列函数在所给区间上是否满足拉格朗日定理条件,若满足,试求出符合定理结论中的 ξ.

(1) $y=\sqrt{x}$,在区间 $[1,4]$ 上;

(2) $y=\ln x$,在区间 $[1,e]$ 上.

3. 判断下列极限属于何种未定型形式,并求出其值:

(1) $\lim\limits_{x\to 0}\dfrac{\sin x}{x}$;

(2) $\lim\limits_{x\to\pi}\dfrac{\sin 3x}{\tan 5x}$;

(3) $\lim\limits_{\theta\to\frac{\pi}{2}}\dfrac{\cos\theta}{\pi-2\theta}$;

(4) $\lim\limits_{x\to+\infty}\dfrac{\ln x}{x}$;

(5) $\lim\limits_{x\to 0^+}\dfrac{\ln x}{\cot x}$;

(6) $\lim\limits_{x\to+\infty}\dfrac{x^m}{e^{ax}}(a>0)$;

(7) $\lim\limits_{x\to+\infty}\dfrac{\ln x}{x+2\sqrt{x}}$;

(8) $\lim\limits_{x\to 0}\dfrac{e^x\cos x-1}{\sin 2x}$.

4. 用洛必达法则求下列极限:

(1) $\lim\limits_{x\to 0}\dfrac{\ln(x+1)}{x}$;

(2) $\lim\limits_{x\to\frac{\pi}{4}}\dfrac{\sin x-\cos x}{1-\tan^2 x}$;

(3) $\lim\limits_{x\to+\infty}\dfrac{e^x}{x^2+1}$;

(4) $\lim\limits_{x\to 0}\dfrac{e^{\sin x}-e^x}{\sin x-x}$;

(5) $\lim\limits_{x\to\infty}x\left(\cos\dfrac{1}{x}-1\right)$;

(6) $\lim\limits_{x\to 1}\left(\dfrac{x}{x-1}-\dfrac{1}{\ln x}\right)$;

(7) $\lim\limits_{x\to 0^+}\sin x\cdot\ln x$;

(8) $\lim\limits_{x\to a}\dfrac{x^m-a^m}{x^n-a^n}(a\neq 0)$;

*(9) $\lim\limits_{x\to 0^+}(\cos\sqrt{x})^{\frac{1}{x}}$;

*(10) $\lim\limits_{x\to 1}x^{\frac{1}{1-x}}$.

5. 下列极限是否存在?是否可用洛必达法则求极限,为什么?

(1) $\lim\limits_{x\to+\infty}\dfrac{e^x+e^{-x}}{e^x-e^{-x}}$;

(2) $\lim\limits_{x\to\infty}\dfrac{x+\sin x}{x}$;

(3) $\lim\limits_{x\to 0}\dfrac{x^2\sin\dfrac{1}{x}}{\sin x}$;

(4) $\lim\limits_{x\to 0}\dfrac{e^x-\cos x}{x\sin x}$.

3.2　函数的极值

3.2.1　函数的单调性

本节我们借助函数的单调性与其导数之间的关系,提供一种判别函数单调性的方法.我们先来考察,函数 $y = f(x)$ 的单调性在几何上的特性.如图 3.3 所示,如果函数 $y = f(x)$ 在 $[a,b]$ 上单调增加,则它的图像是一条沿 x 轴正向上升的曲线,曲线上各点处的切线斜率是非负的,即 $y' = f'(x) \geqslant 0$.如果函数 $y = f(x)$ 在 $[a,b]$ 上单调减少,则它的图像是一条沿 x 轴正向下降的曲线,曲线上各点处的切线斜率是非正的,即 $y' = f'(x) \leqslant 0$.由此可见函数的单调性与导数的符号有着紧密的联系.

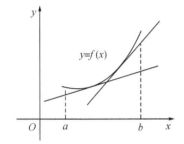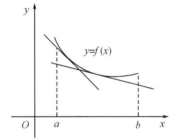

图 3.3

【定理 3.6】(函数单调性的判定法)　设函数 $y = f(x)$ 在 $[a,b]$ 上连续,在 (a,b) 内可导,

(1) 如果在 (a,b) 内 $f'(x) > 0$,则函数 $y = f(x)$ 在 $[a,b]$ 上单调增加;

(2) 如果在 (a,b) 内 $f'(x) < 0$,则函数 $y = f(x)$ 在 $[a,b]$ 上单调减少.

【证明】　(1) 设 x_1,x_2 是 $[a,b]$ 上任意两点,且 $x_1 < x_2$,在 $[x_1,x_2]$ 上应用 Lagrange 中值定理,得

$$\frac{f(x_1) - f(x_2)}{x_1 - x_2} = f'(\xi) > 0, \xi \in (x_1,x_2),$$

即

$$f(x_1) - f(x_2) = f'(\xi)(x_1 - x_2) < 0,$$

于是有 $f(x_1) < f(x_2)$,所以 $f(x)$ 在 $[a,b]$ 上单调增加.

(2) 同理可证当 $f'(x) < 0$ 时,$f(x)$ 在 $[a,b]$ 上单调减少.

【例 3.12】　试判定函数 $y = e^{-x}$ 的单调性.

【解】　函数的定义域为 $(-\infty, +\infty)$,

$$y' = -e^{-x} = -\frac{1}{e^x} < 0,$$

故 $y = e^{-x}$ 在 $(-\infty, +\infty)$ 上单调减少.

一般地,函数 $y = f(x)$ 在它的定义域上并不具单调性,但我们通过用导数等于零的点来划分函数的定义域后,定义域被分成若干个小区间,在这些小区间内导数或者大于零或者小于零,从而可以确定函数在各个小区间上的函数的单调性,这样的小区间称为单调区间.

【例 3.13】　试判定函数 $y = \frac{1}{3}x^3 - 2x^2 + 3x$ 的单调性.

【解】　函数的定义域为 $(-\infty, +\infty)$,

$y' = x^2 - 4x + 3 = (x-1)(x-3)$,令 $y' = 0$,得 $x_1 = 1, x_2 = 3$,这两个点把定义域 $(-\infty, +\infty)$ 分成三个小区间,列表如下:

x	$(-\infty,1)$	1	$(1,3)$	3	$(3,+\infty)$
y'	$+$	0	$-$	0	$+$
y	↗		↘		↗

所以函数在$(-\infty,1)$与$(3,+\infty)$内是单调增加,在$(1,3)$内是单调减少.

【例 3.14】　试判定函数$y=\sqrt[3]{(x-1)^2}$的单调性.

【解】　函数的定义域为$(-\infty,+\infty)$,

$y'=\dfrac{2}{3}\dfrac{1}{\sqrt[3]{x-1}}$,显然在$x=1$处不可导,这个点把定义域$(-\infty,+\infty)$分成两个小区间,列表如下:

x	$(-\infty,1)$	1	$(1,+\infty)$
y'	$-$	不存在	$+$
y	↘		↗

所以函数在$(-\infty,1)$内是单调减少,在$(1,+\infty)$内是单调增加.

利用函数的单调性还可证明一些不等式.

【例 3.15】　证明当$x>0$时,$x>\ln(1+x)$.

【证明】　令$f(x)=x-\ln(1+x),x\in[0,+\infty)$.

当$x=0$时,$f(0)=0$;当$x>0$时,$f'(x)=1-\dfrac{1}{1+x}=\dfrac{x}{1+x}>0$;所以在$[0,+\infty)$上,$f(x)$为单调增加函数.

于是当$x>0$时,有$f(x)>f(0)=0$,即$x-\ln(1+x)>0$,故$x>\ln(1+x)$.

3.2.2　函数的极值

设函数$y=f(x)$的图像如图 3.4 所示.

从图上可以看出:在$x=x_1$处,$f(x_1)$比x_1附近点的函数值都大,在$x=x_2$处,$f(x_2)$比x_2附近点的函数值都小,这种局部的最大、最小值具有很大的实际意义.对此我们引入如下定义:

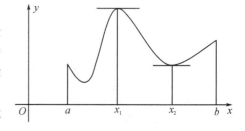

图 3.4

【定义 3.1】　设函数$y=f(x)$,在点x_0的某邻域$U(x_0)$内有定义,若对任意的$x\in U(x_0)(x\neq x_0)$,均有

(1)$f(x)<f(x_0)$,则称$f(x_0)$为$y=f(x)$的极大值,x_0为极大值点;

(2)$f(x)>f(x_0)$,则称$f(x_0)$为$y=f(x)$的极小值,x_0为极小值点.

函数的极大值和极小值统称为极值,相应的极大值点和极小值点统称为极值点.

【注】　极大值和极小值是一个局部概念,与闭区间上最大值和最小值是有区别的.

【定理 3.7】(极值存在的必要条件)　设函数$y=f(x)$在x_0处可导,如果函数$f(x)$在点x_0处取得极值,则必有$f'(x_0)=0$.

【证明】　不妨设$f(x_0)$为极大值,由极大值定义,对点x_0附近任一点$x(x\neq x_0)$,有$f(x)<f(x_0)$,所以

$$f'_-(x_0) = \lim_{x \to x_0^-} \frac{f(x) - f(x_0)}{x - x_0} \geqslant 0,$$

$$f'_+(x_0) = \lim_{x \to x_0^+} \frac{f(x) - f(x_0)}{x - x_0} \leqslant 0,$$

由于 $f'(x_0)$ 存在,所以 $f_-'(x_0) = f_+'(x_0) = 0$,即 $f'(x_0) = 0$.

对于函数 $y = f(x)$,使 $f'(x_0) = 0$ 的点 x_0,称为 $y = f(x)$ 的驻点.

【注】

1. 若导数存在,则极值肯定为驻点;但驻点并不一定是函数的极值点.例如函数 $y = x^3$,$x = 0$ 是其驻点,但不是其极值点.参见图 3.5.

2. 导数不存在的点,函数可能有极值,也可能没有极值.例如 $f(x) = |x|$,在 $x = 0$ 处导数不存在,但函数有极小值 $f(0) = 0$;又如 $f(x) = x^{\frac{1}{3}}$ 在 $x = 0$ 处导数不存在,但函数没有极值.

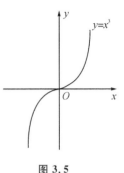

图 3.5

【定理 3.8】(极值存在的第一充分条件)　设函数 $y = f(x)$,在点 x_0 及其附近可导,且 $f'(x_0) = 0$,当 x 值从 x_0 的左边渐增到 x_0 的右边时,

(1) 若 $x < x_0$,$f'(x) > 0$;$x > x_0$,$f'(x) < 0$,则 x_0 为函数的极大值点,$f(x_0)$ 为函数的极大值;

(2) 若 $x < x_0$,$f'(x) < 0$;$x > x_0$,$f'(x) > 0$,则 x_0 为函数的极小值点,$f(x_0)$ 为函数的极小值;

(3) 若 $f'(x)$ 的符号不变,则 x_0 不是函数的极值点.

证明略.

【例 3.16】　求函数 $y = 4x^2 - 2x^4$ 的极值.

【解 1】　函数的定义域为 $(-\infty, +\infty)$,

$y' = 8x - 8x^3 = 8x(1 - x)(1 + x)$,令 $y' = 0$,得三个驻点 $x_1 = -1, x_2 = 0, x_3 = 1$

列表如下:

x	$(-\infty, -1)$	-1	$(-1, 0)$	0	$(0, 1)$	1	$(1, +\infty)$
y'	$+$		$-$		$+$		$-$
y	↗		↘		↗		↘

所以函数在 $x_1 = -1$ 处有极大值 $f(-1) = 2$;在 $x_3 = 1$ 处也有极大值 $f(1) = 2$;而在 $x_2 = 0$ 处有极小值 $f(0) = 0$.

【注】　若函数 $y = f(x)$ 在点 x_0 处不可导,但连续,则仍可按定理 3.8 的 (1)、(2)、(3) 来判断点 x_0 是否为极值点.

【定理 3.9】(极值存在的第二充分条件)　设函数 $y = f(x)$ 在点 x_0 处有二阶可导,且 $f'(x_0) = 0$,$f''(x_0) \neq 0$,

(1) 若 $f''(x_0) < 0$,则 $f(x)$ 在 x_0 处取得极大值 $f(x_0)$;

(2) 若 $f''(x_0) > 0$,则 $f(x)$ 在 x_0 处取得极小值 $f(x_0)$.

证明略.

【注】

1. 定理 3.8 和定理 3.9 虽然都是判定极值点的充分条件,但在应用时又有区别.定理 3.8 对驻点和不可导点均适用;而定理 3.9 对不可导点和 $f''(x_0) = 0$ 的点不适用.

2. 当二阶导数较容易求出,并且在驻点处有 $f''(x_0) \neq 0$ 时,用定理 3.9 来判定极值更便捷. 于是以上例 3.16 也可以如下解法:

【解 2】 函数的定义域为 $(-\infty, +\infty)$,

$y' = 8x - 8x^3 = 8x(1-x)(1+x)$,令 $y' = 0$,得三个驻点 $x_1 = -1, x_2 = 0, x_3 = 1$,

$y'' = 8 - 24x^2$,由于 $y''(-1) = -16 < 0, y''(0) = 8 > 0, y''(1) = -16 < 0$,由定理 3.9 得,

在 $x_1 = -1$ 处函数有极大值 $f(-1) = 2$;在 $x_3 = 1$ 处函数也有极大值 $f(1) = 2$;而在 $x_2 = 0$ 处函数有极小值 $f(0) = 0$.

从上述讨论可归纳出,判定函数 $f(x)$ 的单调性与求函数 $f(x)$ 极值的一般步骤为:

(1) 写出函数的定义域;

(2) 求函数的导数 $f'(x)$,并求出驻点和不可导点;

(3) 根据驻点和不可导点把定义域分成若干区间,列表,然后由定理 3.8 或定理 3.9 判断驻点和不可导点是否为极值点;

(4) 最后写出函数的单调区间并求出函数的极值.

3.2.3 函数的最大值和最小值

在工农业生产、科学技术研究、经济管理及实际生活中,常常会碰到如何做才能使"产量最高"、"材料最省"、"耗时最少"、"效率最高"、"利润最大"、"单位成本最低"、"面积最大"等最优化问题,这些问题归纳到数学上,就是讨论解决函数的最大值和最小值问题.

1. 在 $[a,b]$ 上连续函数 $y = f(x)$ 的最大值和最小值

在第一章已解决了在 $[a,b]$ 上连续函数 $y = f(x)$ 的最大值和最小值的存在性问题,通过对极值问题的讨论,可归纳出求函数最大值、最小值的办法.

在 $[a,b]$ 上连续函数 $y = f(x)$ 的最大值和最小值求法归纳如下:

(1) 求出 $y = f(x)$ 在 (a,b) 内所有的驻点与不可导点;

(2) 求出 $y = f(x)$ 在所有的驻点与不可导点处的函数值及两个端点处的函数值;

(3) 比较上面各函数值的大小,其中最大的就是函数 $y = f(x)$ 的最大值,最小的就是函数 $y = f(x)$ 的最小值.

【例 3.17】 求函数 $f(x) = x^2 - 4x + 1$ 在 $[-3,3]$ 上的最大值和最小值.

【解】 $f'(x) = 2x - 4$,令 $f'(x) = 0$ 得一个驻点 $x_1 = 2$,而 $f(2) = -3$;

又 $f(-3) = 22, f(3) = -2$;

比较得:函数的最大值为 $f(-3) = 22$,最小值为 $f(2) = -3$.

2. 实际问题中的最大值和最小值

在实际问题中,由于最大或最小问题的存在性和唯一性,如果在 (a,b) 内仅有唯一的驻点 x_0,则 $f(x_0)$ 即为所要求的最大值或最小值.

【例 3.18】 如图 3.6 所示,有一块边长为 a 的正方形铁皮,从其四个角截去大小相同的四个小正方形,做成一个无盖的容器,问截去的小正方形的边长为多少时,该容器的体积最大?

【解】 设截去的小正方形的边长为 x,则做成的无盖容器的

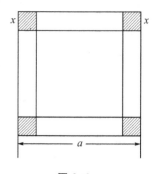

图 3.6

体积为:

$$V(x) = (a - 2x)^2 x, x \in \left(0, \frac{a}{2}\right).$$

问题归结为:求函数 $V(x) = (a - 2x)^2 x$,在 $\left(0, \frac{a}{2}\right)$ 内的最大值.

因为 $V'(x) = (a - 2x)(a - 6x)$,令 $V'(x) = 0$ 得唯一解 $x = \frac{a}{6}$,于是有

$$V_{\max}\left(\frac{a}{6}\right) = \frac{2}{27}a^3, \text{即}$$

当截去的小正方形边长为 $\frac{a}{6}$ 时,体积最大为 $\frac{2}{27}a^3$.

【例 3.19】　某公司估算生产 x 件产品的成本为:$C(x) = 2560 + 2x + 0.001x^2$(元),问产量为多少时平均成本最低,并求出最低平均成本?

【解】　平均成本函数为 $\overline{C}(x) = \frac{2560}{x} + 2 + 0.001x, x \in [0, +\infty)$,由 $\overline{C}'(x) = -\frac{2560}{x^2}$
$+ 0.001 = 0$ 得 $x = 1600$ 件,而 $\overline{C}(1600) = 5.2$(元／件),

所以产量为 1600 件时平均成本最低,且最低平均成本为 5.2(元／件).

【例 3.20】　某房地产公司有 50 套公寓要出租,当每月每套租金为 1800 元时,公寓会全部租出去,当每月每套租金增加 100 元时,就有一套公寓租不出去,而租出去的房子每月需花费 200 元的整修维护费,试问在不考虑其他费用下,房租定为多少时可获得最大收入?

【解】　设每月每套租金定为 x 元,租出去的房子有 $50 - \left(\frac{x - 1800}{100}\right)$ 套,那么每月的总收入为:

$$R(x) = (x - 200)\left[50 - \left(\frac{x - 1800}{100}\right)\right] = (x - 200)\left(68 - \frac{x}{100}\right), x \in [1800, +\infty),$$

求导得:

$$R'(x) = \left(68 - \frac{x}{100}\right) + (x - 200)\left(-\frac{1}{100}\right) = 70 - \frac{x}{50},$$

令 $R'(x) = 0$ 得一个驻点,$x = 3500$,而 $R(3500) = (3500 - 200)\left(68 - \frac{3500}{100}\right) = 108900$(元),

而 $R(1800) = 50 \times (1800 - 200) = 80000$(元).

故每月每套租金为 3500 元时,月收入最高为 108900 元.

习题 3.2

1. 求下列函数的单调区间:

(1) $y = 2x^3 + 3x^2 - 12x + 1$;

(2) $y = x^4 - 2x^2 - 5$;

(3) $y = \arctan x - x$;

(4) $y = x - \ln(1 + x)$;

(5) $y = (x + 2)^2(x - 1)^3$;

(6) $y = \frac{x}{1 + x^2}$.

2. 判定下列函数在指定区间内的单调性:

(1) $y = \frac{1}{x}, (0, +\infty)$;

(2) $y = x^3 - 3x^2 - 9x + 1, (-\infty, +\infty)$;

(3) $y = x + \cos x, (-\infty, +\infty)$;

(4) $y = \sqrt{2x - x^2}, (0, 1)$.

3.下列说法是否正确?为什么?

(1) 若 $f'(x_0) = 0$,则 x_0 为 $f(x)$ 的极值点;

(2) 若在 x_0 的左边有 $f'(x) > 0$,在 x_0 的右边有 $f'(x) < 0$,则点 x_0 一定是 $f(x)$ 的极大值点;

(3) $f(x)$ 的极值点一定是驻点或不可导点,反之则不成立.

4.求下列函数的极值点和极值:

(1) $y = x + \dfrac{1}{x}$;   (2) $y = x + \sqrt{1-x}$;

(3) $y = x^3 - 6x^2 + 9x - 4$;   (4) $y = -x^4 + 2x^2$;

(5) $y = x - e^x$;   (6) $y = x^2 e^{-x}$;

(7) $y = e^x \cos x, x \in \left[0, \dfrac{\pi}{2}\right]$;   (8) $y = \sqrt{x} \ln x$.

5.求下列函数在给定区间上的最大值和最小值:

(1) $y = x + 2\sqrt{x}, [0,4]$;   (2) $y = x^2 - 4x + 6, [-3,10]$;

(3) $y = x + \dfrac{1}{x}, [1,10]$;   (4) $y = \sqrt{5-4x}, [-1,1]$.

6.(1) 从面积为 S 的所有矩形中,求其周长最小者;

　　(2) 从周长为 $2l$ 的所有矩形中,求其面积最大者.

7.要造一个容积为 V 的圆柱形容器(无盖),问底半径和高分别为多少时,所用材料最省?

8.内接于半径为 R 的球内的圆柱体,其高为多少时,体积为最大?

9.某防空洞的截面拟建成矩形加半圆,如图 3.7 所示,且截面积为 5m^2,问宽 x 为多少时,才能使截面的周长最小?

10.某厂生产某种产品 x 个单位时,费用为 $C(x) = 5x + 200$(元),所得的收入为 $R(x) = 10x - 0.01x^2$(元),问每批生产多少个单位产品时才能使利润最大?

图 3.7

11.如图 3.8 所示,设铁路段 AB 的距离为 100km,工厂 C 与 A 的距离为 $40\text{km}, AC \perp AB$,今要在 AB 之间一点 D 向 C 修一条公路,使从原料供应站 B 运货到工厂 C 所用运费最省.问: D 应设在何处?已知铁路运费与公路运费之比是 $3:5$.

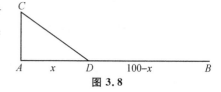

图 3.8

*3.3　曲线的凹凸性与拐点

为了准确地描绘函数的图像,仅知道函数的单调性和极值、最大(小)值是不够的,还应知道它的"弯曲方向"(即凹凸性)以及不同弯曲方向的分界点(即拐点).这一节,我们就专门研究曲线的凹凸性与拐点.

3.3.1　曲线的凹凸性及其判定法

【定义 3.2】　设函数 $y = f(x)$ 在区间 (a,b) 可导,如果曲线 $y = f(x)$ 上每一点处的切线都位于该曲线的下方,则称曲线 $y = f(x)$ 在区间 (a,b) 内是凹的;如果曲线 $y = f(x)$ 上每一点处的切线都位于该曲线的上方,则称曲线 $y = f(x)$ 在区间 (a,b) 内是凸的.

从图 3.9 中可以看出,曲线弧 $\overparen{AM_0}$ 是凸的,曲线弧 $\overparen{M_0B}$ 是凹的.

下面我们不加证明地给出曲线凹凸性的判定定理.

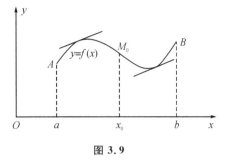

图 3.9

【定理 3.10】　设 $y = f(x)$ 在区间 (a,b) 内具有二阶导数,如果在 (a,b) 内恒有 $f''(x) > 0$,则曲线 $y = f(x)$ 在 (a,b) 内是凹的;如果在 (a,b) 内恒有 $f''(x) < 0$,则曲线 $y = f(x)$ 在 (a,b) 内是凸的.

若把定理 3.10 中的区间改为无穷区间,结论仍然成立.

【例 3.21】　判定曲线 $y = \ln x$ 的凹凸性.

【解】　函数的定义域为 $(0, +\infty)$,

$$y' = \frac{1}{x}, y'' = -\frac{1}{x^2},$$

由于在 $(0, +\infty)$ 内恒有 $y'' < 0$,故曲线 $y = \ln x$ 在 $(0, +\infty)$ 内是凸的.

【例 3.22】　判定曲线 $y = x^3$ 的凹凸性.

【解】　函数的定义域为 $(-\infty, +\infty)$,

$$y' = 3x^2, y'' = 6x,$$

由于在 $(-\infty, 0)$ 内恒有 $y'' < 0$,而在 $(0, +\infty)$ 上恒有 $y'' > 0$,故曲线 $y = x^3$ 在 $(-\infty, 0)$ 内是凸的,而在 $(0, +\infty)$ 内是凹的,这时点 $(0,0)$ 为曲线由凸变凹的分界点. 如图 3.10 所示.

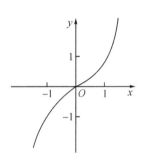

图 3.10

3.3.2　拐点及其求法

连续曲线 $y = f(x)$ 上的凹凸部分的分界点 P 称为曲线 $y = f(x)$ 的拐点.

由于拐点是曲线凹凸的"分界点",所以拐点左右两侧近旁 $f''(x)$ 必然异号,因此曲线拐点的横坐标 x_0 只可能是使 $f''(x) = 0$ 的点或 $f''(x)$ 不存在的点. 从而如果函数 $y = f(x)$ 在定义域内具有二阶导数,就可以按下面的步骤来求曲线 $y = f(x)$ 的拐点.

(1) 写出函数的定义域;

(2) 求二阶导数 $f''(x)$,并求出在定义域内使 $f''(x) = 0$ 的点和 $f''(x)$ 不存在的点;

(3) 根据求出的每一个点,把定义域分成若干区间,然后由定理 3.10 判定曲线凹凸性以及这些点是否为拐点.

【例 3.23】　求曲线 $y = x^4 - 2x^3 + 1$ 的凹凸性及拐点.

【解】　函数的定义域为 $(-\infty, +\infty)$,

$$y' = 4x^3 - 6x^2, y'' = 12x^2 - 12x = 12x(x-1),$$
$$令 y'' = 0 得 x_1 = 0, x_2 = 1,$$

当 $x < 0$ 时,$y'' > 0$,所以在 $(-\infty, 0)$ 内曲线是凹的;

当 $0 < x < 1$ 时,$y'' < 0$,所以在 $(0, 1)$ 内曲线是凸的;

当 $x > 1$ 时,$y'' > 0$,所以在 $(1, +\infty)$ 内曲线是凹的;

且 $x_1 = 0, x_2 = 1$ 都是曲线的拐点.

3.3.3 曲线的渐近线

我们知道双曲线 $\dfrac{x^2}{a^2} - \dfrac{y^2}{b^2} = 1$ 有两条渐近线 $\dfrac{x}{a} + \dfrac{y}{b} = 0$ 和 $\dfrac{x}{a} - \dfrac{y}{b} = 0$,且容易看出双曲线上的点沿双曲线趋向于无穷远时,此点到其中一条渐近线的距离趋向于零.

一般地,如果一条曲线在它无限延伸的过程中,无限接近于一条直线,则称这条直线为该曲线的渐近线.

如果曲线 $y = f(x)$ 存在渐近线,则有如下三种情形.

1. 水平渐近线

若函数 $y = f(x)$ 的定义域是无穷区间,且有

$$\lim_{x \to \infty} f(x) = C (C \text{ 为常数}),$$

则称曲线 $y = f(x)$ 有水平渐近线 $y = C$.

如:函数 $y = \dfrac{1}{x}$,有 $\lim\limits_{x \to \infty} \dfrac{1}{x} = 0$,所以有一条水平渐近线 $y = 0$.

2. 垂直渐近线

若函数 $y = f(x)$ 在 $x = x_0$ 处间断,且有

$$\lim_{x \to x_0^-} f(x) = \infty \text{ 或 } \lim_{x \to x_0^+} f(x) = \infty,$$

则称曲线 $y = f(x)$ 有垂直渐近线 $x = x_0$.

如:函数 $y = \dfrac{1}{x}$,有 $\lim\limits_{x \to 0} \dfrac{1}{x} = \infty$,所以有一条垂直渐近线 $x = 0$.

3. 斜渐近线

若函数 $y = f(x)$ 的定义域是无穷区间,存在常数 $k, b (k \neq 0)$,使得

(1) $\lim\limits_{x \to \infty} \dfrac{f(x)}{x} = k$;

(2) $\lim\limits_{x \to \infty} [f(x) - kx] = b$,

则称曲线 $y = f(x)$ 有斜渐近线 $y = kx + b$.

【例 3.24】 求曲线 $y = \dfrac{x^3}{x^2 + 2x - 3}$ 的渐近线.

【解】 因为 $\lim\limits_{x \to \infty} \dfrac{f(x)}{x} = \lim\limits_{x \to \infty} \dfrac{x^2}{x^2 + 2x - 3} = 1 = k$,

$$\lim_{x \to \infty} [f(x) - kx] = \lim_{x \to \infty} \left[\dfrac{x^3}{x^2 + 2x - 3} - x \right] = -2 = b,$$

故曲线有斜渐近线 $y = x - 2$.当然,除此之外,该曲线还有两条垂直渐近线 $x = -3$ 和 $x = 1$.

3.3.4 函数图像的描绘

在许多实际问题中经常用图像表示函数.画出了函数的图像,我们可以更直接地看到某些变化规律,无论是对于定性的分析还是对于定量的计算,都有益处.

中学里学过的描点作图法,对于简单的平面曲线(如直线、抛物线等)比较合适,但对于一般的平面曲线就不适用了,因为我们不能保证所取的点是曲线上的关键点,也不能保证通过点来判定曲线的单调性与凹凸性.为了更准确、更全面的描绘曲线,我们必须确定出反映曲线主要特征的点与线.一般需考虑如下几个方面:

（1）确定函数的定义域与值域；

（2）讨论函数的奇偶性与周期性；

（3）确定函数的单调区间与极值点,凹凸区间与拐点;并求出极大值与极小值;

（4）考察曲线的渐近线；

（5）取辅助点,如曲线与坐标轴的交点等；

（6）根据以上讨论的结果,按自变量从小到大的顺序列入一个表格内,以观察图像的大概形态,然后作出函数的图形.

【例 3.25】　作函数 $y = 2x^3 - 3x^2$ 的图像.

【解】　（1）函数的定义域为 $(-\infty, +\infty)$、值域为 $(-\infty, +\infty)$；

（2）函数无奇偶性,也无周期性；

（3）$y' = 6x^2 - 6x = 6x(x-1)$,令 $y' = 0$ 得驻点 $x_1 = 0, x_2 = 1$；

$y'' = 12x - 6 = 6(2x-1)$,令 $y'' = 0$ 得 $x_3 = \dfrac{1}{2}$；

（4）无渐近线；

（5）辅助点：$\left(-\dfrac{1}{2}, -1\right), (0,0), \left(\dfrac{3}{2}, 0\right)$；

（6）列表如下：

x	$(-\infty, 0)$	0	$\left(0, \dfrac{1}{2}\right)$	$\dfrac{1}{2}$	$\left(\dfrac{1}{2}, 1\right)$	1	$(1, +\infty)$
y'	$+$	0	$-$	$-$	$-$	0	$+$
y''	$-$	$-$	$-$	0	$+$	$+$	$+$
y	↗	极大值 0	↘	拐点 $\left(\dfrac{1}{2}, -\dfrac{1}{2}\right)$	↘	极小值 -1	↗

作图得图 3.11.

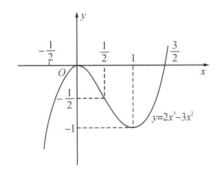

图 3.11

【例 3.26】　作函数 $y = \sin^2 x$ 的图像.

【解】　（1）函数的定义域为 $(-\infty, +\infty)$、值域为 $[0,1]$；

（2）是偶函数,图形关于 y 轴对称;也是周期函数 $T = \pi$;所以只要讨论 $x \in [0, \pi]$ 部分；

（3）$y' = 2\sin x \cos x = \sin 2x$,令 $y' = 0$ 得驻点 $x_1 = 0, x_2 = \dfrac{\pi}{2}, x_3 = \pi$；

$y'' = 2\cos 2x$,令 $y'' = 0$ 得 $x_4 = \dfrac{\pi}{4}, x_5 = \dfrac{3\pi}{4}$；

（4）无渐近线；

（5）列表如下：

x	$\cdots$	0	$\left(0,\dfrac{\pi}{4}\right)$	$\dfrac{\pi}{4}$	$\left(\dfrac{\pi}{4},\dfrac{\pi}{2}\right)$	$\dfrac{\pi}{2}$	$\left(\dfrac{\pi}{2},\dfrac{3\pi}{4}\right)$	$\dfrac{3\pi}{4}$	$\left(\dfrac{3\pi}{4},\pi\right)$	π	$\cdots$
y'		0	$+$	$+$	$+$	0	$-$	$-$	$-$	0	
y''		$+$	$+$	0	$-$	$-$	$-$	0	$+$	$+$	
y		极小值 0	↗	拐点 $\left(\dfrac{\pi}{4},\dfrac{1}{2}\right)$	↗	极大值 1	↘	拐点 $\left(\dfrac{3\pi}{4},\dfrac{1}{2}\right)$	↘	极小值 0	

作图得图 3.12.

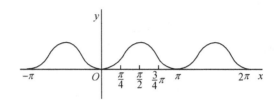

图 3.12

习题 3.3

1. 求下列函数的凹凸区间和拐点：

(1) $y = x^2 \ln x$；

(2) $y = \dfrac{1}{x^2 + 1}$；

(3) $y = \ln(1 + x^2)$；

(4) $y = x^3 - 5x^2 + 3x - 5$.

2. a、b 为何值时，点 $(1,3)$ 是曲线 $y = ax^3 + bx^2$ 的拐点？

*3. 设 $y = f(x)$ 在 $x = x_0$ 的某邻域内具有三阶连续导数，如果 $f'(x_0) = 0$，$f''(x_0) = 0$，而 $f'''(x_0) \neq 0$，问 $x = x_0$ 是否为极值点？为什么？又 $(x_0, f(x_0))$ 是否为拐点？为什么？

4. 求下列曲线的渐近线：

(1) $y = \dfrac{x-1}{x-2}$；

(2) $y = e^{\frac{1}{x}} - 1$.

5. 作出下列函数的图像：

(1) $y = 3x - x^3$；

(2) $y = e^{-x^2}$；

(3) $y = \dfrac{x}{(x+1)^2}$；

(4) $y = \dfrac{x^3}{2(x+1)^2}$.

3.4 微分学在经济领域中的应用

3.4.1 边际问题

由导数定义知，函数 $y = f(x)$ 的导数 $y' = f'(x)$ 描述了因变量 y 关于自变量 x 变化的快慢情况.

在经济分析中，通常用"边际"概念来描述因变量 y 关于自变量 x 变化的快慢情况. 对经济学中的函数而言，因变量对自变量的导数称为"边际". 例如，在上一章中已知道的总成本函数 $C = C(Q)$，对产量 Q 的导数称为边际成本，记作 MC，即

$$MC = \frac{\mathrm{d}C}{\mathrm{d}Q}.$$

边际成本表示产量增加一个单位时所增加的成本，类似地，收益函数 $R = R(Q)$ 对销量

Q 的导数称为边际收益,记作 MR;利润函数 $L = L(Q)$ 对销量 Q 的导数称为边际利润,记作 ML;需求函数 $Q = Q(p)$ 对价格 p 的导数称为边际需求,记作 MQ,等等.

【例 3.27】　已知成本函数为 $C(Q) = 50 + \dfrac{Q^3}{3} - 4Q$,求 Q 为多少时,边际成本最小?

【解】　边际成本为:$C'(Q) = Q^2 - 4$,令 $C'(Q) = 0$ 得 $Q = 2$;

而 $C''(Q) = 2Q$,有 $C''(2) = 4 > 0$,所以 $Q = 2$ 时,边际成本最小.

【例 3.28】　已知需求函数为:

$$Q = 20000 - 100p,$$

其中 p 为商品价格,求生产 50 个单位商品时的总收益、平均收益和边际收益.

【解】　先写出总收益函数,由已知可得:

$$p = 200 - \frac{Q}{100},$$

于是总收益函数为:

$$R = R(Q) = p \cdot Q = 200Q - \frac{Q^2}{100},$$

所以生产 50 个单位商品时的总收益为:$R(50) = 200 \times 50 - \dfrac{50^2}{100} = 9975$.

平均收益是指出售一定量的商品时,每单位商品所得的平均收入,即每单位商品的售价.平均收益记作 AR,即

$$AR = \frac{R(Q)}{Q} = 200 - \frac{Q}{100} = p.$$

所以生产 50 个单位时的平均收益为:$AR\,|_{Q=50} = 200 - \dfrac{50}{100} = 199.5$.

由总收益函数得边际收益函数为:

$$\frac{\mathrm{d}R}{\mathrm{d}Q} = \frac{\mathrm{d}}{\mathrm{d}Q}\left(200Q - \frac{Q^2}{100}\right) = 200 - \frac{Q}{50},$$

所以生产 50 个单位时的边际收益为:$\dfrac{\mathrm{d}R}{\mathrm{d}Q}\,|_{Q=50} = 200 - \dfrac{50}{50} = 199$.

3.4.2　弹性问题

1. 函数的弹性

对函数 $y = f(x)$,当自变量 x 的改变量为 Δx 时,其自变量的相对改变量是 $\dfrac{\Delta x}{x}$,函数值 $f(x)$ 的相对改变量为 $\dfrac{f(x + \Delta x) - f(x)}{f(x)}$. 函数的弹性是为考察相对变化而引入的.

【定义 3.3】　设函数 $y = f(x)$ 在点 x 可导,如果极限

$$\lim_{\Delta x \to 0} \frac{\dfrac{f(x + \Delta x) - f(x)}{f(x)}}{\dfrac{\Delta x}{x}} = \lim_{\Delta x \to 0} \frac{x}{f(x)} \frac{f(x + \Delta x) - f(x)}{\Delta x} = x \frac{f'(x)}{f(x)}$$

存在,则称此极限值为函数 $y = f(x)$ 在点 x 处的弹性,记作 $\dfrac{Ey}{Ex}$ 或 $\dfrac{Ef(x)}{Ex}$,即

$$\frac{Ey}{Ex} = x \frac{f'(x)}{f(x)} = \frac{x}{f(x)} \cdot \frac{\mathrm{d}f(x)}{\mathrm{d}x}.$$

函数的弹性$\dfrac{Ey}{Ex}$表示函数$y = f(x)$在点x处的相对变化率,相比较而言,之前所定义的导数$f'(x)$表示函数在点x处的绝对变化率.

【例 3.29】 求函数$f(x) = Ae^{ax}$的弹性.

【解】 由于$f'(x) = Aae^{ax}$,所以

$$\frac{Ey}{Ex} = x \cdot \frac{Aae^{ax}}{Ae^{ax}} = ax.$$

2. 弹性的经济意义

我们以需求函数的弹性来说明弹性的经济意义.

设需求函数为$Q = Q(p)$,按函数弹性定义,需求函数的弹性记作η_p为:

$$\eta_p = \frac{p\mathrm{d}Q}{Q\mathrm{d}p} = p\frac{Q'}{Q},$$

上式称为需求函数在点p处的需求价格弹性,简称为需求价格弹性.

一般情况下,$p > 0, Q(p) > 0$,而$Q'(p) < 0$,所以$\eta_p < 0$.

需求价格弹性η_p的经济意义:在价格为p时,如果价格提高或降低1%,需求由Q起,减少或增加的百分数是$|\eta_p|$.

当$|\eta_p| < 1$时,称需求是低弹性的;当$|\eta_p| > 1$时,称需求是弹性的;当$|\eta_p| = 1$时,称需求是单位弹性的.

【例 3.30】 设某商品的需求函数为$Q = 50 - 5p$,试求:

(1) 需求价格弹性η_p;

(2) 当$p = 2,5,6$时的需求价格弹性,并作出经济解释.

【解】 (1) 因$\dfrac{\mathrm{d}Q}{\mathrm{d}p} = -5$故

$$\eta_p = \frac{p\mathrm{d}Q}{Q\mathrm{d}p} = \frac{p}{50 - 5p}(-5) = \frac{p}{p - 10};$$

(2) 当$p = 2$时,$\eta_p = -0.25$,需求是低弹性的.而当$p = 2$时,$Q = 40$,这说明:在价格$p = 2$时,若价格提高或降低1%,需求Q将由$Q(2) = 40$起减少或增加0.25%.这时,需求下降或提高的幅度小于价格提高或降低的幅度,说明适当提高价格有利可图.

当$p = 5$时,$\eta_p = -1$,需求是单位弹性的.而$p = 5$时,$Q = 25$,这说明:在价格$p = 5$时,若价格提高或降低1%,需求Q将由$Q(5) = 25$起减少或增加1%.这时,需求下降或提高的幅度等于价格提高或降低的幅度.

当$p = 6$时,$\eta_p = -1.5$,需求是弹性的.这说明:在价格$p = 6$时,若价格提高或降低1%,需求Q将由$Q(6) = 20$起减少或增加1.5%.这时,需求下降或提高的幅度大于价格提高或降低的幅度,这意味着涨价可能得不偿失,适当降价反而有利.

3.4.3 最优化问题

1. 利润最大

在假设产量与销量一致的情况下,总利润函数$L(Q)$等于总收益函数$R(Q)$与总成本函数$C(Q)$之差,即

$$L = L(Q) = R(Q) - C(Q).$$

如果企业以利润最大为目标而控制产量,那么应选择产量Q的值,使总利润函数$L =$

$L(Q)$ 取最大值. $L = L(Q)$ 取得最大值的必要条件为 $L'(Q) = 0$,即 $R'(Q) = C'(Q)$.

【例 3.31】　已知某商品的需求函数和总成本函数分别为:

$$Q = \frac{20}{3} - \frac{1}{3}p, C = 5 + 2Q^2,$$

求利润最大时的产出水平、商品的价格和利润.

【解】　由需求函数得价格函数为:

$$p = 20 - 3Q,$$

所以总收益函数为:

$$R = p \cdot Q = (20 - 3Q) \cdot Q = 20Q - 3Q^2,$$

从而利润函数为:

$$L = R - C = 20Q - 3Q^2 - (5 + 2Q^2) = -5Q^2 + 20Q - 5.$$

由 $\dfrac{\mathrm{d}L}{\mathrm{d}Q} = -10Q + 20 = 0$ 得 $Q = 2$,又 $\dfrac{\mathrm{d}^2L}{\mathrm{d}Q^2} = -10 < 0$,故 $Q = 2$ 是极大值点.

由于利润函数只有一个驻点且是极大值点,故利润最大时的产出水平是 $Q = 2$,这时商品的价格为:

$$p\big|_{Q=2} = (20 - 3Q)\big|_{Q=2} = 14,$$

最大利润为:

$$L\big|_{Q=2} = (-5Q^2 + 20Q - 5)\big|_{Q=2} = 15.$$

2. 收益最大

若企业的目标是获得最大收益,这时应以总收益函数 $R = p \cdot Q$ 为目标函数而决策产量 Q 或决策商品的价格 p.

如果商品以固定价格 p_0 销售,销售量越多,总收益越多,没有最大值问题;现设需求函数 $Q = Q(p)$ 是单调减少的,则总收益函数有最大值问题.

【例 3.32】　某商品,若定价 50 元,每天可卖出 1000 件;假若每件每降低(或每升高)1 元,估计可多(或少)卖出 10 件.在此情形下,每件售价为多少时可获最大收益,最大收益是多少?

【解 1】　设 Q 表示由于降价而多卖出的件数,即超过 1000 的件数.这时商品每件售价应降低

$$1 \times \frac{Q}{10}(元),$$

从而商品的售价应为:

$$p = 50 - \frac{Q}{10}.$$

因卖出的总件数为 $1000 + Q$,故总收益函数为:

$$R = 售价 \times 卖出的件数 = \left(50 - \frac{Q}{10}\right)(1000 + Q) = 50000 - 50Q - 0.1Q^2.$$

因 $\dfrac{\mathrm{d}R}{\mathrm{d}Q} = -50 - 0.2Q \begin{cases} > 0, & Q < -250 \\ = 0, & Q = -250 \\ < 0, & Q > -250 \end{cases}$

故 $Q = -250$ 是极大值点,也是取最大值的点.

由此,$Q = -250$ 件时,收益最大.收益的最大值为:

$$R|_{Q=-250} = (50000 - 50Q - 0.1Q^2)|_{Q=-250} = 56250(\text{元}).$$

收益最大时,商品的售价为:

$$p|_{Q=-250} = 50 - \frac{-250}{10} = 75(\text{元}).$$

【解 2】 设每件商品出售价为 p,则卖出商品件数为:

$$Q = 1000 + (50 - p) \times 10,$$

故总收益函数为:

$$R = \text{卖出的件数} \times \text{售价} = Q \times p = [1000 + (50 - p) \times 10] \times p = 1500p - 10p^2,$$

由 $\dfrac{\mathrm{d}R}{\mathrm{d}p} = 1500 - 20p = 0$ 得,$p = 75(\text{元}).$

于是得,每件商品售价为 75(元) 时总收益最大为:

$$R = 1500 \times 75 - 10 \times 75^2 = 56250(\text{元}).$$

3. 平均成本最低

平均成本是平均每个单位产品的成本,平均成本记作 AC. 若已知总成本函数为 $C = C(Q)$,则平均成本函数为:

$$AC = \text{总成本} / \text{产量} = \frac{C(Q)}{Q}, Q > 0.$$

在经济学中,平均成本曲线一般如图 3.13 所示的形状,因此平均成本函数有最小值问题.

【例 3.33】 设某企业的总成本函数为 $C = C(Q) = 0.3Q^2 + 9Q + 30$,试求:

(1) 平均成本最低时的产出水平及最低平均成本;

(2) 平均成本最低时的边际成本,并与最低平均成本作比较.

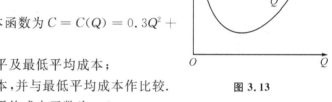

图 3.13

【解】 (1) 由总成本函数可得平均成本函数为:

$$AC = \frac{C(Q)}{Q} = 0.3Q + 9 + \frac{30}{Q}.$$

由 $\dfrac{\mathrm{d}(AC)}{\mathrm{d}Q} = 0.3 - \dfrac{30}{Q^2} = 0$ 可解得,$Q = 10(Q = -10 \text{ 舍})$,又 $\dfrac{\mathrm{d}^2(AC)}{\mathrm{d}Q^2}\Big|_{Q=10} = \dfrac{60}{Q^3}\Big|_{Q=10} > 0$,故 $Q = 10$ 是极小值点.

由于平均成本函数只有一个驻点且是极小值点,所以,当产出水平 $Q = 10$ 时,平均成本最低. 最低平均成本为:

$$AC|_{Q=10} = 0.3 \times 10 + 9 + \frac{30}{10} = 15.$$

(2) 由总成本函数得边际成本函数为:

$$MC = 0.6Q + 9.$$

平均成本最低时的产出水平 $Q = 10$,这时的边际成本为:

$$MC|_{Q=10} = 0.6 \times 10 + 9 = 15.$$

由以上计算知,平均成本最低时的边际成本与最低平均成本相等,都为 15.

上述结果不是偶然的,在产出水平 Q 能使平均成本最低时,必然有平均成本等于边际成本.

习题 3.4

1. 设某产品价格函数为 $p = 60 - \dfrac{x}{1000}(x \geqslant 10^4)$，其中 x 为销售量（件）. 又设生产这种产品 x 件的总成本为 $C(x) = 60000 + 20x$，试问产量为多少时利润最大？并求最大利润.

2. 某工厂日产能力最高为 1000 吨，每日产品的总成本 C（元）是日产量 x（吨）的函数：
$$C(x) = 1000 + 7x + 50\sqrt{x}, x \in [0,1000].$$
求当日产量为 100 吨时的边际成本，并解释其经济意义.

3. 设商品的需求函数为 $x = 800 - 10p$，其中 p 为价格，x 为需求量. 试求：边际收入函数及 $x = 150$ 和 $x = 400$ 时的边际收入，并解释所得结果的经济意义.

4. 某工厂加工某种产品的总成本函数和总收入函数分别为：
$$C(x) = 200 + 5x（元）和 R(x) = 10x - 0.01x^2（元），$$
试求：边际利润函数及日产量为 $x = 100$ 吨时的边际利润，并解释其经济意义.

5. 设某商品的需求函数为 $D(x) = e^{\frac{x}{3}}$，试求：需求弹性函数及 $x = 3, x = 4$ 时的需求弹性，并解释其经济意义.

本章小结

1. 拉格朗日中值定理：若函数 $y = f(x)$ 满足在 $[a,b]$ 上连续，在 (a,b) 内可导，则至少存在一点 $\xi \in (a,b)$，使 $f'(\xi) = \dfrac{f(b) - f(a)}{b - a}$.

2. 洛必达法则：$\lim\limits_{\substack{x \to x_0 \\ (x \to \infty)}} \dfrac{f(x)}{g(x)} \overset{\frac{0}{0} 或 \frac{\infty}{\infty}}{=} \lim\limits_{\substack{x \to x_0 \\ (x \to \infty)}} \dfrac{f'(x)}{g'(x)} = A$.

3. 函数的单调性与极值：

若在 (a,b) 内恒有 $f'(x) > 0$，则 $y = f(x)$ 在 (a,b) 上单调增加；若在 (a,b) 内恒有 $f'(x) < 0$，则函数 $y = f(x)$ 在 (a,b) 上单调减少；

设点 x_0 为函数 $y = f(x)$ 的驻点或不可导点，则当 x 值从 x_0 的左边渐增到 x_0 的右边时，若 $f'(x_0)$ 由正变负，则 $f(x_0)$ 为函数的极大值；若 $f'(x_0)$ 由负变正，则 $f(x_0)$ 为函数的极小值；若 $f'(x)$ 的符号不变，则 $f(x_0)$ 不是函数的极值.

4. 实际问题中的最大值和最小值：如果在 (a,b) 内仅有唯一的驻点 x_0，则 $f(x_0)$ 即为所要求的最大值或最小值.

5. 边际成本与边际收益：$MC = \dfrac{\mathrm{d}C}{\mathrm{d}Q}, MR = \dfrac{\mathrm{d}R}{\mathrm{d}Q}$.

6. 弹性问题：需求函数的弹性为 $E_d = \dfrac{p\mathrm{d}Q}{Q\mathrm{d}p} = p\dfrac{Q'}{Q}$.

7. 最优化问题：利润最大、收益最大、平均成本最低等.

综合练习

一、选择题

1. 下列函数在所给区间中满足罗尔定理条件的是( ).

A. $f(x) = x^3, [0,3]$
B. $f(x) = \dfrac{1}{x^2}, [-1,1]$

C. $f(x) = |x|, [-1,1]$
D. $f(x) = x\sqrt{3-x}, [0,3]$

2. 函数 $f(x) = x^3 + 2x$ 在区间 $[0,1]$ 上满足拉格朗日定理,则定理中的 ξ 是( ).

A. $\pm\dfrac{1}{\sqrt{3}}$ 　　B. $\dfrac{1}{\sqrt{3}}$ 　　C. $-\dfrac{1}{\sqrt{3}}$ 　　D. $\sqrt{3}$

3. $f'(x) > g'(x)$ 是 $f(x) > g(x)$ 的( ).

A. 充分条件
B. 必要条件

C. 充要条件
D. 既非充分也非必要条件

4. $f(x) = x\ln x$,则 $f(x)$( ).

A. 在 $\left(0, \dfrac{1}{e}\right)$ 内单调减少
B. 在 $\left(\dfrac{1}{e}, +\infty\right)$ 内单调减少

C. 在 $(0, +\infty)$ 内单调减少
D. 在 $(0, +\infty)$ 单调增加

5. 下面极限中能使用洛必达法则的是( ).

A. $\lim\limits_{x \to \infty} \dfrac{\sin x}{x}$
B. $\lim\limits_{x \to \infty} \dfrac{x - \sin x}{x}$

C. $\lim\limits_{x \to \frac{\pi}{2}} \dfrac{\tan 5x}{\sin 3x}$
D. $\lim\limits_{x \to +\infty} \dfrac{\ln(1 + e^x)}{x}$

6. 下列结论中正确的是( ).

A. 若 $f'(x_0) = 0$,则 x_0 必是 $f(x)$ 的极限点

B. 若 x_0 是 $f(x)$ 的极值点,则必有 $f'(x_0) = 0$

C. 若 $f'(x_0)$ 不存在,则 x_0 必不是 $f(x)$ 的极值点

D. 若 $f'(x_0) = 0$ 或 $f'(x_0)$ 不存在,则 x_0 可能是 $f(x)$ 的极值点,也可能不是 $f(x)$ 的极值点.

二、填空题

1. 函数 $y = (x-1)(x-2)$ 在 $[1,2]$ 上满足 Rolle 定理,则 $\xi = $ _____.

2. $f(x)$ 在 (a,b) 内可导,$f'(x) < 0$ 是 $f(x)$ 在 (a,b) 内单调减少的_____条件.

3. 函数 $f(x)$ 在 x_0 处可导,$f(x)$ 在 x_0 取得极值的_____条件是 $f'(x_0) = 0$.

4. $y = x + \dfrac{4}{x}$ 的单调增区间_____.

5. 函数 $y = x \cdot 2^x$ 在 $x = $ _____处取得极小值.

6. 若连续函数 $f(x)$ 在 $[a,b]$ 内恒有 $f'(x) < 0$,则 $f(x)$ 在 $[a,b]$ 上的最大值为_____,最小值为_____.

7. $\lim\limits_{x \to 0} \dfrac{e^x - 1 - x}{x\sin x} = $ _____.

8. 设三次曲线 $y = x^3 + 3ax^2 + 3bx + c$ 在 $x = -1$ 处有极大值,点 $(0,3)$ 是拐点,则 $a, b,$

c 的值分别为_____.

9.已知供给函数 $Q = P^2 + 6P - 27$,则供给价格弹性 E 等于_____,当 $P = 4$ 时的供给价格弹性为_____.

10.设某商品在 100 元的价格水平上,需求价格弹性 $\eta_p = -0.24$,它说明价格在 100 元的基础上上涨 1% 时,需求将下降_____.

三、用洛必达法则求下列函数的极限

1. $\lim\limits_{x \to -2} \dfrac{x^3 + 3x^2 + 2x}{x^2 - x - 6}$

2. $\lim\limits_{x \to 0} \dfrac{\ln(1 + 5x)}{\arctan 3x}$

3. $\lim\limits_{x \to 0} \dfrac{\tan x - x}{x - \sin x}$

4. $\lim\limits_{x \to a} \dfrac{(x - a)^n}{x^n - a^n}$

5. $\lim\limits_{x \to a} \dfrac{\sin x - \sin a}{x - a}$

6. $\lim\limits_{x \to +\infty} x[\ln(x + 2) - \ln x]$

四、利用函数单调性证明下列不等式

1.当 $x > 0$ 时,$1 + \dfrac{1}{2}x > \sqrt{1 + x}$;

2.当 $x > 0$ 时,$1 + x\ln(x + \sqrt{1 + x^2}) > \sqrt{1 + x^2}$;

3.当 $x > 0$ 时,$\sin x > x - \dfrac{1}{3!}x^3$.

五、试证明:若函数 $y = ax^3 + bx^2 + cx + d$ 满足条件 $b^2 - 3ac < 0$,则这个函数没有极值.

六、试问 a 为何值时,函数 $f(x) = a\sin x + \dfrac{1}{3}\sin 3x$,在 $x = \dfrac{\pi}{3}$ 处取得极值?它是极大值还是极小值?并求此值.

七、求内接于椭圆 $\dfrac{x^2}{a^2} + \dfrac{y^2}{b^2} = 1$,而边平行坐标轴的最大面积的矩形.

八、设 $y = 4^{-x^2}$,试讨论:

1.函数的定义域及间断点;

2.函数的奇偶性;

3.曲线的水平及铅垂渐近线;

4.函数的单调区间及极值;

5.曲线的凹凸性及拐点;

6.作出函数的图形.

九、作出下列函数的图形:

1. $y = 3x - x^3$

2. $y = x^2 + \dfrac{1}{x}$

十、设总成本函数和总收益函数分别为:
$$C = C(Q) = 300 + 1.1Q, R = R(Q) = 5Q - 0.003Q^2,$$
求产出水平为多少时,可获最大利润?最大利润是多少?

十一、某企业的总成本函数为:
$$C = C(Q) = 3Q^2 + 9Q + 27,$$
求平均成本最低时的产出水平及最低平均成本.

十二、设产量为 x,价格函数为 $p = 75 - \dfrac{3}{2}x$,成本函数为:

$$C(x) = x^3 - \frac{81}{2}x^2 + 150x + 125,$$

求:(1) 收入最大时的产量;(2) 利润最大时的产量.

十三、某厂每年生产机床 1000 台,分批生产,每批生产准备费 5000 元,每台机床每年库存费 160 元.市场对产品一致需求,不许缺货,试决策经济批量及一年最少总费用(生产准备费与库存费之和).

第 4 章　　不定积分

本章知识结构导图

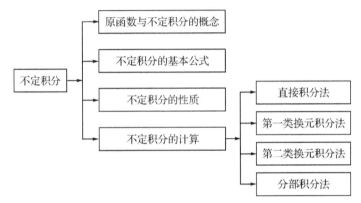

在第二章中,我们已经讨论了已知函数求导数或微分的问题.但在实际问题中,还会遇到相反的问题:已知一个函数的导数或微分,求原来的函数.由此引出不定积分的概念,然后介绍几种基本积分方法,同时通过本章学习为下一章 —— 定积分的学习作一准备.

4.1　原函数与不定积分的概念

4.1.1　原函数

【定义 4.1】　设 $f(x)$ 是定义在某区间 I 上已知函数,如果存在一个函数 $F(x)$,对任意 $x \in I$ 都有:
$$F'(x) = f(x) \text{ 或 } \mathrm{d}F(x) = f(x)\mathrm{d}x,$$
则称函数 $F(x)$ 是函数 $f(x)$ 在 I 上的一个原函数.

例如:$(x^2)' = 2x$,故 x^2 是 $2x$ 在 $\mathbf{R}$ 上的一个原函数;又 $(\sin x)' = \cos x$,$(e^x)' = e^x$,所以 $\sin x$,e^x 分别是 $\cos x$ 和 e^x 在 R 上的一个原函数.另外,不但 e^x 是 e^x 的原函数,$e^x + 1$,$e^x + \sqrt{2}$,$e^x + 10$,等等,都是 e^x 的原函数.

因此自然会提出下列两个问题:

一是对于给定的函数 $f(x)$,是否必有原函数或者说在什么条件才有原函数?

二是如果 $f(x)$ 有原函数,那么它的原函数有多少个,相互之间有什么关系?

对于前一个问题,有如下结果:

【定理 4.1】(原函数存在定理)　如果函数 $f(x)$ 在某区间 I 上连续,则 $f(x)$ 在 I 内必有原函数.

此定理将在第 5 章加以说明.

【定理 4.2】 如果函数 $F(x)$ 是 $f(x)$ 在区间 I 上的一个原函数,则对于任意常数 C,函数

$$F(x) + C$$

也是 $f(x)$ 在区间 I 上的原函数,而且 $f(x)$ 在区间 I 上所有原函数都具有这种形式.

【证明】 因为 $(F(x) + C)' = F'(x) + C' = f(x)$,由原函数定义 $F(x) + C$ 是 $f(x)$ 的原函数.

又设 $G(x)$ 是 $f(x)$ 的任一原函数,即 $G'(x) = f(x)$,

于是

$$[G(x) - F(x)]' = G'(x) - F'(x) = f(x) - f(x) = 0,$$

上式对任意的 $x \in I$ 都成立. 由第三章拉格朗日中值定理的推论 3.2 知,$F(x)$ 与 $G(x)$ 相差一个常数,即

$$G(x) = F(x) + C.$$

由此可见,如果 $F(x)$ 是 $f(x)$ 的一个原函数,则 $f(x)$ 的所有原函数均可表示为 $F(x) + C$ 的形式,由于 C 是任意的常数,故 $f(x)$ 的原函数有无穷多个. 定理 4.2 就是对后一个问题的回答.

4.1.2 不定积分的概念

【定义 4.2】 若函数 $F(x)$ 是 $f(x)$ 的一个原函数,则 $f(x)$ 的原函数全体 $F(x) + C$ 称为 $f(x)$ 的不定积分,记作

$$\int f(x) \mathrm{d}x.$$

其中 $\int$ 称为积分号,$f(x)$ 称为被积函数,$f(x)\mathrm{d}x$ 称为被积表达式,x 称为积分变量.

【注】 虽然 $\int f(x) \mathrm{d}x$ 中各个部分都有其特定的含义,但在使用时必须作为一个整体看待,由定理 4.2,若 $F(x)$ 是 $f(x)$ 的一个原函数,则 $f(x)$ 的所有原函数都可表示为 $F(x) + C$,因此有

$$\int f(x) \mathrm{d}x = F(x) + C (C \text{ 为任意常数}).$$

【例 4.1】 求下列不定积分:

(1) $\int 0 \mathrm{d}x$; (2) $\int x^n \mathrm{d}x (n \neq 1)$; (3) $\int e^x \mathrm{d}x$; (4) $\int \sin x \mathrm{d}x$.

【解】 (1) 因 $(C)' = 0$,所以 $\int 0 \mathrm{d}x = C$;

(2) 因为 $\left(\dfrac{1}{n+1} x^{n+1} \right)' = x^n$,所以 $\int x^n \mathrm{d}x = \dfrac{1}{n+1} x^{n+1} + C (n \neq 1)$;

(3) 因为 $(e^x)' = e^x$,所以 $\int e^x \mathrm{d}x = e^x + C$;

(4) 因为 $(-\cos x)' = \sin x$,所以 $\int \sin x \mathrm{d}x = -\cos x + C$.

*【例 4.2】 设 $F'(x) = f(x)$,求 $\int f(e^x) e^x \mathrm{d}x$.

【解】　因为 $F'(x) = f(x)$，则 $\dfrac{\mathrm{d}F(e^x)}{\mathrm{d}x} = f(e^x) \cdot e^x$，所以 $\displaystyle\int f(e^x)e^x\mathrm{d}x = F(e^x) + C(C$ 为任意常数).

我们已经知道函数 $y = f(x)$ 的导数 $f'(x)$ 的几何意义：$f'(x)$ 表示曲线 $y = f(x)$ 在 $(x, f(x))$ 处的切线的斜率. 由原函数和不定积分的定义，就可发现不定积分也有其几何意义：

若 $F(x)$ 是 $f(x)$ 的一个原函数，则称 $y = F(x)$ 的图像为 $y = f(x)$ 的一条积分曲线. 于是函数 $f(x)$ 的不定积分表示 $f(x)$ 的某一条积分曲线沿着 y 轴(纵轴)方向任意地平行移动所得到的所有积分曲线组成的曲线族. 显然，若在每一条积分曲线上横坐标相同处作切线，则这些切线互相平行(图 4.1 所示)

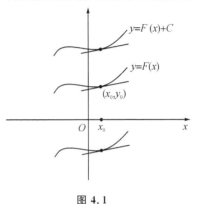

图 4.1

【例 4.3】　求通过点 $(1, 0)$，切线斜率为 $2x$ 的曲线方程 $y = f(x)$.

【解】　由题意 $f'(x) = 2x$，而 $(x^2)' = 2x$，于是得到斜率为 $2x$ 的积分曲线族为：$y = \displaystyle\int 2x\mathrm{d}x = x^2 + C$，

又因为曲线过点 $(1, 0)$，故 $(1, 0)$ 满足 $y = x^2 + C$，得 $C = -1$，即所求曲线方程为 $y = x^2 - 1$.

【例 4.4】　某工厂生产某产品，每日生产的总成本 y 的变化率(边际成本)是 $y' = 5 + \dfrac{1}{\sqrt{x}}$，已知固定成本为 10000 元，求总成本 y.

【解】　因为 $y' = 5 + \dfrac{1}{\sqrt{x}}$，所以 $y = \displaystyle\int\left(5 + \dfrac{1}{\sqrt{x}}\right)\mathrm{d}x = 5x + 2\sqrt{x} + C$.

又已知固定成本为 10000 元，即当 $x = 0$ 时，$y = 10000$，因此有 $C = 10000$，即总成本是

$$y = 5x + 2\sqrt{2} + 10000(x > 0).$$

4.1.3　不定积分的性质与基本积分公式

1. 不定积分性质

【性质 4.1】　若 $f(x)$ 和 $g(x)$ 在区间 I 上的原函数都存在，则函数 $f(x) \pm g(x)$ 在 I 上的原函数也存在，且有

$$\int [f(x) \pm g(x)]\mathrm{d}x = \int f(x)\mathrm{d}x \pm \int g(x)\mathrm{d}x.$$

【性质 4.2】　若 $f(x)$ 在区间 I 上存在原函数，k 为非零实数，则函数 $kf(x)$ 在 I 上也存在原函数，且有

$$\int kf(x)\mathrm{d}x = k\int f(x)\mathrm{d}x$$

【证明】　这里仅证明性质 4.1，对于性质 4.2 的证明留给读者.

设 $F'(x) = f(x)$，$G'(x) = g(x)$，而 $[F(x) \pm G(x)]' = F'(x) \pm G'(x) = f(x) \pm g(x)$，故 $F(x) \pm G(x)$ 是 $f(x) \pm g(x)$ 的一个原函数，所以

$$\int [f(x) \pm g(x)]\mathrm{d}x = F(x) \pm G(x) + C = \int f(x)\mathrm{d}x \pm \int g(x)\mathrm{d}x.$$

【注】　由性质 4.1 与性质 4.2 可推广到被积函数为有限个函数的代数和时，同样有

$$\int [k_1 f_1(x) \pm k_2 f_2(x) \pm \cdots \pm k_n f_n(x)] \mathrm{d}x$$

$$= k_1 \int f_1(x) \mathrm{d}x \pm k_2 \int f_2(x) \mathrm{d}x \pm \cdots \pm k_n \int f_n(x) \mathrm{d}x.$$

【性质 4.3】 $\left[\int f(x) \mathrm{d}x\right]' = f(x)$ 或 $\mathrm{d}\int f(x) \mathrm{d}x = f(x) \mathrm{d}x.$

【性质 4.4】 $\int F'(x) \mathrm{d}x = F(x) + C$ 或 $\int \mathrm{d}F(x) = F(x) + C.$

【证明】 这里仅证明性质 4.3,对于性质 4.4 的证明留给读者.

设 $F(x)$ 为 $f(x)$ 的一个原函数,即 $F'(x) = f(x)$,于是有 $\int f(x) \mathrm{d}x = F(x) + C$,两边求导就得

$$\left[\int f(x) \mathrm{d}x\right]' = (F(x) + C)' = F'(x) + (C)' = f(x).$$

【注】 由性质 4.3 与性质 4.4 表明,求导数(微分)与求不定积分(简称积分)是一对互逆运算.

2. 不定积分的基本积分公式

由于积分运算是微分运算的逆运算,结合导数(或微分)公式可得以下常见的基本积分公式:

(1) $\int 0 \mathrm{d}x = C$ (2) $\int 1 \mathrm{d}x = x + C$

(3) $\int x^\alpha \mathrm{d}x = \dfrac{x^{\alpha+1}}{\alpha+1} + C (\alpha \neq -1)$ (4) $\int \dfrac{1}{x} \mathrm{d}x = \ln|x| + C$

(5) $\int \dfrac{1}{1+x^2} \mathrm{d}x = \arctan x + C$ (6) $\int \dfrac{1}{\sqrt{1-x^2}} \mathrm{d}x = \arcsin x + C$

(7) $\int a^x \mathrm{d}x = \dfrac{a^x}{\ln a} + C (a > 0 \text{ 且} \neq 1)$ (8) $\int e^x \mathrm{d}x = e^x + C$

(9) $\int \sin x \mathrm{d}x = -\cos x + C$ (10) $\int \cos x \mathrm{d}x = \sin x + C$

(11) $\int \dfrac{1}{\sin^2 x} \mathrm{d}x = \int \csc^2 x \mathrm{d}x = -\cot x + C$ (12) $\int \dfrac{1}{\cos^2 x} \mathrm{d}x = \int \sec^2 x \mathrm{d}x = \tan x + C$

(13) $\int \sec x \tan x \mathrm{d}x = \sec x + C$ (14) $\int \csc x \cot x \mathrm{d}x = -\csc x + C$

对公式(4)作如下说明:当 $x > 0$ 时,因为 $(\ln x)' = \dfrac{1}{x}$,所以有公式 $\int \dfrac{1}{x} \mathrm{d}x = \ln x + C$;而当 $x < 0$ 时,因为 $[\ln(-x)]' = \dfrac{1}{-x}(-1) = \dfrac{1}{x}$,所以有公式 $\int \dfrac{1}{x} \mathrm{d}x = \ln(-x) + C$;将上述两个公式合并成同一公式即为(4):

$$\int \dfrac{1}{x} \mathrm{d}x = \ln|x| + C (x \neq 0).$$

基本积分公式是求各种类型不定积分的基础,必须熟记.

应用不定积分的性质及基本积分公式可以直接求一些简单的不定积分,这种方法称为直接积分法.

【例 4.5】 求 $\int \left(x^2 + \sin x - \dfrac{1}{1+x^2}\right) \mathrm{d}x.$

【解】　$\displaystyle\int\left(x^2+\sin x-\frac{1}{1+x^2}\right)\mathrm{d}x=\int x^2\mathrm{d}x+\int\sin x\mathrm{d}x-\int\frac{1}{1+x^2}\mathrm{d}x$

$$=\frac{1}{3}x^3-\cos x-\arctan x+C.$$

从这个例子中可看出，每一个积分都有一个任意常数，由于有限个任意常数之和仍为任意常数，因此在实际求不定积分时，只要在最后一项上添加一个任意常数即可.

【例 4.6】　求 $\displaystyle\int(\cos\pi-7\sqrt{x\sqrt{x}})\mathrm{d}x$.

【解】　$\displaystyle\int(\cos\pi-7\sqrt{x\sqrt{x}})\mathrm{d}x=\int\cos\pi\mathrm{d}x-\int7x^{\frac{3}{4}}\mathrm{d}x$

$$=x\cos\pi-4x^{\frac{7}{4}}+C$$

$$=-x-4x^{\frac{7}{4}}+C.$$

有些函数看上去不能利用基本积分公式和性质进行直接积分，但经过化简或恒等变形，也可以直接进行积分.

【例 4.7】　求 $\displaystyle\int2^xe^x\mathrm{d}x$.

【解】　$\displaystyle\int2^xe^x\mathrm{d}x=\int(2e)^x\mathrm{d}x=\frac{(2e)^x}{\ln(2e)}+C=\frac{2^xe^x}{\ln2+1}+C.$

【例 4.8】　求 $\displaystyle\int\left(x+\frac{1}{x}\right)^2\mathrm{d}x$.

【解】　$\displaystyle\int\left(x+\frac{1}{x}\right)^2\mathrm{d}x=\int\left(x^2+2+\frac{1}{x^2}\right)\mathrm{d}x=\frac{1}{3}x^3+2x-\frac{1}{x}+C.$

【例 4.9】　求 $\displaystyle\int\left[\frac{x^2}{x^2+1}+\frac{(1-x)^2}{x^2}\right]\mathrm{d}x$.

【解】　原式 $\displaystyle=\int\frac{x^2+1-1}{x^2+1}\mathrm{d}x+\int\frac{1-2x+x^2}{x^2}\mathrm{d}x$

$$=\int\mathrm{d}x-\int\frac{1}{x^2+1}\mathrm{d}x+\int\frac{1}{x^2}\mathrm{d}x-2\int\frac{1}{x}\mathrm{d}x+\int\mathrm{d}x$$

$$=2x-\arctan x-\frac{1}{x}-2\ln\mid x\mid+C.$$

【例 4.10】　求 $\displaystyle\int\tan^2x\mathrm{d}x$.

【解】　因为 $\displaystyle\tan^2x=\frac{\sin^2x}{\cos^2x}=\frac{1-\cos^2x}{\cos^2x}=\frac{1}{\cos^2x}-1$，所以

$$\int\tan^2\mathrm{d}x=\int\left(\frac{1}{\cos^2x}-1\right)\mathrm{d}x=\tan x-x+C.$$

【例 4.11】　求 $\displaystyle\int\cos^2\frac{x}{2}\mathrm{d}x$.

【解】　因为 $\displaystyle\cos^2\frac{x}{2}=\frac{1}{2}(1+\cos x)$，所以

原式 $\displaystyle=\int\frac{1}{2}(1+\cos x)\mathrm{d}x=\frac{1}{2}\int(1+\cos x)\mathrm{d}x=\frac{1}{2}(x+\sin x)+C.$

在以上函数的变形中，三角函数的恒等变换是比较灵活的，一定要先掌握好一些常用的三角恒等变换公式，如倍角公式、降幂公式等.

求不定积分是求导的逆运算,但是求不定积分要比求导数难得多.虽然定理 4.1 告诉我们所有连续的函数都存在原函数,即这些连续函数都存在不定积分,但实际上能求出不定积分的只是一小部分,甚至即使能求出也不像求导数那样一套完全程序式的求法.故求不定积分需要根据被积函数的具体类型和特点讨论其求法.本章从下节开始着重介绍几种求不定积分的方法,希望读者能熟练地、灵活地运用这些方法求不定积分,从中找到求不定积分的乐趣.

习题 4.1

1. 填空题:

(1)$\left(\underline{\hspace{3cm}}\right)' = 2x$;

(2)x 的全体原函数为 $\underline{\hspace{2.5cm}}$,其中经过点 $(0,2)$ 的一个原函数是 $\underline{\hspace{2.5cm}}$;

(3) 因为 $(\sin^2 x)' = 2\sin x\cos x$,所以 $\sin x\cos x$ 的全体原函数为 $\underline{\hspace{2.5cm}}$;

(4)$\left(\int \sin 2x\mathrm{d}x\right)' = \underline{\hspace{2.5cm}}$.

2. 计算下列不定积分:

(1)$\int k\mathrm{d}x$;

(2)$\int x^3 \sqrt{x}\mathrm{d}x$;

(3)$\int 3^x\mathrm{d}x$;

(4)$\int \dfrac{(x-1)^2}{x}\mathrm{d}x$;

(5)$\int \left(\dfrac{2}{x} - 3^x + \dfrac{1}{\cos^2 x} - 5e^x\right)\mathrm{d}x$;

(6)$\int \left[2\cos x - \dfrac{1}{\sin^2 x}\right]\mathrm{d}x$;

(7)$\int (6^x \cdot e^x)\mathrm{d}x$;

(8)$\int \dfrac{x^4}{1+x^2}\mathrm{d}x$;

(9)$\int \dfrac{(x+1)^2}{x(x^2+1)}\mathrm{d}x$;

(10)$\int \dfrac{\cos 2x}{\sin^2 x\cos^2 x}\mathrm{d}x$.

4.2　不定积分的计算

运用不定积分性质和基本积分公式直接求出的不定积分只占少数,有的非常简单的不定积分却不能直接求得,如 $\int \cos 2x\mathrm{d}x$,$\int e^{-x}\mathrm{d}x$ 等,要解决它们,必须另辟蹊径.

4.2.1　第一类换元积分法(凑微分法)

先分析一个例子.

【例 4.12】 求 $\int \sin 2x\mathrm{d}x$.

【解 1】 $\int \sin 2x\mathrm{d}x = \int 2\sin x\cos x\mathrm{d}x = 2\int \sin x\mathrm{d}\sin x \xrightarrow{\text{令}\,u=\sin x} 2\int u\mathrm{d}u = u^2 + C = \sin^2 x + C.$

【解 2】 $\int \sin 2x\mathrm{d}x = \dfrac{1}{2}\int \sin 2x\mathrm{d}(2x) \xrightarrow{\text{令}\,u=2x} \dfrac{1}{2}\int \sin u\mathrm{d}u = -\dfrac{1}{2}\cos u + C$

$$= -\dfrac{1}{2}\cos 2x + C = \sin^2 x + C.$$

这表明 $\int \sin 2x\mathrm{d}x \neq -\cos 2x + C$.这是因为被积函数 $\sin 2x$ 为 x 的复合函数,根据复合函

数求导法,可得出如下积分方法.

【定理 4.3】(第一类换元积分法)　若 $\int f(x)\mathrm{d}x = F(x) + C$,则有

$$\int f[\varphi(x)] \cdot \varphi'(x)\mathrm{d}x = F[\varphi(x)] + C,$$

其中 $\varphi(x)$ 有连续的一阶导数.

【证明】　由于 $\varphi'(x)\mathrm{d}x = \mathrm{d}\varphi(x)$,则 $\int f[\varphi(x)] \cdot \varphi'(x)\mathrm{d}x = \int f[\varphi(x)] \cdot \mathrm{d}\varphi(x)$.

令 $u = \varphi(x)$,则原式 $= \int f(u)\mathrm{d}u = F(u) + C = F[\varphi(x)] + C$.

【注】　定理 4.3 的证明中,给了我们一个启示:在具体求不定积分 $\int g(x)\mathrm{d}x$ 过程中,如果积分表达式 $g(x)\mathrm{d}x$ 能恒等变形为 $f[\varphi(x)]\varphi'(x)\mathrm{d}x$,即

$$g(x)\mathrm{d}x = f[\varphi(x)]\varphi'(x)\mathrm{d}x,$$

那么 $\int g(x)\mathrm{d}x = \int f(u)\mathrm{d}u$,其中 $u = \varphi(x)$. 如果 $\int f(u)\mathrm{d}u$ 更易求出,那么 $\int g(x)\mathrm{d}x$ 也就求出来了. 特别要指出的是,我们在演变 $g(x)\mathrm{d}x$ 时"凑出"一个新的微分形式 $\varphi'(x)\mathrm{d}x(= \mathrm{d}\varphi(x))$,这个微分式能否"凑出"对不定积分 $\int g(x)\mathrm{d}x$ 能否用第一类换元积分法解决起关键的作用. 鉴于此,第一类换元积分法也称为凑微分法.

有了第一类换元积分法,不定积分 $\int \cos 2x\mathrm{d}x$ 就容易求出,因为 $\int \cos x\mathrm{d}x = \sin x + C$,则

$$\int \cos 2x\mathrm{d}x = \frac{1}{2}\int \cos 2x\mathrm{d}(2x) \xrightarrow{\text{令}u=2x} \frac{1}{2}\int \cos u\mathrm{d}u = \frac{1}{2}\sin u + C = \frac{1}{2}\sin 2x + C.$$

同样地:

$$\int e^{-x}\mathrm{d}x = -\int e^{-x}\mathrm{d}(-x) \xrightarrow{\text{令}u=-x} -\int e^{u}\mathrm{d}u = -e^{u} = -e^{-x} + C.$$

【例 4.13】　求下列不定积分:

(1) $\int \dfrac{1}{x-2}\mathrm{d}x$;

(2) $\int \dfrac{1}{(x-a)^k}\mathrm{d}x(k > 1)$;

(3) $\int e^{3x+2}\mathrm{d}x$;

(4) $\int \sin(mx+n)\mathrm{d}x$;

(5) $\int \dfrac{1}{a^2+x^2}\mathrm{d}x(a > 0)$;

(6) $\int \dfrac{1}{\sqrt{a^2-x^2}}\mathrm{d}x(a > 0)$.

【解】　(1) $\int \dfrac{1}{x-2}\mathrm{d}x = \int \dfrac{1}{x-2}(x-2)'\mathrm{d}x = \int \dfrac{1}{x-2}\mathrm{d}(x-2)$

$$\xrightarrow{u=x-2} \int \frac{1}{u}\mathrm{d}u = \ln|u| + C = \ln|x-2| + C;$$

(2) $\int \dfrac{1}{(x-a)^k}\mathrm{d}x = \int \dfrac{1}{(x-a)^k}(x-a)'\mathrm{d}x = \int \dfrac{1}{(x-a)^k}\mathrm{d}(x-a)$

$$\xrightarrow{u=x-a} \int \frac{1}{u^k}\mathrm{d}u = \frac{1}{1-k}u^{-k+1} + C = \frac{1}{1-k} \cdot \frac{1}{(x-a)^{k-1}} + C.$$

在熟练后我们可省略掉设中间变量(换元)这一过程,提高运算高效率.

(3) $\int e^{3x+2}\mathrm{d}x = \dfrac{1}{3}\int e^{3x+2}(3x+2)'\mathrm{d}x = \dfrac{1}{3}\int e^{3x+2}\mathrm{d}(3x+2) = \dfrac{1}{3}e^{3x+2} + C;$

$(4) \int \sin(mx+n)\mathrm{d}x = \frac{1}{m}\int \sin(mx+n)\mathrm{d}(mx+n) = -\frac{1}{m}\cos(mx+n)+C;$

$(5) \int \frac{1}{a^2+x^2}\mathrm{d}x = \int \frac{1}{a^2} \cdot \frac{1}{1+\left(\frac{x}{a}\right)^2}\mathrm{d}x = \frac{1}{a}\int \frac{1}{1+\left(\frac{x}{a}\right)^2}\mathrm{d}\left(\frac{x}{a}\right) = \frac{1}{a}\arctan \frac{x}{a}+C;$

$(6) \int \frac{1}{\sqrt{a^2-x^2}}\mathrm{d}x = \int \frac{1}{a} \cdot \frac{1}{\sqrt{1-\left(\frac{x}{a}\right)^2}}\mathrm{d}x = \int \frac{1}{\sqrt{1-\left(\frac{x}{a}\right)^2}}\mathrm{d}\left(\frac{x}{a}\right) = \arcsin \frac{x}{a}+C.$

【例 4.14】 求下列不定积分:

$(1) \int \sin^2 x \cdot \cos x \mathrm{d}x;$ 　　　　　　　$(2) \int \tan x \mathrm{d}x;$

$(3) \int \sec x \mathrm{d}x;$ 　　　　　　　　　　$(4) \int \sin mx \cdot \cos nx \, \mathrm{d}x.$

【解】 $(1) \int \sin^2 x \cdot \cos x \mathrm{d}x = \int \sin^2 x \mathrm{d}\sin x = \frac{1}{3}\sin^3 x+C;$

$(2) \int \tan x \mathrm{d}x = \int \frac{\sin x}{\cos x}\mathrm{d}x = -\int \frac{1}{\cos x}\mathrm{d}\cos x = -\ln|\cos x|+C = \ln|\sec x|+C;$

同样的方法可求得:$\int \cot x \mathrm{d}x = \ln|\sin x|+C = -\ln|\csc x|+C;$

$(3) \int \sec x \mathrm{d}x = \int \frac{\cos x}{\cos^2 x}\mathrm{d}x = \int \left(\frac{1}{1-\sin^2 x}\right)\mathrm{d}\sin x = \frac{1}{2}\int \left(\frac{1}{1+\sin x}+\frac{1}{1-\sin x}\right)\mathrm{d}\sin x$

$\qquad = \frac{1}{2}\left[\int \frac{1}{1+\sin x}\mathrm{d}(1+\sin x) - \int \frac{1}{1-\sin x}\mathrm{d}(1-\sin x)\right]$

$\qquad = \frac{1}{2}[\ln|1+\sin x|-\ln|1-\sin x|]+C$

$\qquad = \frac{1}{2}\ln\left|\frac{1+\sin x}{1-\sin x}\right|+C = \ln|\sec x+\tan x|+C;$

同样的方法可求得:$\int \csc x \mathrm{d}x = \frac{1}{2}\ln\left|\frac{1-\cos x}{1+\cos x}\right|+C = \ln|\csc x-\cot x|+C;$

$(4) \int \sin mx \cdot \cos nx \mathrm{d}x = \frac{1}{2}\int[\sin(m+n)x+\sin(m-n)x]\mathrm{d}x$

$\qquad = \frac{1}{2(m+n)}\int \sin(m+n)x\mathrm{d}(m+n)x + \frac{1}{2(m-n)}\int \sin(m-n)x\mathrm{d}(m-n)x$

$\qquad = -\frac{1}{2(m+n)}\cos(m+n)x - \frac{1}{2(m-n)}\cos(m-n)x+C$

【例 4.15】 求下列不定积分:

$(1) \int \cos^2 x \mathrm{d}x;$ 　　　　　　　　$(2) \int \sin^3 x \mathrm{d}x;$

$(3) \int \frac{1}{x}\ln x \mathrm{d}x;$ 　　　　　　　$(4) \int x^2 \cos(x^3+1)\mathrm{d}x;$

$(5) \int \frac{e^x}{1+e^x}\mathrm{d}x;$ 　　　　　　　$(6) \int \frac{e^{\arcsin x}}{\sqrt{1-x^2}}\mathrm{d}x.$

【解】 $(1) \int \cos^2 x \mathrm{d}x = \int \frac{1+\cos 2x}{2}\mathrm{d}x = \int \frac{1}{2}\mathrm{d}x + \frac{1}{4}\int \cos 2x \mathrm{d}(2x) = \frac{1}{2}x+\frac{1}{4}\sin 2x+C;$

$(2) \int \sin^3 x \mathrm{d}x = \int \sin^2 x \cdot \sin x \mathrm{d}x = -\int(1-\cos^2 x)\mathrm{d}\cos x = -\cos x+\frac{1}{3}\cos^3 x+C;$

$(3) \displaystyle\int \frac{1}{x} \ln x \mathrm{d}x = \int \ln x \mathrm{d}(\ln x) = \frac{1}{2}(\ln x)^2 + C;$

$(4) \displaystyle\int x^2 \cos(x^3 + 1)\mathrm{d}x = \frac{1}{3}\int \cos(x^3 + 1)\mathrm{d}(x^3 + 1) = \frac{1}{3}\sin(x^3 + 1) + C;$

$(5) \displaystyle\int \frac{e^x}{1 + e^x}\mathrm{d}x = \int \frac{1}{1 + e^x}\mathrm{d}(e^x + 1) = \ln(1 + e^x) + C;$

$(6) \displaystyle\int \frac{e^{\arcsin x}}{\sqrt{1 - x^2}}\mathrm{d}x = \int e^{\arcsin x}\mathrm{d}(\arcsin x) = e^{\arcsin x} + C.$

从以上所有不定积分,通过相应的凑微分都换成另一个函数的不定积分,再运用基本积分公式和不定积分性质求出所要求的不定积分.第一换元积分法扩大了求不定积分的范围,是一个很重要的积分方法.

但是,第一换元积分法却不能解决诸如 $\displaystyle\int \frac{1}{1 + \sqrt{x}}\mathrm{d}x$ 之类的带有根式(无理式)的不定积分.为解决这类问题,我们介绍另一种积分法.

*4.2.2　第二类换元积分法

在第一类换元积分法中,作变换 $u = \varphi(x)$,把积分 $\displaystyle\int f[\varphi(x)]\varphi'(x)\mathrm{d}x$ 变成 $\displaystyle\int f(u)\mathrm{d}u$ 后再直接积分.有一类函数(最常见的是含有根式的)需要作以上相反的变换,令 $x = \varphi(t)$,把 $\displaystyle\int f(x)\mathrm{d}x$ 化成 $\displaystyle\int f[\varphi(t)]\varphi'(t)\mathrm{d}t$ 的形式以后再进行积分运算.

【定理 4.4】　设函数 $x = \varphi(t)$ 单调可导,且 $\varphi'(t) \neq 0$,又设 $f[\varphi(t)] \cdot \varphi'(t)$ 存在原函数 $F(t)$,则有 $\displaystyle\int f(x)\mathrm{d}x \overset{\text{令} x = \varphi(t)}{=\!=\!=} \int f[\varphi(t)] \cdot \varphi'(t)\mathrm{d}t = F(t) + C \overset{t = \varphi^{-1}(x)}{=\!=\!=} F[\varphi^{-1}(x)] + C.$

定理 4.4 描述的积分法称为第二类换元积分法,它与第一类换元积分法的区别在于:第一类换元积分法在换元过程中积分变量的自变量的地位始终保持不变,而第二类换元积分法里,积分变量成为另一个积分变量的函数(单调可导).

借助复合函数的求导法则及原函数的概念容易证明定理 4.4,我们将之留给读者.

1. 根式代换

当被积函数中含有 $\sqrt[n]{ax + b}$ 的形式,我们可以直接令 $\sqrt[n]{ax + b} = t$ 或 $x = \frac{1}{a}(t^n - b)$.

【例 4.16】　求下列不定积分:

$(1) \displaystyle\int \frac{1}{2(1 + \sqrt{x})}\mathrm{d}x;$　　　　　　　　$(2) \displaystyle\int \frac{1}{\sqrt{x}(1 + \sqrt[3]{x})}\mathrm{d}x;$

【解】　(1) 设 $x = t^2$,当然在 $(0, +\infty)$ 内单调可导,根据定理 4.4 有:

$$\int \frac{1}{2(1 + \sqrt{x})}\mathrm{d}x = \int \frac{2t}{2(1 + t)}\mathrm{d}t = \int \left(1 - \frac{1}{t + 1}\right)\mathrm{d}t$$

$$= t - \ln|t + 1| + C = \sqrt{x} - \ln(\sqrt{x} + 1) + C;$$

(2) 因为两个根式 $\sqrt{x}$ 与 $\sqrt[3]{x}$ 次数不同,要同时去掉两个根式只需取它们的最小公倍数就行,即设 $x = t^6$(2 和 3 的最小公倍数是 6).

$$\int \frac{1}{\sqrt{x}(1 + \sqrt[3]{x})}\mathrm{d}x = \int \frac{6t^5}{t^3(1 + t^2)}\mathrm{d}t = 6\int \left(1 - \frac{1}{1 + t^2}\right)\mathrm{d}t$$

$$= 6(t - \arctan t) + C = 6(\sqrt[6]{x} - \arctan \sqrt[6]{x}) + C.$$

2. 三角代换

当被积函数中含有 $\sqrt{a^2 - x^2}$ 或 $\sqrt{x^2 - a^2}$ 时,使用根式代换是无效的,为了去根号,我们采用三角代换.

【**例 4.17**】 求下列不定积分(以下 $a > 0$):

$(1) \displaystyle\int \sqrt{a^2 - x^2}\,\mathrm{d}x;$ \qquad $(2) \displaystyle\int \frac{1}{\sqrt{x^2 + a^2}}\,\mathrm{d}x;$

$(3) \displaystyle\int \frac{\mathrm{d}x}{\sqrt{x^2 - a^2}};$ \qquad $(4) \displaystyle\int \frac{\mathrm{d}x}{\sqrt{4x^2 + 12x + 13}}.$

【**解**】 (1) 令 $x = a\sin t\left(-\dfrac{\pi}{2} < t < \dfrac{\pi}{2}\right)$,则 $\sqrt{a^2 - x^2} = a\cos t$,$\mathrm{d}x = a\cos t\,\mathrm{d}t$,于是

$$\int \sqrt{a^2 - x^2}\,\mathrm{d}x = \int a^2 \cos t \cos t\,\mathrm{d}t = a^2 \int \cos^2 t\,\mathrm{d}t = a^2 \int \left(\frac{1}{2} + \frac{1}{2}\cos 2t\right)\mathrm{d}t$$

$$= a^2 \left(\frac{1}{2}t + \frac{1}{4}\sin 2t\right) + C = \frac{a^2}{2}t + \frac{a^2}{2}\sin t \cos t + C,$$

因为 $x = a\sin t$ 在 $-\dfrac{\pi}{2} < t < \dfrac{\pi}{2}$ 内有反函数 $t = \arcsin \dfrac{x}{a}$,代入上式右端有:

$$\int \sqrt{a^2 - x^2}\,\mathrm{d}x = \frac{a^2}{2}\arcsin \frac{x}{a} + \frac{x}{2}\sqrt{a^2 - x^2} + C.$$

(2) 令 $x = a\tan t\left(-\dfrac{\pi}{2} < t < \dfrac{\pi}{2}\right)$,则 $\sqrt{x^2 + a^2} = a\sec t$,$\mathrm{d}x = a\sec^2 t\,\mathrm{d}t$,于是

$$\int \frac{1}{\sqrt{x^2 + a^2}}\,\mathrm{d}x = \int \frac{a\sec^2 t}{a\sec t}\,\mathrm{d}t = \int \sec t\,\mathrm{d}t = \ln \mid \sec t + \tan t \mid + C$$

$$= \ln \left\mid \frac{\sqrt{x^2 + a^2}}{a} + \frac{x}{a}\right\mid + C_1 = \ln \mid x + \sqrt{x^2 + a^2}\mid + C.$$

$(3) \displaystyle\int \frac{\mathrm{d}x}{\sqrt{x^2 - a^2}} \xlongequal{x = a\sec t} \int \frac{1}{a\tan t}a\sec t \cdot \tan t\,\mathrm{d}t = \int \sec t\,\mathrm{d}t$

$$= \ln \mid \sec t + \tan t \mid + C(\text{其中 } 0 < t < \frac{\pi}{2})$$

$$= \ln \left\mid \frac{x}{a} + \frac{\sqrt{x^2 - a^2}}{a}\right\mid + C_1$$

$$= \ln \mid x + \sqrt{x^2 - a^2}\mid + C.$$

$(4) \displaystyle\int \frac{\mathrm{d}x}{\sqrt{4x^2 + 12x + 13}} = \frac{1}{2}\int \frac{\mathrm{d}(2x + 3)}{\sqrt{(2x + 3)^2 + 4}} \xlongequal{u = 2x + 3} \frac{1}{2}\int \frac{\mathrm{d}u}{\sqrt{u^2 + 2^2}}$

$$= \frac{1}{2}\ln \left\mid u + \sqrt{u^2 + 4}\right\mid + C$$

$$= \frac{1}{2}\ln \left\mid 2x + 3 + \sqrt{4x^2 + 12x + 13}\right\mid + C.$$

一般常用的三角代换有下列三种:

(1) 被积函数中含有 $\sqrt{a^2 - x^2}$,令 $x = a\sin t$ 或 $x = a\cos t$,$-\dfrac{\pi}{2} < t < \dfrac{\pi}{2}$;

(2) 被积函数中含有 $\sqrt{a^2 + x^2}$,令 $x = a\tan t$ 或 $x = a\cot t$,$-\dfrac{\pi}{2} < t < \dfrac{\pi}{2}$;

（3）被积函数中含有 $\sqrt{x^2-a^2}$，令 $x=a\sec t$ 或 $x=a\csc t$，$0<t<\dfrac{\pi}{2}$．

大家会发现，一旦掌握了求不定积分的技巧并加以不断练习，求不定积分就像做数学游戏那样有趣．

下面的一些结果，读者若能像基本积分公式那样熟记，将大大加快不定积分的运算速度．我们将它们连接到 P88 的不定积分的基本积分公式后面：

（15）$\displaystyle\int\tan x\,\mathrm{d}x=\ln|\sec x|+C$；　　　　（16）$\displaystyle\int\cot x\,\mathrm{d}x=-\ln|\csc x|+C$；

（17）$\displaystyle\int\sec x\,\mathrm{d}x=\ln|\sec x+\tan x|+C$；　（18）$\displaystyle\int\csc x\,\mathrm{d}x=\ln|\csc x-\cot x|+C$；

（19）$\displaystyle\int\frac{1}{\sqrt{a^2-x^2}}\,\mathrm{d}x=\arcsin\frac{x}{a}+C$；　　（20）$\displaystyle\int\frac{1}{a^2+x^2}\,\mathrm{d}x=\frac{1}{a}\arctan\frac{x}{a}+C$；

（21）$\displaystyle\int\frac{1}{\sqrt{x^2+a^2}}\,\mathrm{d}x=\ln|x+\sqrt{x^2+a^2}|+C$；

（22）$\displaystyle\int\frac{1}{\sqrt{x^2-a^2}}\,\mathrm{d}x=\ln|x+\sqrt{x^2-a^2}|+C$．

4.2.3　分部积分法

虽然第一、二类换元积分法解决了许多不定积分的计算问题，但还有一些不定积分（例如 $\displaystyle\int xe^x\,\mathrm{d}x$）是无法解决的，而需要借助于另一种积分法 —— 分部积分法．前面，我们在复合函数求导法则的基础上，得到了第一、二类换元积分法．现在，我们利用两个函数乘积的求导（求微分）法则来推出分部积分法．

事实上，设 $u(x)$，$v(x)$ 具有连续的导数，则有：
$$[u(x)v(x)]'=u'(x)v(x)+u(x)v'(x)\ \text{或}\ \mathrm{d}[u(x)v(x)]=v(x)\mathrm{d}u(x)+u(x)\mathrm{d}v(x),$$
两边取不定积分，再根据不定积分的性质，于是得：
$$\int u(x)v'(x)\,\mathrm{d}x=u(x)v(x)-\int v(x)u'(x)\,\mathrm{d}x\ \text{或}\int u(x)\mathrm{d}v(x)=u(x)v(x)-\int v(x)\mathrm{d}u(x),$$
这就是下面的定理．

【定理 4.5】（分部积分法）　设 $u(x)$，$v(x)$ 具有连续的导数，则有
$$\int u(x)v'(x)\,\mathrm{d}x=u(x)v(x)-\int v(x)u'(x)\,\mathrm{d}x$$
$$\text{或}\int u(x)\mathrm{d}v(x)=u(x)v(x)-\int v(x)\mathrm{d}u(x).$$

定理 4.5 说明了：不定积分 $\displaystyle\int u(x)\mathrm{d}v(x)$ 的计算可转化为不定积分 $\displaystyle\int v(x)\mathrm{d}u(x)$ 的计算，如果后一个积分较前一个积分更容易，那么这种转化显然很有意义．使用分部积分法求不定积分的关键是正确选择 $u(x)$ 与 $v(x)$．

【例 4.18】　求下列不定积分：

（1）$\displaystyle\int xe^x\,\mathrm{d}x$；　　　　　　　　　（2）$\displaystyle\int x^2e^x\,\mathrm{d}x$．

【解】　（1）选 $u(x)=x$，$v(x)=e^x$，于是
$$\int xe^x\,\mathrm{d}x=\int x\mathrm{d}e^x=xe^x-\int e^x\,\mathrm{d}x=xe^x-e^x+C.$$

(2) 选 $u(x) = x^2, v(x) = e^x$,于是

$$\int x^2 e^x \mathrm{d}x = \int x^2 \mathrm{d}e^x = x^2 e^x - \int e^x \mathrm{d}x^2 = x^2 e^x - 2\int xe^x \mathrm{d}x (利用(1)的结果)$$

$$= x^2 e^x - 2xe^x + 2e^x + C.$$

【注】 一般的形如 $\int x^n e^x \mathrm{d}x$ 的不定积分,可设 $u(x) = x^n, \mathrm{d}v(x) = e^x \mathrm{d}x$,即可求出不定积分.

【例 4.19】 求下列不定积分:

(1) $\int x\cos x \mathrm{d}x$;   (2) $\int x^2 \sin x \mathrm{d}x$.

【解】 (1) 选 $u(x) = x, v(x) = \sin x$,于是

$$\int x\cos x \mathrm{d}x = \int x \mathrm{d}\sin x = x\sin x - \int \sin x \mathrm{d}x = x\sin x + \cos x + C.$$

(2) 同(1)选 $u(x) = x^2, v(x) = -\cos x$,于是

$$\int x^2 \sin x \mathrm{d}x = -\int x^2 \mathrm{d}\cos x = -x^2 \cos x + 2\int x\cos x \mathrm{d}x$$

$$= -x^2 \cos x + 2x\sin x + 2\cos x + C.$$

【注】 一般的形如 $\int x^n \cos x \mathrm{d}x$ 或 $\int x^n \sin x \mathrm{d}x$ 的不定积分,可设 $u(x) = x^n, \mathrm{d}v(x) = \cos x \mathrm{d}x$ 或 $\mathrm{d}v(x) = \sin x \mathrm{d}x$ 即可求出不定积分.

【例 4.20】 求下列不定积分:

(1) $\int x\ln x \mathrm{d}x$;   (2) $\int x^3 \ln x \mathrm{d}x$.

【解】 (1) 选 $u(x) = \ln x$,因此有

$$\int x\ln x \mathrm{d}x = \int \ln x \mathrm{d}\left(\frac{1}{2}x^2\right) = \frac{1}{2}x^2 \cdot \ln x - \frac{1}{2}\int x^2 \cdot \frac{1}{x} = \frac{1}{2}x^2 \ln x - \frac{1}{4}x^2 + C.$$

(2) 同(1)选 $u(x) = \ln x$,于是

$$\int x^3 \ln x \mathrm{d}x = \int \ln x \mathrm{d}\left(\frac{1}{4}x^4\right) = \frac{1}{4}x^4 \ln x - \frac{1}{4}\int x^4 \cdot \frac{1}{x}\mathrm{d}x$$

$$= \frac{1}{4}x^4 \ln x - \frac{1}{4}\int x^3 \mathrm{d}x = \frac{1}{4}x^4 \ln x - \frac{1}{16}x^4 + C.$$

【注】 一般的形如 $\int x^n \ln x \mathrm{d}x$ 的不定积分,只需设 $u(x) = \ln x, \mathrm{d}v(x) = x^n \mathrm{d}x$ 即可求出不定积分.

【例 4.21】 求下列不定积分:

(1) $\int \arcsin x \mathrm{d}x$;   (2) $\int e^x \sin x \mathrm{d}x$.

【解】 (1) 选 $u(x) = \arcsin x, v(x) = x$,于是

$$\int \arcsin x \mathrm{d}x = x\arcsin x - \int \frac{x}{\sqrt{1-x^2}}\mathrm{d}x$$

$$= x\arcsin x + \frac{1}{2}\int \frac{1}{\sqrt{1-x^2}}\mathrm{d}(1-x^2) = x\arcsin x + \sqrt{1-x^2} + C.$$

对其他如 $\int \arccos x \mathrm{d}x, \int \arctan x \mathrm{d}x, \int \mathrm{arccot} x \mathrm{d}x, \int \ln x \mathrm{d}x$ 等不定积分可作同样的方法求

解.一般的,形如 $\int x^n \arcsin x\mathrm{d}x, \int x^n \arcsin x\mathrm{d}x, \int x^n \arctan x\mathrm{d}x, \int x^n \operatorname{arccot}x\mathrm{d}x$ 的不定积分,只需设 $u(x)$ 为反三角函数,$\mathrm{d}v(x)=x^n\mathrm{d}x$ 即可.

(2) 选 $u(x)=\sin x, v(x)=e^x$,于是

$$\int e^x \sin x\mathrm{d}x = \int \sin x\mathrm{d}e^x = e^x \sin x - \int e^x \mathrm{d}\sin x = e^x \sin x - \int \cos x e^x \mathrm{d}x;$$

同理再选 $u(x)=\cos x, v(x)=e^x$,

则上式 $= e^x \sin x - \int \cos x\mathrm{d}e^x = e^x \sin x - e^x \cos x - \int e^x \sin x\mathrm{d}x;$

所以 $\int e^x \sin x\mathrm{d}x = e^x \sin x - e^x \cos x - \int e^x \sin x\mathrm{d}x,$

移项后得 $2\int e^x \sin x\mathrm{d}x = e^x \sin x - e^x \cos x + C_1$,于是有 $\int e^x \sin x\mathrm{d}x = \dfrac{1}{2}e^x(\sin x - \cos x) + C.$

此题读者可不妨选 $u(x)=e^x, v(x)=-\cos x$,结果是一样的. 故对 $\int e^x \sin x\mathrm{d}x$ 和 $\int e^x \cos x\mathrm{d}x$ 两个不定积分,$u(x)$ 与 $v(x)$ 的选择是灵活的.

分部积分法和换元积分法是求不定积分的最基本方法,读者应像牢记基本积分公式那样去熟记它们,掌握不定积分的运算对学习下一章 —— 定积分内容将起到事半功倍的效果.

习题 4.2

1.填空题:

(1) $\int f'(x)\mathrm{d}x = $ _____.

(2) $\left(\int f(x)\mathrm{d}x\right)' = $ _____.

(3) 已知在曲线上任一点处切线的斜率为 $12x$,且过点 $(1,-12)$,则此曲线方程为_____.

2.选择题:

(1) $\int \cos a\mathrm{d}x = ($ 　　).

A. $\sin a$　　　　　B. $-\sin a$　　　　　C. $\cos a + C$　　　　　D. $x\cos a + C$

(2) 设 $f'(x)=g'(x)$,则下列结论正确的是(　　).

A. $f(x)=g(x)$

B. $f(x)=g(x)+C$

C. $\int f(x)\mathrm{d}x = \int g(x)\mathrm{d}(x)$

D. $\left[\int f(x)\mathrm{d}x\right]' = \left[\int g(x)\mathrm{d}x\right]'$

3.计算下列不定积分:

(1) $\int \dfrac{1}{5x+6}\mathrm{d}x;$ 　　　　　　(2) $\int (x+9)^{100}\mathrm{d}x;$

(3) $\int e^{2x-7}\mathrm{d}x;$ 　　　　　　(4) $\int x^2\sqrt{2+x^3}\mathrm{d}x;$

$(5) \int \cos^2 x \sin x \, dx$;　　　　　　　$(6) \int x^{n-1} \cos x^n \, dx$;

$(7) \int e^{\sin x} \cos x \, dx$;　　　　　　$(8) \int e^x \cos e^x \, dx$;

*$(9) \int x \sqrt{x+1} \, dx$;　　　　　　*$(10) \int x \sqrt[4]{2x+3} \, dx$;

*$(11) \int \dfrac{x^2}{\sqrt{1-x^2}} \, dx$;　　　　*$(12) \int \dfrac{\sqrt{x^2-a^2}}{x} \, dx$;

$(13) \int (x+1) \cos x \, dx$;　　　　$(14) \int x^2 \cos x \, dx$;

$(15) \int \ln x \, dx$;　　　　　　　$(16) \int x^{10} \ln x \, dx$;

$(17) \int e^{\sqrt{x}} \, dx$;　　　　　　　$(18) \int \dfrac{1}{e^x + e^{-x}} \, dx$;

$(19) \int \sin x \cos 2x \, dx$;　　　　$(20) \int \dfrac{\sin x \cos x}{1 + \sin^4 x} \, dx$.

本章小结

学习本章主要掌握两个基本概念、基本积分公式与性质以及几种求不定积分的方法.

一、两个基本概念

1. 原函数：若 $F(x)$ 为 $f(x)$ 的一个原函数（即 $F'(x) = f(x)$），则 $f(x)$ 有无限多个原函数，且 $F(x) + C$ 就是 $f(x)$ 的所有原函数.

2. 不定积分：$f(x)$ 的不定积分就是 $f(x)$ 的全体原函数 $F(x) + C$ [即 $\int f(x) \, dx = F(x) + C$].

二、基本积分公式与性质

$(1) \int 0 \, dx = C$　　　　　　　　$(2) \int 1 \, dx = x + C$

$(3) \int x^a \, dx = \dfrac{x^{a+1}}{a+1} + C \,(a \neq -1)$　　$(4) \int \dfrac{1}{x} \, dx = \ln |x| + C$

$(5) \int a^x \, dx = \dfrac{a^x}{\ln a} + C \,(a > 0 \text{ 且} \neq 1)$　$(6) \int e^x \, dx = e^x + C$

$(7) \int \cos x \, dx = \sin x + C$　　　　$(8) \int \sin x \, dx = -\cos x + C$

$(9) \int \dfrac{1}{\sin^2 x} \, dx = -\cot x + C$　　　$(10) \int \dfrac{1}{\cos^2 x} \, dx = \tan x + C$

$(11) \int \sec x \tan x \, dx = \sec x + C$　　$(12) \int \csc x \cot x \, dx = -\csc x + C$

$(13) \int \dfrac{1}{1+x^2} \, dx = \arctan x + C$　　$(14) \int \dfrac{1}{\sqrt{1-x^2}} \, dx = \arcsin x + C$

【性质 1】 $\int[f(x) \pm g(x)]\mathrm{d}x = \int f(x)\mathrm{d}x \pm \int g(x)\mathrm{d}x.$

【性质 2】 $\int kf(x)\mathrm{d}x = k\int f(x)\mathrm{d}x$（其中 $k \neq 0$）.

【性质 3】 $\left[\int f(x)\mathrm{d}x\right]' = f(x)$ 或 $\mathrm{d}\int f(x)\mathrm{d}x = f(x)\mathrm{d}x.$

【性质 4】 $\int F'(x)\mathrm{d}x = F(x) + C$ 或 $\int \mathrm{d}F(x) = F(x) + C.$

三、几种求不定积分的方法

1.直接积分法：只要对被积函数进行化简或适当地恒等变形，然后利用基本积分公式和性质可以求出不定积分的方法.

2.第一类换元积分法，也叫凑微分法：设 $\int f(x)\mathrm{d}x = F(x) + C$，则有

$$\int f[\varphi(x)]\varphi'(x)\mathrm{d}x = F[\varphi(x)] + C.$$

*3.第二类换元积分法：主要针对形式有两种 $\sqrt[n]{ax+b}$ 与 $\sqrt{a^2-x^2}$、$\sqrt{a^2+x^2}$、$\sqrt{x^2-a^2}$，换元的目的是去根号，即 $\int f(x)\mathrm{d}x \overset{\diamondsuit x=\varphi(t)}{=\!=\!=} \int f[\varphi(t)]\varphi'(t)\mathrm{d}t = F(t) + C \overset{t=\varphi^{-1}(x)}{=\!=\!=} F[\varphi^{-1}(x)] + C.$

4.分部积分法：此方法关键是要正确选择 $u(x)$ 和 $v(x)$，即 $\int u(x)\mathrm{d}v(x) = u(x)v(x) - \int v(x)\mathrm{d}u(x).$

综合练习

一、填空题

1.d _____ $= \sin x\mathrm{d}x$；

2.$\left(\int f(x)\mathrm{d}x\right)' = $ _____；

3.$\int \mathrm{d}F(x) = $ _____；

4.曲线的斜率为 $y' = 3x^2$，且过点 $(2,5)$，则曲线方程为_____；

5.若 $\int f(x)\mathrm{d}x = x^2 e^{2x} + C$，则 $f(x) = $ _____；

*6.设 $f'(e^x) = 1 + e^{3x}$，且 $f(0) = 1$，则 $f(x) = $ _____；

*7.设 $f'(\ln x) = x$，且 $f(1) = 0$，则 $f(x) = $ _____.

二、选择题

1.设 $\sin 2x$ 是 $f(x)$ 的一个原函数，则 $\left(\int f(x)\mathrm{d}x\right)' = ($ ___).

A. $\sin 2x$ 　　　　　B. $\cos 2x$ 　　　　　C. $2\sin 2x$ 　　　　　D. $2\cos 2x$

2.设 $\sin 2x$ 是 $f(x)$ 的一个原函数，则 $\int f(x)\mathrm{d}x = ($ ___).

A. $\sin 2x$ 　　　　　B. $\sin 2x + C$ 　　　　　C. $\cos 2x$ 　　　　　D. $2\cos 2x + C$

3. 下列函数为不同一个函数的原函数的是(　　).

A. $\sin^2 x$　　　　　　B. $-\cos^2 x$　　　　　　C. $-\dfrac{1}{2}\cos 2x$　　　　　　D. $\cos^2 x$

*4. 设 $f'(\sin x)=\cos^2 x$,且 $f(0)=0$,则 $f(x)=$(　　).

A. $\sin x - \dfrac{1}{3}\sin^3 x$　　　　　　　　　　B. $\sin^2 x - \dfrac{1}{3}\sin^3 x$

C. $x - \dfrac{1}{3}x^3$　　　　　　　　　　　　　　D. 以上都不对

三、计算题

1. 求下列不定积分:

(1) $\displaystyle\int \sqrt{x}\,(x-2)\mathrm{d}x$;

(2) $\displaystyle\int \sqrt{x\sqrt{x}}\,\mathrm{d}x$;

(3) $\displaystyle\int \dfrac{x^3-27}{x-3}\mathrm{d}x$;

(4) $\displaystyle\int e^x\left(1-\dfrac{e^{-x}}{x^2}\right)\mathrm{d}x$;

(5) $\displaystyle\int (\sin x + \cos x)\mathrm{d}x$;

(6) $\displaystyle\int (2^x+e^x)^2\mathrm{d}x$;

(7) $\displaystyle\int \dfrac{1}{\sin^2 x \cdot \cos^2 x}\mathrm{d}x$;

(8) $\displaystyle\int \dfrac{\mathrm{d}x}{\sqrt{1-2x}}$;

(9) $\displaystyle\int a^{2x}\mathrm{d}x$;

(10) $\displaystyle\int \dfrac{x}{1+x^2}\mathrm{d}x$;

(11) $\displaystyle\int x^2\,\sqrt{3+x^3}\,\mathrm{d}x$;

(12) $\displaystyle\int \dfrac{e^{\frac{1}{x}}}{x^2}\mathrm{d}x$;

(13) $\displaystyle\int \dfrac{1}{4+9x^2}\mathrm{d}x$;

(14) $\displaystyle\int \dfrac{\mathrm{d}x}{x\,\sqrt{1-(\ln x)^2}}$;

(15) $\displaystyle\int \tan^4 x\,\mathrm{d}x$;

(16) $\displaystyle\int \cos^2 3x\,\mathrm{d}x$;

(17) $\displaystyle\int \dfrac{1}{\sqrt{4-9x^2}}\mathrm{d}x$;

(18) $\displaystyle\int \sqrt[3]{x+1}\,\mathrm{d}x$;

(19) $\displaystyle\int \dfrac{\mathrm{d}x}{\sqrt{x}+\sqrt[3]{x}}$;

(20) $\displaystyle\int \dfrac{\sqrt{x^2-1}}{x}\mathrm{d}x$;

(21) $\displaystyle\int \dfrac{\mathrm{d}x}{x^2\,\sqrt{1+x^2}}$;

(22) $\displaystyle\int x\cos 2x\,\mathrm{d}x$;

(23) $\displaystyle\int (x^2+1)\ln x\,\mathrm{d}x$;

(24) $\displaystyle\int xe^{-x}\mathrm{d}x$;

(25) $\displaystyle\int \sin\sqrt{x}\,\mathrm{d}x$;

(26) $\displaystyle\int e^x\cos x\,\mathrm{d}x$.

*2. 设 $f'(x)=2\,|\,x\,|+3$,且 $f(2)=15$,求 $f(x)$.

3. 设 $F(x)$ 是 $f(x)$ 的一个原函数,求 $\displaystyle\int e^{-x}f(e^{-x})\mathrm{d}x$.

4. 设 $\displaystyle\int f(x)\mathrm{d}x=\ln\sin x + C$,求 $\displaystyle\int xf(1-x^2)\mathrm{d}x$.

5. 设 $\csc^2 x$ 是 $f(x)$ 的一个原函数,求 $\displaystyle\int xf(x)\mathrm{d}x$.

四、应用题

1. 某企业生产 x 件产品的边际成本 $C'(x) = 0.2x - 10$（元／件），固定成本 10000 元，产品原单价 190 元，设产销平衡. 求生产 x 件产品时的利润函数和最大利润时的产量.

2. 某产品的边际成本为产量 x（百件）的函数，已知边际成本为 $MC = x + 6$（万元／百件），固定成本为 50 万元，且该产品以每百件 20 万元的价格出售. 试求使利润达到最大时的产量和最大利润？

第5章 定积分及其应用

本章知识结构导图

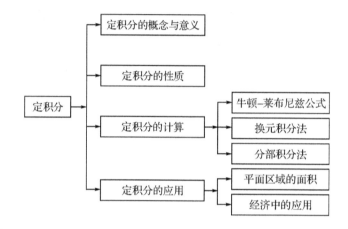

阅读材料 数学家莱布尼兹(Leibniz)

莱布尼兹(G. W. Leibniz, 1646—1716), 是德国最重要的数学家、物理学家、历史学家和哲学家, 一个举世罕见的科学天才, 和牛顿同为微积分的创建人. 生于莱比锡, 卒于汉诺威.

莱布尼兹的父亲在莱比锡大学教授伦理学, 在他六岁时就过世, 留下大量的人文书籍, 早慧的他自习拉丁文与希腊文, 广泛阅读. 1661年进入莱比锡大学学习法律, 又曾到耶拿大学学习几何, 1666年在纽伦堡阿尔多夫大学通过论文《论组合的艺术》, 获法学博士, 并成为教授, 该论文及后来的一系列工作使他成为数理逻辑的创始人. 1667年, 他投身外交界, 游历欧洲各国, 接触了许多数学界的名流并保持联系, 在巴黎受惠更斯的影响, 决心钻研数学. 他的主要目标是寻求可获得知识和创造发明的一般方法, 这导致了他一生中的许多发明, 其中最突出的是微积分.

与牛顿不同, 他主要是从代数的角度, 把微积分作为一种运算的过程与方法; 而牛顿则主要从几何和物理的角度来思考和推理, 把微积分作为研究力学的工具. 莱布尼兹于1684年发表了第一篇微分学的论文《一种求极大极小和切线的新方法》. 是世界上最早的关于微积分的文献, 虽仅6页, 推理也不清晰, 却含有现代的微分学的记号与法则. 1686年, 他又发表了他的第一篇积分论文, 由于印刷困难, 未用现在积分记号"$\int$", 但在他1675年10月的手稿中用了拉长的 S" $\int$ ",作为积分记号,同年 11 月的手稿上出现了微分记号 dx.

有趣的是,在莱布尼兹发表了他的第一篇微分学的论文不久,牛顿公布了他的私人笔记,并证明至少在莱布尼兹发表论文的 10 年之前已经运用了微积分的原理.牛顿还说:在莱布尼兹发表成果的不久前,他曾在写给莱布尼兹的信中,谈起过自己关于微积分的思想.但是,事后证实,在牛顿给莱布尼兹的信中有关微积分的几行文字,几乎没有涉及这一理论的重要之处.因此,他们是各自独立地发明了微积分.

莱布尼兹思考微积分的问题大约开始于 1673 年,其思想和研究成果,记录在从该年起的数百页笔记本中.其中他断言,作为求和的过程的积分是微分的逆.正是由于牛顿在 1665—1666 年和莱布尼兹在 1673—1676 年独立建立了微积分学的一般方法,他们被公认为是微积分学的两位创始人.莱布尼兹创立的微积分记号对微积分的传播和发展起了重要作用,并沿用至今.

莱布尼兹的其他著作包括哲学、法学、历史、语言、生物、地质、物理、外交、神学,并于 1671 年制造了第一架可作乘法计算的计算机,他的多才多艺在历史上少有人能与之相比.

5.1 定积分的概念

在本章中,我们将研究微积分学中的又一个重要内容 —— 定积分.定积分的概念最早是在研究平面图形的面积、变速直线运动物体的运动距离以及变力做功等问题时产生的.

5.1.1 问题的引入

问题 1:求曲边梯形的面积.

设 $y = f(x)$ 在 $[a,b]$ 上连续,我们称由直线 $x = a$,$x = b$ 及曲线 $y = f(x)$ 所围的图形为曲边梯形(如图 5.1)

下面我们研究曲边梯形面积的计算方法.

(1)分割.用满足 $a = x_0 < x_1 < x_2 < \cdots < x_n = b$ 的 $n+1$ 个分点 x_k 将区间 $[a,b]$ 分割成 n 个小区间 $[x_{k-1}, x_k]$($k = 1,2,\cdots,n$)并作垂线 $x = x_k$,把整个曲边梯形分成几个小的曲边梯形(如图 5.2),每一个小曲边梯形的宽度记作 $\triangle x_k = x_k - x_{k-1}$.

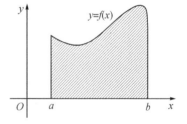

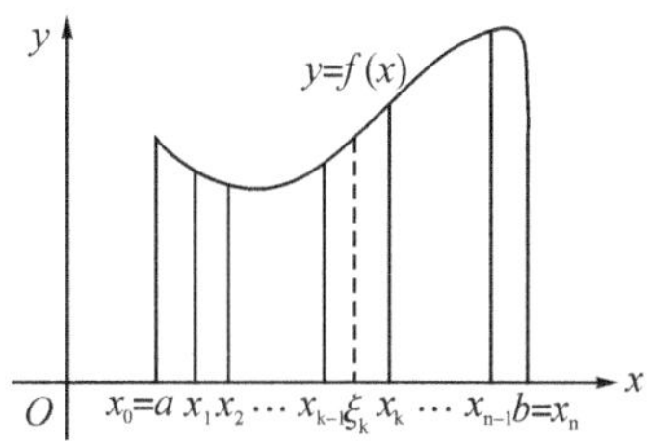

图 5.1

(2)求曲边梯形面积 S 的近似值.在 $[x_{k-1}, x_k]$ 上任取一点 ξ_k,则 $f(\xi_k)\Delta x_k$ 是第 k 个小矩形的面积,它与小曲边梯形的面积有一定的差别,但是,分割越细,误差越小.当 n 个区间分割都很细时,我们把 n 个小矩形的面积之和作为 S 的近似值:

$$S \approx \sum_{k=1}^{n} f(\xi_k)\Delta x_k.$$

图 5.2

(3)求 S 的实际值.由于 Δx_k 越小,上式的近似程度就越好.于是我们规定:若当 $\Delta x_k \to 0$ 时,和式 $\sum_{k=1}^{n} f(\xi_k)\Delta x_k$ 的极限存在,且与 ξ_k 的取法及区间的分割无关,则称此极限值为曲边梯形的面积,即

$$S = \lim_{\lambda \to 0} \sum_{k=1}^{n} f(\xi_k) \Delta x_k,$$

式中 $\lambda = \max\{\Delta x_1, \Delta x_2, \cdots, \Delta x_n\}$.

这样,求曲边梯形面积就归结为求和式的极限.

问题 2:当边际产量 $\neq$ 常数时,求在某一时间段内的总产量.

我们知道,当总产量对时间的变化率(即边际产量)为常量时,总产量等于变化率乘以时间.现在设总产量的变化率是时间 t 的函数 $MQ = MQ(t)$,试求在时间段 $[a,b]$ 上的总产量 ΔQ.

(1)我们也将时间区间 $[a,b]$ 分成 n 个小区间 $[t_{k-1}, t_k] (k = 1,2,\cdots,n)$,记其长度为 $\Delta t_k = t_k - t_{k-1}$,在 $[t_{k-1}, t_k]$ 上任取一点 ξ_k,则 $MQ(\xi_k)\Delta t_k$ 为时间段 $[t_{k-1}, t_k]$ 的生产量的近似值.

(2)作和式 $\sum_{k=1}^{n} MQ(\xi_k)\Delta t_k$,当分割相对较细时,它是实际产量的近似值.即

$$\Delta Q \approx \sum_{k=1}^{n} MQ(\xi_k)\Delta t_k$$

当分割越细,上式的近似程度就越好.

(3)我们规定,当 $\Delta t_k \to 0$ 时,上述和式的极限存在,且与区间的分割和 ξ_k 的取法无关,我们就称该极限值为 $a \leqslant t \leqslant b$ 中的总产量,即

$$Q = \lim_{\lambda \to 0} \sum_{k=1}^{n} MQ(\xi_k)\Delta t_k.$$

式中 $\lambda = \max\{\Delta x_1, \Delta x_2, \cdots, \Delta x_n\}$.

从上面两个问题看出,虽然它们具体背景截然不同,但解决问题的方法形式都是相同的,即都是求一个和式的极限.其实,还有许多问题的解决都用到类似的方法.于是,抽去具体含义去研究这一和式的极限,这就引出了定积分的概念.

5.1.2 定积分的概念

【定义 5.1】 设函数 $y = f(x)$ 在 $[a,b]$ 上有定义且有界,在 a,b 之间任意插入 $n-1$ 个分点 $x_1, x_2, \cdots, x_{n-1}$,即

$$a = x_0 < x_1 < \cdots < x_{k-1} < x_k < \cdots < x_n = b,$$

把 $[a,b]$ 分成 n 个小区间 $[x_{k-1}, x_k]$,记 $\Delta x_k = x_k - x_{k-1} (k = 1,2,\cdots,n)$ 为第 k 个小区间的长度,在小区间 $[x_{k-1}, x_k]$ 上任取一点 ξ_k,作和式 $\sum_{k=1}^{n} f(\xi_k)\Delta x_k$.

记 $\lambda = \max\{\Delta x_1, \Delta x_2, \cdots, \Delta x_n\}$,若当 $\lambda \to 0$ 时,极限

$$\lim_{\lambda \to 0} \sum_{k=1}^{n} f(\xi_k)\Delta x_k$$

存在,且与分点 x_k 及 ξ_k 的取法无关,我们就称 $f(x)$ 在区间 $[a,b]$ 上是可积的,并把该极限值称为 $f(x)$ 在 $[a,b]$ 上的定积分,记作 $\int_a^b f(x)\mathrm{d}x$. 即:

$$\int_a^b f(x)\mathrm{d}x = \lim_{\lambda \to 0} \sum_{k=1}^{n} f(\xi_k)\Delta x_k.$$

其中,$f(x)$ 称为被积函数,x 称为积分变量,$f(x)\mathrm{d}x$ 称为被积表达式,$[a,b]$ 为积分区间,a 称为积分下限,b 称为积分上限,$\int$ 称为积分号.

【注】

1. 定积分的结果是一个数值,这个数值的大小只与被积函数 $f(x)$ 及区间 $[a,b]$ 有关,与区间的分法及 ξ_k 的取法无关.

2. 定积分与积分变量用什么字母也无关,即

$$\int_a^b f(x)\mathrm{d}x = \int_a^b f(u)\mathrm{d}u.$$

5.1.3　定积分存在的条件

【定理 5.1】(必要条件)　设 $f(x)$ 在 $[a,b]$ 上有定义,若 $f(x)$ 在 $[a,b]$ 上可积,则 $f(x)$ 在 $[a,b]$ 上一定有界.

【定理 5.2】(充分条件)　设 $f(x)$ 在 $[a,b]$ 上有定义,若下列条件之一成立,则 $f(x)$ 在 $[a,b]$ 上可积:

(1) $f(x)$ 在 $[a,b]$ 上连续;

(2) $f(x)$ 在 $[a,b]$ 上只有有限个间断点,且有界;

(3) $f(x)$ 在 $[a,b]$ 上单调.

【例 5.1】　计算 $\int_0^1 x^2 \mathrm{d}x$.

【解】　因为 $f(x) = x^2$ 在 $[0,1]$ 上连续,由定理 5.2,$f(x)$ 在 $[0,1]$ 上可积. 从而定积分的值与 $[0,1]$ 分法无关,也与 ξ_k 的取法无关. 为方便起见,将 $[0,1]$ 分成 n 等份,且取分点为 $x_0 = 0, x_1 = \dfrac{1}{n}, \cdots, x_k = \dfrac{k}{n}, \cdots, x_n = 1$,显然各小区间的长度为 $\Delta x_k = \dfrac{1}{n}(k = 1,2,\cdots,n)$,取 $\xi_k = \dfrac{k}{n}$(如图 5.3),

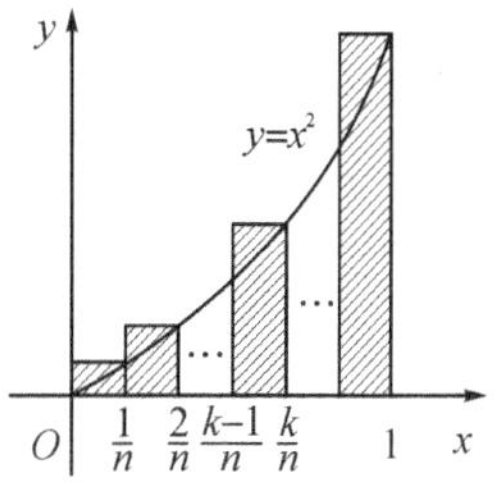

图 5.3

$$
\begin{aligned}
\text{从而} \sum_{k=1}^n f(\xi_k)\Delta x_k &= \sum_{k=1}^n \xi_k^2 \Delta x_k = \sum_{k=1}^n \left(\frac{k}{n}\right)^2 \frac{1}{n} = \frac{1}{n^3}\sum_{k=1}^n k^2 \\
&= \frac{1}{n^3}(1 + 2^2 + 3^2 + \cdots + n^2) \\
&= \frac{1}{n^3} \cdot \frac{n(n+1)(2n+1)}{6} \\
&= \frac{1}{6}\left(1 + \frac{1}{n}\right) \cdot \left(2 + \frac{1}{n}\right).
\end{aligned}
$$

此时 $\lambda = \dfrac{1}{n}$,所以,由定义 5.1

$$\int_0^1 x^2 \mathrm{d}x = \lim_{\lambda \to 0}\sum_{k=1}^n f(\xi_k)\Delta x_k = \lim_{n \to \infty}\frac{1}{6}\left(1 + \frac{1}{n}\right)\left(2 + \frac{1}{n}\right) = \frac{1}{3}$$

5.1.4　定积分的几何意义与经济意义

1. 定积分的几何意义

由定义,在 $[a,b]$ 上,当 $f(x)$ 非负时,$\int_a^b f(x)\mathrm{d}x$ 在几何上表示曲线 $y = f(x)$ 与直线 $x = a$、$x = b$ 及 x 轴所围曲边梯形的面积,即 $\int_a^b f(x)\mathrm{d}x = S$;而在 $[a,b]$ 上,当 $f(x) < 0$ 时,$y = f(x)$ 在 $[a,b]$ 上与 x 轴围的图形在 x 轴的下方,定积分 $\int_a^b f(x)\mathrm{d}x$ 在几何上表示上述曲边梯

形面积的负值,即 $\int_a^b f(x)\mathrm{d}x = -S$;在$[a,b]$上,当$y = f(x)$要变号时,定积分$\int_a^b f(x)\mathrm{d}x$的几何意义为:介于$x$轴,曲线$y = f(x)$及直线$x = a, x = b$之间的各部分面积的代数和,即 $\int_a^b f(x)\mathrm{d}x = S_1 - S_2 + S_3$(如图$5.4$).

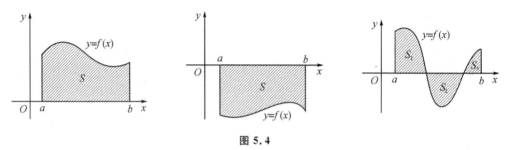

图 5.4

2.定积分的经济意义

我们已知,某一经济总量函数的导数,是该经济量的变化率(边际),而已知某一经济量的变化率求其总量函数,用的是不定积分.如果已知某一经济量的变化率为$f(x), x \in [a,b]$,则其定积分$\int_a^b f(x)\mathrm{d}x$表示:x在$[a,b]$这一阶段的经济总量.

如设总收入R关于产量x的变化率为$MR(x)$,则$\int_a^b MR(x)\mathrm{d}x$的意义是:当产量从$a$变化到$b$时的总收入.

5.1.5 定积分的性质

根据定积分的定义,我们不加证明地给出定积分的一些性质,这些性质对加深定积分的理解及定积分的计算有重要的作用.以下我们总假设函数在所考虑的区间上可积.

【性质 5.1】 $\int_a^b f(x)\mathrm{d}x = -\int_b^a f(x)\mathrm{d}x$,特别地有$\int_a^a f(x)\mathrm{d}x = 0$.即对调积分上下限,其值要变号.

【性质 5.2】 两个函数代数和的定积分,等于它们定积分的代数和,即
$$\int_a^b [f(x) \pm g(x)]\mathrm{d}x = \int_a^b f(x)\mathrm{d}x \pm \int_a^b g(x)\mathrm{d}x.$$

【性质 5.3】 被积函数的常数因子可以提到积分号外面,即
$$\int_a^b kf(x)\mathrm{d}x = k\int_a^b f(x)\mathrm{d}x.$$

【性质 5.4】 设$a < c < b$,则有
$$\int_a^b f(x)\mathrm{d}x = \int_a^c f(x)\mathrm{d}x + \int_c^b f(x)\mathrm{d}x.$$

该性质称之为积分的区间可加性.利用性质5.1,可以证明:无论a,b,c的位置如何,上式都成立.

【性质 5.5】 若在$[a,b]$上,$f(x) \geqslant 0$,则$\int_a^b f(x)\mathrm{d}x \geqslant 0$.

【推论 5.1】 若在$[a,b]$上,恒有$f(x) \leqslant g(x)$,则$\int_a^b f(x)\mathrm{d}x \leqslant \int_a^b g(x)\mathrm{d}x$.

【性质 5.6】 设$f(x)$在$[a,b]$上有最大值M和最小值m,则有

$$m(b-a) \leqslant \int_a^b f(x)\mathrm{d}x \leqslant M(b-a).$$

【性质5.7】(定积分中值定理)　若 $f(x)$ 在 $[a,b]$ 上连续,则在 $[a,b]$ 上至少有一点 ξ,使得下式成立:

$$\int_a^b f(x)\mathrm{d}x = f(\xi)(b-a)$$

该等式在几何上表示:在 $[a,b]$ 上至少存在一点 ξ,使得以区间 $[a,b]$ 为底边,以曲线 $y = f(x)$ 为曲边的曲边梯形的面积等于同一底边而高为 $f(\xi)$ 的矩形的面积(如图 5.5 所示).

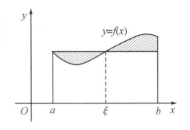

图 5.5

习题 5.1

1.填空题:

(1) 设某产品关于产量的边际成本为 $MC(x)$,则 $\int_a^b MC(x)\mathrm{d}x$ 的意义是＿＿＿＿＿＿;

(2) $\int_0^1 x\mathrm{d}x =$ ＿＿＿＿＿＿;

(3) $\int_{-\frac{\pi}{2}}^{\frac{\pi}{2}} \sin x\mathrm{d}x =$ ＿＿＿＿＿＿.

2.选择题:

(1) 下列各不等式成立的是(　　)

A. $\int_0^1 x\mathrm{d}x \leqslant \int_0^1 x^2\mathrm{d}x$ 　　　　　B. $\int_1^2 \ln x\mathrm{d}x \leqslant \int_2^3 \ln x\mathrm{d}x$

C. $\int_{-1}^1 \sin x\mathrm{d}x \geqslant \int_0^1 \sin x\mathrm{d}x$ 　　　　　D. $\int_0^1 e^x\mathrm{d}x \leqslant \int_0^1 e^{x^2}\mathrm{d}x$

(2) 下列各式有意义的为(　　)

A. $\int_{-1}^1 \sqrt{x}\mathrm{d}x$ 　　　　B. $\int_{-1}^3 \ln x\mathrm{d}x$ 　　　　C. $\int_{-1}^2 \dfrac{\mathrm{d}x}{\sqrt{1-x^2}}$ 　　　　D. $\int_{-1}^2 \sqrt{\sin^2 x}\mathrm{d}x$

3.练习题:

(1) 比较定积分 $\int_0^1 x^2\mathrm{d}x$ 与 $\int_0^1 x^3\mathrm{d}x$ 的大小;

(2) 利用定积分的几何意义,求定积分 $\int_{-R}^R \sqrt{R^2-x^2}\mathrm{d}x$ 之值.

5.2　微积分学的基本定理

从例 5.1 我们看到,用定义去计算定积分是比较复杂的,尽管被积函数很简单,但求和式的极限却非常困难;因此,有必要寻求一种简便而有效的计算方法.本节指出了定积分的计算可以归结为计算原函数的函数值,从而揭示了不定积分与定积分的关系.

5.2.1　变上限积分与原函数存在定理

【定义5.2】　设 $f(x)$ 在 $[a,b]$ 上可积,则对任意的 $x \in [a,b]$,$f(x)$ 在 $[a,x]$ 上可积,于

是 $\int_a^x f(x)\mathrm{d}x$ 存在. 并且当 x 在 $[a,b]$ 上每取一个值, 积分 $\int_a^x f(x)\mathrm{d}x$ 就有唯一确定的值与之对应, 因此 $\int_a^x f(x)\mathrm{d}x$ 是上限 x 的函数, 记作 $\varPhi(x)$:

$$\varPhi(x) = \int_a^x f(x)\,dx$$

通常称函数 $\varPhi(x)$ 为变上限积分函数或变上限积分.

式中积分变量与上限都可以用 x 表示, 但含义是不同的. 为了区别起见, 把积分变量用 t 表示, 即

$$\varPhi(x) = \int_a^x f(x)\,\mathrm{d}x = \int_a^x f(t)\,\mathrm{d}t, t \in [a,x].$$

【定理 5.3】(原函数存在定理)　若 $f(x)$ 在 $[a,x]$ 上连续, 则 $\varPhi'(x) = \left[\int_a^x f(t)\mathrm{d}t\right]' = f(x)$.

证明略.

【例 5.2】　求 $\dfrac{\mathrm{d}}{\mathrm{d}x}\int_0^x \sin t^2\,\mathrm{d}t$.

【解】　因为 $\sin t^2$ 在 **R** 上连续, 由定理 5.3 有 $\dfrac{\mathrm{d}}{\mathrm{d}x}\int_0^x \sin t^2\,\mathrm{d}t = \sin x^2$.

定理 5.3 的结果回答了第 4 章中关于"连续函数必存在原函数"的结论, 并且, 其原函数就等于以本身为被积函数的变上限积分.

【例 5.3】　求 $\int_x^0 e^{t^2}\,\mathrm{d}t$ 关于 x 的导数.

【解】　因为 $\int_x^0 e^{t^2}\,\mathrm{d}t = -\int_0^x e^{t^2}\,\mathrm{d}t$, 所以, 由 e^{t^2} 的连续性及定理 5.3, 有

$$\left[\int_x^0 e^{t^2}\,\mathrm{d}t\right]' = \left[-\int_0^x e^{t^2}\,\mathrm{d}t\right]' = -e^{x^2}.$$

【例 5.4】　求极限 $\lim\limits_{x\to 0} \dfrac{\int_0^x \sin t\,\mathrm{d}t}{x^2}$.

【解】　此式为 $\dfrac{0}{0}$ 的未定型, 利用洛必塔法则: 原式 $= \lim\limits_{x\to 0} \dfrac{\left(\int_0^x \sin t\,\mathrm{d}t\right)'}{(x^2)'} = \lim\limits_{x\to 0} \dfrac{\sin x}{2x} = \dfrac{1}{2}$.

5.2.2　牛顿-莱布尼兹(Newton-Leibniz)公式

【定理 5.4】(牛顿-莱布尼兹公式)　设 $f(x)$ 在 $[a,b]$ 上连续, $F(x)$ 是 $f(x)$ 在 $[a,b]$ 上的任一个原函数, 则有

$$\int_a^b f(x)\,\mathrm{d}x = F(b) - F(a) \overset{记}{=\!=\!=} F(x)\Big|_a^b.$$

【证明】　取 $\varPhi(x) = \int_a^x f(t)\mathrm{d}t$, 则 $\varPhi(x)$ 也是 $f(x)$ 在 $[a,b]$ 上的一个原函数, 它与 $F(x)$ 最多差一个常数, 即

$$\varPhi(x) = F(x) + C,$$

或

$$\int_a^x f(t)\mathrm{d}t = F(x) + C,$$

在上式中, 令 $x = a$, 有

$$0 = F(a) + C, \text{即 } C = -F(a),\tag{1}$$

又令 $x = b$, 有

$$\int_a^b f(t)\mathrm{d}t = F(b) + C,\tag{2}$$

结合(1)、(2) 两式有

$$\int_a^b f(t)\mathrm{d}t = F(b) - F(a),$$

即

$$\int_a^b f(x)\mathrm{d}x = F(b) - F(a).$$

这个定理将积分学中的两个重要概念不定积分与定积分联系到了一起, 并把求定积分的过程大大简化了, 所以, 称之为微积分基本定理. 同时, 它是由牛顿和莱布尼兹各自单独创立的, 故又称牛顿-莱布尼兹公式.

【例 5.5】　求 $\int_0^1 x^2 \mathrm{d}x$.

【解】　因 $f(x) = x^2$ 在 $[0,1]$ 上连续, 且 $F(x) = \dfrac{1}{3}x^3$ 是它的一个原函数, 所以

$$\int_0^1 x^2 \mathrm{d}x = \frac{1}{3}x^3 \Big|_0^1 = \frac{1}{3} - 0 = \frac{1}{3}.$$

【例 5.6】　求 $\int_{-1}^3 |x - 2| \mathrm{d}x$

【解】　因为 $|x - 2| = \begin{cases} 2 - x & (-1 \leqslant x \leqslant 2) \\ x - 2 & (2 < x \leqslant 3) \end{cases}$, 由性质 5.4,

所以, 原式 $= \int_{-1}^2 (2-x)\mathrm{d}x + \int_2^3 (x-2)\mathrm{d}x = \left(2x - \dfrac{1}{2}x^2\right)\Big|_{-1}^2 + \left(\dfrac{1}{2}x^2 - 2x\right)\Big|_2^3 = 5.$

在利用牛顿-莱布尼兹公式求定积分时, 一定要注意被积函数在积分区间中是否满足可积条件.

【例 5.7】　讨论 $f(x) = \dfrac{1}{x^2}$ 在 $[-1,1]$ 上的可积性.

【解】　如果直接利用牛顿-莱布尼兹公式, 有

$$\int_{-1}^1 \frac{1}{x^2}\mathrm{d}x = -\frac{1}{x}\Big|_{-1}^1 = -1 - 1 = -2;$$

显然这是错误的, 因为在 $[-1,1]$ 上有 $\dfrac{1}{x^2} \geqslant 0$, 所以 $\int_{-1}^1 \dfrac{1}{x^2}\mathrm{d}x \geqslant 0$, 错误原因出在 $\dfrac{1}{x^2}$ 在 $[-1,1]$ 上不连续且无界, 不满足牛顿-莱布尼兹公式的条件, 不能利用牛顿-莱布尼兹公式计算.

【例 5.8】　计算曲线 $y = \sin x$ 在 $[0,\pi]$ 上与 x 轴所围图形的面积 S.

【解】　由图 5.6 及定积分的几何意义, 有

$$S = \int_0^\pi \sin x \mathrm{d}x = -\cos x \Big|_0^\pi = 1 + 1 = 2.$$

【例 5.9】　求 $\int_0^1 \dfrac{x^2}{1 + x^2}\mathrm{d}x$.

【解】　原式 $= \int_0^1 \dfrac{x^2 + 1 - 1}{1 + x^2}\mathrm{d}x = \int_0^1 \left(1 - \dfrac{1}{1 + x^2}\right)\mathrm{d}x$

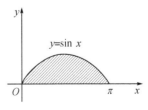

图 5.6

$$= (x - \arctan x) \Big|_0^1 = 1 - \frac{\pi}{4}.$$

【例 5.10】 求 $\int_0^1 xe^x \mathrm{d}x$.

【解】 因为 $\int xe^x \mathrm{d}x = \int x \mathrm{d}e^x = xe^x - e^x + C$,利用牛顿－莱布尼兹公式,即

$$原式 = (xe^x - e^x) \Big|_0^1 = 0 + e^0 = 1.$$

习题 5.2

1.填空题：

(1) $\int_1^2 x^2 \mathrm{d}x = $ _____；

(2) 设某产品利润关于产量的变化率为 $L'(x)$,则 $\int_{100}^{200} L'(x) \mathrm{d}x$ 的意义是 _____；

(3) $\dfrac{\mathrm{d}}{\mathrm{d}x} \int_0^x \arcsin t \mathrm{d}t = $ _____.

2.选择题：

(1) 下列函数在 $[-1,1]$ 上满足牛顿-莱布尼兹公式条件的是(   )

A. $f(x) = \dfrac{1}{x}$ B. $f(x) = \sqrt{x}$

C. $f(x) = \dfrac{1}{(1+x)^2}$ D. $f(x) = \dfrac{1}{\sqrt{1+x^2}}$

(2) 设 $f(x) = \int_1^x \cos t \mathrm{d}t$,则 $f'\left(\dfrac{\pi}{2}\right) = $ (   )

A. 0 B. 1 C. -1 D. $\dfrac{\pi}{2}$

3.求下列函数的导数：

(1) $\int_0^x te^t \mathrm{d}t$;   (2) $\int_x^1 \ln(1+t^2) \mathrm{d}t$.

4.求下列极限：

(1) $\lim\limits_{x \to 0} \dfrac{1}{x^3} \int_0^x \sin t^2 \mathrm{d}t$;   (2) $\lim\limits_{x \to 0} \dfrac{\int_0^x (e^t - e^{-t}) \mathrm{d}t}{x}$.

5. 用牛顿-莱布尼兹公式求下列定积分：

(1) $\int_{-1}^1 (x^3 - x^2) \mathrm{d}x$;   (2) $\int_1^{27} \dfrac{\mathrm{d}x}{\sqrt[3]{x}}$;

(3) $\int_{-1}^2 |x| \mathrm{d}x$;   (4) $\int_0^{\frac{\pi}{2}} \cos x \mathrm{d}x$;

(5) $\int_0^2 f(x) \mathrm{d}x$,其中 $f(x) = \begin{cases} x, & x > 1 \\ x^2 + 1, & x \leqslant 1 \end{cases}$.

5.3   定积分的计算方法

由牛顿-莱布尼兹公式知道,求定积分可利用被积函数的原函数来进行.所以,计算定积

分的关键是要找一个原函数,而原函数问题在上一章已解决,但为今后计算上的方便,在此,引进定积分的换元积分法和分部积分法.

5.3.1   定积分的换元积分法

【定理 5.5】   设 $y = f(x)$ 在 $[a,b]$ 上连续,令 $x = \varphi(t)$,若满足

(1)$\varphi(c) = a,\varphi(d) = b$,且 $a \leqslant \varphi(t) \leqslant b$,对任意 $t \in [c,d]$(或 $t \in [d,c]$)成立;

(2)$\varphi(t)$ 在 $[c,d]$(或 $[d,c]$)中有连续的导数 $\varphi'(t)$,且单调,则有

$$\int_a^b f(x)\mathrm{d}x \xlongequal{x = \varphi(t)} \int_c^d f[\varphi(t)] \cdot \varphi'(t)\mathrm{d}t.$$

证明略.

这个公式与不定积分的换元积分法类似,不同之处在于:定积分经换元后不必换回原积分变量,而只需将积分上下限作相应的改变.

【例 5.11】   求 $\int_0^8 \dfrac{\mathrm{d}x}{1 + \sqrt[3]{x}}$.

【解】   令 $x = t^3$,有 $\mathrm{d}x = 3t^2\mathrm{d}t$,且当 $x = 0$ 时 $t = 0$,当 $x = 8$ 时 $t = 2$,于是

$$\int_0^8 \frac{\mathrm{d}x}{1 + \sqrt[3]{x}}\mathrm{d}x = \int_0^2 \frac{1}{1 + t} \cdot 3t^2\mathrm{d}t = 3\int_0^2 \frac{t^2 - 1 + 1}{t + 1}\mathrm{d}t = 3\int_0^2 \left(t - 1 + \frac{1}{t + 1}\right)\mathrm{d}t$$
$$= 3\left(\frac{1}{2}t^2 - t + \ln(1 + t)\right)\Big|_0^2 = 3\ln 3.$$

【例 5.12】   求 $\int_0^a \sqrt{a^2 - x^2}\mathrm{d}x(a > 0)$.

【解】   令 $x = a\sin t$,则 $\mathrm{d}x = a\cos t\mathrm{d}t$,且当 $x = 0$ 时 $t = 0$,当 $x = a$ 时 $t = \dfrac{\pi}{2}$,于是

$$\int_0^a \sqrt{a^2 - x^2}\mathrm{d}x = a^2\int_0^{\frac{\pi}{2}}\cos^2 t\mathrm{d}t = a^2\int_0^{\frac{\pi}{2}}\left(\frac{1}{2} + \frac{1}{2}\cos 2t\right)\mathrm{d}t = \frac{a^2}{2}\left(t + \frac{1}{2}\sin 2t\right)\Big|_0^{\frac{\pi}{2}} = \frac{1}{4}a^2\pi.$$

【例 5.13】   求 $\int_0^1 xe^{x^2}\mathrm{d}x$.

【解】   令 $x = \sqrt{t}$(或 $t = x^2$),则 $\mathrm{d}x = \dfrac{1}{2\sqrt{t}}\mathrm{d}t$,且当 $x = 0$ 时 $t = 0$,当 $x = 1$ 时 $t = 1$,故

$$\int_0^1 xe^{x^2}\mathrm{d}x = \int_0^1 \frac{1}{2}e^t\mathrm{d}t = \frac{1}{2}e^t\Big|_0^1 = \frac{1}{2}(e - 1).$$

【例 5.14】   求 $\int_1^e \dfrac{1}{x}\ln x\mathrm{d}x$.

【解】   令 $x = e^t$(或 $t = \ln x$),则 $\mathrm{d}x = e^t\mathrm{d}t$,且当 $x = 1$ 时 $t = 0$,当 $x = e$ 时 $t = 1$,所以

$$\int_1^e \frac{1}{x}\ln x\mathrm{d}x = \int_0^1 \frac{1}{e^t} \cdot t \cdot e^t\mathrm{d}t = \int_0^1 t\mathrm{d}t = \frac{1}{2}t^2\Big|_0^1 = \frac{1}{2}.$$

在换元积分法运用熟练后,也可以不写出替换的变量而进行直接运算,如对例 5.13 有:

$$\int_0^1 xe^{x^2}\mathrm{d}x = \frac{1}{2}\int_0^1 e^{x^2}\mathrm{d}x^2 = \frac{1}{2}(e^{x^2})\Big|_0^1 = \frac{1}{2}(e - 1),$$

同样对例 5.14 有:

$$\int_1^e \frac{1}{x}\ln x\mathrm{d}x = \int_1^e \ln x\mathrm{d}(\ln x) = \frac{1}{2}\ln^2 x\Big|_1^e = \frac{1}{2}(\ln^2 e - \ln^2 1) = \frac{1}{2}.$$

请读者通过练习体会比较它们的优劣,并在计算中根据实际需要采用合适的积分法.

【例5.15】 试证明:若 $f(x)$ 为连续的奇函数,则 $\int_{-a}^{a} f(x)\mathrm{d}x = 0$.

【证明】 因为 $f(x)$ 为奇函数,则有 $f(-x) = -f(x)$,且

$$\int_{-a}^{a} f(x)\mathrm{d}x = \int_{-a}^{0} f(x)\mathrm{d}x + \int_{0}^{a} f(x)\mathrm{d}x$$

对于 $\int_{-a}^{0} f(x)\mathrm{d}x$,令 $x = -t$,则 $\mathrm{d}x = -\mathrm{d}t$,且当 $x = -a$ 时 $t = a$,当 $x = 0$ 时 $t = 0$,所以

$$\int_{-a}^{0} f(x)\mathrm{d}x = \int_{a}^{0} f(-t)(-\mathrm{d}t) = -\int_{0}^{a} f(t)\mathrm{d}t,$$

从而

$$\int_{-a}^{a} f(x)\mathrm{d}x = \int_{-a}^{0} f(x)\mathrm{d}x + \int_{0}^{a} f(x)\mathrm{d}x = -\int_{0}^{a} f(x)\mathrm{d}x + \int_{0}^{a} f(x)\mathrm{d}x = 0.$$

类似地可以证明:若 $f(x)$ 为偶函数,则 $\int_{-a}^{a} f(x)\mathrm{d}x = 2\int_{0}^{a} f(x)\mathrm{d}x$.

【例5.16】 求 $\int_{-1}^{1} \left(\sin3x\tan^2 x + \dfrac{x}{\sqrt{1+x^2}} + x^2 \right)\mathrm{d}x$.

【解】 因为在 $[-1,1]$ 上,$\sin3x \cdot \tan^2 x$ 和 $\dfrac{x}{\sqrt{1+x^2}}$ 都是奇函数,所以

$$原式 = \int_{-1}^{1} \sin3x\tan^2 x\,\mathrm{d}x + \int_{-1}^{1} \frac{x}{\sqrt{1+x^2}}\mathrm{d}x + 2\int_{0}^{1} x^2\,\mathrm{d}x = 0 + 0 + \frac{2}{3}x^3 \Big|_{0}^{1} = \frac{2}{3}.$$

5.3.2　定积分的分部积分法

【定理5.6】 设函数 $u(x), v(x)$ 在 $[a,b]$ 上有连续的导数,则有定积分的分部积分公式:

$$\int_{a}^{b} u(x)\mathrm{d}v(x) = u(x)v(x)\Big|_{a}^{b} - \int_{a}^{b} v(x)\mathrm{d}u(x).$$

证明略.

【例5.17】 求 $\int_{0}^{1} xe^x\mathrm{d}x$.

【解】 $原式 = \int_{0}^{1} x\mathrm{d}e^x = xe^x\Big|_{0}^{1} - \int_{0}^{1} e^x\mathrm{d}x = e - e^x\Big|_{0}^{1} = 1.$

定积分的分部积分公式与不定积分的分部积分公式,在形式上完全类似的.

【例5.18】 求 $\int_{0}^{\frac{\pi}{2}} x^2\sin x\mathrm{d}x$.

【解】 $\displaystyle\int_{0}^{\frac{\pi}{2}} x^2\sin x\mathrm{d}x = \int_{0}^{\frac{\pi}{2}} x^2\mathrm{d}(-\cos x)$（取 $u = x^2, v = -\cos x$）

$$= -x^2\cos x\Big|_{0}^{\frac{\pi}{2}} + 2\int_{0}^{\frac{\pi}{2}} x\cos x\mathrm{d}x$$

$$= 0 + 2\int_{0}^{\frac{\pi}{2}} x\mathrm{d}\sin x（再取 u = x, v = \sin x）$$

$$= 2x\sin x\Big|_{0}^{\frac{\pi}{2}} - 2\int_{0}^{\frac{\pi}{2}} \sin x\mathrm{d}x = 2 \times \frac{\pi}{2} - 2(-\cos x)\Big|_{0}^{\frac{\pi}{2}} = \pi - 2.$$

【**例 5.19**】　设 $\displaystyle\int_1^b \ln x \,\mathrm{d}x = 1$,求 b.

【**解**】　$\displaystyle\int_1^b \ln x\,\mathrm{d}x = (x\ln x)\Big|_1^b - \int_1^b x\,\mathrm{d}\ln x = b\ln b - \int_1^b \mathrm{d}x = b\ln b - x\Big|_1^b = b\ln b - b + 1.$ 由
已知条件得,$b\ln b - b + 1 = 1$,即 $b(\ln b - 1) = 0$.因 $b \neq 0$,从而有 $\ln b = 1$,即 $b = e$.

习题 5.3

1. 求下列各定积分:

(1) $\displaystyle\int_0^1 (x + e^x)\,\mathrm{d}x$;

(2) $\displaystyle\int_0^1 \sqrt{x\sqrt{x}}\,\mathrm{d}x$;

(3) $\displaystyle\int_0^\pi \cos^2 \frac{x}{2}\,\mathrm{d}x$;

(4) $\displaystyle\int_0^3 e^{2x}\,\mathrm{d}x$;

(5) $\displaystyle\int_1^e \frac{1 + \ln x}{x}\,\mathrm{d}x$;

(6) $\displaystyle\int_1^4 \frac{1}{1 + \sqrt{x}}\,\mathrm{d}x$;

(7) $\displaystyle\int_0^1 t e^{\frac{t^2}{2}}\,\mathrm{d}t$;

(8) $\displaystyle\int_0^\pi e^{\cos x}\sin x\,\mathrm{d}x$;

(9) $\displaystyle\int_0^1 x e^{-x}\,\mathrm{d}x$;

(10) $\displaystyle\int_1^e x\ln x\,\mathrm{d}x$;

(11) $\displaystyle\int_0^{\frac{\pi}{2}} x\sin x\,\mathrm{d}x$;

(12) $\displaystyle\int_0^1 e^{\sqrt{x}}\,\mathrm{d}x$.

2. 设 $\displaystyle\int_1^a (2x + 1)\,\mathrm{d}x = 4$,试确定 a 的值.

3. 设 $f(2x + 1) = xe^x$,求 $\displaystyle\int_3^5 f(x)\,\mathrm{d}x$.

4. 设 $f(x)$ 是奇函数,证明 $F(x) = \displaystyle\int_0^x f(t)\,\mathrm{d}t$ 是偶函数.

5. 设 $f(x)$ 在 $[0,1]$ 连续,证明 $\displaystyle\int_0^{\frac{\pi}{2}} f(\sin x)\,\mathrm{d}x = \int_0^{\frac{\pi}{2}} f(\cos x)\,\mathrm{d}x$.

5.4　定积分的应用

定积分的概念来源于实际生活,反过来又为实际生活服务.在本节,我们介绍定积分在
求平面区域的面积和经济方面的应用.

5.4.1　用定积分求平面图形的面积

由定积分的几何意义知道,$\displaystyle\int_a^b f(x)\,\mathrm{d}x$ 是曲线 $y = f(x)$ 介于 $x = a, x = b$,以及 x 轴所围
成的图形面积的代数和.

1. 曲线 $y = f(x)$ 在 $[a,b]$ 内与 x 轴所围图形的面积
(**图 5.7 所示**)

在 $[a,c]$ 和 $[d,b]$ 上,积分值为正,其面积就是在上述
区间的积分值;而在 $[c,d]$ 上,由于积分值为负,所以其面
积为积分值的相反数,故

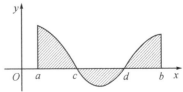

图 5.7

$$S = \int_a^c f(x)\mathrm{d}x - \int_c^d f(x)\mathrm{d}x + \int_d^b f(x)\mathrm{d}x \ \text{或}\ S = \int_a^b | f(x) | \mathrm{d}x.$$

【例 5. 20】 求曲线 $y = \sin x$ 在 $\left[0, \dfrac{3}{2}\pi\right]$ 上与 x 轴所围图形的面积(如图 5.8).

【解】 $S = \displaystyle\int_0^{\frac{3}{2}\pi} | \sin x | \mathrm{d}x$

$\qquad = \displaystyle\int_0^\pi \sin x \mathrm{d}x - \int_\pi^{\frac{3}{2}\pi} \sin x \mathrm{d}x$

$\qquad = -\cos x \Big|_0^\pi + \cos x \Big|_\pi^{\frac{3}{2}\pi} = 3.$

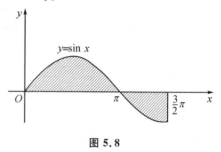

图 5.8

2. 在平面上,由若干条曲线所围的封闭区域的面积

现在,我们不妨以两条曲线 $y = f(x)$ 与 $y = g(x)$ 在 $[a,b]$ 中所围的区域进行讨论(图 5.9 所示).

由于在 $[a,c]$ 和 $[d,b]$ 上, $g(x) \geqslant f(x)$,而在 $[c,d]$ 中, $f(x) \geqslant g(x)$,所以,我们有 $S = \displaystyle\int_a^c (g(x) - f(x))\mathrm{d}x$ $+ \displaystyle\int_c^d (f(x) - g(x))\mathrm{d}x + \int_d^b (g(x) - f(x))\mathrm{d}x$ 或

$S = \displaystyle\int_a^b | f(x) - g(x) | \mathrm{d}x.$

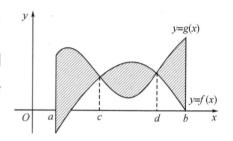

图 5.9

【例 5. 21】 求曲线 $y = \dfrac{1}{x}$ 及直线 $y = x$, $x = 2$ 所围图形的面积(图 5.10).

【解】 曲线与直线之间的交点坐标分别是 $(1,1)$, $\left(2, \dfrac{1}{2}\right)$ 和 $(2,2)$,于是

$$S = \int_1^2 \left(x - \frac{1}{x}\right)\mathrm{d}x = \left(\frac{1}{2}x^2 - \ln x\right)\Big|_1^2 = \frac{3}{2} - \ln 2.$$

用定积分求平面区域的面积的一般步骤是:

① 作图;

② 列出定积分式子;

③ 求出定积分的值.

有时,根据边界曲线的特点采用 y 作为积分变量比较合适,即要把 x 看成 y 的函数,例如:

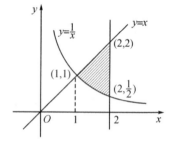

图 5.10

【例 5. 22】 求 $y^2 = 2x$ 及直线 $y = x - 4$ 所围平面图形的面积(图 5.11).

【解】 把边界曲线表示成 $x = y + 4$ 和 $x = \dfrac{1}{2}y^2$,在区域上:

$-2 \leqslant y \leqslant 4$,左、右边界函数分别是 $x = \dfrac{1}{2}y^2$ 和 $x = y + 4$,于是

$$S = \int_{-2}^4 \left[(y + 4) - \frac{1}{2}y^2\right]\mathrm{d}y = \left(\frac{1}{2}y^2 + 4y - \frac{1}{6}y^3\right)\Big|_{-2}^4 = 18.$$

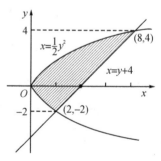

图 5.11

读者也可以试着把 x 作为积分变量去求该区域面积,可看出两种方法的繁简差异是较大的.

5.4.2　定积分在经济中的应用

由定积分的经济意义知道,已知某一经济量的边际函数为 $f(x)$,则定积分 $\int_a^b f(x)\mathrm{d}x$ 是关于 x 在区间 $[a,b]$ 上的该经济的总量.

【例 5.23】　某企业生产一种产品,每天生产 x 吨的边际成本为 $MC(x) = 0.4x + 12$(万元),固定成本 5 万元,求总成本函数 $C(x)$ 及产量从 0 吨到 10 吨时的总成本.

【解】　总成本函数 $C(x) = \int (0.4x + 12)\mathrm{d}x = 0.2x^2 + 12x + C_0$,由于固定成本为 5 万元,即 $C_0 = 5$,所以,$C(x) = 0.2x^2 + 12x + 5$(万元);

当产量从开始生产到 10 吨时的总成本为:
$$C = \int_0^{10} (0.4x + 12)\mathrm{d}x = (0.2x^2 + 12x)\Big|_0^{10} = 20 + 120 = 140(万元).$$

【例 5.24】　已知生产某产品 x 单位时总收入 $R(x)$ 的变化率为 $MR(x) = 200 - \dfrac{x}{50}$(百元 / 单位),试求(1)生产 x 单位时的总收入及平均单位收入;(2)求在已生产 2000 个单位的基础上再生产 2000 个单位时总收入的改变量.

【解】　(1)总收入函数 $R(x) = \int \left(200 - \dfrac{x}{50}\right)\mathrm{d}x = 200x - \dfrac{x^2}{100} + C$,

由于 $R(0) = 0$,所以 $R(x) = 200x - \dfrac{x^2}{100}$,此时的平均单位收入 $\overline{R(x)} = \dfrac{R(x)}{x} = 200 - \dfrac{x}{100}$;

(2)在已生产 2000 个单位的基础上再生产 2000 个单位时总收入的改变量为:
$$\Delta R = \int_{2000}^{4000} \left(200 - \dfrac{x}{50}\right)\mathrm{d}x = \left(200x - \dfrac{x^2}{100}\right)\Big|_{2000}^{4000} = 280000(百元).$$

【例 5.25】　设生产某产品的固定成本为 10,而当产量为 x 时的边际成本 $MC(x) = 40 + 2.5x$,边际收入 $MR(x) = 80 - 10x$,试求:(1)总利润函数;(2)总利润最大的产量.

【解】　(1)设总利润函数为 $L(x)$,则 $L(x) = R(x) - C(x)$,且 $ML(x) = MR(x) - MC(x) = (80 - 10x) - (40 + 2.5x) = 40 - 12.5x$,

于是,总利润函数 $L(x) = \int ML(x)\mathrm{d}x = \int (40 - 12.5x)\mathrm{d}x = 40x - 6.25x^2 + C$,

由于 $x = 0$ 时,$L = -10$(固定成本),所以,$L(x) = 40x - 6.25x^2 - 10$.

(2)令 $ML(x) = 40 - 12.5x = 0$,得到 $x = 3.2$ 且 $L''(x) = -12.5 < 0$,所以,当产量为 3.2 个单位时,利润最大,此时,最大利润为 $L(3.2) = 54$.

习题 5.4

1.求下列各区域的面积:

(1)由直线 $y = 2x, x = 3$ 及 x 轴所围的平面区域;

(2)由曲线 $y = x^2$ 与 $y = 2x$ 所围的平面区域;

(3)由曲线 $x \cdot y = 1$ 与 $y = x$ 及 $x = 3$ 所围的区域;

(4)由 $xy = 1, y = x$ 及 $y = 2$ 所围的区域;

(5) 由 $y = x^2$ 与 $y = 2 - x^2$ 所围的区域.

2. 求 k 的值,使得由曲线 $y = x^2$ 与 $y^2 = kx$ 所围图形的面积为 $\frac{2}{3}$.

3. 设某产品的边际成本为:

$$MC(x) = 2 - x(万元 / 台),$$

其中 x 为产量,固定成本 $C_0 = 22$ 万元;边际收益为:

$$MR(x) = 20 - 4x(万元 / 台),$$

求:(1) 总成本和总收益函数;

(2) 当产量为何值时利润最大?

(3) 从最大利润时的产量开始,又生产了 5 台,求此时间段利润的改变量.

4. 设生产某产品 x 个单位的边际收益为 $MR(x) = \dfrac{ab}{x + b}$,求总收益和平均收益函数,其中 a, b 为常数.

本章小结

本章主要了解定积分的概念、意义、性质以及应用,并掌握运用牛顿-莱布尼兹公式计算定积分.

一、定积分的概念、意义与性质

1. 概念:定积分是一个数值,它的定义式: $\displaystyle\int_a^b f(x)\mathrm{d}x = \lim_{\lambda \to 0} \sum_{k=1}^n f(\xi_k) \Delta x_k$,其值的大小取决于两个因素:被积函数与积分上、下限.

2. 几何意义:定积分 $\displaystyle\int_a^b f(x)\mathrm{d}x$ 是曲线 $y = f(x)$ 介于 $[a, b]$ 之间与 x 轴所围图形面积的代数和;

3. 经济意义:若 $f(x)$ 是某经济量 $F(x)$ 关于 x 的变化率(即边际),则 $\displaystyle\int_a^b f(x)\mathrm{d}x$ 是关于 x 在 $[a, b]$ 中的该经济总量. 即经济量 $F(x)$ 当 x 从 a 到 b 时产生的经济量的改变量 $\Delta F = F(b) - F(a)$.

4. 性质:本章共列了定积分的七条性质,其中以下几条在计算定积分中经常用到:

(1) $\displaystyle\int_a^b f(x)\mathrm{d}x = -\int_b^a f(x)\mathrm{d}x$;

(2) $\displaystyle\int_a^b [f(x) \pm g(x)]\mathrm{d}x = \int_a^b f(x)\mathrm{d}x \pm \int_a^b g(x)\mathrm{d}x$;

(3) $\displaystyle\int_a^b k f(x)\mathrm{d}x = k \int_a^b f(x)\mathrm{d}x$;

(4) $\displaystyle\int_a^b f(x)\mathrm{d}x = \int_a^c f(x)\mathrm{d}x + \int_c^b f(x)\mathrm{d}x$.

二、定积分的计算

1. 牛顿-莱布尼兹公式:若 $f(x)$ 在 $[a, b]$ 上连续,$F(x)$ 是 $f(x)$ 的一个原函数,则

$$\int_a^b f(x)\mathrm{d}x = F(b) - F(a).$$

2. 换元积分法：若 $f(x)$ 在 $[a,b]$ 连续，$x = \varphi(t)$ 在 $[c,d]$ 上有连续的导数 $\varphi'(t)$，且 $\varphi(t)$ 单调，$\varphi(c) = a$，$\varphi(d) = b$。则有

$$\int_a^b f(x)\mathrm{d}x \xrightarrow{x = \varphi(t)} \int_c^d f[\varphi(t)] \cdot \varphi'(t)\mathrm{d}t.$$

3. 分部积分法：若 $u(x)$ 与 $v(x)$ 在 $[a,b]$ 上有连续的导数，则有

$$\int_a^b u(x)\mathrm{d}v(x) = u(x)v(x)\Big|_a^b - \int_a^b v(x)\mathrm{d}u(x).$$

三、定积分的应用

1. 求平面区域的面积，一般有两类公式：

关于 x 积分：$S = \displaystyle\int_{左端点}^{右端点} (上边界函数 - 下边界函数)\mathrm{d}x$

关于 y 积分：$S = \displaystyle\int_{下端点}^{上端点} (右边界函数 - 左边界函数)\mathrm{d}y$

2. 定积分的经济应用，主要考虑已知某经济量（如成本、收益、利润）的变化率，求在生产阶段 $[a,b]$ 上的经济改变量。

综合练习

一、填空题

1. 若 $\displaystyle\int_{-1}^1 (2x + k)\mathrm{d}x = 2$，则常数 $k = $ _____；

2. 若 $\displaystyle\int_0^k (2x - 1)\mathrm{d}x = 0$，则 $k = $ _____；

3. $\dfrac{\mathrm{d}}{\mathrm{d}x}\displaystyle\int_0^x \arctan t\,\mathrm{d}t = $ _____；

4. $\dfrac{\mathrm{d}}{\mathrm{d}x}\displaystyle\int_a^b \arctan x\,\mathrm{d}x = $ _____；

5. $\displaystyle\int_{-1}^1 \dfrac{x^2\sin x}{\sqrt{1 + x^2}}\mathrm{d}x = $ _____；

6. $\displaystyle\int_0^a \sqrt{a^2 - x^2}\,\mathrm{d}x = $ _____；

7. $\displaystyle\lim_{x \to 0} \dfrac{\displaystyle\int_0^x \arcsin t\,\mathrm{d}t}{x^2} = $ _____；

8. 由 $y = x$，$x = 1$，$x = 2$ 与 x 轴所围图形的面积为 _____。

二、选择题

1. 下列积分为零的是（　　）。

A. $\displaystyle\int_{-1}^1 x\sin x\,\mathrm{d}x$ 　　　　　　　　　　B. $\displaystyle\int_{-1}^1 x\cos x\,\mathrm{d}x$

C. $\displaystyle\int_{-1}^1 (x^2 + x^3)\mathrm{d}x$ 　　　　　　　　　D. $\displaystyle\int_{-1}^1 e^{-x}\mathrm{d}x$

2. 由定积分的几何意义,定积分 $\int_{-1}^{1}\sqrt{1-x^2}\,\mathrm{d}x=(\qquad)$.

A. 0　　　　　　　B. π　　　　　　　C. π^2　　　　　　　D. $\dfrac{\pi}{2}$

3. 图 5.12 中阴影部分的面积可按($\qquad$)计算.

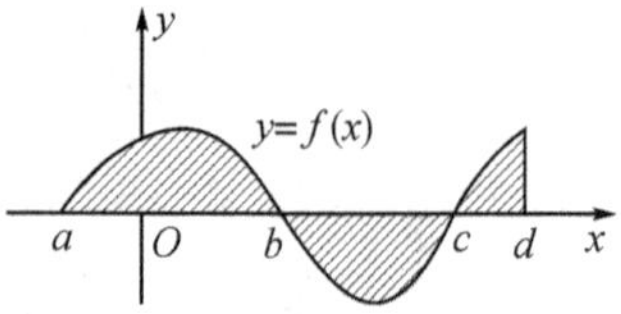

A. $\displaystyle\int_a^b f(x)\,\mathrm{d}x$

B. $\left|\displaystyle\int_a^b f(x)\,\mathrm{d}x\right|$

C. $\displaystyle\int_a^b |f(x)|\,\mathrm{d}x$

D. $\displaystyle\int_a^c f(x)\,\mathrm{d}x+\int_c^d f(x)\,\mathrm{d}x+\int_d^b f(x)\,\mathrm{d}x$

图 5.12

4. $\dfrac{\mathrm{d}}{\mathrm{d}x}\displaystyle\int_a^b \arcsin x\,\mathrm{d}x=(\qquad)$.

A. 0　　　　　　　B. $\dfrac{1}{\sqrt{1-x^2}}$　　　　　　　C. 1　　　　　　　D. $\arcsin x$

三、计算题

1. 求下列各函数的导数:

(1) $F(x)=\displaystyle\int_1^x \dfrac{1}{1+t^2}\,\mathrm{d}t$;

(2) $F(x)=\displaystyle\int_x^0 t^2\cdot\cos t\,\mathrm{d}t$,求 $F'(\pi)$;

(3) $F(x)=\displaystyle\int_x^{x^2} \dfrac{te^t}{1+t^2}\,\mathrm{d}t$.

2. 求下列各极限:

(1) $\displaystyle\lim_{x\to0}\dfrac{\displaystyle\int_0^x \sin^2 t\,\mathrm{d}t}{x^3}$;

(2) $\displaystyle\lim_{x\to0}\dfrac{\displaystyle\int_0^x (e^t+e^{-t}-2)\,\mathrm{d}t}{x^2}$.

3. 求下列各定积分:

(1) $\displaystyle\int_0^1 (x-1)\,\mathrm{d}x$;

(2) $\displaystyle\int_0^1 (3^x+x^2)\,\mathrm{d}x$;

(3) $\displaystyle\int_0^{\frac{\pi}{2}} \cos 2x\,\mathrm{d}x$;

(4) $\displaystyle\int_0^1 e^{3x-1}\,\mathrm{d}x$;

(5) $\displaystyle\int_{-1}^2 |2x|\,\mathrm{d}x$;

(6) $\displaystyle\int_0^\pi |\cos x|\,\mathrm{d}x$;

(7) $\displaystyle\int_0^a (\sqrt{a}-\sqrt{x})^2\,\mathrm{d}x$;

(8) $\displaystyle\int_0^1 \dfrac{x^2}{1+x^2}\,\mathrm{d}x$;

(9) $\displaystyle\int_0^4 \dfrac{1}{1+\sqrt{t}}\,\mathrm{d}t$;

(10) $\displaystyle\int_0^a x^2\cdot\sqrt{a^2-x^2}\,\mathrm{d}x$;

(11) $\displaystyle\int_0^1 \dfrac{\sqrt{x}}{1+x}\,\mathrm{d}x$;

(12) $\displaystyle\int_1^2 \dfrac{\sqrt{x^2-1}}{x}\,\mathrm{d}x$;

(13) $\displaystyle\int_0^2 e^{2x-1}\,\mathrm{d}x$;

(14) $\displaystyle\int_0^\pi \cos 3x\,\mathrm{d}x$;

(15) $\displaystyle\int_1^{e^2} \dfrac{2+\ln x}{x}\,\mathrm{d}x$;

(16) $\displaystyle\int_0^1 xe^{x^2}\,\mathrm{d}x$;

$(17) \int_0^1 x^2 \cdot \sqrt{1-x^3} \,\mathrm{d}x;$

$(18) \int_0^1 \dfrac{e^x}{1+e^{2x}} \,\mathrm{d}x;$

$(19) \int_{-\frac{1}{2}}^{\frac{1}{2}} \dfrac{(\arcsin x)^2}{\sqrt{1-x^2}} \,\mathrm{d}x;$

$(20) \int_0^{e-1} x\ln(x+1) \,\mathrm{d}x;$

$(21) \int_{\frac{1}{e}}^e |\ln x| \,\mathrm{d}x;$

$(22) \int_0^{2\pi} x\sin^2 x \,\mathrm{d}x;$

$(23) \int_0^{\pi} x^2 \cos 2x \,\mathrm{d}x;$

$(24) \int_1^e t\ln t \,\mathrm{d}t;$

$(25) \int_0^{\frac{\pi}{2}} e^{2x} \cos x \,\mathrm{d}x;$

$(26) \int_0^{\frac{\sqrt{3}}{2}} \arccos x \,\mathrm{d}x.$

四、求解下列各题

1. 求 $F(x) = \int_0^x t(t-4)\,\mathrm{d}t$ 在区间 $[-1,5]$ 上的最大值与最小值;

2. 设 $\int_0^x f(t)\,\mathrm{d}t = x^2(1+x)$,求 $f(0),f'(0)$;

3. 设 $f(2x+1) = e^x$,求 $\int_3^5 f(x)\,\mathrm{d}x$;

4. 若 $\int_0^1 (2x+k)\,\mathrm{d}x = 2$,试确定 k 的值;

5. 若 $\int_0^c (2x+1)\,\mathrm{d}x = -\dfrac{1}{4}$,试确定 c 的值;

6. 证明: $\int_x^1 \dfrac{1}{1+t^2}\,\mathrm{d}t = \int_1^{\frac{1}{x}} \dfrac{1}{1+t^2}\,\mathrm{d}t \left(提示:令 t = \dfrac{1}{u}\right)$;

7. 证明: $\int_0^4 e^{x(4-x)}\,\mathrm{d}x = 2\int_0^2 e^{x(4-x)}\,\mathrm{d}x$;

8. 已知 $f(0) = 1, f(2) = 4, f'(2) = 2$,求 $\int_0^1 xf''(2x)\,\mathrm{d}x$.

五、求下列曲线所围的平面区域的面积

1. $y = 4-x^2$ 与 $y = 0$;

2. $y = \dfrac{1}{x}, y = x$ 及 $x = 3$;

3. $y = x^2, 4y = x^2$ 及 $x = 1$;

4. $y = x^2, 4y = x^2$ 及 $y = 1$;

5. $y = x^2$ 与 $x = y^2$;

6. $x = y^2$ 与 $y = x-2$.

六、经济应用题

1. 某产品在时刻 t 的变化率为 $12t + 0.6t^2$(单位 / 小时),求从 $t = 2$ 到 4 这两个小时的产量;

2. 已知生产某产品 x 件时的边际收益 $R'(x) = 100 - \dfrac{x}{20}$(元 / 件),求:

(1) 生产此产品 1000 件时的总收入;

(2) 产量从 1000 件到 2000 件时所增加的收入;

3. 设某产品总成本 C(万元) 的变化率是产量 x(百台) 的函数 $C'(x) = 4 + \dfrac{x}{4}$,而边际收入 $R'(x) = 8 - x$,求:

(1) 产量从 100 台到 500 台时,总收入与总成本各增加多少?

(2) 已知固定成本为 $C(0) = 1$(万元),分别求出总成本,总收益,总利润与 x 的关系;

(3) 当产量为多少时,利润最大,并求出最大利润值.

第 6 章　微分方程及其应用

本章知识结构导图

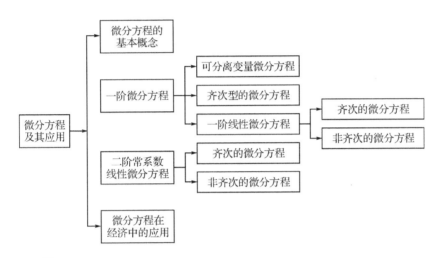

阅读材料　微分方程的简介

　　微分方程是一门具有悠久历史的学科,几乎与微积分同时诞生,至今已有 300 多年的历史了.在微分方程发展的初期,人们主要是针对实际问题提出的各种方程,用积分的方法求其精确的解析表达式,这就是人们常说的初等积分法.这种研究方法一直延续到 1841 年前后,其历史有 170 年.促使人们放弃这一研究方法的原因,归结 1841 年刘维尔(Liouville 1809—1882)的一篇著名论文,他证明了大多数微分方程不能用初等积分法求解.

　　在刘维尔这一工作之后,微分方程进入了基础定理和新型分析方法的研究阶段.如 19 世纪中叶,柯西等人完成了奠定性工作(解的存在性和唯一性定理),以及拉格朗日等人对线性微分方程的系统性研究工作;到 19 世纪末,庞加莱和李雅普诺夫分别创立了微分方程的定性理论和稳定性理论,这代表了一种崭新的研究非线性方程的新方法,其思想和做法一直深刻地影响到今天.

　　微分方程是研究自然科学和社会科学中的事物、物体和现象运动、演化和变化规律的最为基本的数学理论和方法.物理、化学、生物、工程、航空航天、医学、经济和金融领域中的许多原理和规律都可以描述成适当的微分方程,如牛顿的运动定律、万有引力定律、机械能守恒定律、能量守恒定律、人口发展规律、生态种群竞争、疾病传染、遗传基因变异、股票的涨幅趋势、利率的浮动、市场均衡价格的变化等,对这些规律的描述、认识和分析就归结为对相应的微分方程描述的数学模型的研究.因此,微分方程的理论和方法不仅广泛应用于自然科学,而且越来越多的应用于社会科学的各个领域.

　　早在 17 世纪至 18 世纪,微分方程作为牛顿力学的得力助手,在天体力学和其他机械力学领域内就显示了巨大的功能,比如科学史上有这样一件大事足以显示微分方程的重要性,那就是在海王星被实际观测到之前,这颗行星的存在就被天文学家用微分方程的方法推算出来了.时至今日,微分方程在自然科学以及社会科学中越来越表现出它的重要作用.在长期不断的发展过程中,微分方程一方面直接从与生产实践联系的其他科学技术中汲取活力,另一方面又不断以全部数学科学的新旧成就来武装自己,所以微分方程的问题越来越显得多种多样、而方法也越来越显得丰富多彩.

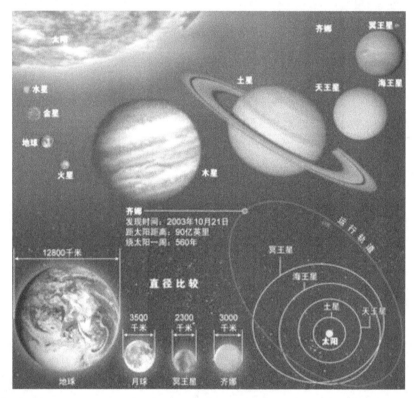

　　在本章,将介绍微分方程的基本概念,并研究常见的一阶微分方程与二阶常系数线性微分方程的解法,最后列举几个微分方程在经济领域中的应用例子.下面首先介绍,利用微分方程结合实际问题建立数学模型.

6.1　利用微分方程建立数学模型

　　利用数学手段研究自然现象和社会现象,或解决工程技术问题,一般需要先对问题建立数学模型,再对它进行分析求解或近似计算,然后按实际的要求对所得的结果作出分析和探讨.数学模型最常见的表达方式,是包含自变量和未知函数的函数方程,但是很多情形这类方程还包含未知函数的导数(或微分),它们就是微分方程.本节将介绍几个典型的利用微分方程建立数学模型的例子.

6.1.1　种群增长的马尔萨斯(Malthus) 模型

这里要介绍的种群增长模型是基于理想条件下(无局限的环境,充足养分,无自然灾害)来建立的,于是仅考虑种群增长率只与自然出生率与自然死亡率有关,即种群增长率和种群数量成正比.

设时刻 t 的种群个体数量为 $N(t)$,种群增长率为导数 $\dfrac{\mathrm{d}N}{\mathrm{d}t}$,现仅考虑自然出生率和自然死亡率对它的影响,则假设种群增长率和种群数量成正比,于是可表示成如下数学模型:

$$\frac{\mathrm{d}N}{\mathrm{d}t} = kN \tag{1}$$

其中比例常数 $k = a - b$,a 为自然出生率,b 为自然死亡率,方程(1)是种群增长的最简单模型,即马尔萨斯(Malthus) 模型,该模型当然是一个微分方程.

下面来求解方程(1),方程(1)要求找到这样一个函数,它的导数是它本身的常数倍. 我们知道指数函数具有这个特点,令 $N(t) = Ce^{kt}$,有 $N'(t) = Cke^{kt} = kN(t)$,即任何形如 $N(t) = Ce^{kt}$ 的指数函数都是方程(1)的解. 在以后我们将知道方程(1)没有其他解.

考虑到实际意义($C > 0, t \geqslant 0$),方程(1)得到解 $N(t) = Ce^{kt}$ 的函数族,图像如图 6.1 所示.

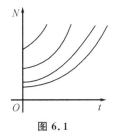

图 6.1

方程(1)是在理想条件下的种群增长模型,它只能反映种群增长初期的增长情况,当种群数量接近承载能力 K 时,增长率会下降,这是因为在自然界上各种自然资源会对种群的增长进行限制与影响,下面我们来介绍另一个更能如实反映种群增长的模型.

6.1.2　种群增长的逻辑斯谛(Logistic) 模型

$$\frac{\mathrm{d}N}{\mathrm{d}t} = kN\left(1 - \frac{N}{K}\right) \tag{2}$$

其中,k 为比例常数,K 为种群承载能力(即表示自然环境条件下所能容许的最大种群数).

方程(2)称为逻辑斯谛(Logistic) 模型,当然也是一个微分方程,它是荷兰数学生物学家韦尔侯斯特(Pierre-Francois Verhulst) 在 19 世纪 40 年代提出的世界人口增长模型.关于方程(2)的求解详见例 6.5,现在直接从方程(2)定性分析它的解.

首先常量函数 $N(t) = 0$ 和 $N(t) = K$ 都是方程的解,这两个解称为平衡解(从实际含义上可以解释为:如果种群数量为 0 或达到承载能力 K 时,种群数量不再变化);然后如果初始种群数量 $N(0)$ 在 0 与 K 之间,则种群增加,如果种群数量超过了承载能力 K,则种群减少;最后当种群数量接近承载能力($N \to K$)时,则种群数量几乎不再增加(或减少).因此可以估计出逻辑斯谛模型的解的图像类似于图 6.2 所示.

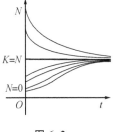

图 6.2

在 20 世纪 30 年代,生物学家 G. F. Gause 用原生动物草履虫做了一个实验,并分别用马尔萨斯模型与逻辑斯谛模型为实验数据建模.实验发现:前几天用马尔萨斯模型比较接近实际测量数据,但是当第五天起马尔萨斯模型开始很不准确,而逻辑斯谛模型与实际测量数据却非常吻合.

其实种群增长建模还有很多,如 $\dfrac{\mathrm{d}N}{\mathrm{d}t} = kN\left(1 - \dfrac{N}{K}\right) - c$ 与 $\dfrac{\mathrm{d}N}{\mathrm{d}t} = kN\left(1 - \dfrac{N}{K}\right)\left(1 - \dfrac{m}{N}\right)$ 等,这

里就不一一介绍了.

6.1.3 捕猎-食饵模型

我们学习了单独生活在某一环境中的种群增长模型,现在来考察一种更现实的模型,即考虑同一居住环境下两种种群的相互影响.

先考察其中一个种群的情况,我们称之为被捕食者,它们有充足的食物;另一种群称为捕食者,它们以被捕食者为食.被捕食者和捕食者的例子很多,如野兔和狼,小鱼和鲨鱼,蚜虫和瓢虫等等.

设 $R(t)$ 为时刻 t 时被捕食者的数量,$W(t)$ 为时刻 t 时捕食者的数量.没有捕食者时,被捕食者有充足的食物,假设数量呈指数增长,即 $\dfrac{\mathrm{d}R}{\mathrm{d}t} = kR$,其中 k 为正常数.没有被捕食者时,捕食者种群数量减少的速度和数量成正比,即 $\dfrac{\mathrm{d}W}{\mathrm{d}t} = -rW$,其中 r 为正常数.两种种群共存时,假设被捕食者种群的死亡主要由于被吃掉,而捕食者出生率和存活率依赖于它们的食物是否充足,即被捕食者是否充足.假设两者遭遇的比率和两种种群数量成正比,即与乘积 RW 成正比(种群数量越多,二者遭遇的比率也就越大).符合上述假设的两个微分方程为

$$\frac{\mathrm{d}R}{\mathrm{d}t} = kR - aRW, \qquad \frac{\mathrm{d}W}{\mathrm{d}t} = -rW + bRW \tag{3}$$

其中 k, r, a 和 b 为正常数,$-aRW$ 为减少了被捕食者的自然增长率,bRW 为增加了捕食者的自然增长率.

方程(3)称为捕猎-食饵方程,也称为 **Lotka-Volterra** 方程.这类模型是由两个相关的微分方程的形式组成,是一对耦合的方程,不能先解一个方程然后再解另一个方程,必须同时解两个方程,关于方程(3)的求解详见后面,这里就不展开了.

6.2 微分方程的基本概念

上述三个模型中的方程(1)、(2)、(3)都含有未知函数的导数,它们都是本章研究的对象,即微分方程.

【定义 6.1】 凡表示未知函数、未知函数的导数(或微分)与自变量之间的关系的方程称为微分方程.未知函数是一元函数的微分方程称为常微分方程,未知函数是多元函数的微分方程称为偏微分方程,在微分方程中所含未知函数导数的最高阶数称为微分方程的阶.由于本章只讨论常微分方程,以下简称为微分方程或方程.

一阶微分方程的一般形式为 $F(x, y, y') = 0$ 或 $y' = f(x, y)$,

n 阶微分方程的一般形式为 $F(x, y, y', \cdots, y^{(n)}) = 0$,

其中:x 是自变量,y 是未知函数,$y', y'', \cdots, y^{(n)}$ 是未知函数的导数,一阶微分方程中一定含有 y',n 阶微分方程中一定含有 $y^{(n)}$.

例如在上一节介绍的三个模型中的方程(1)、(2)、(3)都是一阶常微分方程.

再如:$xy' + y = 3x, y'' + 3y' + 2y = e^{-x}, \dfrac{\mathrm{d}^3 y}{\mathrm{d}x^3} + 2\dfrac{\mathrm{d}y}{\mathrm{d}x} + y = 0$ 等也都是常微分方程,分别为一阶、二阶、三阶常微分方程.

【定义 6.2】 如果函数 $y = f(x)$ 及其导数代入微分方程后能使方程成为恒等式,则此

函数 $y = f(x)$ 就称为微分方程的解. 如果微分方程解中含有任意常数, 且相互独立的任意常数的个数与方程的阶数相同, 这样的解称为微分方程的通解; 通解中任意常数取某一特定值时的解, 称为微分方程的特解. 确定微分方程通解中的任意常数的附加条件称为微分方程的初始条件.

求微分方程满足初始条件的解的问题, 称为初值问题. 一阶微分方程的初值问题一般可表示为

$$\begin{cases} F(x, y, y') = 0 \\ y(x_0) = y_0 \end{cases} \quad 或 \quad \begin{cases} y' = f(x, y) \\ y(x_0) = y_0 \end{cases};$$

二阶微分方程的初值问题一般可表示为

$$\begin{cases} F(x, y, y', y'') = 0 \\ \quad y(x_0) = y_0 \\ \quad y'(x_0) = y_1 \end{cases},$$

其中 x_0, y_0, y_1 是已知值.

例如, 一阶微分方程 $y' = x^2$ 的通解为 $y = \dfrac{1}{3}x^3 + C$, 其中 C 为任意常数. 而满足初始条件 $y(0) = 0$ 的特解为 $y = \dfrac{1}{3}x^3$, 满足初始条件 $y(0) = 1$ 的特解却为 $y = \dfrac{1}{3}x^3 + 1$.

【例 6.1】　验证一阶微分方程 $y' = \dfrac{2y}{x}$ 的通解为 $y = Cx^2$ (C 为任意常数), 并求满足初始条件 $y(1) = 2$ 的特解.

【解】　由 $y = Cx^2$ 得方程的左边为 $y' = 2Cx$, 而方程的右边为 $\dfrac{2y}{x} = \dfrac{2Cx^2}{x} = 2Cx$, 左边 = 右边, 因此对任意常数 C, 函数 $y = Cx^2$ 都是方程 $y' = \dfrac{2y}{x}$ 解, 即为通解.

将初始条件 $y(1) = 2$ 代入通解, 得 $C = 2$, 故所要求的特解为 $y = 2x^2$.

【例 6.2】　验证函数 $y = C_1 e^x + C_2 e^{2x}$ (C_1, C_2 为两个相互独立的任意常数) 是二阶微分方程 $y'' - 3y' + 2y = 0$ 的通解.

【解】　由 $y = C_1 e^x + C_2 e^{2x}$ 得 $y' = C_1 e^x + 2C_2 e^{2x}$, $y'' = C_1 e^x + 4C_2 e^{2x}$, 将 y, y', y'' 代入方程的左边得

$$(C_1 e^x + 4C_2 e^{2x}) - 3(C_1 e^x + 2C_2 e^{2x}) + 2(C_1 e^x + C_2 e^{2x})$$
$$= (C_1 - 3C_1 + 2C_1)e^x + (4C_2 - 6C_2 + 2C_2)e^{2x} = 0,$$

因此函数 $y = C_1 e^x + C_2 e^{2x}$ 是微分方程 $y'' - 2y' + y = 0$ 的解, 又因为这个解中有两个相互独立的任意常数 C_1 与 C_2, 与方程的阶数相同, 所以它是方程的通解.

实际上, 并不是任意的微分方程一定有解, 就是有解存在也不一定能用有效的方法求出其解, 以下各节将对一些特定类型的微分方程如何求解进行讨论.

习题 6.2

1. 说出下列微分方程的阶数:

(1) $x\,\mathrm{d}x + y^3\,\mathrm{d}y = 0$;

(2) $y' = 2xy$;

(3) $x(y')^2 - 2yy' + x = 0$;

(4) $\dfrac{\mathrm{d}^2 y}{\mathrm{d}x^2} - 9\dfrac{\mathrm{d}y}{\mathrm{d}x} = 3x^2 + 1$;

(5)$xy'' - 2y' = 8x^2 + \cos x$;　　　　　　(6)$y^{(5)} - 4x = 0$.

2.验证下列各题中的函数是所给微分方程的通解(或特解):

(1)$3y - xy' = 0, y = Cx^3$;

(2)$\tan x \mathrm{d}y = (1+y)\mathrm{d}x, y = \sin x - 1\left[$初始条件为 $y\left(\dfrac{\pi}{2}\right) = 0\right]$;

(3)$y'' - 2y' + y = 0, y = xe^x[$初始条件为 $y(0) = 0, y'(0) = 1]$;

(4)$y'' + 9y = 0, y = A\sin 3x - B\cos 3x ($其中 A 与 B 是两个任意的常数$)$.

3.下面哪个函数是微分方程 $y'' + 2y' + y = 0$ 的解:

(1)$y = e^x$;　　　　　　　　　　(2)$y = e^{-x}$;

(3)$y = xe^x$;　　　　　　　　　　(4)$y = x^2 e^{-x}$.

4.写出由下列条件确定的曲线所满足的微分方程:

(1) 曲线在点 $P(x, y)$ 处的切线斜率等于该点横坐标的 2 倍;

(2) 曲线在点 $P(x, y)$ 处的切线斜率与该点的横坐标成反比.

5.一质量为 m 的物体仅受重力的作用而下落,如果其初始位置和初始速度都为 0,试写出物体下落的距离 S 与时间 t 所满足的微分方程.

6.镭元素的衰变满足如下规律:其衰变的速度与它的现存量成正比,经验得知镭经过 1600 年后,只剩下原始量的一半,试写出镭现存量与时间 t 所满足的微分方程.

6.3　一阶微分方程

　　一阶微分方程的形式很多,在这一节里主要研究可分离变量的微分方程、齐次型的微分方程及一阶线性微分方程.

6.3.1　可分离变量的微分方程

　　【定义 6.3】　形如:

$$\frac{\mathrm{d}y}{\mathrm{d}x} = f(x)g(y) \tag{4}$$

的一阶微分方程,称为可分离变量的微分方程.该微分方程的特点是等式右边可以分解成两个函数之积,其中一个仅是 x 的函数,另一个仅是 y 的函数.

　　可分离变量的微分方程 $\dfrac{\mathrm{d}y}{\mathrm{d}x} = f(x)g(y)$ 的求解步骤为:

第一步,分离变量,得 $\dfrac{1}{g(y)}\mathrm{d}y = f(x)\mathrm{d}x \quad (g(y) \neq 0)$,

第二步,两边积分,有 $\displaystyle\int \frac{1}{g(y)}\mathrm{d}y = \int f(x)\mathrm{d}x \quad ($式中左边对 y 积分,右边对 x 积分$)$,然后求出不定积分,就得到方程(4)的解,把这种求解过程叫做分离变量法.

　　【例 6.3】　(1) 求方程 $\dfrac{\mathrm{d}y}{\mathrm{d}x} = -\dfrac{x}{y}$ 的通解;(2)求该方程满足初始条件 $y(0) = 2$ 的特解.

　　【解】　(1)第一步,将方程分离变量,得

$$y\mathrm{d}y = -x\mathrm{d}x,$$

第二步,两边积分,有

$$\int y \mathrm{d}y = \int - x \mathrm{d}x,$$

然后求出积分,得

$$\frac{1}{2}y^2 = -\frac{1}{2}x^2 + C_1,$$

故方程的通解为:

$$x^2 + y^2 = C(C = 2C_1 \text{ 是任意常数}).$$

（2）将初始条件 $y(0) = 2$ 代入以上通解,得 $C = 4$,故所要求的特解为:

$$x^2 + y^2 = 4.$$

【例 6.4】　求方程 $\dfrac{\mathrm{d}y}{\mathrm{d}x} = x^2 y$ 的通解.

【解】　第一步,将方程分离变量,得

$$\frac{\mathrm{d}y}{y} = x^2 \mathrm{d}x(y \neq 0),$$

第二步,两边积分,有

$$\int \frac{\mathrm{d}y}{y} = \int x^2 \mathrm{d}x,$$

然后求出积分,得

$$\ln|y| = \frac{1}{3}x^3 + C_1,$$

从而有

$$|y| = e^{\ln|y|} = e^{\frac{1}{3}x^3 + C_1} = e^{C_1} e^{\frac{1}{3}x^3},$$

即

$$y = Ce^{\frac{1}{3}x^3} (\text{其中 } C = \pm e^{C_1} \neq 0).$$

由于 $y = 0$ 也是该微分方程的解,故方程的通解为:

$$y = Ce^{\frac{1}{3}x^3} (C \text{ 为任意常数}).$$

【例 6.5】　求方程 $\dfrac{\mathrm{d}N}{\mathrm{d}t} = kN\left(1 - \dfrac{N}{K}\right)$,即逻辑斯谛模型的通解.

【解】　该方程为可分离变量的微分方程,所以可用分离变量法求解.
第一步,分离变量,得

$$\frac{K\mathrm{d}N}{N(K-N)} = k\mathrm{d}t(N \neq 0, N \neq K),$$

第二步,两边积分,有

$$\int \frac{K\mathrm{d}N}{N(K-N)} = \int k\mathrm{d}t,$$

即

$$\int \left(\frac{1}{N} + \frac{1}{(K-N)}\right)\mathrm{d}N = \int k\mathrm{d}t,$$

然后求出积分,得

$$\ln|N| - \ln|N-K| = kt + C_1,$$

故方程的通解为

$$N = \frac{CKe^{kt}}{Ce^{kt} - 1}(C \text{ 为任意常数}).$$

【注】 $N = 0$ 也是微分方程的解,它可看成是满足初始条件 $N(0) = 0$ 的一个特解;而 $N = K$ 也是微分方程的解.

【例 6.6】 求方程 $\dfrac{\mathrm{d}R}{\mathrm{d}t} = kR - aRW$, $\dfrac{\mathrm{d}W}{\mathrm{d}t} = -rW + bRW$,即捕猎-食饵方程的通解.

【解】 这是一对耦合方程,不能先解一个方程然后再解另一个方程,必须同时解两个方程,并只能解出 R 与 W 之间的关系式.

首先,很显然 $R = 0$ 与 $W = 0$ 是方程的解(这表示如果没有捕食者也没有被捕食者,则两种种群数量都不会增长).

然后,把 W 看成 R 的函数,则可得到如下微分方程(为可分离变量的微分方程):

$$\frac{\mathrm{d}W}{\mathrm{d}R} = \frac{-rW + bRW}{kR - aRW},$$

分离变量,得

$$\frac{(k - aW)}{W}\mathrm{d}W = \frac{(-r + bR)}{R}\mathrm{d}R,$$

两边积分,有

$$\int \frac{(k - aW)}{W}\mathrm{d}W = \int \frac{(-r + bR)}{R}\mathrm{d}R,$$

从而得

$$k\ln|W| - aW = -r\ln|R| + bR + C_1,$$

即

$$W^k R^r = Ce^{aW + bR},$$

这就得到关于 W 与 R 的一个函数关系式,也即 W 与 R 之间必须满足的一个方程.

6.3.2 齐次型的微分方程

【定义 6.4】 形如:

$$\frac{\mathrm{d}y}{\mathrm{d}x} = \varphi\left(\frac{y}{x}\right) \tag{5}$$

的的一阶微分方程,称为齐次型的微分方程,简称齐次方程.

例如 $(xy - y^2)\mathrm{d}x - (x^2 - 2xy)\mathrm{d}y = 0$ 是齐次方程,因为

$$\frac{\mathrm{d}y}{\mathrm{d}x} = \frac{xy - y^2}{x^2 - 2xy} = \frac{\dfrac{y}{x} - \left(\dfrac{y}{x}\right)^2}{1 - 2\left(\dfrac{y}{x}\right)} = \varphi\left(\frac{y}{x}\right).$$

齐次方程的特点是每一项变量的次数都是相同的.

齐次方程 $\dfrac{\mathrm{d}y}{\mathrm{d}x} = \varphi\left(\dfrac{y}{x}\right)$ 的求解步骤为:

第一步,作变量代换 $u = \dfrac{y}{x}$,把齐次方程化为可分离变量的微分方程,因为

$$y = ux, \qquad \frac{\mathrm{d}y}{\mathrm{d}x} = u + x\frac{\mathrm{d}u}{\mathrm{d}x},$$

将它们代入齐次方程,得

$$u + x \frac{\mathrm{d}u}{\mathrm{d}x} = \varphi(u),$$

即

$$x \frac{\mathrm{d}u}{\mathrm{d}x} = \varphi(u) - u;$$

第二步,用分离变量法,得

$$\int \frac{\mathrm{d}u}{\varphi(u) - u} = \int \frac{\mathrm{d}x}{x},$$

然后求出积分;

第三步,换回原变量,再以 $u = \frac{y}{x}$ 代回,就得所给齐次方程的通解.

【例 6.7】　求微分方程 $y' = \frac{y}{x} + \tan \frac{y}{x}$ 的通解.

【解】　第一步,变量代换 $u = \frac{y}{x}$,则 $y = ux, \frac{\mathrm{d}y}{\mathrm{d}x} = u + x \frac{\mathrm{d}u}{\mathrm{d}x}$ 代入原方程,得

$$x \frac{\mathrm{d}u}{\mathrm{d}x} = \tan u;$$

第二步,分离变量法,得

$$\int \frac{\mathrm{d}u}{\tan u} = \int \frac{\mathrm{d}x}{x},$$

有

$$\ln |\sin u| = \ln |x| + C_1,$$

即

$$\sin u = Cx;$$

第三步,换回原变量,以 $u = \frac{y}{x}$ 代回,即得方程的通解:

$$\sin \frac{y}{x} = Cx.$$

【例 6.8】　求微分方程 $(x - 2y)y' = 2x - y$ 的通解.

【解】　原方程可化为

$$\frac{\mathrm{d}y}{\mathrm{d}x} = \frac{2x - y}{x - 2y} = \frac{2 - \dfrac{y}{x}}{1 - 2 \dfrac{y}{x}},$$

这是齐次方程.

变量代换 $u = \frac{y}{x}$,则 $y = ux, \frac{\mathrm{d}y}{\mathrm{d}x} = u + x \frac{\mathrm{d}u}{\mathrm{d}x}$ 代入以上方程,得

$$u + x \frac{\mathrm{d}u}{\mathrm{d}x} = \frac{2 - u}{1 - 2u},$$

即

$$x \frac{\mathrm{d}u}{\mathrm{d}x} = \frac{2(1 - u + u^2)}{1 - 2u},$$

分离变量,得

$$\frac{(1 - 2u)\mathrm{d}u}{2(1 - u + u^2)} = \frac{\mathrm{d}x}{x},$$

两边积分,有

$$-\frac{1}{2}\ln|1-u+u^2| = \ln|x|+C_1,$$

即

$$1-u+u^2 = \frac{C}{x^2},$$

换回原变量,故原方程的通解为:

$$x^2 - xy + y^2 = C.$$

6.3.3 一阶线性微分方程

【定义 6.5】 形如:

$$\frac{\mathrm{d}y}{\mathrm{d}x} + P(x)y = Q(x) \tag{6}$$

的微分方程,称为一阶线性微分方程,其中 $P(x)$, $Q(x)$ 都是 x 的连续函数.

如果 $Q(x) \equiv 0$,则方程(6)为:

$$\frac{\mathrm{d}y}{\mathrm{d}x} + P(x)y = 0 \tag{7}$$

这时称为一阶线性齐次的微分方程,如果 $Q(x)$ 不恒为零,则方程(6)称为一阶线性非齐次的微分方程.

例如,方程 $\frac{\mathrm{d}y}{\mathrm{d}x} + \frac{1}{x}y = \sin x$,是一阶线性非齐次的微分方程,它对应的一阶线性齐次的微分方程是 $\frac{\mathrm{d}y}{\mathrm{d}x} + \frac{1}{x}y = 0$.

1. 一阶线性齐次的微分方程 $\frac{\mathrm{d}y}{\mathrm{d}x} + P(x)y = 0$ 的通解

一阶线性齐次的微分方程 $\frac{\mathrm{d}y}{\mathrm{d}x} + P(x)y = 0$ 的求解步骤为(即分离变量法):

分离变量,得

$$\frac{\mathrm{d}y}{y} = -P(x)\mathrm{d}x,$$

两边积分,有

$$\ln|y| = -\int P(x)\mathrm{d}x + C_1,$$

因此,一阶线性齐次的微分方程的通解为:

$$y = Ce^{-\int P(x)\mathrm{d}x}, \tag{8}$$

其中 $C = \pm e^{C_1}$,由于 $y = 0$ 也是方程的解,所以式中 C 可为任意常数.

2. 一阶线性非齐次的微分方程 $\frac{\mathrm{d}y}{\mathrm{d}x} + P(x)y = Q(x)$ 的通解

显然,当 C 为常数时,(8)式不是非齐次微分方程(6)的解,现在设想一下,把常数 C 换成待定函数 $u(x)$ 后,(8)式会是方程(6)的解吗?于是给出如下常数变易法:

设 $y = u(x)e^{-\int P(x)\mathrm{d}x}$,得

$$\frac{\mathrm{d}y}{\mathrm{d}x} = u'(x)e^{-\int P(x)\mathrm{d}x} - u(x)P(x)e^{-\int P(x)\mathrm{d}x},$$

代入方程(6),得

$$u'(x)e^{-\int P(x)\mathrm{d}x} = Q(x),$$

即

$$u(x) = \int Q(x)e^{\int P(x)\mathrm{d}x}\mathrm{d}x + C,$$

因此,一阶线性非齐次微分方程的通解为:

$$y = e^{-\int P(x)\mathrm{d}x}\left[\int Q(x)e^{\int P(x)\mathrm{d}x}\mathrm{d}x + C\right]. \tag{9}$$

于是用常数变易法求解一阶线性非齐次微分方程的通解步骤为:

第一步,先求出其对应的齐次微分方程的通解:$y = Ce^{-\int P(x)\mathrm{d}x}$;

第二步,将通解中的常数 C 换成待定函数 $u(x)$,即 $y = u(x)e^{-\int P(x)\mathrm{d}x}$,求出 $u(x)$,最后写出非齐次微分方程的通解.

因此,一阶线性非齐次微分方程 $\frac{\mathrm{d}y}{\mathrm{d}x} + P(x)y = Q(x)$ 的求解方法有两种:

方法一:用常数变易法求解;

方法二:直接用公式(9)求解.

下面回头来分析一下,一阶线性非齐次微分方程的通解结构.由于通解(9)也可写成:

$$y = Ce^{-\int P(x)\mathrm{d}x} + e^{-\int P(x)\mathrm{d}x}\int Q(x)e^{\int P(x)\mathrm{d}x}\mathrm{d}x.$$

上式右边第一项是非齐次方程(6)所对应的齐次方程(7)的通解,而第二项是非齐次方程(6)的一个特解(取 $C = 0$ 得到),于是有如下定理.

【定理6.1】　一阶线性非齐次微分方程 $\frac{\mathrm{d}y}{\mathrm{d}x} + P(x)y = Q(x)$ 的通解,是由其对应的齐次方程 $\frac{\mathrm{d}y}{\mathrm{d}x} + P(x)y = 0$ 的通解加上非齐次方程本身的一个特解所构成.

【例6.9】　求一阶线性非齐次微分方程 $y' + y\tan x = \cos x$ 的通解.

【解】　方法一(用常数变易法求解):

第一步,先求 $y' + y\tan x = 0$ 的通解,

分离变量,得

$$\frac{1}{y}\mathrm{d}y = -\frac{\sin x}{\cos x}\mathrm{d}x,$$

两边积分,有

$$\ln|y| = \ln|\cos x| + C_1,$$

则 $y' + y\tan x = 0$ 的通解为:

$$y = C\cos x;$$

第二步,设 $y = u(x)\cos x$,代入原方程,得

$$u'(x)\cos x = \cos x,$$

即

$$u(x) = x + C,$$

于是原方程 $y' + y\tan x = \cos x$ 的通解为：
$$y = (x + C)\cos x = x\cos x + C\cos x.$$

方法二（直接用公式(9)求解）：

将 $P(x) = \tan x, Q(x) = \cos x$ 直接代入 $y = e^{-\int P(x)\mathrm{d}x}\left[\int Q(x)e^{\int P(x)\mathrm{d}x}\mathrm{d}x + C\right]$ 得：

$$y = e^{-\int \tan x\mathrm{d}x}\left[\int \cos x e^{\int \tan x\mathrm{d}x}\mathrm{d}x + C\right] = \cos x\left[\int 1\mathrm{d}x + C\right] = \cos x(x + C) = x\cos x + C\cos x.$$

【例6.10】 求一阶线性非齐次微分方程 $\dfrac{\mathrm{d}y}{\mathrm{d}x} - \dfrac{2}{x+1}y = (x+1)^3$ 满足 $y(0) = 1$ 的特解.

【解】 方法一（用常数变易法求解）：

第一步，先求 $\dfrac{\mathrm{d}y}{\mathrm{d}x} - \dfrac{2}{x+1}y = 0$ 的通解，

分离变量，得

$$\frac{\mathrm{d}y}{y} = \frac{2}{x+1}\mathrm{d}x,$$

两边积分，有

$$\ln|y| = 2\ln|x+1| + C_1,$$

则 $\dfrac{\mathrm{d}y}{\mathrm{d}x} - \dfrac{2}{x+1}y = 0$ 的通解为：

$$y = C(x+1)^2;$$

第二步，设 $y = u(x)(x+1)^2$，代入原方程，得
$$u'(x) = x + 1,$$
即
$$u(x) = \frac{1}{2}x^2 + x + C,$$

于是原方程的通解为：

$$y = \left(\frac{1}{2}x^2 + x + C\right)(x+1)^2,$$

将条件 $y(0) = 1$ 代入，得 $C = 1$，因此所求特解为：

$$y = \left(\frac{1}{2}x^2 + x + 1\right)(x+1)^2.$$

方法二（直接用公式(9)求解）：

将 $P(x) = -\dfrac{2}{x+1}, Q(x) = (x+1)^3$ 直接代入 $y = e^{-\int P(x)\mathrm{d}x}\left[\int Q(x)e^{\int P(x)\mathrm{d}x}\mathrm{d}x + C\right]$ 得：

$$y = e^{\int \frac{2}{x+1}\mathrm{d}x}\left[\int (x+1)^3 e^{-\int \frac{2}{x+1}\mathrm{d}x}\mathrm{d}x + C\right] = (x+1)^2\left[\int (x+1)\mathrm{d}x + C\right] = (x+1)^2\left(\frac{1}{2}x^2 + x + C\right),$$

同样将条件 $y(0) = 1$ 代入，得 $C = 1$，因此所要求的特解为：

$$y = \left(\frac{1}{2}x^2 + x + 1\right)(x+1)^2.$$

现将一阶微分方程的几种常见类型及解法归纳如下（见表6.1）.

表 6.1 一阶微分方程的几种常见类型及解法

方程类型		方程	解法
可分离变量的微分方程		$\dfrac{\mathrm{d}y}{\mathrm{d}x} = f(x)g(y)$	先分离变量,后两边积分(即分离变量法)
齐次型的微分方程		$\dfrac{\mathrm{d}y}{\mathrm{d}x} = \varphi\left(\dfrac{y}{x}\right)$	先变量代换 $u = \dfrac{y}{x}$,把原方程化为可分离变量的方程,然后用分离变量法解出方程,最后换回原变量
一阶线性微分方程	齐次的方程	$\dfrac{\mathrm{d}y}{\mathrm{d}x} + P(x)y = 0$	分离变量法或直接用公式 $y = Ce^{-\int P(x)\mathrm{d}x}$
	非齐次的方程	$\dfrac{\mathrm{d}y}{\mathrm{d}x} + P(x)y = Q(x)$	常数变易法或直接用公式 $y = e^{-\int P(x)\mathrm{d}x}\left[\int Q(x)e^{\int P(x)\mathrm{d}x}\mathrm{d}x + C\right]$

习题 6.3

1. 用分离变量法求下列微分方程通解或特解:

(1) $\dfrac{\mathrm{d}y}{\mathrm{d}x} = -\dfrac{y}{x}$, $y(1) = 1$; 　　(2) $\dfrac{\mathrm{d}y}{\mathrm{d}x} = -2y(y-2)$;

(3) $\tan x \dfrac{\mathrm{d}y}{\mathrm{d}x} - y = 1$; 　　(4) $\dfrac{\mathrm{d}y}{\mathrm{d}x} = \dfrac{y}{\sqrt{1-x^2}}$;

(5) $x\mathrm{d}y + \mathrm{d}x = e^y\mathrm{d}x$; 　　(6) $y(1+x^2)\mathrm{d}y + x(1+y^2)\mathrm{d}x = 0$, $y(0) = 1$.

2. 设降落伞从跳伞塔下落后,所受空气阻力与速度成正比,并设降落伞离开跳伞塔顶 $(t = 0)$ 时速度为零,求降落伞下落速度与时间的函数关系.

3. 从冰箱中取出一杯 $5^\circ\!\mathrm{C}$ 的饮料,把它放在室温 $20^\circ\!\mathrm{C}$ 的房间内,20 秒后饮料温度升高到 $10^\circ\!\mathrm{C}$,试问:(1)50 秒后饮料的温度是多少?(2) 需要多长时间饮料的温度升高到 $15^\circ\!\mathrm{C}$.

4. 求下列齐次型微分方程的通解:

(1) $\dfrac{\mathrm{d}y}{\mathrm{d}x} = \dfrac{2xy}{x^2+y^2}$; 　　(2) $\dfrac{\mathrm{d}y}{\mathrm{d}x} = \dfrac{y}{x}(1 + \ln y - \ln x)$;

(3) $y^2 + x^2\dfrac{\mathrm{d}y}{\mathrm{d}x} = xy\dfrac{\mathrm{d}y}{\mathrm{d}x}$; 　　(4) $(1 + 2e^{\frac{x}{y}})\mathrm{d}x + 2e^{\frac{x}{y}}\left(1 - \dfrac{x}{y}\right)\mathrm{d}y = 0$.

5. 设曲线 $y = f(x)$ 上任一点处的切线斜率为 $\dfrac{2y}{x} + 2$,且经过点 $(1,2)$,求该曲线方程.

6. 求下列一阶线性微分方程的通解或特解:

(1) $\dfrac{\mathrm{d}y}{\mathrm{d}x} + 3y = 8$, $y(0) = 2$; 　　(2) $2\dfrac{\mathrm{d}y}{\mathrm{d}x} - y = e^x$;

(3) $y' = \dfrac{y + \ln x}{x}$; 　　(4) $y' - 2xy = e^{x^2}\cos x$;

(5) $\dfrac{\mathrm{d}y}{\mathrm{d}x} + \dfrac{y}{x} = \dfrac{\sin x}{x}$; 　　(6) $\dfrac{\mathrm{d}x}{\mathrm{d}y} = \dfrac{3x + y^4}{y}$, $y(1) = 1$.

7. 设曲线上任一点 $P(x,y)$ 的切线及该点到坐标原点 O 的连线 OP 与 y 轴所围成的面积是常数 A,求这曲线方程.

6.4 二阶常系数线性微分方程

在自然科学及工程技术中,线性微分方程有着十分广泛的应用,在上一节我们介绍一阶线性微分方程,本节主要介绍二阶常系数线性微分方程.

【定义 6.6】 形如:

$$y'' + py' + qy = f(x) \tag{10}$$

的微分方程,称为二阶常系数线性微分方程.其中 p,q 为常数,$f(x)$ 为 x 的连续函数.

如果 $f(x) \equiv 0$,则方程(10) 为:

$$y'' + py' + qy = 0 \tag{11}$$

这时称为二阶常系数线性齐次微分方程,如果 $f(x)$ 不恒为零,则方程(10) 称为二阶常系数线性非齐次微分方程.

例如,方程 $y'' - 6y' + 9y = e^{3x}$,是二阶常系数线性非齐次微分方程,它对应的二阶常系数线性齐次微分方程是 $y'' - 6y' + 9y = 0$.下面来分别讨论二阶常系数线性齐次与非齐次微分方程的解结构及解法.

6.4.1 二阶常系数线性齐次微分方程

1. 二阶常系数线性齐次微分方程 $y'' + py' + qy = 0$ 的解的结构

【定义 6.7】 设 $y_1(x), y_2(x)$ 是两个定义在区间 (a,b) 内的函数,若它们的比 $\dfrac{y_1(x)}{y_2(x)}$ 为常数,则称它们是线性相关的,否则称它们是线性无关的.

例如,函数 $y_1 = e^x$ 与 $y_2 = 2e^x$ 是线性相关的,因为 $\dfrac{y_1}{y_2} = \dfrac{e^x}{2e^x} = \dfrac{1}{2}$;而函数 $y_1 = e^x$ 与 $y_2 = e^{-x}$ 是线性无关的,因为 $\dfrac{y_1}{y_2} = \dfrac{e^x}{e^{-x}} = e^{-2x} \neq C$.

【定理 6.2】(叠加原理) 如果函数 $y_1(x)$ 和 $y_2(x)$ 是齐次方程(11) 的两个解,则

$$y = C_1 y_1(x) + C_2 y_2(x) \tag{12}$$

也是齐次方程(11)的解,其中 C_1, C_2 为任意常数;且当 $y_1(x)$ 与 $y_2(x)$ 线性无关时,式(12)就是齐次方程(11) 的通解.

例如:对于方程 $y'' - y = 0$,容易验证 $y_1 = e^x$ 与 $y_2 = e^{-x}$ 是该方程的两个解,由于它们线性无关,因此 $y = C_1 e^x + C_2 e^{-x}$ 就是该方程的通解.

至于定理 6.2 的证明不难,利用导数运算性质很容易得到验证,请读者自行完成.

2. 二阶常系数线性齐次微分方程 $y'' + py' + qy = 0$ 的解法

由定理 6.2 可知,求齐次方程(11) 的通解,可归结为求它的两个线性无关的解.

从齐次方程(11) 的结构来看,它的解 y 必须与其一阶导数、二阶导数只差一个常数因子,而具有此特征的最简单的函数就是指数函数 e^{rx}(其中 r 为常数).

因此,可设 $y = e^{rx}$ 为齐次方程(11) 的解(r 为待定),则 $y' = re^{rx}$,$y'' = r^2 e^{rx}$,把它们代入齐次方程(11) 得 $e^{rx}(r^2 + pr + q) = 0$,由于 $e^{rx} \neq 0$,所以有

$$r^2 + pr + q = 0. \tag{13}$$

由此可见,只要 r 满足方程(13),函数 $y = e^{rx}$ 就是齐次方程(11) 的解,我们称方程(13) 为齐

次方程(11)的特征方程,满足方程(13)的根为特征根.

由于特征方程(13)是一个一元二次方程,它的两个根 r_1 与 r_2 可用公式:

$$r_{1,2} = \frac{-p \pm \sqrt{p^2 - 4q}}{2}$$

求出,它们有三种不同的情况,分别对应着齐次方程(11)的通解的三种不同情形,叙述如下:

(1) $p^2 - 4q > 0$ 时,有两个不相等的实根 r_1 与 r_2,这时易验证 $y_1 = e^{r_1 x}$ 与 $y_2 = e^{r_2 x}$ 就是齐次方程(11)两个线性无关的解,因此齐次方程(11)的通解为:

$$y = C_1 e^{r_1 x} + C_2 e^{r_2 x},$$

其中 C_1, C_2 为两个相互独立的任意常数.

(2) $p^2 - 4q = 0$ 时,有两个相等的实根 $r_1 = r_2 = r$,这时同样可以验证 $y_1 = e^{rx}$ 与 $y_2 = xe^{rx}$ 是齐次方程(11)两个线性无关的解,因此齐次方程(11)的通解为:

$$y = (C_1 + C_2 x) e^{rx},$$

其中 C_1, C_2 为两个相互独立的任意常数.

(3) $p^2 - 4q < 0$ 时,有一对共轭复根 $r_1 = \alpha + i\beta$ 与 $r_2 = \alpha - i\beta(\beta \neq 0)$,这时可以验证 $y_1 = e^{\alpha x} \cos\beta x$ 与 $y_2 = e^{\alpha x} \sin\beta x$ 就是齐次方程(11)两个线性无关的解,因此齐次方程(11)的通解为:

$$y = (C_1 \cos\beta x + C_2 \sin\beta x) e^{\alpha x},$$

其中 C_1, C_2 为两个相互独立的任意常数.

综上所述,求齐次方程 $y'' + py' + qy = 0$ 的通解步骤为:

第一步,写出齐次方程的特征方程 $r^2 + pr + q = 0$;

第二步,求出特征根 r_1 与 r_2;

第三步,根据特征根的不同情形,按照表 6.2 写出齐次方程(11)的通解.

表 6.2　二阶常系数线性齐次微分方程 $y'' + py' + qy = 0$ 的通解

特征方程 $r^2 + pr + q = 0$ 的两个特征根 r_1, r_2	齐次方程 $y'' + py' + qy = 0$ 的通解
两个不相等的实根 r_1 与 r_2	$y = C_1 e^{r_1 x} + C_2 e^{r_2 x}$
两个相等的实根 $r_1 = r_2 = r$	$y = (C_1 + C_2 x) e^{rx}$
一对共轭复根 $r_1 = \alpha + i\beta$ 与 $r_2 = \alpha - i\beta$	$y = (C_1 \cos\beta x + C_2 \sin\beta x) e^{\alpha x}$

【例 6.11】　求微分方程 $y'' - 2y' - 3y = 0$ 的通解.

【解】　所给方程的特征方程为

$$r^2 - 2r - 3 = 0,$$

求得其特征根为

$$r_1 = -1 \text{ 与 } r_2 = 3,$$

故所给方程的通解为:

$$y = C_1 e^{-x} + C_2 e^{3x}.$$

【例 6.12】　求微分方程 $y'' - 4y' + 4y = 0$,满足条件 $y(0) = 0, y'(0) = 1$ 的特解.

【解】　所给方程的特征方程为

$$r^2 - 4r + 4 = 0,$$

求得其特征根为

$$r_1 = r_2 = 2,$$

故所给方程的通解为：

$$y = (C_1 + C_2 x) e^{2x};$$

将初始条件 $y(0) = 0, y'(0) = 1$ 代入,得 $C_1 = 0, C_2 = 1$,

故所给方程的特解为：

$$y = x e^{2x}.$$

【例 6.13】 求微分方程 $\dfrac{\mathrm{d}^2 y}{\mathrm{d}x^2} + 2 \dfrac{\mathrm{d}y}{\mathrm{d}x} + 3y = 0$ 的通解.

【解】 所给方程的特征方程为

$$r^2 + 2r + 3 = 0,$$

求得它有一对共轭复根为

$$r_{1,2} = -1 \pm \sqrt{2} i,$$

故所给方程的通解为：

$$y = (C_1 \cos \sqrt{2} x + C_2 \sin \sqrt{2} x) e^{-x}.$$

6.4.2 二阶常系数线性非齐次微分方程

1. 二阶常系数线性非齐次微分方程 $y'' + py' + qy = f(x)$ 的解的结构

【定理 6.3】 如果函数 y^* 是非齐次方程 $y'' + py' + qy = f(x)$ 的一个特解,$\bar{y}$ 是对应的齐次方程 $y'' + py' + qy = 0$ 的通解,那么

$$y = \bar{y} + y^* \tag{14}$$

就是该非齐次方程(10)的通解.

与定理 6.1 比较,可以看出,二阶常系数线性非齐次微分方程与一阶线性非齐次微分方程有相同的解结构.

【定理 6.4】 如果函数 y_1^* 与 y_2^* 分别是非齐次方程

$$y'' + py' + qy = f_1(x)$$

与

$$y'' + py' + qy = f_2(x)$$

的一个特解,那么 $y_1^* + y_2^*$ 就是非齐次方程

$$y'' + py' + qy = f_1(x) + f_2(x)$$

的一个特解.

定理 6.3 与定理 6.4 的正确性,都可由方程解的定义而直接验证,读者也可以自行完成.

2. 二阶常系数线性非齐次微分方程 $y'' + py' + qy = f(x)$ 的解法

由定理 6.3 可知,求非齐次方程 $y'' + py' + qy = f(x)$ 的通解步骤为：

第一步,求出对应齐次方程 $y'' + py' + qy = 0$ 的通解 $\bar{y}$；

第二步,求出非齐次方程 $y'' + py' + qy = f(x)$ 的一个特解 y^*；

第三步,写出所求非齐次方程的通解为 $y = \bar{y} + y^*$.

可以看出,关键是第二步非齐次方程 $y'' + py' + qy = f(x)$ 的一个特解如何求.对此我们不加证明地,直接用表 6.3 给出两种常见类型 $f(x)$ 时的非齐次方程的一个特解.

表 6.3　二阶常系数线性非齐次微分方程 $y'' + py' + qy = f(x)$ 的一个特解

$f(x)$ 的形式	条件	特解 y^* 的形式
$f(x) = P_m(x)e^{\lambda x}$	λ 不是特征根	$y^* = Q_m(x)e^{\lambda x}$
	λ 是特征单根	$y^* = xQ_m(x)e^{\lambda x}$
	λ 是特征重根	$y^* = x^2 Q_m(x)e^{\lambda x}$
$f(x) = e^{\alpha x}(A\cos\beta x + B\sin\beta x)$	$\alpha \pm \beta i$ 不是特征方程根	$y^* = e^{\alpha x}(a\cos\beta x + b\sin\beta x)$
	$\alpha \pm \beta i$ 是特征方程根	$y^* = xe^{\alpha x}(a\cos\beta x + b\sin\beta x)$

注：①$P_m(x)$ 是一个已知的 m 次多项式，$Q_m(x)$ 是与 $P_m(x)$ 有相同次数的待定多项式；

②A,B,α,β 为已知常数，a,b 为待定常数.

【例 6.14】　求微分方程 $y'' + y' = x$ 的一个特解 y^*.

【解】　因为 $f(x) = xe^{0 \cdot x}$ 中的 $\lambda = 0$ 恰是特征方程 $r^2 + r = 0$ 的单根，故可设

$$y^* = x(ax + b)e^{0 \cdot x} = ax^2 + bx,$$

为方程的一个特解，其中 a,b 为待定系数，则

$$(y^*)' = 2ax + b, \quad (y^*)'' = 2a,$$

代入原方程，得

$$2a + 2ax + b = x,$$

比较等式两边，可解得

$$a = \frac{1}{2}, b = -1,$$

故原方程的一个特解为：

$$y^* = \frac{1}{2}x^2 - x.$$

【例 6.15】　求微分方程 $y'' - 6y' + 9y = e^{3x}$ 的通解.

【解】　第一步，求对应齐次方程 $y'' - 6y' + 9y = 0$ 的通解 $\bar{y}$. 因特征方程为 $r^2 - 6r + 9 = 0$，所以特征根为 $r_1 = r_2 = 3$（是重根），故对应齐次方程的通解为：

$$\bar{y} = (C_1 + C_2 x)e^{3x};$$

第二步，求原方程的一个特解 y^*. 因 $f(x) = e^{3x}$ 中的 $\lambda = 3$ 恰是特征方程的重根，故可设：

$$y^* = ax^2 e^{3x},$$

其中 a 为待定系数，则

$$(y^*)' = (2ax + 3ax^2)e^{3x}, (y^*)'' = (2a + 12ax + 9ax^2)e^{3x},$$

代入原方程，得

$$[2a + 12ax + 9ax^2 - 6(2ax + 3ax^2) + 9ax^2]e^{3x} = e^{3x},$$

比较等式两边，可解得

$$a = \frac{1}{2},$$

故原方程的一个特解为：

$$y^* = \frac{1}{2}x^2 e^{3x};$$

第三步，于是原方程的通解为：

$$y = (C_1 + C_2 x)e^{3x} + \frac{1}{2}x^2 e^{3x}.$$

【例 6.16】 求方程 $y'' + y = \sin x$ 的一个特解 y^*

【解】 因为 $f(x) = e^0 \sin x$ 中的 $\alpha + i\beta = i$(其中 $\alpha = 0, \beta = 1$)恰是特征方程根,从而可设特解为:

$$y^* = x(a\cos x + b\sin x),$$

代入原方程,可解得

$$a = -\frac{1}{2}, b = 0,$$

故原方程的一个特解为:

$$y^* = -\frac{1}{2}x\cos x.$$

习题 6.4

1. 求下列二阶常系数线性齐次微分方程的通解:

(1) $y'' - 4y' = 0$;   (2) $y'' - 2y' + y = 0$;

(3) $y'' + y' + y = 0$;   (4) $y'' - 5y' + 6y = 0$.

2. 写出下列二阶常系数线性非齐次微分方程的一个特解:

(1) $y'' - 2y' - 3y = x + 1$;   (2) $y'' - 4y = 2e^{2x}$;

(3) $y'' - 2y' + 2y = 4e^x \cos x$;   (4) $y'' + 2y' + 2y = e^{-x}\sin x + x + 2$.

3. 求微分方程 $y'' - y = 4xe^x$ 满足初始条件 $y(0) = 0, y'(0) = 1$ 的特解.

4. 有一个底半径为 10cm,质量分布均匀的圆柱形浮筒浮在水面上,它的轴与水面垂直,今沿轴的方向把浮筒轻轻地按一下再放开,浮筒便开始作以 2s 为周期的上下振动(浮筒始终有一部分露在水面上),设水的密度 $\rho = 10^3 \text{kg/m}^3$,试求浮筒的质量.

6.5　微分方程在经济领域中的应用举例

6.5.1　关于商品需求方面

【例 6.17】 某商品的需求量 Q 是价格 p 的函数,已知它的需求价格弹性为 $\eta_p = -p\ln 5$,若该商品的最大需求量为 1200kg(p 的单位为元).

(1) 试求需求量 Q 与价格 p 的函数关系式;

(2) 求当价格为 1 元时,市场对该商品的需求量;

(3) 当 $p \to +\infty$ 时,需求量的变化趋势如何?

【解】 (1) 由条件可知

$$\frac{p}{Q}\frac{\mathrm{d}Q}{\mathrm{d}p} = -p\ln 5,$$

即

$$\frac{\mathrm{d}Q}{Q} = -\ln 5 \mathrm{d}p,$$

用分离变量法,可求得

$$Q = C5^{-p},$$

由初始条件 $Q(0) = 1200$ 得, $C = 1200$, 于是需求量 Q 与价格 p 的函数关系式为:

$$Q = 1200 \times 5^{-p};$$

(2) 当 $p = 1$ 时, $Q = 1200 \times 5^{-1} = 240 \text{kg}$;

(3) 当 $p \to +\infty$ 时, $Q \to 0$, 即随着价格的无限增大, 需求量将趋于零.

【例 6.18】　已知某商品的需求函数与供给函数分别为:

$$Q = a - bp \quad \text{与} \quad S = -c + dp,$$

其中 a, b, c, d 均为正常数, 而商品价格 p 又是时间 t 的函数. 若初始条件为 $p(0) = p_0$, 且在任一时刻 t, 价格 p 的变化率总与这一时刻的超额需求 $Q - S$ 成正比(比例常数为 $k > 0$).

(1) 求供需相等时的价格 p_e(即均衡价格);

(2) 求价格函数 $p = p(t)$;

(3) 分析价格函数 $p = p(t)$ 随时间的变化情况.

【解】　(1) 由 $Q = S$ 得, $p_e = \dfrac{a+c}{b+d}$;

(2) 由题意可知

$$\frac{\mathrm{d}p}{\mathrm{d}t} = k(Q - S) = k(a + c) - k(b + d)p,$$

它是一阶线性非齐次微分方程, 用常数变易法, 可求得

$$p(t) = Ce^{-k(b+d)t} + \frac{a+c}{b+d},$$

由 $p(0) = p_0$, $p_e = \dfrac{a+c}{b+d}$, 得

$$p(t) = (p_0 - p_e)e^{-k(b+d)t} + p_e;$$

(3) 由于 $p_0 - p_e$ 是常数, $k(b+d) > 0$, 故当 $t \to +\infty$ 时, 有 $p \to p_e$; 根据 p_0 与 p_e 的大小, 可分三种情况讨论(见图 6.3):

当 $p_0 = p_e$ 时, 有 $p(t) = p_e$, 即价格为常数, 市场无需调节已达到均衡;

当 $p_0 > p_e$ 时, 有 $p(t)$ 总大于 p_e, 而趋于 p_e;

当 $p_0 < p_e$ 时, 有 $p(t)$ 总小于 p_e, 而趋于 p_e.

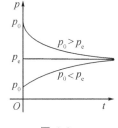

图 6.3

6.5.2　关于连续复利方面

【例 6.19】　假设银行年利率为 r, 现存入 A_0 元, 试分析银行的利率分别按年复合、季复合、月复合、日复合及连续复合时:

(1) t 年后, 总金额 $A = A(t)$ 的计算公式;

(2) 当 $r = 6\%$, $A_0 = 10000$ 元时, 算出 1 年后, 本息合计 $A(1)$ 分别为多少?

(3) 连续复合时, 总金额 $A(t)$ 所满足的微分方程.

【解】　(1) 银行的利率分别按年复合、季复合、月复合、日复合及连续复合时: 一年后, 总金额 $A(1)$ 分别是:

$$A_0(1 + r) \text{、} A_0\left(1 + \frac{r}{4}\right)^4 \text{、} A_0\left(1 + \frac{r}{12}\right)^{12} \text{、} A_0\left(1 + \frac{r}{365}\right)^{365} \text{及} \lim_{n \to +\infty} A_0\left(1 + \frac{r}{n}\right)^n,$$

于是 t 年后, 总金额 $A = A(t)$ 的计算公式分别是:

$$A(t) = A_0(1+r)^t, A(t) = A_0\left(1+\frac{r}{4}\right)^{4t}, A(t) = A_0\left(1+\frac{r}{12}\right)^{12t}, A(t) = A_0\left(1+\frac{r}{365}\right)^{365t}$$

及

$$A(t) = \lim_{n \to +\infty} A_0\left(1+\frac{r}{n}\right)^{nt} = \lim_{n \to +\infty} A_0\left[\left(1+\frac{1}{\frac{n}{r}}\right)^{\frac{n}{r}}\right]^{rt} = A_0 e^{rt};$$

(2) 于是当 $r = 6\%$, $A_0 = 10000$ 时,本息合计 $A(1)$ 分别为:

10600.00 元,10613.64 元,10616.78 元,10618.31 元及 10618.37 元;

(3) 因银行利率按连续复合时,t 年后的总金额为 $A(t) = A_0 e^{rt}$,对等式两边微分,得

$$\frac{\mathrm{d}A(t)}{\mathrm{d}t} = rA(t),$$

这表明利率连续复合时,总金额增长速度和本金数额成正比,这就是所要求的微分方程.

【例 6.20】 某银行账户,以连续复利方式计息,年利率为 5%,希望连续 10 年以每年 10 万元人民币的速率用这一账户支付职工工资,若 t 以年为单位,试写出余额 $B = B(t)$ 所满足的微分方程,且问当初始存入的数额 B_0 为多少时,才能使 10 年后账户中的余额精确地减至 0.

【解】 显然,银行余额的变化速率 = 利息盈取速率 - 工资支付速率,而银行余额的变化速率为 $\frac{\mathrm{d}B}{\mathrm{d}t}$,利息盈取速率为每年 $0.05B$,工资支付的速率为每年 10 万元,于是,有

$$\frac{\mathrm{d}B}{\mathrm{d}t} = 0.05B - 10,$$

利用分离变量法,可求得

$$B = 200 + Ce^{0.05t};$$

再由初始条件 $B(0) = B_0$,得 $C = B_0 - 200$,故余额函数为:

$$B = 200 + (B_0 - 200)e^{0.05t};$$

由题意,令 $t = 10$, $B = 0$,即

$$0 = 200 + (B_0 - 200)e^{0.5},$$

由此得当初始存入的数额 $B_0 = 200\left(1 - \frac{1}{\sqrt{e}}\right) \approx 78.7$(万元)时,10 年后银行账户中的余额几乎为零.

6.5.3 关于未来预测方面

【例 6.21】 在某池塘内养鱼,该池塘内最多能养 1000 尾,设在 t 时刻该池塘内鱼数为 $y(t)$ 是时间 t(月)的函数,其变化率与鱼数 y 及 $1000 - y$ 的乘积成正比(比例常数为 $k > 0$). 已知在池塘内放养鱼 100 尾,3 个月后池塘内有鱼 250 尾,试求:(1) 在 t 时刻池塘内鱼数 $y(t)$ 的计算公式;(2) 放养 6 个月后池塘内又有多少尾鱼?

【解】 (1) 由题意可知,在 t 时刻池塘内鱼数 $y(t)$ 应满足如下关系式:

$$\frac{\mathrm{d}y}{\mathrm{d}t} = ky(1000 - y),$$

这就是我们熟悉的逻辑斯谛(Logistic)模型,用分离变量法,可求得

$$\frac{y}{1000 - y} = Ce^{1000kt},$$

将条件 $y(0) = 100, y(3) = 250$ 代入，得 $C = \dfrac{1}{9}, k = \dfrac{\ln 3}{3000}$，于是在 t 时刻池塘内鱼数 $y(t)$ 的计算公式为：

$$y(t) = \frac{1000 \cdot 3^{\frac{t}{3}}}{9 + 3^{\frac{t}{3}}} (\text{尾});$$

（2）取 $t = 6$，得放养 6 个月后池塘内鱼数为：

$$y(6) = 500 (\text{尾}).$$

习题 6.5

1. 设某商品的需求价格弹性 $\eta = -K$（K 为常数），求该商品的需求函数 $Q = Q(p)$（提示：需求弹性 $\eta = \dfrac{p}{Q} \dfrac{\mathrm{d}Q}{\mathrm{d}p}$）.

2. 某林区实行封山育林，现有木材 10 万立方米，如果在每一时刻 t 木材的变化率与当时木材数成正比，假设 10 年时这林区的木材为 20 万立方米，若规定，该林区的木材量达到 40 万立方米时才可砍伐，问至少多少年后才能砍伐.

3. 在宏观经济研究中，发现某地区的国民收入 y，国民储蓄 S 和投资 I 均是时间 t 的函数，且在任一时刻 t，储蓄额 $S(t)$ 为国民收入 $y(t)$ 的 $\dfrac{1}{10}$ 倍，投资额 $I(t)$ 是国民收入增长率 $\dfrac{\mathrm{d}y}{\mathrm{d}t}$ 的 $\dfrac{1}{3}$ 倍. 假设 $t = 0$ 时，国民收入为 5（亿元），而在时刻 t 的储蓄额全部用于投资，试求国民收入函数、国民储蓄函数和投资函数.

4. 已知某商品的需求量 Q 与供给量 S 都是价格函数：

$$Q = \frac{a}{p^2} \text{ 与 } S = bp,$$

其中 a, b 均为正常数，价格 p 又是时间 t 的函数，且满足 $\dfrac{\mathrm{d}p}{\mathrm{d}t} = k(Q - S)$（$k$ 为正常数），假设 $p(0) = 1$，试求：

（1）需求量等于供给量的均衡价格 p_e；

（2）价格函数 $p = p(t)$；

（3）$\lim\limits_{t \to +\infty} p(t)$.

5. 设有某种商品在某地区进行推销，最初商家会采取各种宣传活动打开销路，假设该商品确实受欢迎，则消费者会相互宣传，使购买人数逐渐增加，销售速率逐渐增大. 但是由于该地区潜在消费总量是有限的，所以当购买者占到潜在消费总量的一定比例时，销售率又会逐渐下降，且该比例越接近于 1，销售速率越低，这时商家就应更新商品了.

（1）假设该地区潜在消费总量为 N，且在 t 时刻，该商品出售量为 $x(t)$，试建立 $x(t)$ 所满足的微分方程；

（2）假设 $x(0) = x_0$，求出 $x(t)$；

（3）分析 $x(t)$ 的性态，给出商品的宣传和生产策略.

［提示：$\dfrac{\mathrm{d}x}{\mathrm{d}t} = kx(N - x)$；分析结果是：该商品在生产初期应以较小批量生产并加强宣传，生产中期应大批量生产，而到后期则应适时转产了.］

本章小结

一、基本概念

1. 微分方程:表示未知函数、未知函数的导数(或微分)与自变量之间的关系的方程;微分方程的阶,微分方程的解、通解、特解,初始条件等.

2. 可分离变量的微分方程、齐次型微分方程、一阶线性微分方程(齐次与非齐次);二阶常系数线性微分方程(齐次与非齐次).

二、几类微分方程解的结构定理

【定理 6.1】 一阶线性非齐次微分方程 $\dfrac{\mathrm{d}y}{\mathrm{d}x} + P(x)y = Q(x)$ 的通解,是由其对应的齐次方程 $\dfrac{\mathrm{d}y}{\mathrm{d}x} + P(x)y = 0$ 的通解加上非齐次方程自己的一个特解所构成.

【定理 6.2】 如果 $y_1(x)$ 和 $y_2(x)$ 是二阶常系数线性齐次微分方程 $y'' + py' + qy = 0$ 的两个线性无关的解,则 $y = C_1 y_1(x) + C_2 y_2(x)$ 就是齐次方程 $y'' + py' + qy = 0$ 的通解,其中 C_1, C_2 为任意常数.

【定理 6.3】 如果 y^* 是非齐次方程 $y'' + py' + qy = f(x)$ 的一个特解,$\bar{y}$ 是对应的齐次方程 $y'' + py' + qy = 0$ 的通解,那么 $y = \bar{y} + y^*$ 就是非齐次方程 $y'' + py' + qy = f(x)$ 的通解,其中 C_1, C_2 为任意常数.

【定理 6.4】 如果 y_1^* 与 y_2^* 分别是非齐次方程 $y'' + py' + qy = f_1(x)$ 与 $y'' + py' + qy = f_2(x)$ 的一个特解,那么 $y_1^* + y_2^*$ 就是非齐次方程 $y'' + py' + qy = f_1(x) + f_2(x)$ 的一个特解.

三、几类微分方程的解法

1. 可分离变量微分方程 $\dfrac{\mathrm{d}y}{\mathrm{d}x} = f(x)g(y)$:先分离变量,后两边积分,最后写出方程的通解(即分离变量法).

2. 齐次型微分方程 $\dfrac{\mathrm{d}y}{\mathrm{d}x} = \varphi\left(\dfrac{y}{x}\right)$:用变量代换 $u = \dfrac{y}{x}$ 化原方程为可分离变量的方程,然后用分离变量法解出方程,最后换回原变量写出原方程的通解.

3. 一阶线性齐次的微分方程 $\dfrac{\mathrm{d}y}{\mathrm{d}x} + P(x)y = 0$:方法一,用分离变量法求得原方程的通解;方法二,用公式法 $y = Ce^{-\int P(x)\mathrm{d}x}$ 写出原方程的通解.

4. 一阶线性非齐次的微分方程 $\dfrac{\mathrm{d}y}{\mathrm{d}x} + P(x)y = Q(x)$:方法一,先求出其对应的齐次方程的通解 $y = Ce^{-\int P(x)\mathrm{d}x}$,然后把常数 C 换成待定函数 $u(x)$,求出 $u(x)$,最后写出原方程的通解(即常数变易法);方法二,用公式法 $y = e^{-\int P(x)\mathrm{d}x}\left[\int Q(x)e^{\int P(x)\mathrm{d}x}\mathrm{d}x + C\right]$ 写出原方程的通解.

5. 二阶常系数线性齐次微分方程 $y'' + py' + qy = 0$:先写出齐次方程的特征方程 $r^2 + pr$

$+ q = 0$,然后求出特征根 r_1 与 r_2,最后根据特征根的不同情形,按照表6.2写出齐次方程的通解.

6. 二阶常系数线性非齐次微分方程 $y'' + py' + qy = f(x)$:先求出对应齐次方程 $y'' + py'$ $+ qy = 0$ 的通解 $\bar{y}$,然后按照表6.3求出非齐次方程 $y'' + py' + qy = f(x)$ 的一个特解 y^*,最后写出非齐次方程的通解 $y = \bar{y} + y^*$.

四、微分方程的作用

1. 利用微分方程建立数学模型:如马尔萨斯(**Malthus**)模型、逻辑斯谛(**Logistic**)模型、捕猎-食饵模型等.

2. 微分方程在经济领域中的应用:如关于商品需求、连续复利、未来预测等方面的应用.

综合练习

一、填空题

1. 微分方程 $y' - y\cot x = 0$ 的通解为_____.

2. 微分方程 $\dfrac{\mathrm{d}y}{\mathrm{d}x} = \dfrac{y}{x} + \tan\dfrac{y}{x}$ 的通解为_____.

3. 微分方程 $(x^2 - 1)y' + 2xy - \cos x = 0$ 满足 $y\big|_{x=0} = 1$ 特解为_____.

4. 微分方程 $y'' - 2y' + 2y = e^x$ 的通解为_____.

5. 以 $y = C_1 e^x + C_2 xe^x$ 为通解的微分方程为_____.

6. 微分方程 $y'' - 2y' = xe^{2x}$ 的特解形式为_____.

7. 微分方程 $y'' + 2y' + 5y = e^{-x}\cos 2x$ 的特解形式为_____.

8. 微分方程 $y'' - 4y' - 5y = e^{-x} + \sin 5x$ 的特解形式为_____.

二、选择题

1. 微分方程 $(x + y)\mathrm{d}y = (x - y)\mathrm{d}x$ 是(　　).

A. 线性微分方程　　　　　　　　　　B. 可分离变量方程

C. 齐次微分方程　　　　　　　　　　D. 一阶线性非齐次方程

2. 微分方程 $y' = 2xy + x^3$ 是(　　).

A. 齐次微分方程　　　　　　　　　　B. 可分离变量方程

C. 线性齐次方程　　　　　　　　　　D. 线性非齐次方程

3. 微分方程 $y''' = \sin x$ 的通解为(　　).

A. $y = \cos x + \dfrac{1}{2}C_1 x^2 + C_2 x + C_3$ 　　　B. $y = \sin x + \dfrac{1}{2}C_1 x^2 + C_2 x + C_3$

C. $y = \cos x + C_1$ 　　　　　　　　D. $y = 2\sin 2x$

4. 某二阶常微分方程下列解中为其通解的是(　　).

A. $y = C\sin x$ 　　　　　　　　　　B. $y = C_1\sin x + C_2\cos x$

C. $y = \sin x + \cos x$ 　　　　　　　D. $y = (C_1 + C_2)\cos x$

5. 某种气体的气压 p 对于温度 T 的变化率与气压成正比与温度的平方成反比,将此问题用微分方程可表示为(　　).

A. $\dfrac{\mathrm{d}p}{\mathrm{d}T} = pT^2$ 　　B. $\dfrac{\mathrm{d}p}{\mathrm{d}T} = \dfrac{p}{T^2}$ 　　C. $\dfrac{\mathrm{d}p}{\mathrm{d}T} = k\dfrac{p}{T^2}$ 　　D. $\dfrac{\mathrm{d}p}{\mathrm{d}T} = -\dfrac{p}{T^2}$

6. 微分方程 $y'' + 2y' + y = 0$ 的通解为（　　）.

A. $y = C_1 \cos x + C_2 \sin x$　　　　　　B. $y = C_1 e^x + C_2 e^{2x}$

C. $y = (C_1 + C_2 x)e^{-x}$　　　　　　　　D. $y = C_1 e^x + C_2 e^{-x}$

7. 微分方程 $\dfrac{d^2 y}{dx^2} + 2y = 1$ 的通解为（　　）.

A. $\dfrac{1}{2} + C_1 \cos \sqrt{2}x + C_2 \sin \sqrt{2}x$　　　　B. $\dfrac{1}{2} + C_1 e^{\sqrt{2}x} + C_2 e^{-\sqrt{2}x}$

C. $C_1 \cos \sqrt{2}x + C_2 \sin \sqrt{2}x$　　　　　　D. $C_1 e^{\sqrt{2}x} + C_2 e^{-\sqrt{2}x}$

三、计算题

1. 求微分方程 $y'' + y' = 0$ 的通解.

2. 求微分方程 $y'' = 2\sin x$ 的通解.

3. 求微分方程 $(e^{x+y} + e^x)dx + (e^{x+y} - e^y)dy = 0$ 的通解.

4. 求微分方程 $y'' = x - 2y'$ 的通解.

5. 求微分方程 $y'' + y = \sin x$，满足初始条件 $y(0) = 1, y'(0) = \dfrac{1}{2}$ 的特解.

6. 设二阶常系数线性微分方程 $y'' + \alpha y' + \beta y = \gamma e^x$ 的一个特解为 $y = e^{2x} + (1+x)e^x$，试确定常数 α, β, γ，并求出该方程的通解.

7. 设 $y_1 = xe^x + e^{2x}, y_2 = xe^x + e^{-x}, y_3 = xe^x + e^{2x} - e^{-x}$ 是某二阶常系数非齐次线性微分方程的三个解，求此微分方程.

8. 求一曲线的方程，这曲线通过原点，并且它在点 (x, y) 处的切线斜率等于 $2x + y$.

四、应用题

1. 一伞兵与降落伞共重 100kg，人、伞位置足够高，当伞张开时，他以 20m/s 的速度垂直下落，设空气阻力与瞬时速度成正比，且当速度为 10m/s 时，空气阻力为 400kg，试求伞兵开伞后 t 时刻的速度及极限速度.（$g = 10$ 米/秒）

2. 当一次谋杀发生后，尸体的温度从原来的 37℃ 按照牛顿冷却定律（物体温度的变化率与该物体温度和周围介质温度之差成正比）开始变凉. 假设两个小时后尸体温度变为 35℃，并且假定周围空气的温度保持 20℃ 不变. 求出自谋杀发生后尸体的温度 H 是如何作为时间 t（以小时为单位）的函数随时间变化的；最终尸体的温度如何？

3. 某湖泊的水量为 V，每年排入湖泊内的含污染物 A 的污水量为 $\dfrac{V}{6}$，流入湖泊内不含污染物 A 的水量为 $\dfrac{V}{6}$，流出湖泊的水量为 $\dfrac{V}{3}$，已知 1999 年底湖中 A 的含量为 $5m_0$，超过了国家规定指标，为了治理污染，从 2000 年初起，限定排入湖中含 A 的污水浓度不超过 $\dfrac{m_0}{V}$，问至少需要经过多少年，湖泊中污染物 A 的含量降至 m_0 以内？（注：设湖水中 A 的浓度是均匀的）.

4. 假设某产品的销售量 $x(t)$ 是时间 t 的可导函数，如果商品的销售量对时间的增长率 $\dfrac{dx}{dt}$ 与销售量 $x(t)$ 及销售量接近于饱和水平的程度 $N - x(t)$ 之积成正比（N 为饱和水平，比例常数为 $k > 0$），且当 $t = 0$ 时，$x = \dfrac{N}{4}$.

（1）求销售量 $x(t)$；

(2) 求 $x(t)$ 的增长最快的时刻 T.

5. 某商场的销售成本 y 和存贮费用 S 均是时间 t 的函数,随时间 t 的增长,销售成本的变化率等于存贮费用的倒数与常数 5 的和,而存贮费用的变化率为存贮费用的 $\left(-\dfrac{1}{3}\right)$ 倍.若当 $t=0$,销售成本 $y=0$,存贮费用 $S=10$.试求销售成本与时间 t 的函数关系及存贮费用与时间 t 的函数关系.

6. 设某公司的净资产在营运过程中,像银行的存款一样,以年利率为 5% 的连续复利产生利息而使总资产增长,同时,公司还必须以每年 200 百万元人民币的数额连续地支付职工的工资.

(1) 列出描述公司净资产 W(以百万元为单位)的微分方程;

(2) 假设公司的初始净资产为 W_0(百万元),求公司的净资产 $W(t)$;

(3) 描绘出当 W_0 分别为 3000,4000 和 5000 时的解曲线.

第7章   多元函数的微分学

本章知识结构导图

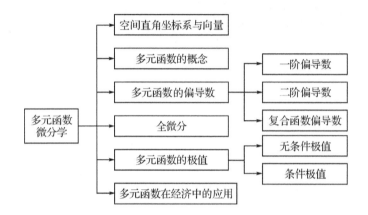

阅读材料 READ 数学家笛卡尔(Descartes)

　　勒奈·笛卡尔(Rene Descartes),1596年3月31日生于法国都兰城.笛卡尔是伟大的哲学家、物理学家、数学家、生理学家,解析几何的创始人,是欧洲近代资产阶级哲学的奠基人之一,黑格尔称他为"现代哲学之父".笛卡儿堪称17世纪的欧洲哲学界和科学界最有影响的巨匠之一,被誉为"近代科学的始祖".

　　笛卡尔最杰出的成就是在数学发展上创立了解析几何学.在笛卡儿时代,代数还是一个比较新的学科,几何学的思维还在数学家的头脑中占有统治地位.笛卡儿致力于代数和几何联系起来的研究,1637年在创立了坐标系后,成功地创立了解析几何学.他的这一成就为微积分的创立奠定了基础.解析几何直到现在仍是重要的数学方法之一.笛卡尔不仅提出了解析几何学的主要思想方法,还指明了其发展方向.他在《几何学》中,将逻辑、几何、代数方法结合起来,通过讨论作图问题,勾勒出解析几何的新方法,从此,数和形就走到了一起(数轴是数和形的第一次接触).解析几何的创立是数学史上一次划时代的转折.而平面直角坐标系的建立正是解析几何得以创立的基础.直角坐标系为代数和几何架起了一座桥梁,它使几何概念可以用代数形式来表示,几何图形也可以用代数形式来表示,于是代数和几何就这样合为一家了.

轶事:蜘蛛织网和平面直角坐标系

据说有一天,笛卡尔生病卧床,病情很重,尽管如此他还反复思考一个问题:几何图形是直观的,而代数方程是比较抽象的,能不能把几何图形和代数方程结合起来,也就是说能不能用几何图形来表示方程呢?要想达到此目的,关键是如何把组成几何图形的点和满足方程的每一组"数"挂上钩,他苦苦思索,拼命琢磨,通过什么样的方法,才能把"点"和"数"联系起来.突然,他看见屋顶角上的一只蜘蛛,拉着丝垂了下来.一会工夫,蜘蛛又顺着丝爬上去,在上边左右拉丝.蜘蛛的"表演"使笛卡尔的思路豁然开朗.他想:可以把蜘蛛看作一个点,它在屋子里可以上、下、左、右运动.那么能不能把蜘蛛的每一个位置用一组数确定下来呢?他又想:屋子里相邻的两面墙与地面交出了三条线,如果把地面上的墙作为起点,把相交而成的三条线作为三根数轴,那么空间中任意一点的位置就可以在这三根数轴上找到有顺序的三个数.反过来,任意给一组三个有顺序的数也可以在空间中找到一点 P 与之对应,同样道理,用一组数(x,y)可以表示平面上的一个点,平面上的一个点也可以用一组两个有顺序的数来表示,这就是坐标系的雏形.

7.1　空间直角坐标系

7.1.1　空间直角坐标系

坐标系:以 O 为公共原点,作三条互相垂直的数轴 Ox 轴(横轴), Oy 轴(纵轴), Oz 轴(竖轴),其中三条数轴符合右手规则.我们把点 O 叫做坐标原点,数轴 Ox , Oy , Oz 统称为坐标轴.平面 xOy , yOz , zOx 统称为三个坐标面.三个坐标面将空间分成八个部分,每一部分称为一个卦限(如图 7.1).

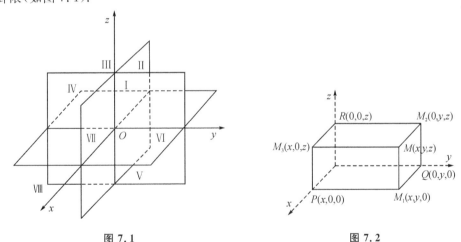

图 7.1　　　　　　　　　图 7.2

点的坐标:设 M 为空间中一点,过 M 点作三个平面分别垂直于三条坐标轴,它们与 x 轴, y 轴, z 轴的交点依次为 P , Q , R (图 7.2),设 P , Q , R 三点在三个坐标轴的坐标依次为 x , y , z .空间一点 M 就唯一地确定了一个有序数组 (x,y,z) ,称为 M 的直角坐标, x 、 y 、 z 分别称为点 M 的横坐标、纵坐标和竖坐标,记为 $M(x,y,z)$.

7.1.2　空间两点间的距离

设 $M_1(x_1,y_1,z_1)$ 、 $M_2(x_2,y_2,z_2)$ 为空间两点,可以证明:这两点间的距离为

$$|M_1M_2| = \sqrt{(x_2 - x_1)^2 + (y_2 - y_1)^2 + (z_2 - z_1)^2}.$$

特别地,点 $M(x,y,z)$ 与原点 $O(0,0,0)$ 的距离为:

$$|OM| = \sqrt{x^2 + y^2 + z^2}.$$

容易看出,上述两个公式是平面直角坐标系中两点间距离公式的推广.

习题 7.1

1.在空间直角坐标系中,指出下列各点所在的卦限:

$A(1,-1,2)$, $B(-1,-1,2)$, $C(1,1,-2)$, $D(-1,1,2)$, $E(-1,1,-2)$.

2.求两点 $M_1(2,-1,3)$ 和 $M_2(-3,2,1)$ 之间的距离.

3.求点 $M(1,2,3)$ 到坐标原点、坐标轴和坐标平面的距离.

7.2 多元函数的概念

函数 $y = f(x)$ 是因变量与一个自变量之间的关系,即因变量的值只依赖于一个自变量,称为一元函数.

但在许多实际问题中往往需要研究因变量与几个自变量之间的关系,即因变量的值依赖于几个自变量.

例如,某种商品的市场需求量不仅仅与其市场价格有关,而且与消费者的收入以及这种商品的其他代用品的价格等因素有关,即决定该商品需求量的因素不止一个而是多个. 要全面研究这类问题,就需要引入多元函数的概念.

7.2.1 二元函数的概念

【定义 7.1】设 D 是平面上的一个非空点集,如果对于每个点 $(x,y) \in D$,变量按照一定的法则 f 总有唯一确定的值与之对应,则称这个值是变量 x,y 的二元函数,记为

$$z = f(x,y),$$

其中变量 x,y 称为自变量,z 称为因变量,集合 D 称为函数 $z = f(x,y)$ 的定义域,对应函数值的集合 $\{z \mid z = f(x,y), (x,y) \in D\}$ 称为该函数的值域.

类似地,可以定义三元函数 $u = f(x,y,z)$ 以及三元以上的函数.二元以及二元以上的函数统称为多元函数.

与一元函数一样,定义域和对应法则是二元函数的两个要素.

一元函数的自变量只有一个,因而函数的定义域比较简单,是一个或几个区间.二元函数有两个自变量,定义域通常是由平面上一条或几条光滑曲线所围成的具有连通性的部分平面,即二元函数的定义域在几何上通常为一个或几个平面区域.

【例 7.1】 求下列二元函数的定义域,并绘出定义域的图形:

(1)$z = \sqrt{1 - x^2 - y^2}$;　　　　　　　　　(2)$z = \ln(x + y)$;

(3)$z = \dfrac{1}{\ln(x + y)}$;　　　　　　　　　(4)$z = \ln(xy - 1)$.

【解】 (1)要使函数 $z = \sqrt{1 - x^2 - y^2}$ 有意义,必须有 $1 - x^2 - y^2 \geqslant 0$,即有 $x^2 + y^2 \leqslant 1$.

故所求函数的定义域为 $D = \{(x,y) \mid x^2 + y^2 \leqslant 1\}$,图形为图 7.3.

(2) 要使函数 $z = \ln(x + y)$ 有意义,必须有 $x + y > 0$. 故所求函数的定义域为:$D = \{(x,y) \mid x + y > 0\}$,图形为图 7.4.

(3) 要使函数 $z = \dfrac{1}{\ln(x + y)}$ 有意义,必须有 $x + y > 0$ 及 $\ln(x + y) \neq 0$,即 $x + y > 0$ 且 $x + y \neq 1$. 故该函数的定义域为 $D = \{(x,y) \mid x + y > 0, x + y \neq 1\}$,图形为图 7.5.

(4) 要使函数 $z = \ln(xy - 1)$ 有意义,必须有 $xy - 1 > 0$. 故该函数的定义域为:$D = \{(x,y) \mid xy > 1\}$,图形为图 7.6.

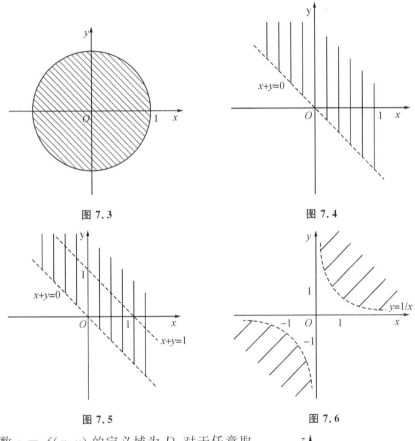

图 7.3

图 7.4

图 7.5

图 7.6

设函数 $z = f(x,y)$ 的定义域为 D,对于任意取定的 $P(x,y) \in D$,对应的函数值为 $z = f(x,y)$,这样,以 x 为横坐标、y 为纵坐标、z 为竖坐标在空间就确定一点 $M(x,y,z)$,当 $P(x,y)$ 取遍 D 上一切点时,得一个空间点集 $\{(x,y,z) \mid z = f(x,y),(x,y) \in D\}$,这个点集称为二元函数 $z = f(x,y)$ 的图像. 如图 7.7,二元函数的图像通常为空间中的一张曲面.

具体地,如函数 $z = \sin xy$ 的图像为图 7.8;函数 $x^2 + y^2 + z^2 = a^2$ 的图像为一个球面,如图 7.9.

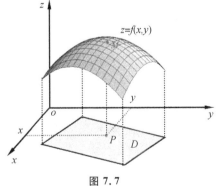

图 7.7

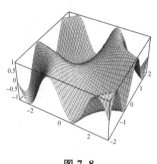
图 7.8

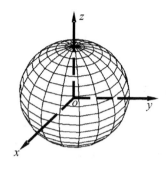
图 7.9

7.2.2 二元函数的极限与连续

在一元函数中,我们研究了当自变量趋于某一数值时函数的极限,对于二元函数 $z = f(x,y)$,同样可以讨论当自变量 x 与 y 趋向于 x_0 和 y_0 时,函数 z 的变化状态.也就是说,研究当点 (x,y) 趋向 (x_0,y_0) 时,函数 $z = f(x,y)$ 的变化趋势.但是,二元函数的情况要比一元函数复杂得多.因为在坐标平面 xOy 上,(x,y) 趋向 (x_0,y_0) 的方式是多种多样的.

首先介绍邻域的概念:设 $P_0(x_0,y_0)$ 是 xOy 平面上的一个点,δ 是某一正数,则称集合 $U(P_0,\delta) = \{P \mid |PP_0| < \delta\} = \{(x,y) \mid \sqrt{(x-x_0)^2 + (y-y_0)^2} < \delta\}$ 为 P_0 的 δ 邻域;而集合 $U^0(P_0,\delta) = \{P \mid 0 < |PP_0| < \delta\} = \{(x,y) \mid 0 < \sqrt{(x-x_0)^2 + (y-y_0)^2} < \delta\}$ 称为 P_0 的 δ 空心邻域.

【定义 7.2】 设函数 $z = f(x,y)$ 在点 $P_0(x_0,y_0)$ 的某空心邻域内有定义[$P_0(x_0,y_0)$ 点可除外],如果当点 $P(x,y)$ 沿任何路径无限趋于 $P_0(x_0,y_0)$ 时,对应的函数值 $z = f(x,y)$ 都无限趋近于一个确定的常数 A,则称当点 $P(x,y)$ 趋向于 $P_0(x_0,y_0)$ 时,函数 $z = f(x,y)$ 以 A 为极限.记为

$$\lim_{(x,y) \to (x_0,y_0)} f(x,y) = A$$

二元函数极限也叫二重极限,可记为

$$\lim_{\substack{x \to x_0 \\ y \to y_0}} f(x,y) = A.$$

【定义 7.3】 设函数 $z = f(x,y)$ 在点 $P_0(x_0,y_0)$ 的某一邻域内有定义,并且

$$\lim_{\substack{x \to x_0 \\ y \to y_0}} f(x,y) = f(x_0,y_0)$$

则称函数 $z = f(x,y)$ 在点 $P_0(x_0,y_0)$ 处连续.否则称函数 $z = f(x,y)$ 在点 $P_0(x_0,y_0)$ 间断,点 $P_0(x_0,y_0)$ 称为该函数的间断点.

如果 $z = f(x,y)$ 在平面区域 D 内的每一点都连续,则称该函数在区域 D 内连续.

二元函数的连续性的概念与一元函数是类似的,并且具有类似的性质:在区域 D 内连续的二元函数的图像是空间中的一个连续曲面;二元连续函数经过有限次的四则运算后仍为二元连续函数;定义在有界闭区域 D 上的连续函数 $z = f(x,y)$ 一定可以在 D 上取得最大值和最小值.

习题 7.2

1. 求下列函数的表达式：

(1) 已知 $f(x,y) = x^2 y$，求 $f(x+y, x-y)$；

(2) 已知 $f(x,y) = \dfrac{xy}{x^2+y^2}$，求 $f\left(\dfrac{x}{y}, \dfrac{y}{x}\right)$。

2. 求下列函数的定义域，并绘出定义域的图形：

(1) $z = \sqrt{4x^2 + y^2 - 1}$；　　　　　　　　(2) $z = \ln xy$；

(3) $z = \dfrac{1}{\sqrt{x+y}} + \dfrac{1}{\sqrt{x-y}}$；　　　　　(4) $z = \dfrac{\sqrt{4x-y^2}}{\ln(1-x^2-y^2)}$。

7.3　多元函数的偏导数与全微分

在研究一元函数的变化率时曾引入导数的概念，对于多元函数同样需要研究函数关于自变量的变化率问题。但多元函数的自变量不止一个，函数关系也比较复杂，通常的方法是只让一个变量变化，固定其他的变量（即视为常数），于是只要研究该多元函数关于这个变量的变化率。我们把这种变化率称为偏导数。

7.3.1　多元函数的偏导数

1. 偏导数的定义

【定义 7.4】　设函数 $z = f(x,y)$ 在点 (x_0, y_0) 的某一邻域内有定义，当 y 固定在 y_0，而 x 在 x_0 处有增量 Δx 时，相应地函数值 z 有增量 $\Delta z = f(x_0 + \Delta x, y_0) - f(x_0, y_0)$，如果

$$\lim_{\Delta x \to 0} \frac{\Delta z}{\Delta x} = \lim_{\Delta x \to 0} \frac{f(x_0 + \Delta x, y_0) - f(x_0, y_0)}{\Delta x}$$

存在，则称此极限值为函数 $z = f(x,y)$ 在点 (x_0, y_0) 处关于 x 的偏导数，记为

$$z'_x \Big|_{\substack{x=x_0 \\ y=y_0}}, \quad f'_x(x_0, y_0), \quad \frac{\partial f}{\partial x}\Big|_{\substack{x=x_0 \\ y=y_0}} \quad 或 \frac{\partial z}{\partial x}\Big|_{\substack{x=x_0 \\ y=y_0}}.$$

类似地，当 x 固定在 x_0，而 y 在 y_0 有增量 Δy 时，如果极限

$$\lim_{\Delta y \to 0} \frac{\Delta z}{\Delta y} = \lim_{\Delta y \to 0} \frac{f(x_0, y_0 + \Delta y) - f(x_0, y_0)}{\Delta y}$$

存在，则称此极限值为函数 $z = f(x,y)$ 在点 (x_0, y_0) 处关于 y 的偏导数，记为

$$z'_y \Big|_{\substack{x=x_0 \\ y=y_0}}, \quad f'_y(x_0, y_0), \quad \frac{\partial f}{\partial y}\Big|_{\substack{x=x_0 \\ y=y_0}} \quad 或 \frac{\partial z}{\partial y}\Big|_{\substack{x=x_0 \\ y=y_0}}.$$

如果函数 $z = f(x,y)$ 在平面区域 D 内任一点 (x,y) 处都存在关于 x（或 y）的偏导数，则称函数 $z = f(x,y)$ 在 D 内存在关于 x（或 y）的偏导函数，简称函数 $z = f(x,y)$ 在 D 内有偏导数，记为

$$z'_x, \quad f'_x(x,y), \quad \frac{\partial f}{\partial x} \quad 或 \frac{\partial z}{\partial x};$$

$$z'_y, \quad f'_y(x,y), \quad \frac{\partial f}{\partial y} \quad 或 \frac{\partial z}{\partial y}.$$

从偏导数的定义中可以看出，偏导数的实质就是：把一个变量固定，而将二元函数 $z = f(x,y)$ 看成另一个变量的一元函数的导数。因此求二元函数的偏导数，只需用一元函数的

微分法,把一个自变量暂时视为常量,而对另一个自变量进行求导即可. 即:求 $\frac{\partial z}{\partial x}$ 时,把 y 视为常数而对 x 求导数;求 $\frac{\partial z}{\partial y}$ 时,把 x 视为常数而对 y 求导数.

$z = f(x,y)$ 在点 (x_0,y_0) 处的偏导数 $f'_x(x_0,y_0)$、$f'_y(x_0,y_0)$,就是偏导函数 $f'_x(x,y)$、$f'_y(x,y)$ 在 (x_0,y_0) 处的函数值.

【例 7.2】 设 $z = x^3 - 2x^2y + 3y^4$,求 $\frac{\partial z}{\partial x}, \frac{\partial z}{\partial y}, \frac{\partial z}{\partial x}\Big|_{(1,1)}$ 和 $\frac{\partial z}{\partial y}\Big|_{(1,-1)}$

【解】 对 x 求偏导数,就是把 y 看作常量对 x 求导数,于是 $\frac{\partial z}{\partial x} = 3x^2 - 4xy$;对 y 求偏导数,就是把 x 看作常量对 y 求导数,于是 $\frac{\partial z}{\partial y} = -2x^2 + 12y^3$;因而 $\frac{\partial z}{\partial x}\Big|_{(1,1)} = (3x^2 - 4xy)\Big|_{\substack{x=1\\y=1}}$ $= -1$;$\frac{\partial z}{\partial y}\Big|_{(1,-1)} = (-2x^2 + 12y^3)\Big|_{\substack{x=1\\y=-1}} = -14$.

【例 7.3】 设 $z = x^y$,求 $\frac{\partial z}{\partial x}, \frac{\partial z}{\partial y}$.

【解】 $\frac{\partial z}{\partial x} = yx^{y-1}, \qquad \frac{\partial z}{\partial y} = x^y \ln x$.

【例 7.4】 设 $z = \ln xy$,求 $\frac{\partial z}{\partial x}, \frac{\partial z}{\partial y}$.

【解】 $\frac{\partial z}{\partial x} = \frac{1}{xy} \cdot (xy)'_x = \frac{1}{xy} \cdot y = \frac{1}{x}, \frac{\partial z}{\partial y} = \frac{1}{xy} \cdot (xy)'_y = \frac{1}{xy} \cdot x = \frac{1}{y}$.

【例 7.5】 设 $z = e^x \sin xy$,求 $\frac{\partial z}{\partial x}, \frac{\partial z}{\partial y}$.

【解】 $\frac{\partial z}{\partial x} = e^x \sin xy + e^x \cos xy \cdot y = e^x (\sin xy + y \cos xy), \frac{\partial z}{\partial y} = xe^x \cos xy$.

【例 7.6】 设 $f(x,y) = (1+xy)^y \ln(1+x^2+y^2)$,求 $f_x{}'(1,0)$.

【解】 如果先求偏导数 $f'_x(x,y)$,再求 $f'_x(1,0)$ 显然比较繁杂,可以先求一元函数 $f(x,0)$,再求导数 $f'_x(x,0)$.

因 $f(x,0) = \ln(1+x^2)$,所以 $f'_x(x,0) = \frac{2x}{1+x^2}$.

故 $f'_x(1,0) = 1$.

2. 偏导数的几何意义

设 $M_0(x_0, y_0, f(x_0,y_0))$ 是曲面 $z = f(x,y)$ 上一点,过 M_0 作平面 $y = y_0$,与曲面相截得一条曲线(如图 7.10),其方程为

$$\begin{cases} y = y_0 \\ z = f(x,y) \end{cases},$$

偏导数 $f'_x(x_0,y_0)$ 就是导数 $\frac{\mathrm{d}}{\mathrm{d}x}f(x,y_0)\Big|_{x=x_0}$. 在几何上,它是该曲线在点 M_0 处的切线 $M_0 T_x$ 对 x 轴的斜率.

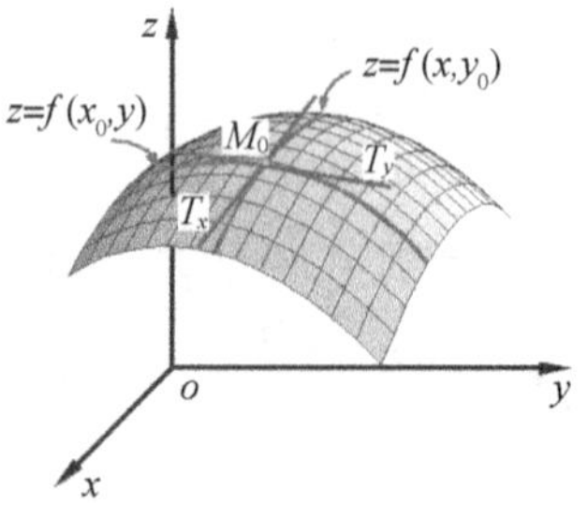

同样,偏导数 $f'_y(x_0,y_0)$ 表示曲面 $z = f(x,y)$ 被平面 $x = x_0$ 所截得的曲线

图 7.10

$$\begin{cases} x = x_0 \\ z = f(x,y) \end{cases}$$

在点 M_0 处的切线 $M_0 T_y$ 对 y 轴的斜率.

7.3.2　高阶偏导数

由上面的例子可以看出:函数 $z = f(x,y)$ 对于 x、y 的偏导数 $\dfrac{\partial z}{\partial x}$,$\dfrac{\partial z}{\partial y}$ 仍是 x、y 的二元函数,自然地可以考虑 $\dfrac{\partial z}{\partial x}$ 和 $\dfrac{\partial z}{\partial y}$ 能不能再求偏导数.如果 $\dfrac{\partial z}{\partial x}$、$\dfrac{\partial z}{\partial y}$ 对自变量 x、y 的偏导数也存在,则他们的偏导数称为 $z = f(x,y)$ 的二阶偏导数.

按照对变量求偏导的次序有下列四种二阶偏导数:

$$\frac{\partial}{\partial x}\left(\frac{\partial z}{\partial x}\right) = \frac{\partial^2 z}{\partial x^2} = f''_{xx}(x,y) = z''_{xx};$$

$$\frac{\partial}{\partial y}\left(\frac{\partial z}{\partial x}\right) = \frac{\partial^2 z}{\partial x \partial y} = f''_{xy}(x,y) = z''_{xy};$$

$$\frac{\partial}{\partial x}\left(\frac{\partial z}{\partial y}\right) = \frac{\partial^2 z}{\partial y \partial x} = f''_{yx}(x,y) = z''_{yx};$$

$$\frac{\partial}{\partial y}\left(\frac{\partial z}{\partial y}\right) = \frac{\partial^2 z}{\partial y^2} = f''_{yy}(x,y) = z''_{yy}.$$

其中 $f''_{xy}(x,y)$,$f''_{yx}(x,y)$ 称为二阶混合偏导数.类似地,有三阶、四阶和更高阶的偏导数,二阶及二阶以上的偏导数统称为高阶偏导数.

【例 7.7】　求函数 $z = x^3 y^2 - 3xy^3 - xy + 1$ 的二阶偏导数.

【解】　因为函数的一阶偏导数为

$$\frac{\partial z}{\partial x} = 3x^2 y^2 - 3y^3 - y, \quad \frac{\partial z}{\partial y} = 2x^3 y - 9xy^2 - x,$$

所以所求二阶偏导数为

$$\frac{\partial^2 z}{\partial x^2} = \frac{\partial}{\partial x}\left(\frac{\partial z}{\partial x}\right) = \frac{\partial}{\partial x}(3x^2 y^2 - 3y^3 - y) = 6xy^2,$$

$$\frac{\partial^2 z}{\partial x \partial y} = \frac{\partial}{\partial y}\left(\frac{\partial z}{\partial x}\right) = \frac{\partial}{\partial y}(3x^2 y^2 - 3y^3 - y) = 6x^2 y - 9y^2 - 1,$$

$$\frac{\partial^2 z}{\partial y \partial x} = \frac{\partial}{\partial x}\left(\frac{\partial z}{\partial y}\right) = \frac{\partial}{\partial x}(2x^3 y - 9xy^2 - x) = 6x^2 y - 9y^2 - 1,$$

$$\frac{\partial^2 z}{\partial y^2} = \frac{\partial}{\partial y}\left(\frac{\partial z}{\partial y}\right) = \frac{\partial}{\partial y}(2x^3 y - 9xy^2 - x) = 2x^3 - 18xy.$$

此例中的两个二阶混合偏导数相等,但这个结论并非对于任意可求二阶偏导数的二元函数都成立,我们不加证明地给出下列定理.

【定理 7.1】　若函数 $z = f(x,y)$ 的两个二阶混合偏导数在点 (x,y) 处都连续,则在该点处有

$$\frac{\partial^2 z}{\partial x \partial y} = \frac{\partial^2 z}{\partial y \partial x}.$$

对于三元以上的函数也可以类似地定义高阶偏导数,而且在偏导数连续时,混合偏导数也与求偏导的次序无关.

7.3.3 全微分

在一元函数微分学中,函数 $y = f(x)$ 的微分为 $dy = f'(x)dx$,且当自变量 x 的改变量 $\Delta x \to 0$ 时,函数相应的改变量 Δy 与 dy 的差是比 Δx 高阶的无穷小量. 这一结论可以推广到二元函数的情形.

【定义 7.5】 如果函数 $z = f(x,y)$ 在点 (x,y) 的全增量 $\Delta z = f(x+\Delta x, y+\Delta y) - f(x,y)$ 可以表示为

$$\Delta z = A\Delta x + B\Delta y + o(\rho),$$

其中 A,B 不依赖于 $\Delta x,\Delta y$ 而仅与 x,y 有关,$\rho = \sqrt{(\Delta x)^2 + (\Delta y)^2}$,则称函数 $z = f(x,y)$ 在点 (x,y) 可微分(简称可微),$A\Delta x + B\Delta y$ 称为函数 $z = f(x,y)$ 在点 (x,y) 的全微分,记为 dz,即

$$dz = A\Delta x + B\Delta y.$$

【注】 (1)当函数可微分时,$A = \dfrac{\partial z}{\partial x}, B = \dfrac{\partial z}{\partial y}$,又 $dx = \Delta x$、$dy = \Delta y$,从而二元函数的全微分通常写为

$$dz = \frac{\partial z}{\partial x}dx + \frac{\partial z}{\partial y}dy$$

或

$$dz = f'_x(x,y)dx + f'_y(x,y)dy$$

$\dfrac{\partial z}{\partial x}dx, \dfrac{\partial z}{\partial y}dy$ 分别称为函数关于 x,y 的偏微分,全微分是偏微分之和.

(2)二元函数 $z = f(x,y)$ 在点 (x,y) 处有全微分,又称为 $f(x,y)$ 在点 (x,y) 处可微. 函数若在某区域 D 内处处可微,则称这函数在 D 内可微.

(3)由定义可知 $f(x,y)$ 在点 (x,y) 处可微,则 $f(x,y)$ 在点 (x,y) 处有偏导数和连续.

(4)多元函数的各偏导数存在并不能保证全微分存在,若偏导数 $\dfrac{\partial z}{\partial x}$、$\dfrac{\partial z}{\partial y}$ 在点 (x,y) 连续,则该函数在点 (x,y) 可微.

(5)如果 $f(x,y)$ 在点 (x,y) 处可微,那么 $\Delta z = dz + o(\rho)$ $(\rho = \sqrt{(\Delta x)^2 + (\Delta y)^2})$. 利用它可求二元函数的近似函数值和二元函数全增量的近似值.

$$\Delta z = f(x+\Delta x, y+\Delta y) - f(x,y) \approx \frac{\partial z}{\partial x}dx + \frac{\partial z}{\partial y}dy,$$

$$f(x+\Delta x, y+\Delta y) \approx f(x,y) + \frac{\partial z}{\partial x}dx + \frac{\partial z}{\partial y}dy.$$

【例 7.8】 求函数 $z = \sin(x+y^2)$ 的全微分.

【解】 因为 $\dfrac{\partial z}{\partial x} = \cos(x+y^2)$,$\dfrac{\partial z}{\partial y} = 2y\cos(x+y^2)$,

所以 $dz = \dfrac{\partial z}{\partial x}dx + \dfrac{\partial z}{\partial y}dy = \cos(x+y^2)dx + 2y\cos(x+y^2)dy.$

【例 7.9】 计算函数 $z = e^{xy}$ 在点 $(2,1)$ 处的全微分.

【解】 由于 $\dfrac{\partial z}{\partial x} = ye^{xy}, \dfrac{\partial z}{\partial y} = xe^{xy}, \dfrac{\partial z}{\partial x}\bigg|_{(2,1)} = e^2, \dfrac{\partial z}{\partial y}\bigg|_{(2,1)} = 2e^2$,因此 $dz = e^2 dx + 2e^2 dy.$

【例 7.10】 求函数 $z = y\cos(x-2y)$,当 $x = \dfrac{\pi}{4}, y = \pi, dx = \dfrac{\pi}{4}, dy = \pi$ 时的全微分.

【解】$\dfrac{\partial z}{\partial x} = -y\sin(x-2y), \dfrac{\partial z}{\partial y} = \cos(x-2y) + 2y\sin(x-2y),$

故 $\mathrm{d}z\big|_{(\frac{\pi}{4},\pi)} = \dfrac{\partial z}{\partial x}\bigg|_{(\frac{\pi}{4},\pi)} \mathrm{d}x + \dfrac{\partial z}{\partial y}\bigg|_{(\frac{\pi}{4},\pi)} \mathrm{d}y = \dfrac{\sqrt{2}}{8}\pi(4+7\pi).$

习题 7.3

1. 求下列函数的偏导数：

(1) $z = 2xy^2 - \sin x + 5y^2$；

(2) $z = \dfrac{xy}{x+y}$；

(3) $u = xy + yz + xz$；

(4) $u = x^{yz^2}$.

2. 求下列各函数在指定点处的偏导数：

(1) $f(x,y) = \sin(x+2y), \left(\dfrac{\pi}{2}, 0\right)$；

(2) $f(x,y) = \ln(1+x^2+y^2), (1,2)$；

(3) $f(x,y) = e^{x+y}\cos(xy) + 3y, (0,1)$；

(4) $f(x,y) = \tan(xy^2), (0,1)$.

3. 求下列函数的二阶偏导数：

(1) $z = x^8 e^y$；

(2) $z = e^x(\cos y + x\sin y)$.

4. 求下列函数的全微分：

(1) $z = \dfrac{x^2+y^2}{xy}$；

(2) $z = \dfrac{e^{xy}}{x+y}$.

5. 设 $z = \dfrac{y}{x}$，当 $x=2, y=1, \Delta x = 0.1, \Delta y = -0.2$ 时，求 $\Delta z, \mathrm{d}z$.

6. 利用全微分计算 $(1.01)^{2.99}$ 的近似值.

7.4　多元函数的复合函数偏导数

在一元函数中,复合函数的求导法则在求导数时起到了非常重要的作用,对于多元函数也是如此.本节讨论多元复合函数求导法则.

7.4.1　中间变量是一元函数的情况

【定理 7.2】　如果函数 $u = \varphi(t)$ 及 $v = \psi(t)$ 都在点 t 可导,函数 $z = f(u,v)$ 在对应点 (u,v) 具有连续偏导数,则复合函数 $z = f[\varphi(t), \psi(t)]$ 在点 t 可导,且有：

$$\frac{\mathrm{d}z}{\mathrm{d}t} = \frac{\partial z}{\partial u}\frac{\mathrm{d}u}{\mathrm{d}t} + \frac{\partial z}{\partial v}\frac{\mathrm{d}v}{\mathrm{d}t}(\text{全导数}).$$

【证明】　由条件知,当 $\Delta t \to 0$ 时,$\Delta u \to 0, \Delta v \to 0, \dfrac{\Delta u}{\Delta t} \to \dfrac{\mathrm{d}u}{\mathrm{d}t}, \dfrac{\Delta v}{\Delta t} \to \dfrac{\mathrm{d}v}{\mathrm{d}t}$.

由于函数 $z = f(u,v)$ 在点 (u,v) 处有连续偏导数,有

$$\Delta z = \frac{\partial z}{\partial u}\Delta u + \frac{\partial z}{\partial v}\Delta v + \alpha_1 \Delta u + \alpha_2 \Delta v,$$

$$\frac{\Delta z}{\Delta t} = \frac{\partial z}{\partial u}\cdot\frac{\Delta u}{\Delta t} + \frac{\partial z}{\partial v}\cdot\frac{\Delta v}{\Delta t} + \alpha_1\frac{\Delta u}{\Delta t} + \alpha_2\frac{\Delta v}{\Delta t},$$

当 $\Delta u \to 0, \Delta v \to 0$ 时，$\alpha_1 \to 0, \alpha_2 \to 0$，

$$\frac{\mathrm{d}z}{\mathrm{d}t} = \lim_{\Delta t \to 0} \frac{\Delta z}{\Delta t} = \frac{\partial z}{\partial u} \cdot \frac{\mathrm{d}u}{\mathrm{d}t} + \frac{\partial z}{\partial v} \cdot \frac{\mathrm{d}v}{\mathrm{d}t}.$$

全导数的公式可用图 7.11 清楚地表示出来. $z = f(u,v), z$ 有两个直接变量 u 和 v，画两个箭头，u 和 v 都有变量 t，画两个箭头. 箭头表示求偏导数，两个箭头连起来是相乘关系，z 关于 t 的导数就是的两条路径之和.

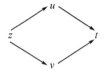

图 7.11

【例 7.11】　设 $z = uv$，而 $u = e^t, v = \cos t$，求全导数 $\dfrac{\mathrm{d}z}{\mathrm{d}t}$.

【解】　$\dfrac{\mathrm{d}z}{\mathrm{d}t} = \dfrac{\partial z}{\partial u} \dfrac{\mathrm{d}u}{\mathrm{d}t} + \dfrac{\partial z}{\partial v} \dfrac{\mathrm{d}v}{\mathrm{d}t} = ve^t - u\sin t = e^t \cos t - e^t \sin t.$

对两个以上中间变量的全导数类似可求，例如有三个中间变量，$z = f(u,v,w), u,v,w$ 都是 t 的函数，则全导数公式（如图 7.12）为：

$$\frac{\mathrm{d}z}{\mathrm{d}t} = \frac{\partial z}{\partial u} \frac{\mathrm{d}u}{\mathrm{d}t} + \frac{\partial z}{\partial v} \frac{\mathrm{d}v}{\mathrm{d}t} + \frac{\partial z}{\partial w} \frac{\mathrm{d}w}{\mathrm{d}t}.$$

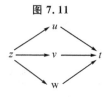

图 7.12

7.4.2　中间变量是多元函数的情况

【定理 7.3】　设 $u = \varphi(x,y), v = \psi(x,y)$ 都在点 (x,y) 有偏导数，而 $z = f(u,v)$ 在对应点 (u,v) 具有连续偏导数，则复合函数 $z = f[\varphi(x,y), \psi(x,y)]$ 在对应点 (x,y) 的两个偏导数均存在，且有

$$\frac{\partial z}{\partial x} = \frac{\partial z}{\partial u} \frac{\partial u}{\partial x} + \frac{\partial z}{\partial v} \frac{\partial v}{\partial x},$$

$$\frac{\partial z}{\partial y} = \frac{\partial z}{\partial u} \frac{\partial u}{\partial y} + \frac{\partial z}{\partial v} \frac{\partial v}{\partial y}.$$

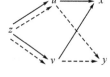

图 7.13

$\dfrac{\partial z}{\partial x}, \dfrac{\partial z}{\partial y}$ 这两个计算公式可由图 7.13 可以清楚的表示出来.

【例 7.12】　设 $z = e^u \sin v$，而 $u = xy, v = x + y$，求 $\dfrac{\partial z}{\partial x}$ 和 $\dfrac{\partial z}{\partial y}$.

【解】　$\dfrac{\partial z}{\partial x} = \dfrac{\partial z}{\partial u} \dfrac{\partial u}{\partial x} + \dfrac{\partial z}{\partial v} \dfrac{\partial v}{\partial x} = e^u \sin v \cdot y + e^u \cos v \cdot 1 = e^u(y\sin v + \cos v)$

$\qquad = e^{xy}[y\sin(x+y) + \cos(x+y)],$

$\qquad \dfrac{\partial z}{\partial y} = \dfrac{\partial z}{\partial u} \dfrac{\partial u}{\partial y} + \dfrac{\partial z}{\partial v} \dfrac{\partial v}{\partial y} = e^u \sin v \cdot x + e^u \cos v \cdot 1 = e^u(x\sin v + \cos v)$

$\qquad = e^{xy}[x\sin(x+y) + \cos(x+y)].$

【例 7.13】　设 $z = u^2 \ln v$，其中 $u = \dfrac{x}{y}, v = 2x - y$，求 $\dfrac{\partial z}{\partial x}$ 和 $\dfrac{\partial z}{\partial y}$.

【解】　$\dfrac{\partial z}{\partial x} = \dfrac{\partial z}{\partial u} \dfrac{\partial u}{\partial x} + \dfrac{\partial z}{\partial v} \dfrac{\partial v}{\partial x} = 2u\ln v \cdot \dfrac{1}{y} + \dfrac{u^2}{v} \cdot 2 = \dfrac{2x}{y^2}\ln(2x-y) + \dfrac{2x^2}{y^2(2x-y)},$

$\dfrac{\partial z}{\partial y} = \dfrac{\partial z}{\partial u} \dfrac{\partial u}{\partial y} + \dfrac{\partial z}{\partial v} \dfrac{\partial v}{\partial y} = 2u\ln v \cdot \left(-\dfrac{x}{y^2}\right) + \dfrac{u^2}{v} \cdot (-1) = -\dfrac{2x^2}{y^3}\ln(2x-y) - \dfrac{x^2}{y^2(2x-y)}.$

两个以上中间变量情况有类似的公式和图形表示，例如三个中间变量 $z = f(u,v,w), u,v,w$ 都是 x,y 的函数，则有：

$$\frac{\partial z}{\partial x} = \frac{\partial z}{\partial u} \frac{\partial u}{\partial x} + \frac{\partial z}{\partial v} \frac{\partial v}{\partial x} + \frac{\partial z}{\partial w} \frac{\partial w}{\partial x},$$

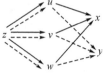

图 7.14

$$\frac{\partial z}{\partial y} = \frac{\partial z}{\partial u}\frac{\partial u}{\partial y} + \frac{\partial z}{\partial v}\frac{\partial v}{\partial y} + \frac{\partial z}{\partial w}\frac{\partial w}{\partial y}.$$

多元复合函数的复合关系是多种多样的,不可能把所有的公式都写出来,也没有必要这样做,只要我们把握住函数间的复合关系就可以了,并且牢记:复合函数对某自变量的偏导数等于通向这个自变量的各条路径上函数对中间变量的导数与中间变量对这个自变量导数乘积之和.

【例 7.14】　设 $u = f(x,y,z) = e^{x^2+y^2+z^2}$,$z = x^2 \sin y$,求 $\dfrac{\partial u}{\partial x}$ 和 $\dfrac{\partial u}{\partial y}$.

【解】　$\dfrac{\partial u}{\partial x} = \dfrac{\partial f}{\partial x} + \dfrac{\partial f}{\partial z}\dfrac{\partial z}{\partial x} = 2xu + 2zu \cdot 2x\sin y = 2x(1 + 2x^2\sin^2 y)e^{x^2+y^2+x^4\sin^2 y}$,

$\dfrac{\partial u}{\partial y} = \dfrac{\partial f}{\partial y} + \dfrac{\partial f}{\partial z}\dfrac{\partial z}{\partial y} = 2yu + 2zu \cdot x^2\cos y = 2(y + x^4\sin y\cos y)e^{x^2+y^2+x^4\sin^2 y}$.

【例 7.15】　设 $w = f(x+yz, xyz)$,求 $\dfrac{\partial w}{\partial x}$、$\dfrac{\partial w}{\partial y}$ 和 $\dfrac{\partial w}{\partial z}$.

【解】　令 $u = x + yz$,$v = xyz$,则 $w = f(u,v)$,于是

$$\frac{\partial w}{\partial x} = \frac{\partial f}{\partial u} \cdot \frac{\partial u}{\partial x} + \frac{\partial f}{\partial v} \cdot \frac{\partial v}{\partial x} = \frac{\partial f}{\partial u} + \frac{\partial f}{\partial v} \cdot yz,$$

$$\frac{\partial w}{\partial y} = \frac{\partial f}{\partial u} \cdot \frac{\partial u}{\partial y} + \frac{\partial f}{\partial v} \cdot \frac{\partial v}{\partial y} = \frac{\partial f}{\partial u} \cdot z + \frac{\partial f}{\partial v} \cdot xz,$$

$$\frac{\partial w}{\partial z} = \frac{\partial f}{\partial u} \cdot \frac{\partial u}{\partial z} + \frac{\partial f}{\partial v} \cdot \frac{\partial v}{\partial z} = \frac{\partial f}{\partial u} \cdot y + \frac{\partial f}{\partial v} \cdot xy.$$

习题 7.4

1.求下列复合函数的偏导数和导数:

(1) 设 $z = u^2 \ln v$,$u = xy$,$v = 3x - 2y$,求 $\dfrac{\partial z}{\partial x}$,$\dfrac{\partial z}{\partial y}$;

(2) 设 $u = e^{2x-y+z}$,$x = 3t^2$,$y = 2t^3$,$z = \sin t$,求 $\dfrac{\mathrm{d}u}{\mathrm{d}t}$;

(3) 设 $z = (\ln x)^{xy}$,求 $\dfrac{\partial z}{\partial x}$,$\dfrac{\partial z}{\partial y}$;

(4) 设 $z = f(x^2 - y^2, e^{xy})$,求 $\dfrac{\partial z}{\partial x}$,$\dfrac{\partial z}{\partial y}$.

2.设 $z = xy + x\varphi\left(\dfrac{y}{x}\right)$,其中 $\varphi(u)$ 是可微函数,证明 $x\dfrac{\partial z}{\partial x} + y\dfrac{\partial z}{\partial y} = z + xy$.

7.5　多元函数的极值

在一元函数中,我们利用函数的导数求得函数的极值和最值,并进一步解决了有关实际问题的最优化问题.但在工程技术、管理技术、经济分析等实际问题中,往往涉及多元函数的极值和最值问题.本节就来重点讨论二元函数的极值问题,进而可以类推到更多元函数的极值问题.

7.5.1　多元函数的极值

实例:某商店卖两种牌子的果汁,本地牌子每瓶进价 1 元,外地牌子每瓶进价 1.2 元,店

主估计,如果本地牌子的每瓶卖 x 元,外地牌子的每瓶卖 y 元,则每天可卖出 $70-5x+4y$ 瓶本地牌子的果汁,$80+6x-7y$ 瓶外地牌子的果汁,问:店主每天以什么价格卖两种牌子的果汁可取得最大收益?

每天收益的目标函数为 $f(x,y)=(x-1)(70-5x+4y)+(y-1.2)(80+6x-7y)$.

求最大收益问题就是求此二元函数的最大值问题.要解决此问题,必须首先来讨论二元函数的极值问题.

【定义 7.6】 设函数 $z=f(x,y)$ 在点 $P_0(x_0,y_0)$ 的某邻域内有定义,若对于该邻域内的任意异于 $P_0(x_0,y_0)$ 的点 $P(x,y)$,都有不等式

$$f(x,y)<f(x_0,y_0)$$

则称函数 $z=f(x,y)$ 在 $P_0(x_0,y_0)$ 有极大值 $f(x_0,y_0)$;若都有不等式

$$f(x,y)>f(x_0,y_0)$$

则称函数 $z=f(x,y)$ 在 $P_0(x_0,y_0)$ 有极小值 $f(x_0,y_0)$.

极大值、极小值统称为极值,使函数取得极值的点统称为极值点.

【例 7.16】 讨论下列函数在原点(0,0)处是否取得极值.

(1)$z=3x^2+4y^2$ (2)$z=-\sqrt{x^2+y^2}$ (3)$z=xy$

【解】 (1)从函数 $z=3x^2+4y^2$ 的特点看出:在(0,0)的去心邻域内,函数值均大于 0,即 $f(x,y)>f(0,0)$.故在(0,0)处此函数取得极小值 $f(0,0)=0$.

(2)从函数 $z=-\sqrt{x^2+y^2}$ 的特点看出:在(0,0)的去心邻域内,函数值均小于 0,即 $f(x,y)<f(0,0)$.故在(0,0)处此函数取得极大值 $f(0,0)=0$.

(3)函数 $z=xy$ 在(0,0)的去心邻域内,显然,有大于 $f(0,0)=0$ 的函数值,也有小于 $f(0,0)=0$ 的函数值.故 $f(0,0)=0$ 不是函数的极值.

求极值关键在于求出极值点,类似于一元函数的极值我们有下列定理.

【定理 7.4】 (极值存在的必要条件)设函数 $z=f(x,y)$ 在点 (x_0,y_0) 具有偏导数,且在点 (x_0,y_0) 处有极值,则它在该点的偏导数必然为零.即

$$f'_x(x_0,y_0)=0,f'_y(x_0,y_0)=0.$$

【证明】 因为点 (x_0,y_0) 是函数 $f(x,y)$ 的极值点,若固定 $f(x,y)$ 中的变量 $y=y_0$,则 $z=f(x,y_0)$ 是一个一元函数,且在点 $x=x_0$ 处取得极值.

由一元函数极值的必要条件知 $f'(x_0,y_0)=0$,即 $f'_x(x_0,y_0)=0$,同理可得 $f'_y(x_0,y_0)=0$.

使 $f'_x(x_0,y_0)=0,f'_y(x_0,y_0)=0$ 同时成立的点 (x_0,y_0),称为函数 $z=f(x,y)$ 的驻点.

【定理 7.5】 (极值存在的充分条件)设函数 $z=f(x,y)$ 在点 (x_0,y_0) 的某邻域内具有连续的二阶偏导数,且点 (x_0,y_0) 是函数的驻点,即 $f'_x(x_0,y_0)=0,f'_y(x_0,y_0)=0$.若记 $f''_{xx}(x_0,y_0)=A,f''_{xy}(x_0,y_0)=B,f''_{yy}(x_0,y_0)=C$,则

(1)当 $B^2-AC<0$ 时,点 (x_0,y_0) 是极值点,且若 $A<0$,点 (x_0,y_0) 是极大值点;若 $A>0$,点 (x_0,y_0) 是极小值点.

(2)当 $B^2-AC>0$ 时,点 (x_0,y_0) 是非极值点.

(3)当 $B^2-AC=0$ 时,不能确定点 (x_0,y_0) 是否为极值点,需另作讨论.

【例 7.17】 求函数 $f(x,y)=x^3-y^3+3x^2+3y^2-9x$ 的极值.

【解】　令 $\begin{cases} f_x' = 3x^2 + 6x - 9 = 0 \\ f_y' = -3y^2 + 6y = 0 \end{cases}$，得驻点：$(1,0)$，$(1,2)$，$(-3,0)$，$(-3,2)$.

$A = f_{xx}'' = 6x + 6$，$B = f_{xy}'' = 0$，$C = f_{yy}'' = -6y + 6$，得 $B^2 - AC = 36(x+1)(y-1)$.

列表如下：

驻点	A	B	C	$B^2 - AC$	结论
$(1,0)$	$12 > 0$	0	$6 > 0$	$-72 < 0$	极小值点
$(1,2)$	$12 > 0$	0	$-6 < 0$	$72 > 0$	非极值点
$(-3,0)$	$-12 < 0$	0	$6 > 0$	$72 > 0$	非极值点
$(-3,2)$	$-12 < 0$	0	$-6 < 0$	$-72 < 0$	极大值点

故在点 $(1,0)$ 处函数取得极小值 $f(1,0) = -5$；在点 $(-3,2)$ 处函数取得极大值 $f(-3,2) = 31$.

由上面解题过程可以归纳出求函数 $z = f(x,y)$ 极值的一般步骤：

（1）求一阶偏导数，并解方程组 $\begin{cases} f_x'(x,y) = 0 \\ f_y'(x,y) = 0 \end{cases}$ 得驻点 (x_0, y_0)；

（2）对于每一个驻点 (x_0, y_0)，求出二阶偏导数的值 A, B, C，然后确定出 $B^2 - AC$ 的符号（驻点较多时，可列表显示）；

（3）由定理 7.5 确定驻点是否为极值点，若是极值点求出极值.

7.5.2　多元函数的最值

与一元函数相类似，对于有界闭区域 D 上连续的二元函数 $f(x,y)$，一定能在该区域上取得最大值和最小值（统称最值）.使函数取得最值的点既可能在 D 的内部，也可能在 D 的边界上.

若函数的最值在区域 D 的内部取得，这个最值也是函数的极值，它必在函数的驻点或偏导数不存在的点处取得.若函数的最值在区域 D 的边界上取得，那么它也一定是函数在边界上的最值.

综上所述，求有界闭区域 D 上的连续函数 $z = f(x,y)$ 的最值的方法和步骤为：

（1）求出在 D 的内部的可能的极值点，并计算出在这些点处的函数值；

（2）求出 $f(x,y)$ 在 D 的边界上的最值；

（3）比较上述函数值的大小，最大者就是函数的最大值；最小者就是函数的最小值.

在通常遇到的实际问题中，根据问题本身能断定它的最大值或最小值一定存在，且在区域内部取得，这时，如果目标函数在区域内只有一个驻点，则该驻点处的函数值就是目标函数的最大值或最小值.

【例 7.18】　有盖长方体水箱长、宽、高分别为 x, y, z.若 $xyz = V = 2$，怎样用料最省？

【解】　用料 $S = 2(xy + yz + zx) = 2\left(xy + \dfrac{2}{x} + \dfrac{2}{y}\right)$，其中 $x, y > 0$.

令 $\begin{cases} S_x' = 2\left(y - \dfrac{2}{x^2}\right) = 0, \\ S_y' = 2\left(x - \dfrac{2}{y^2}\right) = 0. \end{cases} \Rightarrow \begin{cases} x = \sqrt[3]{2} \\ y = \sqrt[3]{2} \end{cases}$，同时 $z = \dfrac{2}{xy} = \sqrt[3]{2}$.

据实际情况可知，长、宽、高均为 $\sqrt[3]{2}$ 时，用料最省.

【例 7.19】　某工厂生产两种产品甲和乙，出售单价分别为 10 元与 9 元，生产 x 单位的产品甲与生产 y 单位的产品乙的总费用是

$$400 + 2x + 3y + 0.01(3x^2 + xy + 3y^2) \text{ 元},$$

求取得最大利润时,两种产品的产量各为多少?

【解】 $L(x,y)$ 表示获得的总利润,则总利润等于总收益与总费用之差,即有

利润目标函数 $L(x,y) = (10x + 9y) - [400 + 2x + 3y + 0.01(3x^2 + xy + 3y^2)]$

$$= 8x + 6y - 0.01(3x^2 + xy + 3y^2) - 400, (x > 0, y > 0),$$

令 $\begin{cases} L'_x = 8 - 0.01(6x + y) = 0 \\ L'_y = 6 - 0.01(x + 6y) = 0 \end{cases}$,解得唯一驻点 $(120, 80)$.

又因 $A = L''_{xx} = -0.06 < 0, B = L''_{xy} = -0.01, C = L''_{yy} = -0.06$,得

$$B^2 - AC = -3.5 \times 10^{-3} < 0.$$

得极大值 $L(120, 80) = 320$. 根据实际情况,此极大值就是最大值. 故生产 120 单位产品甲与 80 单位产品乙时所得利润最大为 320 元.

*7.5.3 条件极值

对自变量有约束条件的极值问题,称为条件极值问题;而对自变量除了限制在定义域内外,并无其他条件的极值问题称为无条件极值问题.

对于条件极值问题,如果能从条件中表示出一个变量,代入目标函数,就把有条件的极值问题转化为为无条件极值问题了. 但在许多情形,我们不能由条件解得这样的表达式,因此需研究其他的求解条件极值问题的方法 —— 拉格朗日乘数法.

求函数 $z = f(x,y)$ 在约束条件 $\varphi(x,y) = 0$ 下求极值的步骤为:

(1) 构造辅助函数(称为拉格朗日函数)

$$F(x,y,\lambda) = f(x,y) + \lambda\varphi(x,y),$$

其中 λ 为待定常数,称为拉格朗日乘数;

(2) 求解方程组 $\begin{cases} F'_x(x,y,\lambda) = f_x'(x,y) + \lambda\varphi_x'(x,y) = 0 \\ F'_y(x,y,\lambda) = f_y'(x,y) + \lambda\varphi_y'(x,y) = 0 \\ F'_\lambda(x,y,\lambda) = \varphi(x,y) = 0 \end{cases}$,消去 λ,求出所有可能的极值点 (x,y);

(3) 判别求出的点 (x,y) 是否为极值点,通常可以根据问题的实际意义直接判定.

【例 7.20】 某工厂生产两种商品的日产量分别为 x 和 y(件),总成本函数

$$C(x,y) = 8x^2 - xy + 12y^2 (\text{元}),$$

商品的限额为 $x + y = 42$,求最小成本.

【解】 约束条件为 $\varphi(x,y) = x + y - 42 = 0$,

构造拉格朗日函数 $F(x,y,\lambda) = 8x^2 - xy + 12y^2 + \lambda(x + y - 42)$,解方程组

$$\begin{cases} F'_x = 16x - y + \lambda = 0 \\ F'_y = -x + 24y + \lambda = 0 \\ F'_\lambda = x + y - 42 = 0 \end{cases}$$

得唯一驻点 $(25, 17)$,由实际情况知 $(25, 17)$ 就是使总成本最小的点,最小成本为 $C(25, 17) = 8043$(元).

【例 7.21】 求表面积为 a^2 而体积为最大的长方体的体积.

【解】 设 x, y, z 分别为长方体三棱长,求 $V = xyz (x, y, z > 0)$ 的最大值,约束条件为 $\varphi(x, y, z) = 2xy + 2yz + 2zx - a^2 = 0.$

构造格朗日函数 $F(x,y,z,\lambda) = xyz + \lambda(2xy + 2yz + 2zx - a^2)$,解方程组

$$\begin{cases} F_x = yz + 2\lambda(y + z) = 0 \\ F_y = xz + 2\lambda(x + z) = 0 \\ F_z = xy + 2\lambda(y + x) = 0 \\ F_\lambda = 2xy + 2yz + 2xz - a^2 = 0 \end{cases}$$

得: $x = y = z = \dfrac{\sqrt{6}}{6}a$,此时 $V = \dfrac{\sqrt{6}}{36}a^3$. 由题意知,$V$ 的最大值为 $\dfrac{\sqrt{6}}{36}a^3$.

习题 7.5

1. 求下列函数的极值:

(1) $z = x^3 + y^2 - 6xy - 39x + 18y + 18$; 　　　　　(2) $z = (6x - x^2)(4y - y^2)$;

(3) $z = \dfrac{1}{2} - \sin(x^2 + y^2)$; 　　　　　　　　　　(4) $z = e^{2x}(x + y^2 + 2y)$.

2. 求函数 $z = x + y$,在条件 $x^2 + y^2 = 1$ 约束下的极值.

3. 某工厂生产甲种产品 x(百个)和乙种产品 y(百个)的总成本函数 $C(x,y) = x^2 + 2xy + y^2 + 100$(万元);甲、乙两种产品的需求函数为 $x = 26 - P_甲$,$y = 10 - \dfrac{1}{4}P_乙$,其中 $P_甲$,$P_乙$ 分别为产品甲、乙相应的售价(万元/百个),求两种产品产量 x,y 各为多少时,可获得最大利润,最大利润是多少?

7.6　数学建模案例

本节介绍与本章有关的两个数学模型案例,一个是与有序数组有关的状态转移问题,一个是二元函数的无差别曲线.

7.6.1　人、狗、鸡、米问题

人、狗、鸡、米均要过河,船上除 1 人划船外,最多还能运载一物,而人不在场时,狗要吃鸡,鸡要吃米,问人、狗、鸡、米应如何过河?

分析:假设人、狗、鸡、米要从河的南岸到河的北岸,由题意,在过河的过程中,两岸的状态要满足一定条件,所以该问题为有条件的状态转移问题.

1. 允许状态集合

我们用有序数组 (w,x,y,z)(其中 $w,x,y,z = 0$ 或 1)表示南岸的状态,例如 $(1,1,1,1)$ 表示它们都在南岸;$(0,1,1,0)$ 表示狗、鸡在南岸,人、米在北岸;很显然有些状态是允许的,有些状态是不允许的,用穷举法可列出全部 10 个允许状态:

$$(1,1,1,1) \quad (1,1,1,0) \quad (1,1,0,1) \quad (1,0,1,1) \quad (1,0,1,0)$$
$$(0,0,0,0) \quad (0,0,0,1) \quad (0,0,1,0) \quad (0,1,0,0) \quad (0,1,0,1)$$

我们将上述 10 个可取状态组成的集合记为 S,称 S 为允许状态集合.

2. 状态转移方程

对于一次过河,可以看成一次状态转移,我们用 (w,x,y,z) 来表示决策,例 $(1,0,0,1)$ 表示人、米过河. 令 D 为允许决策集合,

$$D = \{(1,x,y,z) \mid x + y + z = 0 \text{ 或 } 1\},$$

另外,我们注意到过河有两种,奇数次的为从南岸到北岸,而偶数次的为北岸回到南岸,因此得到下述转移方程,

$$S_{k+1} = S_k + (-1)^k d_k$$

$S_k = (w_k, x_k, y_k, z_k)$ 表示第 k 次状态,$d_k \in D$ 为允许决策.

3. 人、狗、鸡、米过河问题,即要找到 $d_1, d_2, \cdots, d_{m-1} \in D, S_0, S_1, \cdots, S_m \in S$

$S_0 = (0,0,0,0), S_m = (1,1,1,1)$ 且满足转移方程.

下面用状态转移图求解,将 10 个允许状态用 10 个点表示,并且仅当某个允许状态经过一个允许决策仍为允许状态,则这两个允许状态间存在连线,而构成一个图,如图 7.15,在其中寻找一条从 $(1,1,1,1)$ 到 $(0,0,0,0)$ 的路径,这样的路径就是一个解,可得下述路径图:

图 7.15

如图 7.16,有两个解都是经过 7 次运算完成,均为最优解.

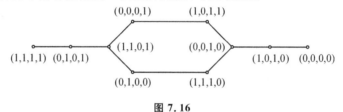

图 7.16

7.6.2　无差别曲线(Indifference Curve)

无差别曲线(或翻译成等优曲线、无异曲线)是一条向右下方倾斜的曲线,其斜率一般为负值,这在经济学中表明在收入与价格既定的条件下,消费者为了获得同样的满足程度,增加一种商品的消费就必须放弃减少另一种商品,两种商品在消费者偏好不变的条件下,不能同时减少或增多.

无差别曲线有如下性质:

1. 无差别曲线是一条向右下方倾斜的线,斜率是负的. 表明为实现同样的满足程度,增加一种商品的消费,必须减少另一种商品的消费.

2. 由于通常假定效用函数是连续的,所以在同一个坐标平面上的任何两条无差别曲线之间,可以有无数条无差别曲线. 同一条曲线代表相同的效用,不同的曲线代表不同的效用.

3. 无差别曲线不能相交. 否则无差别曲线的定义会和它的第二性质发生矛盾.

4. 无差别曲线凸向原点. 这就是说,无差别曲线的斜率的绝对值是递减的.

如图 7.17,无差别曲线的图形有上述性质可以这样理解:当你很饿很饿的时候,如果有人送你一个面包,你很感激他,如果再给你一个面包,当然也很感激他,如果再给你几个面包呢?当然还是感激,但是感激的程度会降低,而且会想:如果这时候有一瓶水那该多好啊!

例如在夏天,冰淇淋和西瓜都有消暑的功效,假设效用函数为 $f(x,y)$,其中 x 为西瓜的数量,y 为冰淇淋的数量. 用一笔固定的预算 B 来买西瓜和冰淇淋,设 P_x 为西瓜的价格,P_y 为冰淇淋的价格,则 $P_x \cdot x + P_y \cdot y = B$. 如何达到最大效用.

这是一个条件极值问题,用拉格朗日乘数法,设
$$F(x,y,\lambda) = f(x,y) + \lambda(P_x \cdot x + P_y \cdot y - B)$$
可解得
$$\frac{f'_x(x,y)}{P_x} = \frac{f'_y(x,y)}{P_y},$$
即各自边际效用与价格比值相等的点.

若效用函数为 $f(x,y) = \dfrac{xy}{2x+y}$(如图 7.18),$P_x = 1$,$P_y = 2$,$B = 9$,代入可得$\dfrac{y^2}{1} = \dfrac{2x^2}{2}$,则 $y = x$,所以 $x + 2y = 9$,得 $x = 3$,$y = 3$.

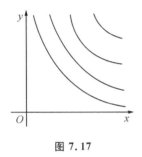

图 7.17

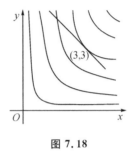

图 7.18

思考题 7.6

1. 商人过河问题,有三名商人各带一名仆人要过河,但船最多能载二人,商人已获得仆人的阴谋:在河的任一岸,只要仆人数超过商人数,仆人会将商人杀死并窃取货物.安排如何乘船的权力掌握在商人手中,你能为商人制定一个安全过河的策略吗?四个商人四个仆人又如何呢?

2. 若本节无差别曲线效用函数 $f(x,y) = \dfrac{xy}{x+2y}$,则结果又会如何?

本章小结

1. 空间直角坐标系:坐标系,卦限,两点距离.

2. 二元函数的概念:定义域,极限,连续.

3. 偏导数与全微分:求二元函数偏导数时,只需将一个自变量看作常数,对另一个自变量运用一元函数求导方法即可.求 $\dfrac{\partial z}{\partial x}$ 是将 y 视为常数,求 $\dfrac{\partial z}{\partial y}$ 是将 x 视为常数.

二元函数的高阶偏导数是相应的低一阶偏导数的偏导数,对 $\dfrac{\partial z}{\partial x}$ 关于 x,y 分别求偏导,可得$\dfrac{\partial^2 z}{\partial x^2}$,$\dfrac{\partial^2 z}{\partial x \partial y}$,对$\dfrac{\partial z}{\partial y}$ 关于 x,y 分别求偏导,可得 $\dfrac{\partial^2 z}{\partial y \partial x}$,$\dfrac{\partial^2 z}{\partial y^2}$.

二元函数的全微分概念类似于一元函数,$\mathrm{d}z = \dfrac{\partial z}{\partial x}\mathrm{d}x + \dfrac{\partial z}{\partial y}\mathrm{d}y$.

4. 复合函数偏导数:

在求复合函数的微分时,应先分清变量间的关系:哪些是中间变量,哪些是自变量.一般,可画出变量关系图,明确复合关系,然后运用公式得到正确结果.

5.二元函数的极值：

在求二元函数 $z = f(x,y)$ 的无条件极值时，应按下述步骤进行：

（1）由函数极值存在的必要条件，求解

$$\begin{cases} f'_x(x,y) = 0 \\ f'_y(x,y) = 0 \end{cases},$$

得到所有的驻点.

（2）对于每一驻点 (x_0,y_0)，计算 $z = f(x,y)$ 的二阶偏导数在该点的值：

$$A = f''_{xx}(x_0,y_0), B = f''_{xy}(x_0,y_0), C = f''_{yy}(x_0,y_0).$$

（3）判断 (x_0,y_0) 是否为极值点，利用极值的充分条件：

当 $B^2 - AC < 0$ 时，点 (x_0,y_0) 是极值点，且若 $A < 0$，点 (x_0,y_0) 是极大值点；若 $A > 0$，点 (x_0,y_0) 是极小值点.

当 $B^2 - AC > 0$ 时，点 (x_0,y_0) 是非极值点.

当 $B^2 - AC = 0$ 时，不能确定 (x_0,y_0) 是否为极值点.

对求条件极值，可以转化为无条件极值去解决，也可以用拉格朗日乘数法. 条件极值一般都是解决某些最大、最小值问题. 在实际问题中，往往根据问题本身就可以判定最大（最小）值是否存在，并不需要比较复杂的条件（充分条件）去判断.

综合练习

一、填空题

1.点 $(2,-1,4)$ 在空间直角坐标系的第_____卦限.

2.点 $(-3,2,5)$ 与点 $(2,3,4)$ 之间的距离为_____.

3.已知 $f(u,v) = u^v$，则 $f(xy, x+y) =$ _____.

4.函数 $z = \sqrt{1 - x^2 - y^2}$ 的定义域是_____.

5.二元函数 $f(x,y)$ 在点 (x_0,y_0) 的偏导数存在，且在该点有极值，则 $f'_x(x_0,y_0) =$ _____，$f'_y(x_0,y_0) =$ _____.

6.函数 $z = f(x,y)$ 在驻点 (x_0,y_0) 的某邻域内有直至二阶连续偏导数，记 $f''_{xx}(x_0,y_0) = A, f''_{xy}(x_0,y_0) = B, f''_{yy}(x_0,y_0) = C$，则当_____时，函数 $z = f(x,y)$ 在 (x_0,y_0) 处取得极大值；当_____时，函数 $z = f(x,y)$ 在 (x_0,y_0) 处取得极小值；当_____时，函数 $z = f(x,y)$ 在 (x_0,y_0) 处无极值.

二、选择题

1.设 $f(x,y) = \dfrac{x-y}{x+y}$，则 $f(x-y, x+y) = ($ _____$)$.

A.$\dfrac{y}{x}$ B.$\dfrac{x}{y}$ C.$-\dfrac{y}{x}$ D.$-\dfrac{x}{y}$

2.设 $z = x^2\sin y$，则 $\dfrac{\partial z}{\partial x} = ($ _____$)$.

A.$2x\cos y$ B.$2x\sin y$ C.$x^2\sin y$ D.$x^2\cos y$

3.设 $z = xy + x^3$，则 $\mathrm{d}z \big|_{\substack{x=1 \\ y=1}} = ($ _____$)$.

A.$\mathrm{d}x + 4\mathrm{d}y$ B.$\mathrm{d}x + \mathrm{d}y$ C.$4\mathrm{d}x + \mathrm{d}y$ D.$3\mathrm{d}x + \mathrm{d}y$

4. 设 $z = u^2 \ln v, u = x + y, v = xy,$ 则 $\dfrac{\partial z}{\partial x}\Big|_{(1,1)} = ($ 　　$).$

A. 3　　　　　　B. 2　　　　　　C. 4　　　　　　D. 1

5. 设 $z = e^x \cos y,$ 则 $\dfrac{\partial^2 z}{\partial x \partial y} = ($ 　　$).$

A. $e^x \sin y$　　　B. $e^x + e^x \sin y$　　　C. $-e^x \cos y$　　　D. $-e^x \sin y$

6. 函数 $f(x,y) = x^2 + y^2 - 2x - 2y + 1$ 的驻点是($\quad$).

A. $(0,0)$　　　　B. $(0,1)$　　　　C. $(1,0)$　　　　D. $(1,1)$

三、计算题

1. 求下列函数的偏导数：

(1) $z = x^2 + \sin xy$　　　　　　　(2) $z = (1 + xy)^y$

(3) $z = x^2 + 3xy + y^2$ 在点 $(1,2)$　　(4) $z = (x + y)^{xy}$

(5) $z = f(x^2 + y^2, xy)$

2. 求下列全微分：

(1) $z = x^y$　　　　　　　　　　(2) $z = x^2 y^3 + e^{xy}$ 在点 $(1,1)$ 处

3. 求下列二阶偏导数：

(1) $z = x^3 - 2xy^2 - y^3$　　　　　(2) $z = e^{2x} \sin y^2$

四、应用题

1. 某工厂生产某产品需要两种原料 $A,B,$ 且产品的产量 z 与所需 A 原料数 x 及 B 原料数 y 的关系式为 $z = x^2 + 8xy + 7y^2,$ 已知 A 原料数的单价为 1 万元／吨，B 原料数的单价为 2 万元／吨，现有 100 万元，如何购买原料才能使该产品的产量最大.

2. 要造一个容积等于 10m^3 的长方体无盖水池，应如何选择水池尺寸，方可使它的表面积最小.

第8章 无穷级数

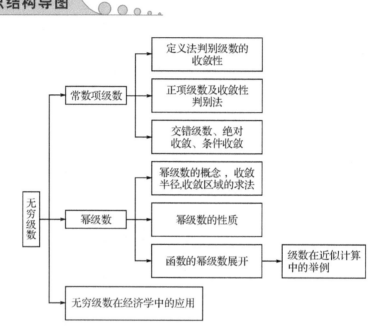

常数项级数 —— 定义法判别级数的收敛性

常数项级数 —— 正项级数及收敛性判别法

常数项级数 —— 交错级数、绝对收敛、条件收敛

幂级数 —— 幂级数的概念，收敛半径,收敛区域的求法

幂级数 —— 幂级数的性质

幂级数 —— 函数的幂级数展开 —— 级数在近似计算中的举例

无穷级数在经济学中的应用

阅读材料 数学家泰勒(Taylor)

　　泰勒・布罗克(Taylor Brook)是英国数学家.1685年8月18日生于埃德蒙顿,1731年12月29日卒于伦敦.泰勒出生在富裕的家庭,经常有音乐家、艺术家来往,使他自幼就受到了良好的音乐艺术上的感染与熏陶.他1705年进入剑桥大学圣约翰学院学习,1709年毕业并获法学学士学位,随后移居伦敦.由于他在英国《皇家学会会报》发表一系列高水平的论文而崭露头角.27岁时当选为英国皇家学会会员,1714年获法学博士学位,1714—1718年任皇家学会秘书.他是解决牛顿与莱布尼茨关于微积分发明权之争问题的仲裁委员会委员.

Brook Taylor

　　泰勒以微积分学中将函数展开成幂级数的定理 —— 泰勒定理而闻名于世.这条定理大致可以叙述为:函数在一个点的邻域内的值可以用函数在该点的值及各阶导数值组成的幂级数表示出来.泰勒1715年出版了《增量法及其逆》,在该书中"他力图搞清微积分的思想,但他把自己局限于代数函数与代数微分方程".这本书发展了牛顿的方法,并奠定了有限差分法的基础.在这本书中载有现在微积分教程中以他的姓氏命名的单元函数的幂级数展开

公式,这个公式是他通过对格雷戈里-牛顿插值公式求极限而得到的.用现在的标准衡量,证明有失严格,这因为和他同时代人一样,他没有认识到处理无穷级数时,必须先考虑它的收敛性.对此,德国著名数学家克莱因(Klein)曾评注道:"无先例的大胆地通过极限,泰勒实际上是用无穷小(微分)进行运算,同莱布尼茨一样认为其中没有什么问题.有意思的是,一个 20 多岁的年轻人,在牛顿的眼皮底下,却离开了他的极限方法."另外,泰勒定理的重要性最初并未引起人们的注意,直到 1755 年,欧拉把泰勒定理用于他的微分学时才认识到其价值;稍后拉格朗日用带余项的级数作为其函数理论的基础,从而进一步确认泰勒定理的重要地位.他把这一定理刻画为微积分的基本定理.泰勒定理的严格证明是在定理诞生一个世纪之后,由柯西给出的."泰勒级数"这个名词大概是由瑞士数学家吕利埃(L'Huillier)在 1786 年首先使用的.特别是在"1880 年,魏尔斯特拉斯又把泰勒级数引进为一个基本概念,用现代术语来讲,泰勒级数是解析函数芽".泰勒也以函数的泰勒级数而闻名于后世.《增量法及其逆》一书,不仅是微积分发展史上重要著作,而且还开创了一门新的数学分支,现在称为"有限差分".虽然有限差分法在 17 世纪时已广泛用于插值问题,但正是泰勒的工作才使之成为一个数学分支.

在数学以外的领域,泰勒也有重要的成就.他在《皇家学会会报》上也发表过关于物理学、动力学、流体动力学、磁学和热学方面的论文,其中包括对磁引力定律的实验说明.泰勒还是一位富有才华的音乐家和画家.他曾将几何方法应用于绘画中的透视,并于 1715 年、1719 年先后编写出版了《直线透视》、《直线透视的新原理》两本论著,这是关于透视画法的权威性著作,包含了对"没影点"原理最早的一般论述.泰勒这些工作受到了后人的高度赞扬.库利奇(Coolidge)在 1940 年称泰勒的工作是透视学"整个大建筑的拱顶石".他对空中屈折现象首先作出了正确解释.

泰勒对数学发展的贡献,本质上要比那个以他的姓氏命名的级数大得多,他涉及的、创造的但未能进一步发展的主要概念之多非常惊人.然而泰勒的写作风格过于简洁,从而令人费解.这也是他的许多创见未能获得更高声誉的一个原因.

泰勒后期的家庭生活是不幸的.1721 年,因和一位出身名门但没有财产的女人结婚,遭到父亲的严厉反对,只好离开家庭.两年后,妻子因难产去世,才又回到家里.1725 年,在征得父亲同意后,他第二次结婚,并于 1729 年继承了父亲在肯特郡的财产.1730 年,第二个妻子也在难产中死去,不过这一次留下了一个女儿.妻子的死深深地刺激了他,第二年他也去世了,安葬在伦敦圣·安教堂墓地.

8.1　常数项级数

8.1.1　常数项级数的概念

在初等数学中知道:有限个实数 $u_1, u_2, \cdots, u_n$ 相加,其结果是一个实数.本章将在这个基础上加以推广,并讨论"无限个实数相加"而可能出现的情形及特性.

战国时代哲学家庄周所著的《庄子·天下篇》中提到"一尺之棰,日取其半,万世不竭",也就是说一根长为一尺的木棒,每天截去一半,这样的过程可以无限制的进行下去.若把每天截下那一部分的长度"加"起来:

$$\frac{1}{2} + \frac{1}{2^2} + \frac{1}{2^3} + \cdots + \frac{1}{2^n} + \cdots$$

这就是一个"无限个数相加"的例子.从直观上可以看到,它的和是 1.

又例如把无穷数列 $1, -1, 1, -1, \cdots, (-1)^{n-1}, \cdots$ 每一项相加:

$$1 + (-1) + 1 + (-1) + \cdots$$

如果将它写作 $(1-1) + (1-1) + (1-1) + \cdots$,

其结果是 0,如果写作

$$1 + [(-1) + 1] + [(-1) + 1] + \cdots$$

其结果就是 1.

两个结果完全不同.由此可推断:"无限个数相加"之"和"绝不像有限个数相加所得的和来得明确.

【定义 8.1】 设有一个无穷数列 $u_1, u_2, \cdots, u_n, \cdots$,则称

$$u_1 + u_2 + \cdots + u_n + \cdots \tag{1}$$

为常数项级数或无穷级数(也简称级数),其中 u_n 称为常数项级数(1)的通项.常数项级数(1)也常记作 $\sum\limits_{n=1}^{\infty} u_n$,在不致混淆的情形下也可简记为 $\sum u_n$.

取常数项级数(1)的前 n 项作和

$$S_n = u_1 + u_2 + \cdots + u_n = \sum_{k=1}^{n} u_k$$

S_n 称为级数(1)的部分和.当 n 依次取 $1, 2, 3, \cdots$ 时,它们构成一个新的数列:

$$S_1 = u_1, S_2 = u_1 + u_2, S_3 = u_1 + u_2 + u_3, \cdots, S_n = u_1 + u_2 + \cdots + u_n, \cdots.$$

【定义 8.2】 若常数项级数(1)的部分和数列 $\{S_n\}$ 的极限存在(即 $\lim\limits_{n \to \infty} S_n = S$),则称常数项级数(1)是收敛的,并称 S 为常数项级数(1)的和,即 $S = u_1 + u_2 + \cdots + u_n + \cdots = \sum\limits_{n=1}^{\infty} u_n$;若部分和数列 $\{S_n\}$ 的极限不存在,则称常数项级数(1)发散.

【例 8.1】 判断以下级数是否收敛,若收敛求出其和.

(1) $1 + 2 + 3 + \cdots + n + \cdots$

(2) $\dfrac{1}{1 \times 2} + \dfrac{1}{2 \times 3} + \cdots + \dfrac{1}{n(n+1)} + \cdots$

【解】 (1) 这个级数的部分和为 $S_n = 1 + 2 + 3 + \cdots + n = \dfrac{n(n+1)}{2}$,显然有 $\lim\limits_{n \to \infty} S_n = +\infty$,因此所给级数是发散的.

(2) 由于这个级数的部分和为

$$S_n = \frac{1}{1 \times 2} + \frac{1}{2 \times 3} + \cdots + \frac{1}{n(n+1)} = \left(1 - \frac{1}{2}\right) + \left(\frac{1}{2} - \frac{1}{3}\right) + \cdots + \left(\frac{1}{n} - \frac{1}{n+1}\right) = 1 - \frac{1}{n+1},$$

从而 $\lim\limits_{n \to \infty} S_n = \lim\limits_{n \to \infty} \left(1 - \dfrac{1}{n+1}\right) = 1$.

故这个级数是收敛的,它的和是 1.

【例 8.2】 讨论几何级数(也叫等比级数):

$$\sum_{n=0}^{\infty} aq^n = a + aq + aq^2 + \cdots + aq^{n-1} + \cdots (a \neq 0) \text{ 的敛散性.}$$

【解】 作 $S_n = \sum_{i=1}^{n} aq^{i-1} = a + aq + aq^2 + \cdots + aq^{n-1}$,若 $q \neq 1$,则

$$S_n = \frac{a(1-q^n)}{1-q} = \frac{a}{1-q}(1-q^n).$$

下面考虑 $\lim_{n\to\infty} S_n$ 的问题:

若 $|q| < 1$,即当 $n \to \infty$ 时,$q^n \to 0$,则 $\lim_{n\to\infty} S_n = \lim_{n\to\infty} \frac{a}{1-q}(1-q^n) = \frac{a}{1-q}$;

若 $|q| > 1$,即当 $n \to \infty$ 时,$q^n \to \infty$,故 $\lim_{n\to\infty} S_n$ 不存在;

若 $q = 1$,当 $n \to \infty$ 时,$S_n = na \to \infty$,故 $\lim_{n\to\infty} S_n$ 不存在;

若 $q = -1$,当 $n \to \infty$ 时,$S_n = \begin{cases} 0, & n \text{ 为偶数} \\ a, & n \text{ 为奇数} \end{cases}$,故 $\lim_{n\to\infty} S_n$ 不存在;

综上所述,$\lim_{n\to\infty} S_n = \lim_{n\to\infty} \frac{a}{1-q}(1-q^n) = \begin{cases} \dfrac{a}{1-q}, & |q| < 1 \\ \text{不存在}, & |q| \geq 1 \end{cases}$.

【注】 当级数收敛时,其部分和 S_n 是级数的和 S 的近似值,它们之间的误差为:

$$r_n = S - S_n = u_{n+1} + u_{n+2} + \cdots$$

叫做级数(1)的余项.

【注】 级数与数列极限有着紧密的联系. 给定级数 $\sum_{n=1}^{\infty} u_n$,就有部分和数列 $\left\{S_n = \sum_{k=1}^{n} u_k\right\}$;反之,给定数列 $\{S_n\}$,就有以 $\{S_n\}$ 为部分和数列的级数:

$$S_1 + (S_2 - S_1) + \cdots + (S_n - S_{n-1}) + \cdots = S_1 + \sum_{n=2}^{\infty}(S_n - S_{n-1}) = \sum_{n=2}^{\infty} u_n$$

其中 $u_1 = S_1, u_n = S_n - S_{n-1}(n \geq 2)$. 因此,级数 $\sum_{n=1}^{\infty} u_n$ 与数列 $\{S_n\}$ 同时收敛或同时发散,且在收敛时,有 $\sum_{n=1}^{\infty} u_n = \lim_{n\to\infty} S_n$,即 $\sum_{n=1}^{\infty} u_n = \lim_{n\to\infty} \sum_{k=1}^{n} u_k$.

基于级数与数列极限的这种关系,我们不难根据数列极限的性质推出下面有关级数的一些性质.

【性质 8.1】 若级数 $\sum u_n$ 与 $\sum v_n$ 分别收敛于 u 和 v,则级数 $\sum (cu_n \pm dv_n)$ 也收敛,且 $\sum (cu_n \pm dv_n) = c\sum u_n \pm d\sum v_n = cu \pm dv$,其中 c, d 为常数.

【证明】 设 $\sum u_n$ 的部分和是 A_n,$\sum v_n$ 的部分和为 B_n,则有

$$\lim_{n\to\infty} A_n = u, \quad \lim_{n\to\infty} B_n = v$$

则级数 $\sum (cu_n + dv_n)$ 的部分和

$$\begin{aligned} S_n &= (cu_1 \pm dv_1) + (cu_2 \pm dv_2) + \cdots + (cu_n \pm dv_n) \\ &= c(u_1 + u_2 + \cdots + u_n) \pm d(v_1 + v_2 + \cdots + v_n) \\ &= cA_n \pm dB_n \end{aligned}$$

而 $\lim_{n\to\infty} S_n = \lim_{n\to\infty}(cA_n \pm dB_n) = cu \pm dv$.

所以级数 $\sum (cu_n \pm dv_n)$ 收敛,且其和为 $cu \pm dv$.

【性质 8.2】 去掉、增加或改变级数的有限个项并不改变级数的敛散性.

【证明】 我们只需证明"在级数的前面部分去掉有限项,不会改变级数的敛散性",则其他情形可以类似证明.

设将级数 $u_1 + u_2 + \cdots + u_k + u_{k+1} + \cdots + u_{k+n} + \cdots$ 的前 k 项去掉,则得到级数

$$u_{k+1} + u_{k+2} \cdots + u_{k+n} + \cdots$$

于是新得到的级数的部分和 S_n 为

$$S_n = u_{k+1} + \cdots + u_{k+n} = S_{k+n} - S_k,$$

其中 S_{k+n} 为原级数的前 $k+n$ 项的和. 由于 S_k 为常数,$\lim\limits_{n\to\infty} S_n = \lim\limits_{n\to\infty}(S_{k+n} - S_k)$,所以 S_n 与 S_{k+n} 或者同时收敛,或者同时发散.

【注】 虽然,一个级数是否收敛与级数前面有限项的取值无关,但是对于收敛级数来说,去掉或增加或改变有限项后,级数的和一般是要发生变化的.

【性质 8.3】 在收敛级数的项中任意加括号,既不改变级数的收敛性,也不改变它的和.

【注】 需要指出的是,从级数加括号后的收敛性,不能推断它在未加括号前也收敛. 例如,

$$(1-1) + (1-1) + \cdots + (1-1) + \cdots = 0 + 0 + \cdots + 0 + \cdots = 0 \text{ 收敛},$$

但级数 $1 - 1 + 1 - 1 + \cdots$ 却是发散的.

【性质 8.4】 (收敛级数的必要条件):若级数 $\sum u_n$ 收敛,则有 $\lim\limits_{n\to\infty} u_n = 0$.

【证明】 设级数 $\sum u_n$ 收敛,其和为 S,显然 $u_n = S_n - S_{n-1} \quad (n \geqslant 2)$,

于是 $\lim\limits_{n\to\infty} u_n = \lim\limits_{n\to\infty}(S_n - S_{n-1}) = S - S = 0$.

【注】 性质 8.4 的逆命题是不成立的. 即有些级数虽然通项趋于零,但仍然是发散的.

【例 8.3】 证明调和级数

$$1 + \frac{1}{2} + \frac{1}{3} + \cdots + \frac{1}{n} + \cdots \tag{2}$$

是发散的.

【证明】 这里调和级数虽然满足性质 8.4 的结论,即 $\lim\limits_{n\to\infty} u_n = \lim\limits_{n\to\infty} \frac{1}{n} = 0$,但是它是发散的. 我们用反证法来证明.

假设级数(2)收敛,设它的前 n 项部分和为 S_n,且 $S_n \to S(n\to\infty)$,显然,对级数(2)的前 $2n$ 部分和为 S_{2n},也有 $S_{2n} \to S \quad (n\to\infty)$.

于是

$$S_{2n} - S_n \to S - S = 0 \quad (n\to\infty). \tag{3}$$

但是

$$S_{2n} - S_n = \frac{1}{n+1} + \frac{1}{n+2} + \cdots + \frac{1}{2n} > \frac{1}{2n} + \frac{1}{2n} + \cdots + \frac{1}{2n} = \frac{1}{2}.$$

与(3)式矛盾,故假设不成立,即原级数发散.

8.1.2 正项级数收敛性判别法

一般的常数项级数,它的各项可以是正数、负数或者零,其收敛性的判断比较困难而各项都是正数或零的级数的收敛性判断较容易.

设正项级数

$$\sum_{n=1}^{\infty} u_n = u_1 + u_2 + \cdots + u_n + \cdots, \text{其中 } u_n \geq 0. \tag{4}$$

设其部分和为 S_n，显然 $S_{n+1} \geq S_n$，也就是说部分和数列 $\{S_n\}$ 是单调增加的，

$$S_1 \leq S_2 \leq \cdots \leq S_n \leq \cdots (n = 1, 2, \cdots)$$

从而 S_n 只有两种变化情况：

(1) S_n 无限增大，于是 $\lim\limits_{n \to \infty} S_n$ 不存在；

(2) 存在一个正数 M，使得 $|S_n| < M$. 此时，根据数列极限存在准则，$\lim\limits_{n \to \infty} S_n$ 存在.

对于情况(1)表明级数(4)发散；对于情况(2)表明级数(4)是收敛的. 因此正项级数是否收敛只要判定是否存在一个正数 M，使得 $|S_n| < M$ 就行了. 下面我们不加证明的介绍几种判别法.

【定理 8.1】（比较判别法）设 $\sum\limits_{n=1}^{\infty} u_n$ 和 $\sum\limits_{n=1}^{\infty} v_n$ 是两个正项级数，如果存在某正数 N，对一切 $n > N$，都有 $u_n \leq v_n$，那么：

(1) 若级数 $\sum\limits_{n=1}^{\infty} v_n$ 收敛，则级数 $\sum\limits_{n=1}^{\infty} u_n$ 也收敛；

(2) 若级数 $\sum\limits_{n=1}^{\infty} u_n$ 发散，则级数 $\sum\limits_{n=1}^{\infty} v_n$ 也发散.

【注】　比较判别法的特点就是要首先找出合适的已知收敛性的级数来比较.

【例 8.4】　判断以下正项级数的敛散性：

(1) $\sum\limits_{n=1}^{\infty} \dfrac{1}{2^n + 1}$；　　　　　　　　(2) $\sum\limits_{n=1}^{\infty} \dfrac{1}{n + \sqrt{n}}$.

【解】　(1) 由于 $\dfrac{1}{2^n + 1} < \dfrac{1}{2^n}$，而几何级数 $\sum \dfrac{1}{2^n}$ 是收敛的，则有比较判别法知：$\sum\limits_{n=1}^{\infty} \dfrac{1}{2^n + 1}$ 收敛.

(2) 由于 $\dfrac{1}{n + \sqrt{n}} > \dfrac{1}{2n}$，$\sum \dfrac{1}{2n} = \dfrac{1}{2} \sum \dfrac{1}{n}$，而调和级数 $\sum \dfrac{1}{n}$ 是发散的，则 $\sum \dfrac{1}{2n}$ 也发散. 于是由比较判别法知 $\sum\limits_{n=1}^{\infty} \dfrac{1}{n + \sqrt{n}}$ 也发散.

【例 8.5】　讨论 p 级数：$1 + \dfrac{1}{2^p} + \dfrac{1}{3^p} + \cdots + \dfrac{1}{n^p} + \cdots (p > 0)$ 的敛散性.

【解】　当 $p \leq 1$ 时，$\dfrac{1}{n^p} \geq \dfrac{1}{n}$，由于调和级数 $\sum\limits_{n=1}^{\infty} \dfrac{1}{n}$ 发散. 由比较判别法，这时，p 级数是发散的.

当 $p > 1$ 时，按顺序依次把该级数的一项、二项、四项、八项、$\cdots$ 括在一起，即

$$1 + \left(\dfrac{1}{2^p} + \dfrac{1}{3^p}\right) + \left(\dfrac{1}{4^p} + \dfrac{1}{5^p} + \dfrac{1}{6^p} + \dfrac{1}{7^p}\right) + \left(\dfrac{1}{8^p} + \cdots + \dfrac{1}{15^p}\right) + \cdots \tag{5}$$

它的各项显然小于下列级数的各项：

$$1 + \left(\dfrac{1}{2^p} + \dfrac{1}{2^p}\right) + \left(\dfrac{1}{4^p} + \dfrac{1}{4^p} + \dfrac{1}{4^p} + \dfrac{1}{4^p}\right) + \left(\dfrac{1}{8^p} + \cdots + \dfrac{1}{8^p}\right) + \cdots$$

$$= 1 + \dfrac{1}{2^{p-1}} + \left(\dfrac{1}{2^{p-1}}\right)^2 + \left(\dfrac{1}{2^{p-1}}\right)^3 + \cdots \tag{6}$$

而级数(6)是等比级数,其公比 $q = \left(\dfrac{1}{2}\right)^{p-1} < 1$,所以级数(6)收敛,由比较判别法,这时 p—级数收敛.

综上所述,当 $p \leqslant 1$ 时,p—级数发散;当 $p > 1$ 时,p—级数收敛.

【注】 p—级数是一个用处很广的级数,要熟记它的敛散性.

【定理 8.2】 (比值判别法)若 $\displaystyle\sum_{n=1}^{\infty} u_n$ 为正项级数,且 $\displaystyle\lim_{n \to \infty} \dfrac{u_{n+1}}{u_n} = q$,则:

(1) 当 $q < 1$ 时,级数 $\displaystyle\sum_{n=1}^{\infty} u_n$ 收敛;

(2) 当 $q > 1$ 或 $q = +\infty$ 时,级数 $\displaystyle\sum_{n=1}^{\infty} u_n$ 发散;

(3) 当 $q = 1$ 时,级数 $\displaystyle\sum_{n=1}^{\infty} u_n$ 可能收敛也可能发散.

【例 8.6】 判断下列级数的敛散性:

(1) $\dfrac{2}{1} + \dfrac{2 \times 5}{1 \times 5} + \dfrac{2 \times 5 \times 8}{1 \times 5 \times 9} + \cdots + \dfrac{2 \times 5 \times 8 \times \cdots \times [2 + 3(n-1)]}{1 \times 5 \times 9 \times \cdots \times [1 + 4(n-1)]} + \cdots$;

(2) $\displaystyle\sum n x^{n-1} \quad (x > 0)$;

(3) $\displaystyle\sum_{n=1}^{\infty} \dfrac{5^n n!}{n^n}$.

【解】 (1) 由于 $\displaystyle\lim_{n \to \infty} \dfrac{u_{n+1}}{u_n} = \lim_{n \to \infty} \dfrac{2 + 3n}{1 + 4n} = \dfrac{3}{4} < 1$,由比值判别法知,原级数收敛.

(2) 由于 $\displaystyle\lim_{n \to \infty} \dfrac{u_{n+1}}{u_n} = \lim_{n \to \infty} \dfrac{(n+1) x^n}{n x^{n-1}} = \lim_{n \to \infty} \left(x \cdot \dfrac{n+1}{n}\right) = x$,故由比值判别法知:

当 $0 < x < 1$ 时,$\displaystyle\sum n x^{n-1}$ 收敛;

当 $x > 1$ 时,$\displaystyle\sum n x^{n-1}$ 发散;

当 $x = 1$ 时,$\displaystyle\sum n x^{n-1} = \sum n$ 发散.

(3) 由于

$$\lim_{n \to \infty} \dfrac{u_{n+1}}{u_n} = \lim_{n \to \infty} \dfrac{\dfrac{5^{n+1}(n+1)!}{(n+1)^{n+1}}}{\dfrac{5^n \cdot n!}{n^n}} = \lim_{n \to \infty} 5 \cdot \left(\dfrac{n}{n+1}\right)^n = \lim_{n \to \infty} 5 \cdot \left[\dfrac{1}{\left(1 + \dfrac{1}{n}\right)^n}\right] = \dfrac{5}{e} > 1.$$

故原级数发散.

【定理 8.3】 (根值判别法)设 $\displaystyle\sum u_n$ 为正项级数,如果 $\displaystyle\lim_{n \to \infty} \sqrt[n]{u_n} = q$,则有

(1) 当 $q < 1$ 时,级数收敛;

(2) 当 $q > 1$ 时,级数发散;

(3) 当 $q = 1$ 时,级数可能收敛也可能发散.

【例 8.7】 讨论级数 $\displaystyle\sum \dfrac{3 + (-1)^n}{2^n}$ 的敛散性.

【解】 由于 $\displaystyle\lim_{n \to \infty} \sqrt[n]{u_n} = \lim_{n \to \infty} \sqrt[n]{\dfrac{3 + (-1)^n}{2^n}} = \dfrac{1}{2} < 1$,所以原级数是收敛的.

上面我们讨论了正项级数的三个判别法.比较判别法则需找一个已知收敛或发散的级

数作参照,而比值判别法与根值判别法不需要其他参照级数,就其级数本身的特点进行判定,这是它的优点,缺点是当极限 $\lim\limits_{n\to\infty}\dfrac{u_{n+1}}{u_n}=1$(或 $\lim\limits_{n\to\infty}\sqrt[n]{u_n}=1$) 时,判别法失效,需用其它判别法判别. 总之,在具体判断一个正项级数的收敛性应根据所给级数的特征而灵活选择判别法.

8.1.3　任意项级数、绝对收敛和条件收敛

【定义 8.3】　(1) 若级数 $\sum\limits_{n=1}^{\infty}u_n=u_1+u_2+\cdots+u_n+\cdots$ 的各项的绝对值所组成的级数 $\sum\limits_{n=1}^{\infty}|u_n|=|u_1|+|u_2|+\cdots+|u_n|+\cdots$ 收敛,则称原级数 $\sum\limits_{n=1}^{\infty}u_n$ 绝对收敛.

(2) 若级数 $\sum\limits_{n=1}^{\infty}u_n$ 收敛,而级数 $\sum\limits_{n=1}^{\infty}|u_n|$ 发散,则称原级数 $\sum\limits_{n=1}^{\infty}u_n$ 条件收敛.

【定义 8.4】　形如

$$\sum_{n=1}^{\infty}(-1)^{n-1}u_n\,(u_n>0,n=1,2,\cdots) \tag{7}$$

的级数称为交错级数.

例如,$1-\dfrac{1}{2}+\dfrac{1}{3}-\dfrac{1}{4}+\cdots+(-1)^{n-1}\dfrac{1}{n}+\cdots$ 和 $1-\ln 2+\ln 3-\ln 4+\cdots+(-1)^{n-1}\ln n+\cdots$ 都是交错级数.

【定理 8.4】　绝对收敛的级数一定收敛.

【证明】　设级数 $\sum\limits_{n=1}^{\infty}u_n$,且 $\sum\limits_{n=1}^{\infty}|u_n|$ 收敛.

令 $v_n=\dfrac{1}{2}(u_n+|u_n|)(n=1,2,\cdots)$,显然 $v_n\geqslant 0$ 且 $v_n\leqslant|u_n|(n=1,2,\cdots)$,

因 $\sum\limits_{n=1}^{\infty}|u_n|$ 收敛,故由比较判别法正项级数 $\sum\limits_{n=1}^{\infty}v_n$ 收敛,从而级数 $\sum\limits_{n=1}^{\infty}2v_n$ 也收敛,而 $u_n=2v_n-|u_n|$,由性质 8.1 知 $\sum\limits_{n=1}^{\infty}u_n$ 收敛.

【例 8.8】　讨论级数 $\sum\limits_{n=1}^{\infty}\dfrac{\sin nx}{n^2}$ 的收敛性.

【解】　由 $u_n=\dfrac{\sin nx}{n^2}$ 得 $|u_n|=\dfrac{|\sin nx|}{n^2}\leqslant\dfrac{1}{n^2}$.

而级数 $\sum\limits_{n=1}^{\infty}\dfrac{1}{n^2}$ 收敛,故由比较判别法知 $\sum\limits_{n=1}^{\infty}|u_n|$ 收敛,由定理 8.4 知原级数 $\sum\limits_{n=1}^{\infty}\dfrac{\sin nx}{n^2}$ 收敛,并且为绝对收敛.

交错级数的收敛性有以下判别方法:

【定理 8.5】　(莱布尼兹判别法)设交错级数(7)满足条件:

(1)$u_1\geqslant u_2\geqslant u_3\geqslant\cdots$,即数列 $\{u_n\}$ 单调递减;

(2)$\lim\limits_{n\to\infty}u_n=0$;

则交错级数(7)是收敛的,且它的和 $S\leqslant u_1$.

【例 8.9】　判断下列级数是否收敛,若收敛,是否为绝对收敛:

(1) $\displaystyle\sum_{n=1}^{\infty}(-1)^{n-1}\frac{1}{n}$;

(2) $\displaystyle\sum_{n=1}^{\infty}(-1)^{n-1}\frac{1}{n^2}$;

(3) $1-\dfrac{1}{3}+\dfrac{1}{5}-\dfrac{1}{7}+\cdots$.

【解】 (1) 为交错级数，$u_n=\dfrac{1}{n}$，$u_{n+1}=\dfrac{1}{n+1}$，故 $u_n\geqslant u_{n+1}$ 且 $\lim\limits_{n\to\infty}u_n=0$，由莱布尼兹判

别法知原级数收敛. 但由于 $\displaystyle\sum_{n=1}^{\infty}|u_n|=1+\dfrac{1}{2}+\cdots+\dfrac{1}{n}+\cdots$ 发散，故原级数为条件收敛.

(2) 由于 $\displaystyle\sum_{n=1}^{\infty}\left|(-1)^{n-1}\dfrac{1}{n^2}\right|=\sum_{n=1}^{\infty}\dfrac{1}{n^2}$，而 $\displaystyle\sum_{n=1}^{\infty}\dfrac{1}{n^2}$ 为收敛级数，故原级数收敛，并且为绝对

收敛.

(3) $u_n=\dfrac{1}{2n-1}$，$\lim\limits_{n\to\infty}u_n=0$，且

$$u_{n+1}-u_n=\frac{1}{2n+1}-\frac{1}{2n-1}=\frac{-2}{(2n+1)(2n-1)}<0$$

故 $u_n\geqslant u_{n+1}$，根据莱布尼兹判别法，知原级数收敛.

又因为 $\left|(-1)^{n-1}\dfrac{1}{2n-1}\right|=\dfrac{1}{2n-1}>\dfrac{1}{2n}$，而级数 $\displaystyle\sum_{n=1}^{\infty}\dfrac{1}{2n}=\dfrac{1}{2}\sum_{n=1}^{\infty}\dfrac{1}{n}$ 发散，由比较判别法

知级数 $\displaystyle\sum_{n=1}^{\infty}\dfrac{1}{2n-1}$ 发散，故原级数为条件收敛.

习题 8.1

1. 级数 $\displaystyle\sum_{n=1}^{\infty}U_n$ 收敛的充要条件是（　　）.

A. $\lim\limits_{n\to\infty}U_n=0$　　　　　　　　　　　　B. $\lim\limits_{n\to\infty}\dfrac{U_{n+1}}{U_n}=r<1$

C. $\lim\limits_{n\to\infty}S_n$ 存在（其中 $S_n=U_1+U_2+\cdots+U_n$）　　　D. $U_n\leqslant\dfrac{1}{n^2}$

2. 若级数 $\displaystyle\sum_{n=1}^{\infty}u_n$ 收敛，记 $S_n=\displaystyle\sum_{i=1}^{n}u_i$，则（　　）.

A. $\lim\limits_{n\to\infty}S_n=0$　　　　　　　　　　B. $\lim\limits_{n\to\infty}S_n=S$ 存在

C. $\lim\limits_{n\to\infty}S_n$ 可能不存在　　　　　　　D. $\{S_n\}$ 为单调数列

3. 设 $\lim\limits_{n\to\infty}a_n\neq 0$，则级数 $\displaystyle\sum_{n=1}^{\infty}a_n$（　　）.

A. 绝对收敛　　　　　B. 条件收敛　　　　　C. 收敛　　　　　　D. 发散

4. $\lim\limits_{n\to\infty}a_n=0$ 是无穷级数 $\displaystyle\sum_{n=1}^{\infty}a_n$ 收敛的（　　）.

A. 充分而非必要条件　　　　　　　B. 必要而非充分条件

C. 充分且必要条件　　　　　　　　D. 既非充分也非必要条件

5. 写出下列级数的前 6 项:

(1) $\displaystyle\sum_{n=1}^{\infty} \frac{1+n}{1+n^2}$;

(2) $\displaystyle\sum_{n=1}^{\infty} \frac{(-1)^{n-1}}{3^n}$.

6. 写出下列级数的通项:

(1) $\dfrac{1}{2}+\dfrac{1}{4}+\dfrac{1}{6}+\dfrac{1}{8}+\dfrac{1}{10}+\cdots$;

(2) $\dfrac{\sqrt{x}}{1\cdot 3}+\dfrac{x}{3\cdot 5}+\dfrac{x\sqrt{x}}{5\cdot 7}+\dfrac{x^2}{7\cdot 9}+\cdots$.

7. 用级数收敛的定义判别下列级数的敛散性:

(1) $\displaystyle\sum_{n=1}^{\infty} 5\cdot\frac{1}{a^n}\,(a>0)$;

(2) $\dfrac{1}{1\cdot 6}+\dfrac{1}{6\cdot 11}+\dfrac{1}{11\cdot 16}+\cdots+\dfrac{1}{(5n-4)(5n+1)}+\cdots$;

(3) $\displaystyle\sum_{n=1}^{\infty} \ln\frac{n}{n+1}$;

(4) $\displaystyle\sum_{n=1}^{\infty} (-1)^n\cdot 2$;

(5) $\displaystyle\sum_{n=1}^{\infty} \frac{1}{(3n-2)(3n+1)}$;

(6) $\left(\dfrac{1}{2}+\dfrac{1}{3}\right)+\left(\dfrac{1}{2^2}+\dfrac{1}{3^2}\right)+\cdots+\left(\dfrac{1}{2^n}+\dfrac{1}{3^n}\right)+\cdots$.

8. 用级数收敛的必要条件判断下列级数是否发散:

(1) $\dfrac{1}{2}+\dfrac{1}{\sqrt{2}}+\dfrac{1}{\sqrt[3]{2}}+\cdots$;

(2) $\dfrac{1}{101}+\dfrac{2}{201}+\dfrac{3}{301}+\dfrac{4}{401}+\cdots$;

(3) $\sqrt{2}+\sqrt{\dfrac{3}{2}}+\sqrt{\dfrac{4}{3}}+\cdots+\sqrt{\dfrac{n+1}{n}}+\cdots$.

9. 用比较判别法判别下列级数的收敛性:

(1) $\displaystyle\sum_{n=1}^{\infty} \frac{1}{5n+3}$;

(2) $\displaystyle\sum_{n=1}^{\infty} \frac{1}{n\sqrt{n+1}}$;

(3) $\displaystyle\sum_{n=1}^{\infty} \frac{1}{3^n+1}$;

(4) $\displaystyle\sum_{n=1}^{\infty} \sin\frac{\pi}{6^n}$.

10. 用比值判别法判别下列级数的收敛性:

(1) $\dfrac{1}{2}+\dfrac{3}{2^2}+\dfrac{5}{2^3}+\cdots+\dfrac{2n-1}{2^n}+\cdots$;

(2) $\displaystyle\sum_{n=1}^{\infty} \frac{n!}{4^n}$;

(3) $\dfrac{3}{1\times 2}+\dfrac{3^2}{2\times 2^2}+\cdots+\dfrac{3^n}{n\times 2^n}+\cdots$;

(4) $\displaystyle\sum_{n=1}^{\infty} \frac{n}{3n^3+1}$.

11. 讨论下列交错级数是否收敛?如果是收敛的,是绝对收敛还是条件收敛.

(1) $\dfrac{1}{3}-\dfrac{2}{5}+\dfrac{3}{7}-\dfrac{4}{9}+\cdots+(-1)^{n+1}\dfrac{n}{2n+1}+\cdots$;

(2) $1-\dfrac{1}{3^2}+\dfrac{1}{5^2}-\dfrac{1}{7^2}+\cdots$;

(3) $\sum_{n=1}^{\infty} \frac{(-1)^n}{\sqrt{n}}$;

(4) $\sum_{n=1}^{\infty} (-1)^n \frac{n}{2^n}$.

8.2 幂级数

上一节讨论的级数其每一项都是常数,称之为常数项级数,还有一类级数,其每一项都是函数 $u_n(x)(n = 0,1,2,\cdots)$,称之为函数项级数,记

$$\sum_{n=0}^{\infty} u_n(x) = u_0 + u_1(x) + u_2(x) + \cdots + u_n(x) + \cdots$$

其中 $u_0 = u_0(x)$ 为常数.

如果 x 取定某一实数,则 $\sum_{n=0}^{\infty} u_n(x_0)$ 成为常数项级数,这个级数可收敛也可发散. 如果 $\sum_{n=0}^{\infty} u_n(x_0)$ 收敛,我们称 x_0 是 $\sum_{n=0}^{\infty} u_n(x)$ 的收敛点,否则称 x_0 是 $\sum_{n=0}^{\infty} u_n(x)$ 的发散点. $\sum_{n=0}^{\infty} u_n(x)$ 的收敛点全体称之为它的收敛域.

对于收敛域内的任意一个数 x,$\sum_{n=0}^{\infty} u_n(x)$ 为一收敛的常数项级数,因而有一确定的和 S,在收敛域上,它是 x 的函数 $S = S(x)$,称为 $\sum_{n=0}^{\infty} u_n(x)$ 的和函数,这函数的定义域就是级数的收敛域,并写成

$$S(x) = u_0 + u_1(x) + u_2(x) + \cdots + u_n(x) + \cdots,$$

对一般的函数项级数求出其收敛域是很困难的,本节将介绍其中具有重要意义的一类函数项级数,即幂级数.

8.2.1 幂级数的概念与性质

1.幂级数的概念及其收敛性

【定义 8.5】 形如

$$\sum_{n=0}^{\infty} a_n x^n = a_0 + a_1 x + \cdots + a_n x^n + \cdots \tag{8}$$

的级数称为幂级数,其中常数 $a_0, a_1, \cdots, a_n, \cdots$ 称为幂级数的系数,$a_n x^n$ 称为幂级数的通项.

级数 $\sum_{n=1}^{\infty} a_n (x - x_0)^n = a_0 + a_1(x - x_0) + a_2(x - x_0)^2 + \cdots + a_n(x - x_0)^n + \cdots$

称为幂级数的一般形式. 只要令 $t = x - x_0$,就可把它转化成(8)式,所以不失一般性,我们着重讨论幂级数(8)的收敛性问题.

显然,任何一个形如(8)的幂级数在 $x = 0$ 处肯定是收敛的.

【定理 8.6】 如果幂级数 $\sum_{n=0}^{\infty} a_n x^n$ 在 $x = x_0 (x_0 \neq 0)$ 处收敛,则必有一个确定的正数 R 存在. 使得

(1) 当 $|x| < R$ 时,幂级数收敛;

（2）当 $|x| > R$ 时,幂级数发散;

（3）当 $x = R$ 和 $x = -R$ 时,幂级数可能收敛,也可能发散.

（证明略）

这里的正数 R 通常叫做幂级数(8)的收敛半径,开区间 $(-R, R)$ 叫做幂级数(8)的收敛区间,再由幂级数在 $x = \pm R$ 处是否收敛来决定它的收敛域.

【注】　如果幂级数(8)只在 $x = 0$ 处收敛,此时收敛域只有一点 $x = 0$,为方便起见,规定它的收敛半径为 $R = 0$;如果幂级数(8)对一切 $x \in (-\infty, +\infty)$ 都收敛,则规定收敛半径 $R = +\infty$,此时收敛域是 $(-\infty, +\infty)$.

下面的定理给出了一种求收敛半径的方法.

【定理 8.7】　如果幂级数 $\displaystyle\sum_{n=0}^{\infty} a_n x^n$ 的相邻两项的系数满足条件:

$$\lim_{n \to \infty} \left| \frac{a_n}{a_{n+1}} \right| = R,$$

则 R 就是 $\displaystyle\sum_{n=0}^{\infty} a_n x^n$ 的收敛半径.

（证明略）

【例 8.10】　求下列幂级数的收敛半径和收敛域:

$(1) x + \dfrac{x^2}{2} + \dfrac{x^3}{3} + \cdots + \dfrac{x^n}{n} + \cdots;$

$(2) \displaystyle\sum_{n=0}^{\infty} n! x^n.$

【解】　$(1) R = \lim_{n \to \infty} \left| \dfrac{a_n}{a_{n+1}} \right| = \lim_{n \to \infty} \left| \dfrac{\frac{1}{n}}{\frac{1}{n+1}} \right| = 1$,故收敛半径 $R = 1$.

当 $x = 1$ 时,原幂级数成为调和级数 $1 + \dfrac{1}{2} + \dfrac{1}{3} + \cdots + \dfrac{1}{n} + \cdots$ 是发散的.

当 $x = -1$ 时,原幂级数成为 $-1 + \dfrac{1}{2} - \dfrac{1}{3} + \cdots + (-1)^n \dfrac{1}{n} + \cdots$ 这是一个交错级数,根据莱布尼兹判别法知,是收敛的.

因此收敛域为 $[-1, 1)$.

$(2) R = \lim_{n \to \infty} \left| \dfrac{a_n}{a_{n+1}} \right| = \lim_{n \to \infty} \dfrac{n!}{(n+1)!} = \lim_{n \to \infty} \dfrac{1}{n+1} = 0.$

故收敛半径 $R = 0$,即原幂级数仅在 $x = 0$ 处收敛.

【例 8.11】　求幂级数 $1 + x + \dfrac{1}{2!} x^2 + \cdots + \dfrac{1}{n!} x^n + \cdots$ 的收敛半径和收敛域.

【解】　$R = \lim_{n \to \infty} \left| \dfrac{a_n}{a_{n+1}} \right| = \lim_{n \to \infty} \dfrac{\frac{1}{n!}}{\frac{1}{(n+1)!}} = \lim_{n \to \infty}(n+1) = +\infty,$

故收敛半径 $R = +\infty$,收敛域为 $(-\infty, +\infty)$.

【例 8.12】　求幂级数 $\displaystyle\sum_{n=1}^{\infty} \dfrac{(x-1)^n}{2^n \cdot n}$ 的收敛域.

【解】 令 $t = x - 1$，则原幂级数变为 $\sum\limits_{n=1}^{\infty} \dfrac{t^n}{2^n \cdot n}$. 则 $R = \lim\limits_{n \to \infty} \left| \dfrac{a_n}{a_{n+1}} \right| = \lim\limits_{n \to \infty} \dfrac{\dfrac{1}{2^n \cdot n}}{\dfrac{1}{2^{n+1} \cdot (n+1)}}$

$= \lim\limits_{n \to \infty} \dfrac{2^{n+1} \cdot (n+1)}{2^n \cdot n} = 2$，所以收敛半径为 $R = 2$，收敛区间为 $|t| < 2$，即 $-1 < x < 3$.

当 $x = 3$ 时，原级数成为 $\sum\limits_{n=1}^{\infty} \dfrac{1}{n}$，发散；

当 $x = -1$ 时，原级数成为 $\sum\limits_{n=1}^{\infty} \dfrac{(-1)^n}{n}$，收敛.

因此原级数的收敛域为 $[-1, 3)$.

2. 幂级数的性质

设幂级数 $\sum\limits_{n=0}^{\infty} a_n x^n = S_1(x)$，$x \in (-R_1, R_1)$，$\sum\limits_{n=0}^{\infty} b_n x^n = S_2(x)$，$x \in (-R_2, R_2)$，并记 $R = \min\{R_1, R_2\}$ 则有：

【性质 8.5】 $\sum\limits_{n=0}^{\infty} a_n x^n \pm \sum\limits_{n=0}^{\infty} b_n x^n = \sum\limits_{n=0}^{\infty} (a_n + b_n) x^n = S_1(x) \pm S_2(x)$，$x \in (-R, R)$.

【性质 8.6】 $\left(\sum\limits_{n=0}^{\infty} a_n x^n \right) \cdot \left(\sum\limits_{n=0}^{\infty} b_n x^n \right) = S_1(x) \cdot S_2(x)$，$x \in (-R, R)$.

【性质 8.7】 幂级数 $\sum\limits_{n=0}^{\infty} a_n x^n = S(x)$ 在其收敛域 $(-R, R)$ 内可以逐项求导，而且求导后的幂级数的收敛半径与原级数的收敛半径相同，即

$$\left(\sum_{n=0}^{\infty} a_n x^n \right)' = \sum_{n=0}^{\infty} (a_n x^n)' = \sum_{n=0}^{\infty} n a_n x^{n-1} = S'(x), \quad |x| < R.$$

由此可推出，若幂级数 $\sum\limits_{n=0}^{\infty} a_n x^n$ 的收敛半径为 R，则它的和函数 $S(x)$ 在收敛域内有任意阶导数.

【性质 8.8】 幂级数 $\sum\limits_{n=0}^{\infty} a_n x^n = S(x)$ 在收敛区域 $(-R, R)$ 内可以逐项积分，而且积分后所得的幂级数的收敛半径与原级数的收敛半径相同，即

$$\int_0^x \left[\sum_{n=0}^{\infty} a_n x^n \right] \mathrm{d}x = \sum_{n=0}^{\infty} \int_0^x a_n x^n \mathrm{d}x = \sum_{n=0}^{\infty} \frac{1}{n+1} a_n x^{n+1} = \int_0^x S(x) \mathrm{d}x, \quad |x| < R.$$

【例 8.13】 求幂级数 $\sum\limits_{n=1}^{\infty} \dfrac{(-1)^{n-1}}{n} x^n$ 的和函数.

【解】 $R = \lim\limits_{n \to \infty} \left| \dfrac{a_n}{a_{n+1}} \right| = \lim\limits_{n \to \infty} \dfrac{\dfrac{1}{n}}{\dfrac{1}{n+1}} = 1$，

当 $x = 1$ 时，原级数成为

$$1 - \frac{1}{2} + \frac{1}{3} - \frac{1}{4} \cdots + (-1)^{n-1} \frac{1}{n} + \cdots \text{ 是收敛的；}$$

当 $x = -1$ 时，原级数成为调和级数

$$-\left(1+\frac{1}{2}+\frac{1}{3}+\frac{1}{4}+\cdots+\frac{1}{n}+\cdots\right)$$ 是发散的.

故收敛域为 $(-1,1]$.

设 $S(x)=\sum_{n=1}^{\infty}\frac{(-1)^{n-1}}{n}x^n=x-\frac{1}{2}x^2+\frac{1}{3}x^3-\cdots+(-1)^{n-1}\frac{1}{n}x^n+\cdots,$

从而 $S(0)=0$.

两边对 x 求导,得 $S'(x)=1-x+x^2-\cdots+(-1)^{n-1}x^{n-1}+\cdots,$

右边级数是公比为 $-x$ 的几何级数,所以 $S'(x)=\frac{1}{1+x}$.

根据性质 8.6,两边同时从 0 到 x 积分得:

$$S(x)=\int_0^x S'(t)\mathrm{d}t=\int_0^x \frac{1}{1+t}\mathrm{d}t=\ln(1+x)\quad,x\in(-1,1],$$

即 $\sum_{n=1}^{\infty}\frac{(-1)^{n-1}}{n}x^n=\ln(1+x),\quad x\in(-1,1].$

*8.2.2　函数的幂级数展开

前面我们讨论了幂级数的收敛域及其和函数的性质.但在许多应用中,我们遇到的却恰好是相反的问题:给定函数 $f(x)$,要考虑它是否能在某个区间内"展开成幂级数"?就是说,是否能找到这样一个幂函数,它在某区间内收敛,且其和恰好就是给定函数 $f(x)$.

1. 泰勒(Tayor)级数

其实有:若函数 $f(x)$ 在点 x_0 的某邻域内有直到 $n+1$ 阶的连续导数,则有:

$$f(x)=f(x_0)+f'(x_0)(x-x_0)+\frac{f''(x_0)}{2!}(x-x_0)^2+\cdots+\frac{f^{(n)}(x_0)}{n!}(x-x_0)^n+R_n(x),$$

其中 $R_n(x)=\frac{f^{n+1}(\xi)}{(n+1)!}(x-x_0)^{n+1}$($\xi$ 在 x 与 x_0 之间)为拉格朗日余项.这就是著名的泰勒(Taylor)中值定理.

这说明:在 x_0 的某邻域内,$f(x)$ 可以用 n 次多项式:

$$P_n(x)=f(x_0)+f'(x_0)(x-x_0)+\cdots+\frac{f^{(n)}(x_0)}{n!}(x-x_0)^n \text{ 来近似代替.}$$

【定义 8.6】　如果函数 $f(x)$ 在 $x=x_0$ 处存在任意阶的导数,则称幂级数

$$f(x_0)+f'(x_0)(x-x_0)+\frac{f''(x_0)}{2!}(x-x_0)^2+\cdots+\frac{f^{(n)}(x_0)}{n!}(x-x_0)^n+\cdots$$

为函数 $f(x)$ 在 x_0 处的泰勒级数(或称为 $f(x)$ 在 $x=x_0$ 处的泰勒展开式).特别地,当 $x_0=0$ 时,我们称幂级数 $f(0)+f'(0)+\frac{f''(0)}{2!}x^2+\cdots+\frac{f^{(n)}(0)}{n!}x^n+\cdots$ 为函数 $f(x)$ 的麦克劳林级数(或麦克劳林展开式).

【定理 8.8】　设函数 $f(x)$ 在点 x_0 的某个邻域内有任意阶导数,则 $f(x)$ 在 x_0 处的泰勒级数的和函数为 $f(x)$ 的充分必要条件为 $\lim_{n\to\infty}R_n(x)=0$.其中 $R_n(x)$ 为 $f(x)$ 在 x_0 处的拉格朗日余项.

【定理 8.9】　如果函数 $f(x)$ 在点 x_0 的某个邻域内可以展开成幂级数,则幂级数是唯一的.

(证明略)

【注】 定理 8.9 说明:若 $f(x)$ 为幂级数 $\sum\limits_{n=0}^{\infty} a_n (x - x_0)^n$ 在收敛区间 $(-R, R)$ 上的和函

数,则 $\sum\limits_{n=0}^{\infty} a_n (x - x_0)^n$ 就是 $f(x)$ 在 $(-R, R)$ 上的泰勒展开式.

2. 初等函数的幂级数展开式

为方便起见,我们仅讨论麦克劳林展开式,即 $x_0 = 0$ 时的情况,以下是几个基本初等函数的麦克劳林展开式.

(1) 函数 $f(x) = e^x$ 的展开式.

由于 $f^n(x) = e^x$, $f^{(n)}(0) = 1$ ($n = 1.2\cdots$),则

$$e^x = 1 + x + \frac{x^2}{2!} + \cdots + \frac{x^n}{n!} + \cdots \quad (|x| < \infty), \tag{9}$$

因收敛半径为 $R = \lim\limits_{n \to \infty} \dfrac{(n+1)!}{n!} = \infty$.

(2) 函数 $f(x) = \sin x$ 的展开式.

$$f^{(n)}(x) = \sin\left(x + \frac{n\pi}{2}\right), (n = 1, 2\cdots),$$

令 $x = 0$,知 $f^{(2n)}(0) = 0$, $f^{(2n-1)}(0) = (-1)^{n+1}$. 则

$$\sin x = x - \frac{x^3}{3!} + \frac{x^5}{5!} + \cdots + (-1)^{n+1} \frac{x^{2n-1}}{(2n-1)!} + \cdots \quad (|x| < \infty). \tag{10}$$

同理可得:在 $(-\infty, +\infty)$ 内有:

$$\cos x = 1 - \frac{x^2}{2!} + \frac{x^4}{4!} + \cdots + (-1)^n \frac{x^{2n}}{(2n)!} + \cdots \quad (|x| < \infty). \tag{11}$$

(3) 二项式函数 $f(x) = (1+x)^\alpha$ 的展开式.

当 α 为正整数时,由二项式定理可直接展开,就得到 $f(x)$ 的展开式.下面讨论 α 不等于正整数时的情形.此时,

$$f^{(n)}(x) = \alpha(\alpha-1)\cdots(\alpha-n+1)(1+x)^{\alpha-n}, \quad n = 1, 2\cdots$$
$$f^{(n)}(0) = \alpha(\alpha-1)\cdots(\alpha-n+1), \quad n = 1, 2\cdots$$

于是,$f(x)$ 的麦克劳林级数是:

$$(1+x)^\alpha = 1 + \alpha x + \frac{\alpha(\alpha-1)}{2!} x^2 + \cdots + \frac{\alpha(\alpha-1)\cdots(\alpha-n+1)}{n!} x^n + \cdots. \tag{12}$$

收敛半径为:$R = \lim\limits_{n \to \infty} \left| \dfrac{n!}{\alpha(\alpha-1)\cdots(\alpha-n+1)} \cdot \dfrac{\alpha(\alpha-1)\cdots(\alpha-n)}{(n+1)!} \right| = 1$,

收敛区间为 $(-1, 1)$.对于收敛区间端点的情形,它与 α 的取值有关.其结果如下:

当 $\alpha \leqslant -1$ 时,收敛域为 $(-1, 1)$.

当 $-1 < \alpha < 0$ 时,收敛域为 $(-1, 1]$.

当 $\alpha > 0$ 时,收敛域为 $[-1, 1]$.

当(12)式中 $\alpha = -1$ 时就得到

$$\frac{1}{1+x} = 1 - x + x^2 + \cdots + (-1)^n x^n + \cdots, \quad (-1, 1) \tag{13}$$

当 $a = -\frac{1}{2}$ 时得到

$$\frac{1}{\sqrt{1+x}} = 1 - \frac{1}{2} x + \frac{1 \cdot 3}{2 \cdot 4} x^2 - \frac{1 \cdot 3 \cdot 5}{2 \cdot 4 \cdot 6} x^3 \cdots (-1, 1]. \tag{14}$$

一般来说,只有少数比较简单的函数,其幂级数展开式能直接从定义出发求出. 更多的情况是从已知的展开式出发,通过变量代换,四则运算或逐项求导、逐项求积等方法,间接的求出函数的幂级数展开式.

【例 8.14】　求 $\dfrac{1}{1+x^2}$ 和 $\dfrac{1}{\sqrt{1-x^2}}$ 的展开式.

【解】　将 x^2 代入(13)式中可得:

$$\frac{1}{1+x^2} = 1 - x^2 + x^4 + \cdots + (-1)^n x^{2n} + \cdots, \quad (-1,1) \tag{15}$$

将 $-x^2$ 代入(14)式中可得:

$$\frac{1}{\sqrt{1-x^2}} = 1 + \frac{1}{2}x^2 + \frac{1\times3}{2\times4}x^4 + \frac{1\times3\times5}{2\times4\times6}x^6 + \cdots, \quad (-1,1) \tag{16}$$

对(15)、(16)分别逐项求积可得函数 $\arctan x$ 与 $\arcsin x$ 的展开式:

$$\arctan x = \int_0^x \frac{\mathrm{d}t}{1+t^2} = x - \frac{1}{3}x^3 + \frac{1}{5}x^5 + \cdots + (-1)^n \frac{x^{2x+1}}{2n+1} + \cdots, \quad [-1,1]$$

$$\arcsin x = \int_0^x \frac{\mathrm{d}t}{\sqrt{1-t^2}} = x + \frac{1}{2}\times\frac{x^3}{3} + \frac{1\times3}{2\times4}\times\frac{1}{5}x^5 + \frac{1\times3\times5}{2\times4\times6}\times\frac{1}{7}x^7 + \cdots, \quad [-1,1]$$

【例 8.15】　求函数 $F(x) = \displaystyle\int_0^x e^{-t^2}\,\mathrm{d}t$ 的幂级数展开式.

【解】　以 $-x^2$ 代替 e^x 展开式中的 x,得到

$$e^{-x^2} = 1 - \frac{x^2}{1!} + \frac{x^4}{2!} - \frac{x^6}{3!} + \cdots + (-1)^n \frac{x^{2n}}{n!} + \cdots, \quad (-\infty < x < +\infty)$$

再逐项求积就得到 $F(x)$ 在 $(-\infty < x < +\infty)$ 上的展开式:

$$F(x) = \int_0^x e^{-t^2}\,\mathrm{d}t = x - \frac{1}{1!}\cdot\frac{x^3}{3} + \frac{1}{2!}\cdot\frac{x^5}{5} - \frac{1}{3!}\cdot\frac{x^7}{7} + \cdots + \frac{(-1)^n}{n!}\cdot\frac{x^{2n+1}}{2n+1} + \cdots.$$

【例 8.16】　将函数 $\sin x$ 展开成 $\left(x - \dfrac{\pi}{4}\right)$ 的幂级数.

【解】　由于

$$\sin x = \sin\left[\frac{\pi}{4} + \left(x - \frac{\pi}{4}\right)\right] = \sin\frac{\pi}{4}\cos\left(x - \frac{\pi}{4}\right) + \cos\frac{\pi}{4}\sin\left(x - \frac{\pi}{4}\right)$$

$$= \frac{1}{\sqrt{2}}\left[\cos\left(x - \frac{\pi}{4}\right) + \sin\left(x - \frac{\pi}{4}\right)\right].$$

且有

$$\cos\left(x - \frac{\pi}{4}\right) = 1 - \frac{1}{2!}\left(x - \frac{\pi}{4}\right)^2 + \frac{1}{4!}\left(x - \frac{\pi}{4}\right)^2 + \cdots, \quad (-\infty < x < +\infty),$$

$$\sin\left(x - \frac{\pi}{4}\right) = \left(x - \frac{\pi}{4}\right) - \frac{1}{3!}\left(x - \frac{\pi}{4}\right)^3 + \frac{1}{5!}\left(x - \frac{\pi}{4}\right)^5 + \cdots, \quad (-\infty < x < +\infty),$$

所以

$$\sin x = \frac{1}{\sqrt{2}}\left[1 + \left(x - \frac{\pi}{4}\right) - \frac{\left(x - \frac{\pi}{4}\right)^2}{2!} - \frac{\left(x - \frac{\pi}{4}\right)^3}{3!} + \cdots\right], \quad (-\infty < x < +\infty).$$

*【例 8.17】　将函数 $f(x) = \dfrac{1}{x^2+4x+3}$ 展开成 $(x-1)$ 的幂级数.

【解】

$$f(x) = \frac{1}{x^2 + 4x + 3} = \frac{1}{(x+1)(x+3)} = \frac{1}{2(x+1)} - \frac{1}{2(x+3)} = \frac{1}{2}\left(\frac{1}{x+1} - \frac{1}{x+3}\right)$$

$$= \frac{1}{2}\left[\frac{1}{2+(x-1)} - \frac{1}{4+(x-1)}\right] = \frac{1}{2}\left(\frac{1}{2} \cdot \frac{1}{1+\dfrac{x-1}{2}} - \frac{1}{4} \cdot \frac{1}{1+\dfrac{x-1}{4}}\right)$$

$$= \frac{1}{4\left(1+\dfrac{x-1}{2}\right)} - \frac{1}{8\left(1+\dfrac{x-1}{4}\right)},$$

而

$$\frac{1}{4\left(1+\dfrac{x-1}{2}\right)} = \frac{1}{4}\sum_{n=0}^{\infty} \frac{(-1)^n}{2^n}(x-1)^n, \quad (-1 < x < 3),$$

$$\frac{1}{8\left(1+\dfrac{x-1}{4}\right)} = \frac{1}{8}\sum_{n=0}^{\infty} \frac{(-1)^n}{4^n}(x-1)^n, \quad (-3 < x < 5),$$

故

$$f(x) = \frac{1}{x^2 + 4x + 3} = \sum_{n=0}^{\infty}(-1)^n\left(\frac{1}{2^{n+2}} - \frac{1}{2^{2n+3}}\right)(x-1)^n. \quad (-1 < x < 3).$$

习题 8. 2

1. 幂级数 $\displaystyle\sum_{n=0}^{\infty} \frac{n!}{2^n}x^n$ 的收敛半径 $R = ($ $)$.

A. $\dfrac{1}{2}$ B. 2   C. 0   D. $+\infty$

2. 余弦级数 $\cos x$ 的麦克劳林展开式为(   ).

A. $\cos x = 1 - \dfrac{x^2}{2!} + \dfrac{x^4}{4!} - \cdots + (-1)^m \dfrac{x^{2m}}{(2m)!} + \cdots, -\infty < x < +\infty$;

B. $\cos x = 1 - \dfrac{x^2}{2!} + \dfrac{x^4}{4!} - \cdots + (-1)^m \dfrac{x^{2m}}{(2m)!} + \cdots, -1 < x < 1$;

C. $\cos x = 1 - \dfrac{x^2}{2!} + \dfrac{x^4}{4!} - \cdots + (-1)^m \dfrac{x^{2m}}{(2m)!} + \cdots, 0 < x < +\infty$;

D. $\cos x = 1 - \dfrac{x^2}{2!} + \dfrac{x^4}{4!} - \cdots + (-1)^m \dfrac{x^{2m}}{(2m)!} + \cdots, -\infty < x < 0$.

3. 设幂级数 $\displaystyle\sum_{n=0}^{\infty} a_n x^n$ 满足 $\displaystyle\lim_{n \to \infty}\left|\frac{a_{n+1}}{a_n}\right| = \rho$, 则其收敛半径 $R = $ _____.

4. 设 $\displaystyle\lim_{n \to \infty}\left|\frac{a_n}{a_{n+1}}\right| = 1$, 则幂级数 $\displaystyle\sum_{n=0}^{\infty} a_n x^n$ 在开区间_____内是收敛的.

5. 当 $t \in (-1,1)$ 时, $1 - t + t^2 - \cdots + (-1)^n t^n + \cdots = $ _____.

*6. 要将 $f(x) = \ln x$ 展开成 $(x-2)$ 的幂级数, 可以令 $t = x - 2$, 得 $\ln x = \ln(2+t) = $ _____, 再利用 $\ln(1+x)$ 的展开式进行展开.

7. 求下列幂级数的收敛半径和收敛区间:

(1) $\displaystyle\sum_{n=1}^{\infty} \frac{x^n}{n^2}$;   (2) $\displaystyle\sum_{n=1}^{\infty} n x^n$;

(3) $\displaystyle\sum_{n=1}^{\infty} \frac{(n!)^2}{(2n)!} x^n$;　　　　　　　　(4) $\displaystyle\sum_{n=1}^{\infty} \frac{1}{n^2 2^n} x^n$;

(5) $\displaystyle\sum_{n=0}^{\infty} \frac{(-1)^n x^n}{5^n \sqrt{n+1}}$;　　　　　　(6) $\displaystyle\sum_{n=1}^{\infty} \frac{3^n + (-2)^n}{n} (x+1)^n$.

8. 求幂级数 $\displaystyle\sum_{n=1}^{\infty} nx^n = x + 2x^2 + 3x^3 + \cdots + nx^n + \cdots$ 的收敛区间及和函数.

9. 利用已知函数的幂级数展开式, 求下列函数在 $x = 0$ 处的幂级数展开式, 并确定它收敛于该函数的区间:

(1) $f(x) = e^{x^2}$;　　　　　　　　(2) $f(x) = \dfrac{1}{x-4}$;

(3) $f(x) = \dfrac{e^x + e^{-x}}{2}$;　　　　　(4) $f(x) = \sin^2 x$;

(5) $f(x) = \sin x \cos x$;　　　　　(6) $f(x) = xe^{-x}$.

10. 求函数 $f(x) = \dfrac{1}{x}$ 在 $x = 1$ 处的泰勒展开式.

11. 将函数 $f(x) = \cos x$ 展开成 $\left(x + \dfrac{\pi}{3}\right)$ 的幂级数.

8.3　级数在近似计算的应用举例

有了函数的幂级数展开式, 就可以用它来进行近似计算, 即在展开式的有效区间上, 函数值可以近似地利用这个级数按精确度要求计算出来.

【例 8.18】　求 $\sqrt{e}$ 的近似值.

【解】在 e^x 的麦克劳林展开式中, 令 $x = \dfrac{1}{2}$, 得

$$\sqrt{e} = e^{\frac{1}{2}} = 1 + \frac{1}{2} + \frac{1}{2!}\left(\frac{1}{2}\right)^2 + \frac{1}{3!}\left(\frac{1}{2}\right)^3 + \frac{1}{4}\left(\frac{1}{2}\right)^4 + \cdots + \frac{1}{n!}\left(\frac{1}{2}\right)^n + \cdots$$

取前 5 项作为 $\sqrt{e}$ 的近似值, 故 $\sqrt{e} \approx 1 + \dfrac{1}{2} + \dfrac{1}{4} + \dfrac{1}{48} + \dfrac{1}{384} \approx 1.648$.

【注】　误差

$$\begin{aligned}
|r| &= \frac{1}{5!}\left(\frac{1}{2}\right)^5 + \frac{1}{6!}\left(\frac{1}{2}\right)^6 + \frac{1}{7!}\left(\frac{1}{2}\right)^7 + \cdots \\
&< \frac{1}{5!}\left(\frac{1}{2}\right)^5 \left[1 + \frac{1}{6}\left(\frac{1}{2}\right) + \frac{1}{36}\left(\frac{1}{2}\right)^2 + \cdots + \left(\frac{1}{6}\right)^{n-1}\left(\frac{1}{2}\right)^{n-1} + \cdots\right] \\
&= \frac{1}{5!}\left(\frac{1}{2}\right)^5 \frac{1}{1 - \dfrac{1}{12}} < \frac{1}{1000}.
\end{aligned}$$

【例 8.19】　计算 $\sqrt[5]{245}$ 的近似值, 要求误差不超过 10^{-4}.

【解】　$\sqrt[5]{245} = \sqrt[5]{3^5 + 2} = 3\left(1 + \dfrac{2}{3^5}\right)^{\frac{1}{5}}$,

在 $(1+x)^\alpha$ 的麦克劳林展开式中令 $\alpha = \dfrac{1}{5}, x = \dfrac{2}{3^5}$, 得

$$\sqrt[5]{245} = 3\left[1 + \frac{1}{5}\left(\frac{2}{3^5}\right) - \frac{1}{2!}\frac{1}{5}\left(\frac{1}{5} - 1\right)\left(\frac{2}{3^5}\right)^2 + \cdots\right],$$

该级数从第二项起为交错级数,如果取前 n 项和作为近似值,则其误差 $|r_n| \leqslant a_{n+1}$,而

$$|a_2| = 3 \times \frac{4 \times 2^2}{2 \times 5^2 \times 3^{10}} = \frac{8}{25 \times 3^9} < 10^{-4},$$

故要保证误差不超过 10^{-4},只要取其前两项作为其近似值即可,则有

$$\sqrt[5]{245} \approx 3\left(1 + \frac{1}{5} \times \frac{2}{243}\right) \approx 3.0049.$$

利用幂级数不仅可以计算一些函数值的近似值,而且也可以计算一些定积分的近似值,具体地说,如果被积函数在积分区间能展开成幂级数,则把这个幂级数逐项积分,用积分后的级数即可算出定积分的近似值.

【例 8.20】 计算定积分 $\int_0^1 \frac{\sin x}{x}\mathrm{d}x$ 的近似值,要求误差不超过 0.0001.

【解】 由上一节知

$$\sin x = x - \frac{x^3}{3!} + \frac{x^5}{5!} + \cdots + (-1)^n \frac{x^{2n+1}}{(2n+1)!} + \cdots, \qquad (-\infty < x < +\infty)$$

则

$$\frac{\sin x}{x} = 1 - \frac{x^2}{3!} + \frac{x^4}{5!} + \cdots + (-1)^n \frac{x^{2n}}{(2n+1)!} + \cdots,$$

于是,根据幂级数在收敛区间内可逐项积分,得

$$\begin{aligned}
\int_0^1 \frac{\sin x}{x}\mathrm{d}x &= \int_0^1 \left[1 - \frac{x^2}{3!} + \frac{x^4}{5!} + \cdots + (-1)^n \frac{x^{2n}}{(2n+1)!} + \cdots\right]\mathrm{d}x \\
&= \int_0^1 \left[\sum_{n=0}^{\infty} (-1)^n \cdot \frac{x^{2n}}{(2n+1)!}\right]\mathrm{d}x \\
&= \sum_{n=0}^{\infty} (-1)^n \cdot \frac{1}{(2n+1)!} \int_0^1 x^{2n}\mathrm{d}x \\
&= \sum_{n=0}^{\infty} (-1)^n \cdot \frac{1}{(2n+1)!} \cdot \frac{1}{2n+1} \\
&= 1 - \frac{1}{3!} \times \frac{1}{3} + \frac{1}{5!} \times \frac{1}{5} - \frac{1}{7!} \times \frac{1}{7} + \cdots.
\end{aligned} \qquad (17)$$

若取前三项的和作为近似值,其误差 $|r_4| \leqslant a_4 = \frac{1}{7!} \times \frac{1}{7} < 10^{-4}$,故

$$\int_0^1 \frac{\sin x}{x}\mathrm{d}x = 1 - \frac{1}{3!} \times \frac{1}{3} + \frac{1}{5!} \times \frac{1}{5} \approx 0.9461.$$

习题 8.3

1.利用函数的幂级数展开式求下列各数的近似值,且误差不超过 0.0001:

(1)ln3;   (2) $\sqrt[9]{522}$;   (3)cos2°.

2.利用被积函数的幂级数展开式求定积分 $\int_0^{0.5} \frac{1}{1+x^4}\mathrm{d}x$ 的近似值,且误差不超过 0.0001.

8.4 数学建模案例:银行复利问题

在金融领域经常碰到有关复利、现值、年金、年金现值的讨论与计算等问题,下面来举例

说明。

8.4.1　复利法计算本利和

复利法:是指将按本金计算出的利息额再计入本金,重新计算利息的方法。其计算公式为:

$$A_n = A_0(1+r)^n \quad (A_0 \text{ 为本金}, A_n \text{ 为本利和}).$$

【例 8.21】　张某打算 20 年后退休,现在每年生活费用是 3 万元,假定每年平均通货膨胀率从宽估算为 6%,那么 20 年后每年的生活费需要多少?

【解】　由复利计算公式:$A_n = A_0(1+r)^n$,

设复利为 y 万元,则

$$y = 3(1+6\%)^{20} = 9.6214(\text{万元}).$$

【例 8.22】　赵某有 50 万元,想投资基金 15 年,这个基金年平均获利率为 12%,那么 15 年后赵某可以获得多少钱?

【解】　由复利计算公式:$A_n = A_0(1+r)^n$,

设复利为 y 万元,则

$$y = 50(1+12\%)^{15} = 273.6783(\text{万元}).$$

8.4.2　现值

现值:指未来一定时间的特定资金按复利计算的现在价值,或者说是为取得将来某时间的一定本利和,现在所需要的本金。其计算公式为:

$$A_0 = \frac{A_n}{(1+r)^n} \quad (A_0 \text{ 为本金}, A_n \text{ 为本利和}).$$

【例 8.23】　王某希望 8 年后有 100 万元,现找到一个年获利率 10% 的基金投资,那么现在该准备多少钱?

【解】　由复利现值计算公式:$A_0 = \dfrac{A_n}{(1+r)^n}$,

设复利现值为 x 万元,则 $x = \dfrac{100}{(1+10\%)^8} = 46.6507$（万元）.

8.4.3　年金和年金终值

年金:是指定期或不定期的时间内一系列现金的流入或流出。

年金终值:是指将每一期的年金额按复利换算到最后一期期末的终值,然后加总。如每期期末投入的本金为 A_0,则年金终值的计算公式为:

$$S_n = A_0 + A_0(1+r) + \cdots + A_0(1+r)^{n-1} = A_0 \frac{(1+r)^n - 1}{r} \quad (S_n \text{ 为年金终值}).$$

【例 8.24】　刘某每年末投资 10 万元,选定的基金平均年利率是 12%,问 15 年末可以积累多少资金?

【解】　设年金为 y 万元,由以上年金计算公式,则

$$y = 10 \times \frac{(1+12\%)^{15} - 1}{12\%} = 372.7971(\text{万元}).$$

【注】　若每期期初投入的本金为 A_0,则年金终值的计算公式为:

$$S_n = A_0(1+r) + \cdots + A_0(1+r)^n = A_0(1+r)\frac{(1+r)^n-1}{r}.$$

8.4.4 年金现值

年金现值:是指未来一定时间的特定资金,计算出现在每期该投入的金额。或者说是了取得将来某时间的一定年金,现在每期期末所需要的本金。其计算公式为:

$$A_0 = S_n \frac{r}{(1+r)^n-1} \quad (A_0 \text{ 为本金}, S_n \text{ 为年金}).$$

【例 8.25】 李某希望20年后有800万退休金,选定的基金年平均获利15%,那么每年年末该投资多少?

【解】 设每期年投资 x 万元,由以上年金现值计算公式,得:

$$x = 800\frac{15\%}{(1+15\%)^{20}-1} = 7.8092(\text{万元}).$$

前面我们已经知道,几何级数

$$\sum_{n=0}^{\infty} ax^n = a + ax + ax^2 + \cdots + ax^{n-1} + \cdots$$

(1) 当 $|x| < 1$ 时,$\sum_{n=0}^{\infty} ax^n$ 收敛,其和为 $S = \sum_{n=0}^{\infty} ax^n = \frac{a}{1-x}$,

(2) 当 $|x| \geqslant 1$ 时,$\sum_{n=0}^{\infty} ax^n$ 发散.

【例 8.26】 某合同规定,从签约之日起,由甲方永不停止地每年支付给乙方300万元人民币,设利率为每年 5%,分别以(1) 年复利计算利息.(2) 连续复利计算利息,则该合同的现值是多少?

【解】 (1)以年复利计算利息,则第一笔付款发生在签约当天,则第一笔付款的现值(单位:百万元)= 3;第二笔付款发生在一年后实现,则第二笔付款的现值(单位:百万元)= $\frac{3}{(1+0.05)^1} = \frac{3}{1.05}$;第三笔付款在二年后实现,则第三笔付款的现值(单位:百万元)= $\frac{3}{(1.05)^2}$.

如此连续下去直至永远,则总的现值为 $3 + \frac{3}{1.05} + \frac{3}{(1.05)^2} + \cdots + \frac{3}{(1.05)^n} + \cdots$. 这是一个 $a = 3$,公比 $x = \frac{1}{1.05}$ 的几何级数,显然该级数收敛.则此合同的总的现值(单位:百万元)$= \frac{3}{1 - \frac{1}{1.05}} = 63$,也就是说,若按年复利计息,甲方需存入 63 百万元,即可支付乙方及他的后代每年 3 百万元直至永远.

(2) 若以连续复利计算利息,则第一笔付款的现值(单位:百万元)= 3;第二笔付款的现值(单位:百万元)= $3e^{-0.05}$;第三笔付款的现值(单位:百万元)= $3(e^{-0.05})^2$;这样连续下去直至永远,则

$$\text{总的现值} = 3 + 3e^{-0.05} + 3(e^{-0.05})^2 + 3(e^{-0.05})^3 + \cdots.$$

这是一个公比 $x = e^{-0.05} \approx 0.9512$ 的几何级数,显然是收敛的.则总的现值(单位:百万元)=

$$\frac{3}{1-e^{-0.05}} \approx 61.5$$

也就是说,若按连续复利计算,甲方需要存入约 61.5 百万元的现值,即可支付乙方及他的后代每年 3 百万元直至永远.

显然,为了同样的结果,连续复利所需的现值比年复利所需的现值小一些,或者说,连续复利的有效收益要更高.

习题 8.4

设银行的年利率为 10%,若以年复利计息,应在银行中一次存入多少资金才能保证从存入之后起,以后每年能从银行提取 500 万元以支付职工福利直至永远?

本章小结

1.常数项级数的基本概念

形如 $\sum\limits_{n=1}^{\infty} u_n = u_1 + u_2 + \cdots + u_n + \cdots$ 的式子称为常数项级数.

设前 n 项和为 $S_n = \sum\limits_{i=1}^{n} u_i = u_1 + u_2 + \cdots + u_n$.

若 $\lim\limits_{n\to\infty} S_n = S$(常数),则称 S 为无穷级数 $\sum\limits_{n=1}^{\infty} u_n$ 的和,

记作 $S = \sum\limits_{n=1}^{\infty} u_n = u_1 + u_2 + \cdots + u_n + \cdots$.

此时称级数 $\sum\limits_{n=1}^{\infty} u_n$ 收敛,否则称级数 $\sum\limits_{n=1}^{\infty} u_n$ 发散.

2.常数项级数的性质

3.正项级数及其收敛性

若常数项级数 $\sum\limits_{n=1}^{\infty} u_n$ 的一般项 $u_n \geqslant 0 (n=1,2,\cdots)$,称级数 $\sum\limits_{n=1}^{\infty} u_n$ 为正项级数.

(1)比较判别法

设 $\sum\limits_{n=1}^{\infty} u_n$ 和 $\sum\limits_{n=1}^{\infty} v_n$ 是两个正项级数,若 $u_n \leqslant v_n (n=1,2,\cdots)$,则

① 当 $\sum\limits_{n=1}^{\infty} v_n$ 收敛时,$\sum\limits_{n=1}^{\infty} u_n$ 也收敛;② 当 $\sum\limits_{n=1}^{\infty} u_n$ 发散时,$\sum\limits_{n=1}^{\infty} v_n$ 也发散.

(2)比值判别法

若正项级数 $\sum\limits_{n=1}^{\infty} u_n (u_n > 0)$ 的后项与前项之比的极限等于 q,即 $\lim\limits_{n\to\infty} \dfrac{u_{n+1}}{u_n} = q$,则

① 当 $q < 1$ 时,级数 $\sum\limits_{n=1}^{\infty} u_n$ 收敛;② 当 $q > 1$ 时,级数 $\sum\limits_{n=1}^{\infty} u_n$ 发散;③ 当 $q = 1$ 时,无法判断.

4.几个常见级数敛散性的重要结论

(1)调和级数

$$\sum_{n=1}^{\infty} \frac{1}{n} = 1 + \frac{1}{2} + \cdots + \frac{1}{n} + \cdots 是发散的.$$

（2）几何级数（也称等比级数）

$$\sum_{n=0}^{\infty} aq^n = a + aq + aq^2 + \cdots aq^n + \cdots$$

当 $|q| < 1$ 时，级数收敛，且 $S = \dfrac{a}{1-q}$；当 $|q| \geqslant 1$ 时，级数发散．

（3）p— 级数：$\sum_{n=1}^{\infty} \dfrac{1}{n^p} = 1 + \dfrac{1}{2^p} + \dfrac{1}{3^p} + \cdots + \dfrac{1}{n^p} + \cdots$

当 $p \leqslant 1$ 时发散；当 $p > 1$ 时收敛．

5. 交错项级数的莱布尼兹判别方法

若交错级数 $\sum_{n=1}^{\infty} (-1)^{n+1} u_n$，$u_n > 0$，$n = 1, 2, \cdots$，满足条件

（1）$u_n \geqslant u_{n+1}$；（2）$\lim_{n \to \infty} u_n = 0$．

则级数 $\sum_{n=1}^{\infty} (-1)^{n+1} u_n$ 收敛，且其和 $S \leqslant u_1$．

6. 绝对收敛与条件收敛

7. 幂级数的概念

形如 $\sum_{n=0}^{\infty} a_n x^n = a_0 + a_1 x + a_2 x^2 + \cdots + a_n x^n + \cdots$ 的级数称为幂级数．

8. 幂级数的收敛半径和收敛域

若 $\lim_{n \to \infty} \left| \dfrac{a_n}{a_{n+1}} \right| = R$，其中 a_n, a_{n+1} 是幂级数 $\sum_{n=0}^{\infty} a_n x^n$ 相邻两项的系数，则 R 即是幂级数

$\sum_{n=0}^{\infty} a_n x^n$ 的收敛半径，区间 $(-R, R)$ 称为幂级数的收敛区间；$x = \pm R$ 时，幂级数可能收敛也可能发散．

9. 幂级数的性质

10. 函数的幂级数的展开式

泰勒级数与麦克劳林级数

若 $f(x)$ 在 x_0 的某邻域内具有各阶导数，则

$$f(x) = f(x_0) + f'(x_0)(x - x_0) + \frac{f''(x_0)}{2!}(x - x_0)^2 + \cdots + \frac{f^{(n)}(x_0)}{n!}(x - x_0)^n + \cdots$$

称为函数 $f(x)$ 在 x_0 处的泰勒级数．

若 $x_0 = 0$，则有

$$f(x) = f(0) + f'(0)x + \frac{f''(x_0)}{2!}x^2 + \cdots + \frac{f^{(n)}(0)}{n!}x^n + \cdots$$

称为函数 $f(x)$ 的麦克劳林级数．

综合练习

一、选择题

1. 如果级数 $\sum_{n=1}^{\infty} u_n$ 收敛，且 $S_n = \sum_{k=1}^{\infty} u_k$，则数列 S_n（　　）．

A. 单调增加　　　　　B. 单调减少　　　　　C. 收敛　　　　　D. 发散

2. 若(　　)成立,则级数 $\sum\limits_{n=1}^{\infty} u_n$ 发散,其中 S_n 表示此级数的部分和.

A. $\lim\limits_{n\to\infty} S_n \neq 0$　　B. u_n 单调上升　　C. $\lim\limits_{n\to\infty} u_n = 0$　　D. $\lim\limits_{n\to\infty} u_n$ 不存在

3. 当条件(　　)成立时,级数 $\sum\limits_{n=1}^{\infty}(a_n + b_n)$ 一定发散.

A. $\sum\limits_{n=1}^{\infty} a_n$ 发散且 $\sum\limits_{n=1}^{\infty} b_n$ 收敛　　　　B. $\sum\limits_{n=1}^{\infty} a_n$ 发散

C. $\sum\limits_{n=1}^{\infty} b_n$ 发散　　　　D. $\sum\limits_{n=1}^{\infty} a_n$ 和 $\sum\limits_{n=1}^{\infty} b_n$ 都收敛

4. 下列级数中发散的是(　　).

A. $\sum\limits_{n=1}^{\infty} \dfrac{1}{n(n+1)}$　　B. $\sum\limits_{n=1}^{\infty} \dfrac{1}{3^n}$　　C. $\sum\limits_{n=1}^{\infty}(-1)^{n-1}\dfrac{1}{n}$　　D. $\sum\limits_{n=1}^{\infty} \dfrac{1}{\sqrt{n}}$

5. $\lim\limits_{n\to\infty} u_n = 0$ 是级数 $\sum\limits_{n=1}^{\infty} u_n$ 收敛的(　　).

A. 充分条件　　　　B. 必要条件　　　　C. 充要条件　　　　D. 无关条件

6. 若级数 $\sum\limits_{n=1}^{\infty} n^{p+1}$ 发散,则(　　).

A. $-3 \leqslant p \leqslant 2$　　B. $-2 \leqslant p \leqslant -1$　　C. $1 < p \leqslant 2$　　D. $p \geqslant 3$

7. 已知级数 $\sum\limits_{n=1}^{\infty}(-1)^n u_n$ 不满足莱布尼兹判别法,则该级数(　　).

A. 绝对收敛　　　　B. 发散　　　　C. 条件收敛　　　　D. 敛散性不确定

8. 幂级数 $\sum\limits_{n=0}^{\infty} 2^n x^{2n}$ 的收敛区间是(　　).

A. $(-2, 2)$　　B. $[-2, 2]$　　C. $\left(-\dfrac{\sqrt{2}}{2}, \dfrac{\sqrt{2}}{2}\right)$　　D. $\left[-\dfrac{\sqrt{2}}{2}, \dfrac{\sqrt{2}}{2}\right]$

9. 幂级数 $\sum\limits_{n=1}^{\infty} \dfrac{x^n}{2^n + 1}$ 在 $(-2, 2)$ 内收敛于 $S(x)$,那么幂级数 $\sum\limits_{n=1}^{\infty} \dfrac{(n+1)x^n}{2^n + 1}$ 在 $(-2, 2)$ 内收敛于(　　).

A. $x \cdot S'(x)$　　B. $(x \cdot S(x))'$　　C. $x\displaystyle\int_0^x S(t)\,\mathrm{d}t$　　D. $\displaystyle\int_0^x tS(t)\,\mathrm{d}t$

二、填空题

1. 若级数 $\sum\limits_{n=1}^{\infty} u_n$ 的前 n 项和 $S_n = \dfrac{1}{2} - \dfrac{1}{2(2n+1)}$,则 $\sum\limits_{n=1}^{\infty} u_n =$ _____.

2. 若正项级数 $\sum\limits_{n=1}^{\infty} u_n$ 收敛,则级数 $\sum\limits_{n=1}^{\infty}(-1)^n u_n$ 的敛散性是_____.

3. 若 $\lim\limits_{n\to\infty} u_n \neq 0$,则 $\sum\limits_{n=1}^{\infty} u_n$ 必为_____级数.

4. 几何级数 $\sum\limits_{n=1}^{\infty} r^n$ 发散,则 r 应满足_____.

5. 设常数项级数 $\sum\limits_{n=1}^{\infty} a_n = 2010$,则 $\lim\limits_{n\to\infty} a_n =$ _____.

6.幂级数 $\sum\limits_{n=1}^{\infty} n! x^n$ 的收敛半径 $R =$ _____,收敛区间为_____.

7.幂级数 $\sum\limits_{n=1}^{\infty} \dfrac{x^n}{2^n \cdot n}$ 的收敛半径 $R =$ _____,收敛区间为_____.

8.幂级数 $\sum\limits_{n=1}^{\infty} \dfrac{x^n}{n^n}$ 的收敛半径 $R =$ _____,收敛区间为_____.

9.已知 $e^x = \sum\limits_{n=0}^{\infty} \dfrac{x^n}{n!}, x \in (-\infty, \infty)$,则 $e^{\frac{x}{2}} =$ _____.

三、解答题

1.判别下列级数的敛散性.

(1) $\sum\limits_{n=1}^{\infty} \dfrac{n+1}{2n+3}$

(2) $\sum\limits_{n=1}^{\infty} \dfrac{(2n-1)!}{3^n \cdot n!}$

(3) $\sum\limits_{n=1}^{\infty} \dfrac{\sin 3^n}{n^3}$

(4) $\sum\limits_{n=1}^{\infty} \dfrac{1}{3^n - n}$

(5) $\sum\limits_{n=1}^{\infty} \dfrac{2^n n!}{n^n}$

(6) $\sum\limits_{n=1}^{\infty} \dfrac{1}{(2n-1)(2n+1)}$

2.求下列幂级数的收敛域.

(1) $\sum\limits_{n=1}^{\infty} \dfrac{2^{n-1} x^{2n-1}}{n^2}$

*(2) $\sum\limits_{n=1}^{\infty} \dfrac{1}{2 \times 4 \times \cdots \times (2n)} x^n$

(3) $\sum\limits_{n=1}^{\infty} \dfrac{2^n}{n^2+1} x^n$

(4) $\sum\limits_{n=1}^{\infty} (-1)^{n+1} \dfrac{(2x-3)^n}{2n-1}$

3.求下列幂级数在收敛区间内的和函数.

(1) $\sum\limits_{n=1}^{\infty} n x^{n-1} (-1 < x < 1)$

(2) $\sum\limits_{n=1}^{\infty} \dfrac{n(n+1)}{2} x^{n-1}$　$(-1 < x < 1)$

4.将下列函数 x 展开成幂级数,并求出收敛区间.

(1)$\sin \dfrac{x}{2}$

(2)$(1+x)e^x$

(3)$\arctan x$

(4)$\dfrac{1}{x-4}$

(5)e^{x^2}

(6)$\dfrac{e^x + e^{-x}}{2}$

(7)$\ln(1+x)$

(8)$\dfrac{x}{\sqrt{1+x^2}}$

(9)$\dfrac{x}{\sqrt{1-2x}}$

(10)$\dfrac{x^{10}}{1-x}$

5.将函数 $f(x) = \dfrac{1}{x}$ 在 $x = 3$ 处展开成幂级数.

6.将函数 $f(x) = e^x$ 在 $x = 1$ 处展开成幂级数.

7.将函数 $f(x) = \cos x$ 展开成 $\left(x + \dfrac{\pi}{3}\right)$ 的幂级数.

8.将函数 $f(x) = 3 + 2x - 4x^2 + 7x^3$ 展开成 $(x-1)$ 的幂级数.

第9章　线性代数及其应用

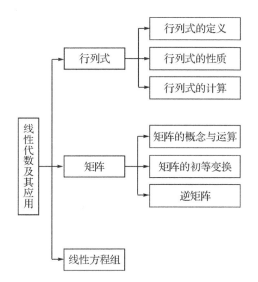

阅读材料 READ 数学家克莱姆(Cramer)

克莱姆(Cramer,1704—1752),瑞士数学家,生于日内瓦,卒于法国塞兹河畔巴尼奥勒.早年在日内瓦读书,1724 年起在日内瓦加尔文学院任教,1734 年成为几何学教授,1750 年任哲学教授.他自 1727 年进行为期两年的旅行访学.在巴塞尔与约翰•伯努利、欧拉等人学习交流,结为挚友.后又到英国、荷兰、法国等地拜见许多数学名家,回国后在与他们的长期通信中,加强了数学家之间的联系,为数学宝库也留下大量有价值的文献.他一生未婚,专心治学,平易近人且德高望重,先后当选为伦敦皇家学会、柏林研究院和法国、意大利等学会的成员.

克莱姆的主要著作是《代数曲线的分析引论》(1750),首先定义了正则、非正则、超越曲线和无理曲线等概念,第一次正式引入坐标系的纵轴(Y 轴),然后讨论曲线变换,并依据曲线方程的阶数将曲线进行分类.为了确定经过 5 个点的一般二次曲线的系数,应用了著名的"克莱姆法则",即由线性方程组的系数确定方程组解的表达式.该法则于 1729 年由英国数学家麦克劳林(Maclaurin,1698—1746) 得到,1748 年发表,但克莱姆的优越符号使之流传.

在科学研究和实际生产中,碰到的许多问题都可以直接或近似地表示成一些变量之间的线性关系,因此,线性关系的研究就显得是非常重要了. 行列式与矩阵是研究线性关系的重要工具. 本章将介绍行列式与矩阵的一些基本概念、性质和运算,及线性方解组的相关理论.

9.1 行列式

用消元法解二元线性方程组

$$\begin{cases} a_{11}x_1 + a_{12}x_2 = b_1 \\ a_{21}x_1 + a_{22}x_2 = b_2 \end{cases} \tag{1}$$

当 $a_{11}a_{22} - a_{12}a_{21} \neq 0$ 时,得

$$x_1 = \frac{b_1 a_{22} - b_2 a_{12}}{a_{11}a_{22} - a_{12}a_{21}}, \quad x_2 = \frac{a_{11}b_2 - a_{21}b_1}{a_{11}a_{22} - a_{12}a_{21}}.$$

为了便于记忆,我们引进二阶行列式的概念.

9.1.1 行列式的定义

1. 二、三阶行列式

由 2^2 个数组成的符号 $\begin{vmatrix} a_{11} & a_{12} \\ a_{21} & a_{22} \end{vmatrix}$,简记为 D,称为二阶行列式,它表示为 $a_{11}a_{22} - a_{12}a_{21}$,即

$$D = \begin{vmatrix} a_{11} & a_{12} \\ a_{21} & a_{22} \end{vmatrix} = a_{11}a_{22} - a_{12}a_{21} \tag{2}$$

$a_{11}, a_{12}, a_{21}, a_{22}$ 称为行列式的元素,横排称行,竖排称列.

利用二阶行列式的定义,当二元线性方程组(1)的系数组成的行列式 $D = \begin{vmatrix} a_{11} & a_{12} \\ a_{21} & a_{22} \end{vmatrix} \neq 0$ 时,它的解可以用行列式表示为

$$x_1 = \frac{\begin{vmatrix} b_1 & a_{12} \\ b_2 & a_{22} \end{vmatrix}}{\begin{vmatrix} a_{11} & a_{12} \\ a_{21} & a_{22} \end{vmatrix}} = \frac{D_1}{D}, \quad x_2 = \frac{\begin{vmatrix} a_{11} & b_1 \\ a_{21} & b_2 \end{vmatrix}}{\begin{vmatrix} a_{11} & a_{12} \\ a_{21} & a_{22} \end{vmatrix}} = \frac{D_2}{D},$$

其中 D_1 和 D_2 是以 b_1, b_2 分别替换系数行列式 D 中第一列、第二列的元素所得到的两个二阶行列式.

【例 9.1】 用行列式解线性方程组 $\begin{cases} 2x_1 - x_2 = 3 \\ 3x_1 + 5x_2 = 1 \end{cases}$.

【解】 因为 $D = \begin{vmatrix} 2 & -1 \\ 3 & 5 \end{vmatrix} = 13 \neq 0, D_1 = \begin{vmatrix} 3 & -1 \\ 1 & 5 \end{vmatrix} = 16, D_2 = \begin{vmatrix} 2 & 3 \\ 3 & 1 \end{vmatrix} = -7.$ 所以 $x_1 = \dfrac{D_1}{D} = \dfrac{16}{13}, x_2 = \dfrac{D_2}{D} = -\dfrac{7}{13}.$

类似地,由 3^2 个数(也称元素)组成的符号 $\begin{vmatrix} a_{11} & a_{12} & a_{13} \\ a_{21} & a_{22} & a_{23} \\ a_{31} & a_{32} & a_{33} \end{vmatrix}$,称为三阶行列式,简记为 D,它表示数值 $a_{11}a_{22}a_{33} + a_{12}a_{23}a_{31} + a_{13}a_{21}a_{32} - a_{13}a_{22}a_{31} - a_{12}a_{21}a_{33} - a_{11}a_{23}a_{32}$,即

$$D = \begin{vmatrix} a_{11} & a_{12} & a_{13} \\ a_{21} & a_{22} & a_{23} \\ a_{31} & a_{32} & a_{33} \end{vmatrix} = a_{11}a_{22}a_{33} + a_{12}a_{23}a_{31} + a_{13}a_{21}a_{32} - a_{13}a_{22}a_{31} - a_{12}a_{21}a_{33} - a_{11}a_{23}a_{32}.$$

(3)

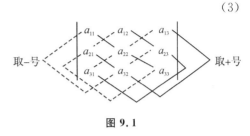

图 9.1

　　它是由 3 行 3 列共 9 个元素构成,是 6 项的代数和.这 9 个元素排成 3 行 3 列,从左上角到右下角的对角线称为主对角线,从右上到左下角的对角线称为次对角线.上式也可以用对角线法则记忆,如图 9.1 所示.实线上三个元素的乘积项前取正号,虚线上三个元素的乘积项前取负号.

【例 9.2】　计算三阶行列式 $\begin{vmatrix} 3 & 1 & 2 \\ 2 & 0 & -3 \\ -1 & 5 & 4 \end{vmatrix}$.

【解】　根据对角线法则

$$\begin{aligned} 原式 &= 3 \times 0 \times 4 + 1 \times (-3) \times (-1) + 2 \times 5 \times 2 - \\ & \quad 2 \times 0 \times (-1) - 1 \times 2 \times 4 - (-3) \times 5 \times 3 \\ &= 0 + 3 + 20 - 0 - 8 + 45 = 60. \end{aligned}$$

【例 9.3】　解不等式 $\begin{vmatrix} x & 1 & 0 \\ 1 & x & 0 \\ 4 & 1 & 1 \end{vmatrix} > 0$.

【解】　因为 $\begin{vmatrix} x & 1 & 0 \\ 1 & x & 0 \\ 4 & 1 & 1 \end{vmatrix} = x^2 - 1$,原不等式化为 $x^2 - 1 > 0$.

故不等式的解集为 $(-\infty, -1) \bigcup (1, +\infty)$.

2. n 阶行列式

【定义 9.1】　由 n^2 个元素(数)组成的一个符号

$$D = \begin{vmatrix} a_{11} & a_{12} & \cdots & a_{1n} \\ a_{21} & a_{22} & \cdots & a_{2n} \\ \vdots & \vdots & \vdots & \vdots \\ a_{n1} & a_{n2} & \cdots & a_{nn} \end{vmatrix},$$

称为 n 阶行列式,其中 a_{ij} 称为 D 的第 i 行第 j 列的元素 $(i, j = 1, 2, \cdots, n)$,n 阶行列式简记为 $|a_{ij}|$.

　　当 $n = 1$ 时,规定 $D = |a_{11}| = a_{11}$.

　　当 $n = 2$ 时,$D = \begin{vmatrix} a_{11} & a_{12} \\ a_{21} & a_{22} \end{vmatrix} = a_{11}a_{22} - a_{12}a_{21}$;

　　当 $n \geqslant 3$ 时,$D = a_{11}A_{11} + a_{12}A_{12} + \cdots + a_{1n}A_{1n} = \sum_{j=1}^{n} a_{1j}A_{1j}$,　　　　　(4)

其中,$A_{1j} = (-1)^{1+j}M_{1j}$,

$$M_{1j} = \begin{vmatrix} a_{21} & \cdots & a_{2j-1} & a_{2j+1} & \cdots & a_{2n} \\ a_{31} & \cdots & a_{3j-1} & a_{3j+1} & \cdots & a_{3n} \\ \vdots & \vdots & \vdots & \vdots & \vdots & \vdots \\ a_{n1} & \cdots & a_{nj-1} & a_{nj+1} & \cdots & a_{nn} \end{vmatrix}$$

称 M_{1j} 为 D 中元素 a_{1j} 的余子式,它是 D 中去掉第一行,第 j 列后所剩下的元素[共有 $(n-1)^2$ 个],按它们在 D 中的原顺序组成的 $n-1$ 阶行列式;同时称 A_{1j} 为 D 中元素 a_{1j} 的代数余子式.

如果对二阶行列式 $D = \begin{vmatrix} a_{11} & a_{12} \\ a_{21} & a_{22} \end{vmatrix} = a_{11}a_{22} - a_{12}a_{21}$,

取 $A_{11} = (-1)^{1+1}|a_{22}|$,$A_{12} = (-1)^{1+2}|a_{21}|$,则

$$D = \begin{vmatrix} a_{11} & a_{12} \\ a_{21} & a_{22} \end{vmatrix} = a_{11}A_{11} + a_{12}A_{12}.$$

因此等式(4)对 $n = 2$ 也适用. 我们称式(4)为 n 阶行列式 $(n \geqslant 2)$ 的展开式.

从二和三阶行列式的展开式(2)和(3)可看到:二、三阶行列式的展开式中分别有 2! 和 3! 个乘积项,每个乘积项中含有 2 个和 3 个取自不同行、不同列的元素,这些项中带正号和带负号的项各占一半.

以此类推,n 阶行列式的展开式(4)中共有 $n!$ 个乘积项,每个乘积项中含有 n 个取自不同行、不同列的元素,这些项前带正号和带负号的项各占一半.

【例 9.4】 试计算 n 阶行列式

$$D = \begin{vmatrix} a_{11} & 0 & \cdots & 0 \\ a_{21} & a_{22} & \cdots & 0 \\ \vdots & \vdots & \vdots & \vdots \\ a_{n1} & a_{n2} & \cdots & a_{nn} \end{vmatrix}.$$

【解】 由题意 $a_{12} = a_{13} = \cdots = a_{1n} = 0$,根据(4)式得

$$D = a_{11}A_{11} + 0 \cdot A_{12} + \cdots + 0 \cdot A_{1n} = a_{11} \cdot A_{11} = a_{11} \cdot (-1)^{1+1}M_{11} = a_{11}M_{11}$$

而

$$M_{11} = \begin{vmatrix} a_{22} & 0 & \cdots & 0 \\ a_{32} & a_{33} & \cdots & 0 \\ \vdots & \vdots & \vdots & \vdots \\ a_{n2} & a_{n3} & \cdots & a_{nn} \end{vmatrix}.$$

这是一个 $n-1$ 阶行列式,再由等式(4)

$$M_{11} = a_{22} \begin{vmatrix} a_{33} & 0 & \cdots & 0 \\ a_{43} & a_{44} & \cdots & 0 \\ \vdots & \vdots & \vdots & \vdots \\ a_{n3} & a_{n4} & \cdots & a_{nn} \end{vmatrix},$$

依次推算得 $D = a_{11}a_{22}\cdots a_{nn}$.

我们把形如例 9.4 的 n 阶行列式称为 n 阶下三角行列式,这种行列式的特征是位于主对角线右上方的元素皆为 0,结合上面的计算结果有:n 阶下三角行列式的值等于它主对角线上元素的乘积.

同理,我们可得到 n 阶对角行列式的值:

$$\begin{vmatrix} a_{11} & 0 & \cdots & 0 \\ 0 & a_{22} & \cdots & 0 \\ \vdots & \vdots & \vdots & \vdots \\ 0 & 0 & \cdots & a_{nn} \end{vmatrix} = a_{11}a_{22}\cdots a_{nn}.$$

9.1.2　行列式的性质

当行列式的阶数 n 较大时,根据 n 阶行列式的定义直接来计算行列式,一般是很麻烦的,为了简化 n 阶行列式的计算,我们有必要讨论行列式的一些性质.

如果把 n 阶行列式 $D = \begin{vmatrix} a_{11} & a_{12} & \cdots & a_{1n} \\ a_{21} & a_{22} & \cdots & a_{2n} \\ \vdots & \vdots & \vdots & \vdots \\ a_{n1} & a_{n2} & \cdots & a_{nn} \end{vmatrix}$ 中的行与列按顺序互换,得到一个新的行列式

$$D^{\mathrm{T}} = \begin{vmatrix} a_{11} & a_{21} & \cdots & a_{n1} \\ a_{12} & a_{22} & \cdots & a_{n2} \\ \vdots & \vdots & \vdots & \vdots \\ a_{1n} & a_{2n} & \cdots & a_{nn} \end{vmatrix},$$

D^{T} 称为行列式 D 的转置行列式. 显然,D 也是 D^{T} 的转置行列式.

【性质 9.1】　行列式 D 与它的转置行列式 D^{T} 的值相等. 即 $D = D^{\mathrm{T}}$.

例如,二阶行列式

$$D = \begin{vmatrix} a_{11} & a_{12} \\ a_{21} & a_{22} \end{vmatrix} = a_{11}a_{22} - a_{12}a_{21},$$

$$D^{\mathrm{T}} = \begin{vmatrix} a_{11} & a_{21} \\ a_{12} & a_{22} \end{vmatrix} = a_{11}a_{22} - a_{12}a_{21}.$$

显然,$D = D^{\mathrm{T}}$.

性质 9.1 告诉我们:行列式中"行"与"列"的地位是相同的,所以凡是对行成立的性质,对列也同样成立.

于是由性质 9.1 和 n 阶下三角行列式的结论,可以得到 n 阶上三角行列式的值也等于它的主对角线上元素的乘积,即

$$\begin{vmatrix} a_{11} & a_{12} & \cdots & a_{1n} \\ 0 & a_{22} & \cdots & a_{2n} \\ \vdots & \vdots & \vdots & \vdots \\ 0 & 0 & \cdots & a_{nn} \end{vmatrix} = a_{11}a_{22}\cdots a_{nn}.$$

【定义 9.2】　在 n 阶行列式 $D = |a_{ij}|$ 中去掉元素 a_{ij} 所在的第 i 行和第 j 列后,余下的 $n-1$ 阶行列式称为元素 a_{ij} 的余子式,记为 M_{ij}. 将 $(-1)^{i+j}M_{ij}$ 叫做元素 a_{ij} 的代数余子式,记为 A_{ij},即有 $A_{ij} = (-1)^{i+j}M_{ij}$.

【性质 9.2】　n 阶行列式 $D = |a_{ij}|$ 等于它的任意一行(或列)的各元素与其对应的代数余子式乘积之和,即

$$D = a_{i1}A_{i1} + a_{i2}A_{i2} + \cdots + a_{in}A_{in} = \sum_{k=1}^{n} a_{ik}A_{ik} \quad (i = 1, 2, \cdots, n),$$

或 $\qquad D = a_{1j}A_{1j} + a_{2j}A_{2j} + \cdots + a_{nj}A_{nj} = \sum_{k=1}^{n} a_{kj}A_{kj} \quad (j = 1, 2, \cdots, n).$ $\qquad$ (5)

【例 9.5】 设三阶行列式 $D = \begin{vmatrix} 3 & 1 & 3 \\ -5 & 3 & 2 \\ 2 & 5 & 1 \end{vmatrix}$,按第二行展开,并求其值.

【解】 因为

$$A_{21} = (-1)^{2+1}M_{21} = -\begin{vmatrix} 1 & 3 \\ 5 & 1 \end{vmatrix} = -(1-15) = 14,$$

$$A_{22} = (-1)^{2+2}M_{22} = \begin{vmatrix} 3 & 3 \\ 2 & 1 \end{vmatrix} = -3,$$

$$A_{23} = (-1)^{2+3}M_{23} = -\begin{vmatrix} 3 & 1 \\ 2 & 5 \end{vmatrix} = -13,$$

所以 $D = a_{21}A_{21} + a_{22}A_{22} + a_{23}A_{23} = -5 \times 14 + 3 \times (-3) + 2 \times (-13) = -105.$

【性质 9.3】 互换行列式中的两行(列)位置,行列式值改变符号.

例如,二阶行列式

$$D = \begin{vmatrix} a_{11} & a_{12} \\ a_{21} & a_{22} \end{vmatrix} = a_{11}a_{22} - a_{12}a_{21},$$

交换两行后得到的行列式

$$\begin{vmatrix} a_{21} & a_{22} \\ a_{11} & a_{12} \end{vmatrix} = a_{21}a_{12} - a_{22}a_{11} = -D.$$

【推论 9.1】 如果行列式中有两行(列)对应元素完全相同,那么行列式的值为零.

事实上,交换相同的两行(列),由性质 9.3 得,$D = -D$,于是 $D = 0$.

【性质 9.4】 行列式某一行(列)的公因子可以提到行列式记号的外面,即

$$\begin{vmatrix} a_{11} & a_{12} & \cdots & a_{1n} \\ \vdots & \vdots & \vdots & \vdots \\ \lambda a_{i1} & \lambda a_{i2} & \cdots & \lambda a_{in} \\ \vdots & \vdots & \vdots & \vdots \\ a_{n1} & a_{n2} & \cdots & a_{nn} \end{vmatrix} = \lambda \begin{vmatrix} a_{11} & a_{12} & \cdots & a_{1n} \\ \vdots & \vdots & \vdots & \vdots \\ a_{i1} & a_{i2} & \cdots & a_{in} \\ \vdots & \vdots & \vdots & \vdots \\ a_{n1} & a_{n2} & \cdots & a_{nn} \end{vmatrix}.$$

【推论 9.2】 如果行列式中有一行(列)的元素全为零,那么此行列式的值为零.

【推论 9.3】 如果行列式中有两行(列)的元素对应成比例,那么行列式等于零.

【推论 9.4】 行列式中任意一行(列)的元素与另一行(列)对应元素的代数余子式的乘积之和等于零.即:

$$a_{i1}A_{j1} + a_{i2}A_{j2} + \cdots + a_{in}A_{jn} = 0 \quad (i \neq j),$$

$$或 \quad a_{1i}A_{1j} + a_{2i}A_{2j} + \cdots + a_{ni}A_{nj} = 0 \quad (i \neq j).$$

例如,对于行列式 $\qquad D = \begin{vmatrix} a_{11} & a_{12} & a_{13} \\ a_{21} & a_{22} & a_{23} \\ a_{31} & a_{32} & a_{33} \end{vmatrix},$

有 $\qquad a_{11}A_{21} + a_{12}A_{22} + a_{13}A_{23} = 0, \quad a_{31}A_{11} + a_{32}A_{12} + a_{33}A_{13} = 0, \cdots.$

【性质 9.5】 如果行列式的某一行(列)元素可以写成两数之和,那么可以把行列式表示成两个行列式的和,即

$$\begin{vmatrix} a_{11} & a_{12} & \cdots & a_{1n} \\ \vdots & \vdots & \vdots & \vdots \\ b_{i1}+c_{i1} & b_{i2}+c_{i2} & \cdots & b_{in}+c_{in} \\ \vdots & \vdots & \vdots & \vdots \\ a_{n1} & a_{n2} & \cdots & a_{nn} \end{vmatrix} = \begin{vmatrix} a_{11} & a_{12} & \cdots & a_{1n} \\ \vdots & \vdots & \vdots & \vdots \\ b_{i1} & b_{i2} & \cdots & b_{in} \\ \vdots & \vdots & \vdots & \vdots \\ a_{n1} & a_{n2} & \cdots & a_{nn} \end{vmatrix} + \begin{vmatrix} a_{11} & a_{12} & \cdots & a_{1n} \\ \vdots & \vdots & \vdots & \vdots \\ c_{i1} & c_{i2} & \cdots & c_{in} \\ \vdots & \vdots & \vdots & \vdots \\ a_{n1} & a_{n2} & \cdots & a_{nn} \end{vmatrix}.$$

例如,二阶行列式 $\begin{vmatrix} a_{11}+b_{11} & a_{12} \\ a_{21}+b_{21} & a_{22} \end{vmatrix} = \begin{vmatrix} a_{11} & a_{12} \\ a_{21} & a_{22} \end{vmatrix} + \begin{vmatrix} b_{11} & a_{12} \\ b_{21} & a_{22} \end{vmatrix}.$

由性质 9.5 和推论 9.3 得：

【**性质 9.6**】 把行列式某一行(列)的元素同乘以数 k,加到另一行(列)对应的元素上去,行列式的值不变,即

$$\begin{vmatrix} a_{11} & a_{12} & \cdots & a_{1n} \\ \vdots & \vdots & \vdots & \vdots \\ a_{i1} & a_{i2} & \cdots & a_{in} \\ \vdots & \vdots & \vdots & \vdots \\ a_{j1} & a_{j2} & \cdots & a_{jn} \\ \vdots & \vdots & \vdots & \vdots \\ a_{n1} & a_{n2} & \cdots & a_{nn} \end{vmatrix} = \begin{vmatrix} a_{11} & a_{12} & \cdots & a_{1n} \\ \vdots & \vdots & \vdots & \vdots \\ a_{i1}+ka_{j1} & a_{i2}+ka_{j2} & \cdots & a_{in}+ka_{jn} \\ \vdots & \vdots & \vdots & \vdots \\ a_{j1} & a_{j2} & \cdots & a_{jn} \\ \vdots & \vdots & \vdots & \vdots \\ a_{n1} & a_{n2} & \cdots & a_{nn} \end{vmatrix}$$

特别对性质 9.3,性质 9.4 和性质 9.6 可采用下列标记进行描述:

(1) 用 r 代表行,c 代表列.

(2) 第 i 行和第 j 行互换,记为 $r_i \leftrightarrow r_j$;第 i 列和第 j 列互换,记为 $c_i \leftrightarrow c_j$.

(3) 行列式的第 i 行(或第 i 列)中所有元素都乘以 k,记为 kr_i(或 kc_i).

(4) 把第 j 行(或第 j 列)的元素同乘以数 k,加到第 i 行(或第 i 列)对应的元素上去,记为 $kr_j + r_i$(或 $kc_j + c_i$).

行列式的基本计算方法之一是根据行列式的特点,利用行列式的性质,把它逐步化为上(或下)三角行列式,这时行列式的值就是主对角线上元素的乘积.这种行列式的计算方法称为"化三角形法".

【**例 9.6**】 计算

$$D = \begin{vmatrix} 2 & 0 & 1 & -1 \\ -5 & 1 & 3 & -4 \\ 1 & -5 & 3 & -3 \\ 3 & 1 & -1 & 2 \end{vmatrix}.$$

【**解**】

$$D = \begin{vmatrix} 2 & 0 & 1 & -1 \\ -5 & 1 & 3 & -4 \\ 1 & -5 & 3 & -3 \\ 3 & 1 & -1 & 2 \end{vmatrix} \xrightarrow{c_1 \leftrightarrow c_3} - \begin{vmatrix} 1 & 0 & 2 & -1 \\ 3 & 1 & -5 & -4 \\ 3 & -5 & 1 & -3 \\ -1 & 1 & 3 & 2 \end{vmatrix}$$

$$\xrightarrow[\substack{-3r_1+r_3 \\ -3r_1+r_2 \\ \rule{0pt}{1.2em} r_1+r_4}]{} - \begin{vmatrix} 1 & 0 & 2 & -1 \\ 0 & 1 & -11 & -1 \\ 0 & -5 & -5 & 0 \\ 0 & 1 & 5 & 1 \end{vmatrix} \xrightarrow[\substack{5r_2+r_3 \\ -r_2+r_4}]{} - \begin{vmatrix} 1 & 0 & 2 & -1 \\ 0 & 1 & -11 & -1 \\ 0 & 0 & -60 & -5 \\ 0 & 0 & 16 & 2 \end{vmatrix}$$

$$\xrightarrow[\frac{1}{2}r_4]{-\frac{1}{5}r_3} 10 \begin{vmatrix} 1 & 0 & 2 & -1 \\ 0 & 1 & -11 & -1 \\ 0 & 0 & 12 & 1 \\ 0 & 0 & 8 & 1 \end{vmatrix} \xrightarrow{c_3 \leftrightarrow c_4} -10 \begin{vmatrix} 1 & 0 & -1 & 2 \\ 0 & 1 & -1 & -11 \\ 0 & 0 & 1 & 12 \\ 0 & 0 & 1 & 8 \end{vmatrix}$$

$$\xrightarrow{-r_3 + r_4} -10 \begin{vmatrix} 1 & 0 & -1 & 2 \\ 0 & 1 & -1 & -11 \\ 0 & 0 & 1 & 12 \\ 0 & 0 & 0 & -4 \end{vmatrix} = -10 \times (-4) = 40.$$

【注】 若利用按照行列式的某一行(列)展开的方法来计算行列式,则要选择零元素最多的行(列)展开;因此在利用这种方法前,可以先利用行列式的性质把某一行(列)的元素化为仅有一个非零元素,再按这一行(列)展开. 这种方法称为降阶法.

【例 9.7】 计算

$$D = \begin{vmatrix} 2 & -1 & 1 & 6 \\ 4 & -1 & 5 & 0 \\ -1 & 2 & 0 & -5 \\ 1 & 4 & -2 & -2 \end{vmatrix}$$

【解】

$$D = \begin{vmatrix} 2 & -1 & 1 & 6 \\ 4 & -1 & 5 & 0 \\ -1 & 2 & 0 & -5 \\ 1 & 4 & -2 & -2 \end{vmatrix} \xrightarrow[-5c_1 + c_4]{2c_1 + c_2} \begin{vmatrix} 2 & 3 & 1 & -4 \\ 4 & 7 & 5 & -20 \\ -1 & 0 & 0 & 0 \\ 1 & 6 & -2 & -7 \end{vmatrix}$$

$$= (-1) \times (-1)^{3+1} \begin{vmatrix} 3 & 1 & -4 \\ 7 & 5 & -20 \\ 6 & -2 & -7 \end{vmatrix} \xrightarrow{-5r_1 + r_2} - \begin{vmatrix} 3 & 1 & -4 \\ -8 & 0 & 0 \\ 6 & -2 & -7 \end{vmatrix}$$

$$= -(-8) \times (-1)^{2+1} \begin{vmatrix} 1 & -4 \\ -2 & -7 \end{vmatrix} = 120.$$

【例 9.8】 证明

$$\begin{vmatrix} a^2 & (a+1)^2 & (a+2)^2 & (a+3)^2 \\ b^2 & (b+1)^2 & (b+2)^2 & (b+3)^2 \\ c^2 & (c+1)^2 & (c+2)^2 & (c+3)^2 \\ d^2 & (d+1)^2 & (d+2)^2 & (d+3)^2 \end{vmatrix} = 0.$$

【证明】 设此行列式为 D,将 D 化简,把第一列乘以(-1)分别加到以后各列,有

$$D = \begin{vmatrix} a^2 & 2a+1 & 4a+4 & 6a+9 \\ b^2 & 2b+1 & 4b+4 & 6b+9 \\ c^2 & 2c+1 & 4c+4 & 6c+9 \\ d^2 & 2d+1 & 4d+4 & 6d+9 \end{vmatrix} \xrightarrow[-3c_2 + c_4]{-2c_2 + c_3} \begin{vmatrix} a^2 & 2a+1 & 2 & 6 \\ b^2 & 2b+1 & 2 & 6 \\ c^2 & 2c+1 & 2 & 6 \\ d^2 & 2d+1 & 2 & 6 \end{vmatrix} = 0.$$

*【例 9.9】 计算 n 阶行列式

$$D = \begin{vmatrix} a & b & \cdots & b \\ b & a & \cdots & b \\ \vdots & \vdots & \vdots & \vdots \\ b & b & \cdots & a \end{vmatrix}$$

【解】　从行列式 D 的元素排列特点看,每一列 n 个元素的和都相等,把第 $2,3,\cdots,n$ 行同时加到第 1 行,提出公因子 $a+(n-1)b$,然后各行减去第一行的 b 倍,有

$$D = \begin{vmatrix} a+(n-1)b & a+(n-1)b & \cdots & a+(n-1)b \\ b & a & \cdots & b \\ \vdots & \vdots & \vdots & \vdots \\ b & b & \cdots & a \end{vmatrix}$$

$$= [a+(n-1)b] \begin{vmatrix} 1 & 1 & \cdots & 1 \\ b & a & \cdots & b \\ \vdots & \vdots & \vdots & \vdots \\ b & b & \cdots & a \end{vmatrix} = [a+(n-1)b] \begin{vmatrix} 1 & 1 & \cdots & 1 \\ 0 & a-b & \cdots & 0 \\ \vdots & \vdots & \vdots & \vdots \\ 0 & 0 & \cdots & a-b \end{vmatrix}$$

$$= [a+(n-1)b](a-b)^{n-1}.$$

*【例 9.10】　解方程

$$\begin{vmatrix} a_1 & a_2 & a_3 & \cdots & a_{n-1} & a_n \\ a_1 & a_1+a_2-x & a_3 & \cdots & a_{n-1} & a_n \\ a_1 & a_2 & a_2+a_3-x & \cdots & a_{n-1} & a_n \\ \vdots & \vdots & \vdots & \vdots & \vdots & \vdots \\ a_1 & a_2 & a_3 & \cdots & a_{n-2}+a_{n-1}-x & a_n \\ a_1 & a_2 & a_3 & \cdots & a_{n-1} & a_{n-1}+a_n-x \end{vmatrix} = 0 \quad (a_1 \neq 0).$$

【解】　把方程左边的行列式,第一行乘以 (-1) 加到其余各行上,得

$$\begin{vmatrix} a_1 & a_2 & a_3 & \cdots & a_{n-1} & a_n \\ 0 & a_1-x & 0 & \cdots & 0 & 0 \\ 0 & 0 & a_2-x & \cdots & 0 & 0 \\ \vdots & \vdots & \vdots & \vdots & \vdots & \vdots \\ 0 & 0 & 0 & \cdots & a_{n-2}-x & 0 \\ 0 & 0 & 0 & \cdots & 0 & a_{n-1}-x \end{vmatrix} = a_1(a_1-x)(a_2-x)\cdots(a_{n-1}-x).$$

原方程化为 $a_1(a_1-x)(a_2-x)\cdots(a_{n-1}-x) = 0$.

故方程有 $n-1$ 个解 $x_1 = a_1, x_2 = a_2, \cdots, x_{n-1} = a_{n-1}$.

【注】　计算行列式有下列方法:

1.二阶、三阶行列式利用对角线法则计算;

2.用行列式按照某一行(列)展开来计算,选择零元素较多的行(列)进行展开;

3.利用行列式的性质,化为三角行列式进行计算;

4.交替使用性质、定理对行列式降阶.

习题 9.1

1.计算下列行列式：

(1) $\begin{vmatrix} 5 & 2 \\ 7 & 3 \end{vmatrix}$;

(2) $\begin{vmatrix} a & a^2 \\ b & ab \end{vmatrix}$;

(3) $\begin{vmatrix} 0 & 0 \\ 1 & 1 \end{vmatrix}$;

(4) $\begin{vmatrix} -1 & 3 & 2 \\ 3 & 5 & -1 \\ 2 & -1 & 6 \end{vmatrix}$;

(5) $\begin{vmatrix} 6 & 0 & 8 & 0 \\ 5 & -1 & 3 & -2 \\ 0 & 2 & 0 & 0 \\ 1 & 0 & 4 & -3 \end{vmatrix}$;

(6) $\begin{vmatrix} 3 & 1 & 1 & 1 \\ 1 & 3 & 1 & 1 \\ 1 & 1 & 3 & 1 \\ 1 & 1 & 1 & 3 \end{vmatrix}$;

(7) $\begin{vmatrix} 3 & 1 & -1 & 2 \\ -5 & 1 & 3 & -4 \\ 2 & 0 & 1 & -1 \\ 1 & -5 & 3 & -3 \end{vmatrix}$;

(8) $\begin{vmatrix} 1 & 1 & 1 \\ a & b & c \\ b+c & c+a & a+b \end{vmatrix}$;

(9) $\begin{vmatrix} a+b & a & a & a \\ a & a+c & a & a \\ a & a & a+d & a \\ a & a & a & a \end{vmatrix}$;

(10) $\begin{vmatrix} x & y & 0 & 0 \\ 0 & x & y & 0 \\ 0 & 0 & x & y \\ y & 0 & 0 & x \end{vmatrix}$.

2.写出三阶行列式 $D = \begin{vmatrix} -2 & 5 & 7 \\ 11 & -1 & 0 \\ 3 & -8 & 4 \end{vmatrix}$ 中元素 $-1, -8$ 的代数余子式,并求其值.

3.已知四阶行列式 D 中,第三列元素依次为 $-1, 2, 0, 1$,它们的余子式依次为 $5, 3, -7, 4$,求 D.

4.设行列式 $D = \begin{vmatrix} 1 & 2 & 2 & 4 \\ 1 & 0 & 0 & 2 \\ 3 & -1 & -4 & 0 \\ 1 & 2 & -1 & 5 \end{vmatrix}$,分别按 D 的第二行和第四列展开,并计算其值.

5.解下列方程：

(1) $\begin{vmatrix} 2 & 2 & 4 & 6 \\ 1 & 2-x^2 & 2 & 3 \\ 1 & 3 & 1 & 5 \\ -1 & -3 & -1 & x^2-9 \end{vmatrix} = 0$;

(2) $\begin{vmatrix} 0 & 1 & x & 1 \\ 1 & 0 & 1 & x \\ x & 1 & 0 & 1 \\ 1 & x & 1 & 0 \end{vmatrix} = 0$.

*6.计算 n 阶行列式 $D = \begin{vmatrix} x & a & \cdots & a & a \\ a & x & \cdots & a & a \\ \vdots & \vdots & \vdots & \vdots & \vdots \\ a & a & \cdots & x & a \\ a & a & \cdots & a & x \end{vmatrix}$.

*7. 计算 $n+1$ 阶行列式 $D = \begin{vmatrix} 1 & a_1 & a_2 & \cdots & a_n \\ 1 & a_1+b_1 & a_2 & \cdots & a_n \\ 1 & a_1 & a_2+b_2 & \cdots & a_n \\ \vdots & \vdots & \vdots & \vdots & \vdots \\ 1 & a_1 & a_2 & \cdots & a_n+b_n \end{vmatrix}$.

9.2 矩阵的概念及计算

9.2.1 矩阵的概念

在物资调运中,某物资有两个产地上海、南京,三个销售地广州、深圳、厦门,调运方案见表 9.1.

表 9.1

数量 销售地 产地	广州	深圳	厦门
上海	17	25	20
南京	26	32	23

这个调运方案可以简写成一个 2 行 3 列的数表:

$$\begin{pmatrix} 17 & 25 & 20 \\ 26 & 32 & 23 \end{pmatrix}.$$

又如,设变量 $y_1, y_2, \cdots y_m$ 能用变量 $x_1, x_2, \cdots x_n$ 线性表示,即

$$\begin{cases} y_1 = a_{11}x_1 + a_{12}x_2 + \cdots + a_{1n}x_n \\ y_2 = a_{21}x_1 + a_{22}x_2 + \cdots + a_{2n}x_n \\ \vdots \\ y_m = a_{m1}x_1 + a_{m2}x_2 + \cdots + a_{mn}x_n \end{cases} \tag{6}$$

其中 a_{ij} 为常数 $(i=1,2,\cdots,m; j=1,2,\cdots,n)$,这种从变量 $x_1, x_2, \cdots, x_n$ 到变量 $y_1, y_2, \cdots, y_m$ 的变换叫做线性变换.

这种变换取决于变量 $x_1, x_2, \cdots, x_n$ 的系数,这些系数按它们在变换中原来的顺序构成一个矩形数表:

$$\begin{pmatrix} a_{11} & a_{12} & \cdots & a_{1n} \\ a_{21} & a_{22} & \cdots & a_{2n} \\ \vdots & \vdots & \vdots & \vdots \\ a_{m1} & a_{m2} & \cdots & a_{mn} \end{pmatrix}.$$

下面给出矩阵的定义.

【定义 9.3】 由 $m \times n$ 个数 $a_{ij} (i=1,2,\cdots,m; j=1,2,\cdots,n)$ 排成一个 m 行 n 列的矩形数表

$$\begin{pmatrix} a_{11} & a_{12} & \cdots & a_{1n} \\ a_{21} & a_{22} & \cdots & a_{2n} \\ \vdots & \vdots & \vdots & \vdots \\ a_{m1} & a_{m2} & \cdots & a_{mn} \end{pmatrix}$$

称为 m 行 n 列矩阵,简称为 $m \times n$ 矩阵,其中 a_{ij} 叫做矩阵的第 i 行第 j 列的元素. i 称为元素 a_{ij} 的行标, j 称为元素 a_{ij} 的列标.通常用大写字母 $\boldsymbol{A}, \boldsymbol{B}, \boldsymbol{C}, \cdots$ 或 $(a_{ij})_{m \times n}$ 表示矩阵,例如上述矩阵可以记作 $\boldsymbol{A}$ 或 $\boldsymbol{A}_{m \times n}$,有时也记做 $\boldsymbol{A} = (a_{ij})_{m \times n}$.

【注】 1.几种特殊的矩阵:

① 行矩阵:只有一行的矩阵 $\boldsymbol{A} = (a_{11} \quad a_{12} \quad \cdots \quad a_{1n})$ 称为行矩阵.

② 列矩阵:只有一列的矩阵 $\boldsymbol{A} = \begin{pmatrix} a_{11} \\ a_{21} \\ \vdots \\ a_{m1} \end{pmatrix}$ 称为列矩阵.

③ 零矩阵:所有元素全为零的矩阵称为零矩阵,记作 $\boldsymbol{O}_{m \times n}$ 或 $\boldsymbol{O}$.特别注意,零矩阵与数 0 不能混淆.

④ 方阵:矩阵 $\boldsymbol{A}$ 的行数与列数相等,即 $m = n$ 时,矩阵 $\boldsymbol{A}$ 称为 n 阶方阵或 n 阶矩阵,记作 $\boldsymbol{A}_n$,左上角到右下角的连线称为主对角线,主对角线上的元素 $a_{11}, a_{22}, \cdots, a_{m}$ 称为主对角线元素.

⑤ 对角矩阵:除主对角线外,其他元素全为零的方阵称为对角矩阵.为了方便,采用如下记号:

$$\boldsymbol{A} = \begin{pmatrix} a_{11} & & & \\ & a_{22} & & \\ & & \ddots & \\ & & & a_{nn} \end{pmatrix}.$$

⑥ 单位矩阵:主对角线上的元素全为 1 的对角矩阵称为单位矩阵,记作 $\boldsymbol{E}_n$ 或 $\boldsymbol{E}$.

⑦ 三角矩阵:主对角线以下(上)的元素全为零的方阵称为上(下)三角矩阵.

$$\boldsymbol{A} = \begin{pmatrix} a_{11} & a_{12} & \cdots & a_{1n} \\ & a_{22} & \cdots & a_{2n} \\ & & \ddots & \vdots \\ & & & a_{nn} \end{pmatrix} \text{为上三角矩阵}; \boldsymbol{A} = \begin{pmatrix} a_{11} & & & \\ a_{21} & a_{22} & & \\ \vdots & \vdots & \ddots & \\ a_{n1} & a_{n2} & \cdots & a_{nn} \end{pmatrix} \text{为下三角矩阵}.$$

⑧ 对称矩阵:满足条件 $a_{ij} = a_{ji}(i, j = 1, 2, \cdots, n)$ 的方阵 $(a_{ij})_{n \times n}$ 称为对称矩阵.

⑨ 负矩阵:在矩阵 $\boldsymbol{A} = (a_{ij})_{m \times n}$ 中的各个元素的前面都添加上符号(即取相反数)得到的矩阵,称为 $\boldsymbol{A}$ 的负矩阵,记为 $-\boldsymbol{A}$,即 $-\boldsymbol{A} = (-a_{ij})_{m \times n}$.

2.矩阵与行列式是有本质区别的.行列式表示一个数值,而矩阵是一个数表;行列式的行数与列数是相等的,矩阵的行数和列数可以不同.对于 n 阶方阵 $\boldsymbol{A}$,有时也要计算它的行列式(记为 $\det \boldsymbol{A}$ 或 $|\boldsymbol{A}|$),但方阵 $\boldsymbol{A}$ 和方阵行列式 $|\boldsymbol{A}|$ 是不同的概念.

9.2.2 矩阵的运算

1.矩阵的相等

如果两个矩阵 $\boldsymbol{A}, \boldsymbol{B}$ 行数和列数分别相同,且它们对应位置上的元素也相等,即 $a_{ij} = b_{ij}$, $(i = 1, 2, \cdots, m; j = 1, 2, \cdots, n)$,则称矩阵 $\boldsymbol{A}, \boldsymbol{B}$ 相等,记作 $\boldsymbol{A} = \boldsymbol{B}$.

2.矩阵的加(减)法

设 $\boldsymbol{A} = (a_{ij})_{m \times n}, \boldsymbol{B} = (b_{ij})_{m \times n}$ 是两个 $m \times n$ 矩阵,规定:

$$A + B = (a_{ij} + b_{ij})_{m \times n} = \begin{pmatrix} a_{11} + b_{11} & a_{12} + b_{12} & \cdots & a_{1n} + b_{1n} \\ a_{21} + b_{21} & a_{22} + b_{22} & \cdots & a_{2n} + b_{2n} \\ \vdots & \vdots & \vdots & \vdots \\ a_{m1} + b_{m1} & a_{m2} + b_{m2} & \cdots & a_{mn} + b_{mn} \end{pmatrix}$$

称矩阵 $A + B$ 为 A 与 B 的和.

如果 $A = (a_{ij})_{m \times n}$,$B = (b_{ij})_{m \times n}$,由矩阵加法运算和负矩阵的概念,我们规定:

$$A - B = A + (-B) = (a_{ij})_{m \times n} + (-b_{ij})_{m \times n} = (a_{ij} - b_{ij})_{m \times n},$$

称矩阵 $A - B$ 为 A 与 B 的差.

3. 数与矩阵的乘法

设 k 是任意一个实数,A 是一个 $m \times n$ 矩阵,规定:

$$kA = (ka_{ij})_{m \times n} = \begin{pmatrix} ka_{11} & ka_{12} & \cdots & ka_{1n} \\ ka_{21} & ka_{22} & \cdots & ka_{2n} \\ \vdots & \vdots & \vdots & \vdots \\ ka_{m1} & ka_{m2} & \cdots & ka_{mn} \end{pmatrix}.$$

称 kA 为数 k 与矩阵 A 的乘积,这种运算称为数乘运算.

矩阵的加(减)法与矩阵的数乘叫做矩阵的线性运算.

设 A,B,C 都是 $m \times n$ 矩阵,不难验证,矩阵的线性运算满足下列运算规律:

交换律 $\qquad\qquad\qquad A + B = B + A;$

结合律 $\qquad\qquad\qquad A + (B + C) = (A + B) + C;$

分配律 $\qquad\qquad\qquad k(A + B) = kA + kB;$

$\qquad\qquad\qquad\qquad (k + l)A = kA + lA \quad (k, l \in R);$

数乘矩阵的结合律 $\qquad k(lA) = (kl)A.$

【例 9.11】　设 $A = \begin{pmatrix} 2 & 5 \\ -1 & 3 \\ 2 & 0 \end{pmatrix}$,$B = \begin{pmatrix} -3 & 4 \\ -2 & 0 \\ 2 & 5 \end{pmatrix}$,求 $2A - 3B$.

【解】

$$2A - 3B = 2\begin{pmatrix} 2 & 5 \\ -1 & 3 \\ 2 & 0 \end{pmatrix} - 3\begin{pmatrix} -3 & 4 \\ -2 & 0 \\ 2 & 5 \end{pmatrix} = \begin{pmatrix} 4 & 10 \\ -2 & 6 \\ 4 & 0 \end{pmatrix} - \begin{pmatrix} -9 & 12 \\ -6 & 0 \\ 6 & 15 \end{pmatrix} = \begin{pmatrix} 13 & -2 \\ 4 & 6 \\ -2 & -15 \end{pmatrix}.$$

【例 9.12】　设矩阵 X,满足 $\begin{pmatrix} 1 & 2 & 4 \\ 2 & 0 & 1 \end{pmatrix} + 2X = 3\begin{pmatrix} 3 & -1 & 2 \\ 1 & 2 & 5 \end{pmatrix}$,求 X.

【解】　由题可得

$$2X = 3\begin{pmatrix} 3 & -1 & 2 \\ 1 & 2 & 5 \end{pmatrix} - \begin{pmatrix} 1 & 2 & 4 \\ 2 & 0 & 1 \end{pmatrix},$$

即有

$$2X = \begin{pmatrix} 8 & -5 & 2 \\ 1 & 6 & 14 \end{pmatrix},$$

所以

$$X = \begin{pmatrix} 4 & -\dfrac{5}{2} & 1 \\ \dfrac{1}{2} & 3 & 7 \end{pmatrix}.$$

【例 9.13】 已知网络双端口参数矩阵 A,B 满足 $\begin{cases} 2A+2B=C \\ 2A-2B=D \end{cases}$, 其中

$$C = \begin{pmatrix} 7 & 10 & -2 \\ 1 & -5 & -10 \end{pmatrix}, \quad D = \begin{pmatrix} 5 & -2 & -6 \\ -5 & -15 & -14 \end{pmatrix}.$$

求参数矩阵 A,B.

【解】 由 $\begin{cases} 2A+2B=C \\ 2A-2B=D \end{cases}$ 可得 $A = \dfrac{1}{4}(C+D), B = \dfrac{1}{4}(C-D)$. 所以

$$A = \frac{1}{4}(C+D) = \frac{1}{4}\left[\begin{pmatrix} 7 & 10 & -2 \\ 1 & -5 & -10 \end{pmatrix} + \begin{pmatrix} 5 & -2 & -6 \\ -5 & -15 & -14 \end{pmatrix}\right] = \begin{pmatrix} 3 & 2 & -2 \\ -1 & -5 & -6 \end{pmatrix},$$

$$B = \frac{1}{4}(C-D) = \frac{1}{4}\left[\begin{pmatrix} 7 & 10 & -2 \\ 1 & -5 & -10 \end{pmatrix} - \begin{pmatrix} 5 & -2 & -6 \\ -5 & -15 & -14 \end{pmatrix}\right] = \begin{pmatrix} \dfrac{1}{2} & 3 & 1 \\ \dfrac{3}{2} & \dfrac{5}{2} & 1 \end{pmatrix}.$$

4. 矩阵的乘法

【例 9.14】 设有两家连锁超市出售三种奶粉,某日销售量(单位:包)见表 9.2,每种奶粉的单价和利润见表 9.3.求各超市出售奶粉的总收入和总利润.

表 9.2

超市 \ 货类	奶粉 Ⅰ	奶粉 Ⅱ	奶粉 Ⅲ
甲	5	8	10
乙	7	5	6

表 9.3

	单价(单位:元)	利润(单位:元)
奶粉 Ⅰ	15	3
奶粉 Ⅱ	12	2
奶粉 Ⅲ	20	4

【解】 超市奶粉的总收入 = 奶粉 Ⅰ 数量 × 单价 + 奶粉 Ⅱ 数量 × 单价 + 奶粉 Ⅲ 数量 × 单价,超市奶粉的总利润 = 奶粉 Ⅰ 数量 × 利润 + 奶粉 Ⅱ 数量 × 利润 + 奶粉 Ⅲ 数量 × 利润.

列表分析如表 9.4 所示。

表 9.4

	总收入(元)	总利润(元)
超市甲	5×15+8×12+10×20	5×3+8×2+10×4
超市乙	7×15+5×12+6×20	7×3+5×2+6×4

设 $A = \begin{pmatrix} 5 & 8 & 10 \\ 7 & 5 & 6 \end{pmatrix}, \quad B = \begin{pmatrix} 15 & 3 \\ 12 & 2 \\ 20 & 4 \end{pmatrix}$, C 为各超市出售奶粉的总收入和总利润,则

$$C = \begin{pmatrix} 5 \times 15 + 8 \times 12 + 10 \times 20 & 5 \times 3 + 8 \times 2 + 10 \times 4 \\ 7 \times 15 + 5 \times 12 + 6 \times 20 & 7 \times 3 + 5 \times 2 + 6 \times 4 \end{pmatrix} = \begin{pmatrix} 371 & 71 \\ 285 & 55 \end{pmatrix}.$$

矩阵 C 中第一行第一列的元素等于矩阵 A 第一行元素与矩阵 B 的第一列对应元素乘积之和. 同样, 矩阵 C 中第 i 行第 j 列的元素等于矩阵 A 第 i 行元素与矩阵 B 的第 j 列对应元素乘积之和.

【定义 9.4】　设 A 是一个 $m \times s$ 矩阵, B 是一个 $s \times n$ 矩阵, 则由元素

$$c_{ij} = a_{i1}b_{1j} + a_{i2}b_{2j} + \cdots + a_{is}b_{sj} \quad (i = 1, 2, \cdots, m; j = 1, 2, \cdots, n)$$

构成的 $m \times n$ 矩阵 $C = (c_{ij})_{m \times n}$, 称为矩阵 A 与矩阵 B 的乘积, 记作 $C = AB$.

【例 9.15】　设矩阵 $A = \begin{pmatrix} 2 & -1 \\ -4 & 0 \\ 3 & 5 \end{pmatrix}, B = \begin{pmatrix} 9 & -8 \\ -7 & 10 \end{pmatrix}$, 求 AB.

【解】　$AB = \begin{pmatrix} 2 & -1 \\ -4 & 0 \\ 3 & 5 \end{pmatrix} \begin{pmatrix} 9 & -8 \\ -7 & 10 \end{pmatrix}$

$$= \begin{pmatrix} 2 \times 9 + (-1) \times (-7) & 2 \times (-8) + (-1) \times 10 \\ -4 \times 9 + 0 \times (-7) & -4 \times (-8) + 0 \times 10 \\ 3 \times 9 + 5 \times (-7) & 3 \times (-8) + 5 \times 10 \end{pmatrix} = \begin{pmatrix} 25 & -26 \\ -36 & 32 \\ -8 & 26 \end{pmatrix}.$$

【例 9.16】　设矩阵 $A = \begin{pmatrix} 6 & 3 \\ 2 & 1 \end{pmatrix}, B = \begin{pmatrix} -2 & 6 \\ 1 & -3 \end{pmatrix}, C = \begin{pmatrix} -1 & 5 \\ -1 & -1 \end{pmatrix}$, 求 AB, BA 和 AC.

【解】

$$AB = \begin{pmatrix} 6 & 3 \\ 2 & 1 \end{pmatrix} \begin{pmatrix} -2 & 6 \\ 1 & -3 \end{pmatrix} = \begin{pmatrix} -9 & 27 \\ -3 & 9 \end{pmatrix}$$

$$BA = \begin{pmatrix} -2 & 6 \\ 1 & -3 \end{pmatrix} \begin{pmatrix} 6 & 3 \\ 2 & 1 \end{pmatrix} = \begin{pmatrix} 0 & 0 \\ 0 & 0 \end{pmatrix}$$

$$AC = \begin{pmatrix} 6 & 3 \\ 2 & 1 \end{pmatrix} \begin{pmatrix} -1 & 5 \\ -1 & -1 \end{pmatrix} = \begin{pmatrix} -9 & 27 \\ -3 & 9 \end{pmatrix}$$

【注】　1. 乘积 C 的行数等于矩阵 A（左乘的矩阵）的行数, 乘积 C 的列数等于矩阵 B（右乘的矩阵）的列数.

2. 矩阵乘法一般不满足交换律. 因此, 矩阵相乘时必须注意顺序, AB 叫做 A 左乘 B, BA 叫做 A 右乘 B, 一般 $AB \neq BA$.

3. 两个非零矩阵的乘积可能是零矩阵.

4. 矩阵乘法不满足消去律. 即当乘积矩阵 $AB = AC$ 且 $A \neq O$ 时, 不能消去矩阵 A, 得到 $B = C$.

5. 同阶方阵 A 与 B 的乘积的行列式, 等于矩阵 A 的行列式与矩阵 B 的行列式的乘积. 即 $|AB| = |A||B|$.（方阵 A 的行列式记作 $|A|$）

6. 若 A 是一个 n 阶方阵, 则 $A^m = \underbrace{AA \cdots A}_{m \uparrow A}$ 称为 A 的 m 次幂.

不难验证, 矩阵乘法满足下列运算规律:

结合律　　　　　　　　$(AB)C = A(BC)$;

分配律　　　　　　　　$A(B + C) = AB + AC$,

　　　　　　　　　　　$(A + B)C = AC + BC$;

数乘矩阵的结合律 $\qquad\qquad (k\boldsymbol{A})\boldsymbol{B} = \boldsymbol{A}(k\boldsymbol{B}) = k(\boldsymbol{AB}).$

5. 矩阵的转置

【定义 9.5】 将 $m \times n$ 型矩阵 $\boldsymbol{A} = (a_{ij})_{m\times n}$ 的行与列互换得到的 $n \times m$ 型矩阵,称为矩阵 $\boldsymbol{A}$ 的转置矩阵,记为 $\boldsymbol{A}^{\mathrm{T}}$. 即如果

$$\boldsymbol{A} = \begin{pmatrix} a_{11} & a_{12} & \cdots & a_{1n} \\ a_{21} & a_{22} & \cdots & a_{2n} \\ \vdots & \vdots & \vdots & \vdots \\ a_{m1} & a_{m2} & \cdots & a_{mn} \end{pmatrix},$$

则

$$\boldsymbol{A}^{\mathrm{T}} = \begin{pmatrix} a_{11} & a_{21} & \cdots & a_{m1} \\ a_{12} & a_{22} & \cdots & a_{m2} \\ \vdots & \vdots & \vdots & \vdots \\ a_{1n} & a_{2n} & \cdots & a_{mn} \end{pmatrix}.$$

容易验证,转置矩阵具有下列性质:

(1) $(\boldsymbol{A}^{\mathrm{T}})^{\mathrm{T}} = \boldsymbol{A}$; $\qquad\qquad$ (2) $(k\boldsymbol{A})^{\mathrm{T}} = k\boldsymbol{A}^{\mathrm{T}}$;

(3) $(\boldsymbol{A} + \boldsymbol{B})^{\mathrm{T}} = \boldsymbol{A}^{\mathrm{T}} + \boldsymbol{B}^{\mathrm{T}}$; $\qquad\qquad$ (4) $(\boldsymbol{AB})^{\mathrm{T}} = \boldsymbol{B}^{\mathrm{T}}\boldsymbol{A}^{\mathrm{T}}$.

【例 9.17】 若

$$\boldsymbol{A} = \begin{pmatrix} 1 & -1 & 3 \\ 2 & 0 & 1 \end{pmatrix}, \quad \boldsymbol{C} = \begin{pmatrix} -1 & 3 \\ 2 & 1 \\ 0 & 2 \end{pmatrix},$$

求 $\boldsymbol{AC}, \boldsymbol{CA}$ 以及 $\boldsymbol{A}^{\mathrm{T}}, \boldsymbol{C}^{\mathrm{T}}$.

【解】 利用矩阵乘法,有

$$\boldsymbol{AC} = \begin{pmatrix} 1 & -1 & 3 \\ 2 & 0 & 1 \end{pmatrix} \begin{pmatrix} -1 & 3 \\ 2 & 1 \\ 0 & 2 \end{pmatrix}$$

$$= \begin{pmatrix} 1\times(-1)+(-1)\times2+3\times0 & 1\times3+(-1)\times1+3\times2 \\ 2\times(-1)+0\times2+1\times0 & 2\times3+0\times1+1\times2 \end{pmatrix} = \begin{pmatrix} -3 & 8 \\ -2 & 8 \end{pmatrix}.$$

$$\boldsymbol{CA} = \begin{pmatrix} -1 & 3 \\ 2 & 1 \\ 0 & 2 \end{pmatrix} \begin{pmatrix} 1 & -1 & 3 \\ 2 & 0 & 1 \end{pmatrix}$$

$$= \begin{pmatrix} (-1)\times1+3\times2 & (-1)\times(-1)+3\times0 & (-1)\times3+3\times1 \\ 2\times1+1\times2 & 2\times(-1)+1\times0 & 2\times3+1\times1 \\ 0\times1+2\times2 & 0\times(-1)+2\times0 & 0\times3+2\times1 \end{pmatrix} = \begin{pmatrix} 5 & 1 & 0 \\ 4 & -2 & 7 \\ 4 & 0 & 2 \end{pmatrix}.$$

由转置矩阵的定义,有

$$\boldsymbol{A}^{\mathrm{T}} = \begin{pmatrix} 1 & 2 \\ -1 & 0 \\ 3 & 1 \end{pmatrix}, \quad \boldsymbol{C}^{\mathrm{T}} = \begin{pmatrix} -1 & 2 & 0 \\ 3 & 1 & 2 \end{pmatrix}.$$

习题 9.2

1. 一空调商店销售三种功率的空调:1P、1.5P、2P. 商店有两个分店,六月份第一分店售

出以上型号的空调数量分别为 48 台、56 台和 20 台;六月份第二分店售出了以上型号的空调数量分别为 32 台、38 台和 14 台.

(1) 用一个矩阵 A 表示这一信息;

(2) 若在五月份,第一分店售出了以上型号的空调数量分别为 42 台、46 台和 15 台;第二分店出售了以上型号的空调数量分别为 34 台、40 台和 12 台.用与 A 相同类型的矩阵 M 表示这一信息;

(3) 求 $A+M$,并说明其实际意义.

2. 计算:

(1) $\begin{pmatrix} -1 \\ 2 \\ 3 \\ 4 \end{pmatrix}(-1 \quad 2 \quad 3 \quad 4)$;

(2) $(-1 \quad 2 \quad 3 \quad 4)\begin{pmatrix} -1 \\ 2 \\ 3 \\ 4 \end{pmatrix}$;

(3) $\begin{pmatrix} \sin\theta & \cos\theta \\ \cos\theta & \sin\theta \end{pmatrix}^2$;

(4) $\begin{pmatrix} 0 & 1 \\ 1 & 1 \end{pmatrix}\begin{pmatrix} 5 & -2 \\ 3 & 7 \end{pmatrix}\begin{pmatrix} 0 & 1 \\ 1 & 1 \end{pmatrix}$;

(5) $\begin{pmatrix} -2 & 1 & -3 \\ 0 & -1 & 4 \end{pmatrix}\begin{pmatrix} 5 & -3 & 0 \\ -3 & 2 & 4 \\ -1 & 1 & 3 \end{pmatrix}$;

(6) $\begin{pmatrix} -2 & 1 & 0 \\ 4 & 0 & -3 \\ 0 & 3 & -5 \end{pmatrix}\begin{pmatrix} 3 & 0 & -6 \\ -4 & 2 & 0 \\ 5 & 0 & -1 \end{pmatrix}$.

3. 设 $A = \begin{pmatrix} 1 & 2 & -1 \\ 0 & -1 & 2 \end{pmatrix}$, $B = \begin{pmatrix} 1 & 0 & 3 \\ 2 & 1 & -1 \end{pmatrix}$, $C = \begin{pmatrix} 1 & -1 & 4 \\ 0 & 0 & 2 \end{pmatrix}$,求 $(2A+B)C^{\mathrm{T}}$.

4. 设矩阵 $A = \begin{pmatrix} 1 & 0 & 2 \\ -1 & 2 & 4 \\ 3 & 1 & 1 \end{pmatrix}$, $B = \begin{pmatrix} 2 & 1 \\ -1 & 3 \\ 0 & 3 \end{pmatrix}$,求 $(2E-A^{\mathrm{T}})B$.

5. 设 $A = \begin{pmatrix} 1 & 1 \\ 0 & 3 \end{pmatrix}$, $B = \begin{pmatrix} 1 & 0 \\ 2 & 1 \end{pmatrix}$,验证:$(AB)^{\mathrm{T}} = B^{\mathrm{T}}A^{\mathrm{T}}$.

6. 如果两个矩阵 A 与 B,满足 $AB = BA$,则称矩阵 A 与 B 可交换.设 $A = \begin{pmatrix} 1 & 1 \\ 0 & 1 \end{pmatrix}$,求所有与矩阵 A 可交换的矩阵.

9.3　矩阵的初等变换

9.3.1　初等变换的概念

在解线性方程组时,经常对方程实施下列三种变换:

(1) 交换方程组中某两个方程的位置;

(2) 用一个非零常数 k 乘以某一个方程;

(3) 将某一个方程的 k 倍($k \neq 0$)加到另一个方程上去.

显然,这三类变换并不会改变方程组的解,我们称这三种方程的运算为方程组的初等变换.把这三类初等变换转移到矩阵上,就是矩阵的初等行变换.

【定义 9.6】　对矩阵进行下列三种变换,称为矩阵的初等行变换:

(1) 对换矩阵两行的位置;

（2）用一个非零的数 k 乘矩阵的某一行元素；

（3）将矩阵某一行的 k 倍数加到另一行上．

并称（1）为对换变换，称（2）为倍乘变换，称（3）为倍加变换．

在定义中，若把对矩阵施行的三种"行"变换，改为"列"变换，我们就能得到对矩阵的三种列变换，并将其称为矩阵的初等列变换．矩阵的初等行变换和初等列变换统称为矩阵的初等变换．

为了方便，引入记号：

初等行变换表示为：①$r_i \leftrightarrow r_j$　②$kr_i(k \neq 0)$　③$kr_i + r_j$．

初等列变换表示为：①$c_i \leftrightarrow c_j$　②$kc_i(k \neq 0)$　③$kc_i + c_j$．

【定义 9.7】　如果矩阵 A 经过若干次初等变换后变为 B，则称 A 与 B 是等价的，记作

$$A \cong B.$$

显然，等价是同型矩阵间的一种关系，具有反身性、对称性、传递性．

【定理 9.1】　任意矩阵 $A = (a_{ij})_{m \times n}$ 都可通过初等变换化为等价标准形，即

$$A \cong D = \begin{pmatrix} E_r & K \\ O & O \end{pmatrix}.$$

【注】　其中 E_r 是 r 阶单价矩阵，r 是矩阵 A 的秩（见 9.3.2）．

【例 9.18】　将矩阵 $A = \begin{bmatrix} 1 & 2 & 3 & 5 \\ -1 & 0 & 1 & 1 \\ 2 & 1 & 0 & 1 \end{bmatrix}$ 化为等价标准形．

【解】　$A = \begin{bmatrix} 1 & 2 & 3 & 5 \\ -1 & 0 & 1 & 1 \\ 2 & 1 & 0 & 1 \end{bmatrix} \xrightarrow[-2r_1+r_3]{r_1+r_2} \begin{bmatrix} 1 & 2 & 3 & 5 \\ 0 & 2 & 4 & 6 \\ 0 & -3 & -6 & -9 \end{bmatrix} \xrightarrow[\frac{1}{3}r_3]{\frac{1}{2}r_2} \begin{bmatrix} 1 & 2 & 3 & 5 \\ 0 & 1 & 2 & 3 \\ 0 & -1 & -2 & -3 \end{bmatrix}$

$\xrightarrow[-2r_2+r_1]{r_2+r_3} \begin{bmatrix} 1 & 0 & -1 & -1 \\ 0 & 1 & 2 & 3 \\ 0 & 0 & 0 & 0 \end{bmatrix}.$

【定义 9.8】　对单位矩阵 E 进行一次初等变换得到的矩阵，称为初等矩阵．

初等矩阵有以下三种：

（1）对矩阵 E 交换两行（或列）所得的初等矩阵；

$$E(i,j) = \begin{pmatrix} 1 & & & & & & \\ & \ddots & & & & & \\ & & 0 & \cdots & 1 & & \\ & & \vdots & & \vdots & & \\ & & 1 & \cdots & 0 & & \\ & & & & & \ddots & \\ & & & & & & 1 \end{pmatrix} \begin{matrix} \\ \\ i \\ \\ j \\ \\ \\ \end{matrix}$$

（2）对矩阵 E 的第 i 行（或列）乘以非零常数 k，得到的初等矩阵；

$$E(i(k)) = \begin{pmatrix} 1 & & & & & \\ & \ddots & & & & \\ & & k & & & \\ & & & \ddots & & \\ & & & & 1 \end{pmatrix} \begin{matrix} \\ \\ i \\ \\ \\ \end{matrix}$$

（3）对矩阵 E 的第 j 行（或列）乘以常数 l 加到第 i 行（或列）上，得到的初等矩阵；

$$E(i,j(l)) = \begin{pmatrix} 1 & & & & & & \\ & \ddots & & & & & \\ & & 1 & \cdots & l & & \\ & & \vdots & & \vdots & & \\ & & 0 & \cdots & 1 & & \\ & & & & & \ddots & \\ & & & & & & 1 \end{pmatrix} \begin{matrix} \\ \\ i \\ \\ j \\ \\ \\ \end{matrix}$$

【注】　容易验证：对于矩阵 E，左乘或右乘初等矩阵相当于对矩阵 E 作一次初等变换.

【定理 9.2】　对 $m \times n$ 矩阵 A 的行（或列）作一次初等变换所得到的矩阵 B，等于用一个相应的 m 阶（或 n 阶）初等矩阵左（或右）乘 A.

【例 9.19】　以矩阵 $A = \begin{pmatrix} 3 & 0 & -6 \\ 0 & 0 & 2 \\ 0 & 1 & 1 \end{pmatrix}$ 为例验证定理 9.2.

【解】　（1）交换矩阵 A 的第二、三行，得到的矩阵 $A_1 = \begin{pmatrix} 3 & 0 & -6 \\ 0 & 1 & 1 \\ 0 & 0 & 2 \end{pmatrix}$.

初等矩阵 $E(2,3) = \begin{pmatrix} 1 & 0 & 0 \\ 0 & 0 & 1 \\ 0 & 1 & 0 \end{pmatrix}$ 左乘矩阵 A，得到的矩阵为

$$A_2 = \begin{pmatrix} 1 & 0 & 0 \\ 0 & 0 & 1 \\ 0 & 1 & 0 \end{pmatrix} \begin{pmatrix} 3 & 0 & -6 \\ 0 & 0 & 2 \\ 0 & 1 & 1 \end{pmatrix} = \begin{pmatrix} 3 & 0 & -6 \\ 0 & 1 & 1 \\ 0 & 0 & 2 \end{pmatrix}.$$

显然，有 $A_1 = E(2,3)A = A_2$.

（2）将矩阵 A 的第二行乘以常数 3 加到第一行上，得到的矩阵为

$$B = \begin{pmatrix} 3 & 0 & 0 \\ 0 & 0 & 2 \\ 0 & 1 & 1 \end{pmatrix};$$

初等矩阵 $E(1,2(3)) = \begin{pmatrix} 1 & 3 & 0 \\ 0 & 1 & 0 \\ 0 & 0 & 1 \end{pmatrix}$ 左乘矩阵 A，得到的矩阵为

$$C = \begin{pmatrix} 1 & 3 & 0 \\ 0 & 1 & 0 \\ 0 & 0 & 1 \end{pmatrix} \begin{pmatrix} 3 & 0 & -6 \\ 0 & 0 & 2 \\ 0 & 1 & 1 \end{pmatrix} = \begin{pmatrix} 3 & 0 & 0 \\ 0 & 0 & 2 \\ 0 & 1 & 1 \end{pmatrix}.$$

显然有 $B = E(1,2(3))A = C$.

（3）同理不难验证,将矩阵 A 的第二行乘以常数 3 等于初等矩阵 $E(2(3))$ 左乘矩阵 A.

9.3.2 矩阵的秩

矩阵的秩是线性代数中非常有用的一个概念,它不仅与将要讨论的可逆矩阵问题有密切关系,而且将在讨论线性方程组解的情况中也有重要的应用.

1. 矩阵的 k 阶子式

【定义 9.9】 设 A 是 $m \times n$ 矩阵,在 A 中位于任意选定的 k 行 k 列交点上的 k^2 个元素,按原来次序组成的 k 阶行列式,称为矩阵 A 的一个 k 阶子式,其中 $k \leqslant \min\{m,n\}$.

例如,矩阵

$$A = \begin{bmatrix} 1 & 2 & 3 \\ 2 & 4 & 1 \\ 0 & 0 & 1 \end{bmatrix},$$

取 A 的第一、二行,第一、三列的相交元素,排成行列式:

$$\begin{vmatrix} 1 & 3 \\ 2 & 1 \end{vmatrix}$$

称为 A 的一个二阶子式.

由子式的定义知:子式的行、列是以原行列式的行、列中任取的,所以对一般情况,共有 $C_m^k C_n^k$ 个 k 阶子式.

2. 矩阵的秩

【定义 9.10】 如果矩阵 A 中存在一个 r 阶非零子式,而任意 $r+1$ 阶子式（如果存在的话）的值全为零,即矩阵 A 的非零子式的最高阶数是 r,则称 r 为矩阵 A 的秩,记作 $r(A) = r$.

【例 9.20】 求矩阵 $A = \begin{bmatrix} 1 & 2 & 2 & 11 \\ 1 & -3 & -3 & -14 \\ 3 & 1 & 1 & 8 \end{bmatrix}$ 的秩.

【解】 因为 A 的一个二阶子式

$$\begin{vmatrix} 1 & 2 \\ 1 & -3 \end{vmatrix} = -5 \neq 0$$

所以 A 的非零子式的最高阶数至少是 2,即 $r(A) \geqslant 2$. 而 A 的所有三阶子式（$C_3^3 C_4^3 = 4$ 个）:

$$\begin{vmatrix} 1 & 2 & 2 \\ 1 & -3 & -3 \\ 3 & 1 & 1 \end{vmatrix} = 0, \quad \begin{vmatrix} 1 & 2 & 11 \\ 1 & -3 & -14 \\ 3 & 1 & 8 \end{vmatrix} = 0, \quad \begin{vmatrix} 1 & 2 & 11 \\ 1 & -3 & -14 \\ 3 & 1 & 8 \end{vmatrix} = 0, \quad \begin{vmatrix} 2 & 2 & 11 \\ -3 & -3 & -14 \\ 1 & 1 & 8 \end{vmatrix} = 0,$$

即所有的三阶子式均为零,故 $r(A) = 2$.

不难得到,矩阵的秩具有下列性质:

（1）$r(A) = r(A^T)$;

（2）$0 \leqslant r(A) \leqslant \min\{m,n\}$.

若 $r(A) = \min\{m,n\}$,则称矩阵 A 为满秩矩阵. 并规定零矩阵 O 的秩为零,即 $r(O) = 0$. 若矩阵 A 为 n 阶方阵,当 $|A| \neq 0$ 时,有 $r(A) = n$,称 A 为满秩方阵.

用定义求矩阵的秩,必须从一阶子式开始计算,直到某阶子式都为零时才能确定,显然非常麻烦,为此我们来研究阶梯形矩阵.

3. 阶梯形矩阵

【定义 9.11】　满足下列条件的矩阵称为行阶梯形矩阵.

(1) 矩阵若有零行(元素全部为零的行),零行全部在下方;

(2) 各非零行的第一个不为零的元素(称为非零首元)的列标随着行标的递增而严格增大.

由定义可知,如果阶梯形矩阵 A 有 r 个非零行,且第一行的第一个不为零的元素是 a_{1j_1},第二行的第一个不为零的元素是 a_{2j_2},$\cdots$,第 r 行的一个不为零的元素是 a_{rj_r},则有 $1 \leqslant j_1 < \cdots < j_r \leqslant n$,其中 n 是阶梯形矩阵 A 的列数.

其一般形式为

$$A_{m \times n} = \begin{pmatrix} a_{1j_1} & a_{1j_2} & \cdots & a_{j_r} & \cdots & a_{1n} \\ 0 & a_{2j_2} & \cdots & a_{2j_r} & \cdots & a_{2n} \\ \vdots & \vdots & \vdots & \vdots & \vdots & \vdots \\ 0 & 0 & \cdots & a_{rj_r} & \cdots & a_{rn} \\ 0 & 0 & 0 & 0 & 0 & 0 \\ \vdots & \vdots & \vdots & \vdots & \vdots & \vdots \\ 0 & 0 & 0 & 0 & 0 & 0 \end{pmatrix},$$

其中,$a_{ij_r} \neq 0,(i = 1,2,\cdots,r)$,而下方 $m - r$ 行的元素全为 0.

【注】　1. 行阶梯形矩阵的秩就是非零行的行数 r.

2. 任意矩阵通过行初等变换都能化为行阶梯形矩阵.

3. 如果行阶梯形矩阵的非零行的首非零元素都是 1,且所有首非零元素所在的列的其余元素都是零,则称此矩阵为行简化阶梯形矩阵.

由秩的定义可以证明以下重要结论.

【定理 9.3】　初等变换不改变矩阵的秩.

由此得到求矩阵秩的有效方法:通过初等变换把矩阵化为行阶梯形矩阵,其非零行的行数就是矩阵的秩.

【例 9.21】　求矩阵 $A = \begin{pmatrix} -2 & 1 & 1 \\ 1 & -2 & 1 \\ 1 & 1 & -2 \end{pmatrix}$ 的秩.

【解】　$A = \begin{pmatrix} -2 & 1 & 1 \\ 1 & -2 & 1 \\ 1 & 1 & -2 \end{pmatrix} \xrightarrow{r_1 \leftrightarrow r_2} \begin{pmatrix} 1 & -2 & 1 \\ -2 & 1 & 1 \\ 1 & 1 & -2 \end{pmatrix} \xrightarrow[2r_1 + r_2]{-r_1 + r_3} \begin{pmatrix} 1 & -2 & 1 \\ 0 & -3 & 3 \\ 0 & 3 & -3 \end{pmatrix} \xrightarrow{r_2 + r_3}$

$\begin{pmatrix} 1 & -2 & 1 \\ 0 & -3 & 3 \\ 0 & 0 & 0 \end{pmatrix}$. 所以矩阵 A 的秩为 2,即 $r(A) = 2$.

习题 9.3

1. 将下列矩阵化成其等价标准形:

$(1) \begin{pmatrix} 1 & -1 & 2 \\ 3 & -3 & 1 \\ -2 & 2 & -4 \end{pmatrix};$　　　$(2) \begin{pmatrix} 0 & 0 & 3 \\ 2 & 1 & -1 \\ 4 & 2 & 3 \\ -2 & -1 & 4 \end{pmatrix}.$

2.根据矩阵秩的定义求下列矩阵的秩:

$(1) \begin{pmatrix} 1 & 2 & 3 \\ 2 & 2 & 3 \\ 3 & 4 & 3 \end{pmatrix};$　　　$(2) \begin{pmatrix} 1 & 2 & -1 \\ 3 & 4 & -2 \\ 5 & -3 & 1 \end{pmatrix}.$

3.求下列矩阵的秩:

$(1) \begin{pmatrix} 1 & -1 & 1 & 2 \\ 2 & 3 & 3 & 2 \\ 1 & 1 & 2 & 1 \end{pmatrix};$　　　$(2) \begin{pmatrix} 1 & -2 & 0 & -1 \\ 0 & 2 & 2 & 1 \\ 1 & -2 & -3 & -2 \\ 0 & 1 & 2 & 1 \end{pmatrix};$

$(3) \begin{pmatrix} 0 & 1 & 1 & -1 & 2 \\ 0 & 2 & 2 & -2 & 0 \\ 0 & -1 & -1 & 1 & 1 \\ 1 & 1 & 0 & 1 & -1 \end{pmatrix};$　　　$(4) \begin{pmatrix} \lambda-6 & 2 & -2 \\ 2 & \lambda-3 & -4 \\ -2 & -4 & \lambda-3 \end{pmatrix}.$

9.4　逆矩阵

9.4.1　逆矩阵概念

代数方程 $ax = b$,当 $a \neq 0$ 时,有解 $x = \dfrac{b}{a} = a^{-1}b$.类似地,对于矩阵方程 $\mathbf{AX} = \mathbf{B}$,它的解 $\mathbf{X}$ 是否也能表示为 $\mathbf{A}^{-1}\mathbf{B}$?若能,这里的 $\mathbf{A}^{-1}$ 是矩阵吗?如何来求得 $\mathbf{A}^{-1}$?

【定义 9.12】　设 $\mathbf{A}$ 是 n 阶方阵,如果存在一个 n 阶方阵 $\mathbf{B}$,使

$$\mathbf{AB} = \mathbf{BA} = \mathbf{E}, \tag{7}$$

则称矩阵 $\mathbf{A}$ 是可逆矩阵,简称 $\mathbf{A}$ 可逆,并把方阵 $\mathbf{B}$ 称为 $\mathbf{A}$ 的逆矩阵,记为 $\mathbf{A}^{-1}$,即 $\mathbf{B} = \mathbf{A}^{-1}$.

例如,

$$\mathbf{A} = \begin{pmatrix} 2 & 2 & 3 \\ 1 & -1 & 0 \\ -1 & 2 & 1 \end{pmatrix}, \quad \mathbf{B} = \begin{pmatrix} 1 & -4 & -3 \\ 1 & -5 & -3 \\ -1 & 6 & 4 \end{pmatrix}$$

因为

$$\mathbf{AB} = \begin{pmatrix} 2 & 2 & 3 \\ 1 & -1 & 0 \\ -1 & 2 & 1 \end{pmatrix} \begin{pmatrix} 1 & -4 & -3 \\ 1 & -5 & -3 \\ -1 & 6 & 4 \end{pmatrix} = \begin{pmatrix} 1 & 0 & 0 \\ 0 & 1 & 0 \\ 0 & 0 & 1 \end{pmatrix},$$

$$\mathbf{BA} = \begin{pmatrix} 1 & -4 & -3 \\ 1 & -5 & -3 \\ -1 & 6 & 4 \end{pmatrix} \begin{pmatrix} 2 & 2 & 3 \\ 1 & -1 & 0 \\ -1 & 2 & 1 \end{pmatrix} = \begin{pmatrix} 1 & 0 & 0 \\ 0 & 1 & 0 \\ 0 & 0 & 1 \end{pmatrix},$$

即 $\mathbf{A},\mathbf{B}$ 满足 $\mathbf{AB} = \mathbf{BA} = \mathbf{E}$,所以矩阵 $\mathbf{A}$ 可逆,其逆矩阵 $\mathbf{A}^{-1} = \mathbf{B}$.

在等式(7)中 A 与 B 的地位是平等的,因此也可以称 B 为可逆矩阵,称 A 为 B 的逆矩阵,即 $B^{-1} = A$.

【注】　1. 单位矩阵 E 的逆矩阵就是它本身,因为 $EE = E$.

2. 任何 n 阶零矩阵都不可逆. 因为对任何与 n 阶零矩阵同阶的方阵 B,都有 $BO = OB = O$.

3. 如果方阵 A 是可逆的,那么 A 的逆矩阵是唯一的.

9.4.2　逆矩阵的求法

对 n 阶矩阵 A,何时可逆?若 A 可逆,又如何求 A^{-1} 呢?

1. 利用伴随矩阵求逆矩阵

【定义 9.13】　设 n 阶方阵 $A = \begin{pmatrix} a_{11} & a_{21} & \cdots & a_{n1} \\ a_{12} & a_{22} & \cdots & a_{n2} \\ \vdots & \vdots & \vdots & \vdots \\ a_{1n} & a_{2n} & \cdots & a_{nn} \end{pmatrix}$,将行列式 $|A|$ 的 n^2 个代数余子式

A_{ij} 排成下列 n 阶矩阵,并记为 A^*

$$A^* = \begin{pmatrix} A_{11} & A_{21} & \cdots & A_{n1} \\ A_{12} & A_{22} & \cdots & A_{n2} \\ \vdots & \vdots & \vdots & \vdots \\ A_{1n} & A_{2n} & \cdots & A_{nn} \end{pmatrix}$$

则 n 阶矩阵 A^* 叫做矩阵 A 的伴随矩阵.

【定理 9.4】　n 阶方阵 A 为可逆矩阵的充分必要条件是 $|A| \neq 0$,且当 A 可逆时,$A^{-1} = \dfrac{1}{|A|} A^*$.

*【证明】　必要性.

因为 A 可逆,即有 A^{-1},使 $AA^{-1} = E$,故 $|AA^{-1}| = |A||A^{-1}| = |E| = 1$,所以 $|A| \neq 0$.

充分性.

设 $A = \begin{pmatrix} a_{11} & a_{12} & \cdots & a_{1n} \\ a_{21} & a_{22} & \cdots & a_{2n} \\ \vdots & \vdots & \vdots & \vdots \\ a_{n1} & a_{n2} & \cdots & a_{nn} \end{pmatrix}$,且 $|A| \neq 0$.

由矩阵乘法和行列式的性质,有

$$AA^* = \begin{pmatrix} a_{11} & a_{12} & \cdots & a_{1n} \\ a_{21} & a_{22} & \cdots & a_{2n} \\ \vdots & \vdots & \vdots & \vdots \\ a_{n1} & a_{n2} & \cdots & a_{nn} \end{pmatrix} \begin{pmatrix} A_{11} & A_{21} & \cdots & A_{n1} \\ A_{12} & A_{22} & \cdots & A_{n2} \\ \vdots & \vdots & \vdots & \vdots \\ A_{1n} & A_{2n} & \cdots & A_{nn} \end{pmatrix} = \begin{pmatrix} |A| & 0 & \cdots & 0 \\ 0 & |A| & \cdots & 0 \\ \vdots & \vdots & \vdots & \vdots \\ 0 & 0 & \cdots & |A| \end{pmatrix} = |A|E$$

因为 $|A| \neq 0$,所以 $\dfrac{1}{|A|}(AA^*) = E$.

于是,得

$$A \left(\frac{1}{|A|} A^* \right) = E.$$

同理可证

$$\left(\frac{1}{|A|}A^*\right)A = E.$$

所以有

$$A^{-1} = \frac{1}{|A|}A^*.$$

定理得证.

【注】　该定理可用于求逆矩阵 A^{-1},称为伴随矩阵法.

【例 9.22】　求方阵 $A = \begin{pmatrix} 0 & 1 & 2 \\ 1 & 1 & 4 \\ 2 & -1 & 0 \end{pmatrix}$ 的逆矩阵.

【解】　因为 $|A| = 2 \neq 0$,所以矩阵 A 可逆.

$A_{11} = (-1)^{1+1}\begin{vmatrix} 1 & 4 \\ -1 & 0 \end{vmatrix} = 4; A_{21} = (-1)^{2+1}\begin{vmatrix} 1 & 2 \\ -1 & 0 \end{vmatrix} = -2; A_{31} = (-1)^{3+1}\begin{vmatrix} 1 & 2 \\ 1 & 4 \end{vmatrix} = 2;$

$A_{12} = (-1)^{1+2}\begin{vmatrix} 1 & 4 \\ 2 & 0 \end{vmatrix} = 8; A_{22} = (-1)^{2+2}\begin{vmatrix} 0 & 2 \\ 2 & 0 \end{vmatrix} = -4; A_{32} = (-1)^{3+2}\begin{vmatrix} 0 & 2 \\ 1 & 4 \end{vmatrix} = 2;$

$A_{13} = (-1)^{1+3}\begin{vmatrix} 1 & 1 \\ 2 & -1 \end{vmatrix} = -3; A_{23} = (-1)^{2+3}\begin{vmatrix} 0 & 1 \\ 2 & -1 \end{vmatrix} = 2; A_{33} = (-1)^{3+3}\begin{vmatrix} 0 & 1 \\ 1 & 1 \end{vmatrix} = -1.$

所以 $A^{-1} = \frac{1}{|A|}A^* = \frac{1}{2}\begin{pmatrix} 4 & -2 & 2 \\ 8 & -4 & 2 \\ -3 & 2 & -1 \end{pmatrix} = \begin{pmatrix} 2 & -1 & 1 \\ 4 & -2 & 1 \\ -\frac{3}{2} & 1 & -\frac{1}{2} \end{pmatrix}.$

2. 利用初等行变换求逆矩阵

由方阵 A 作矩阵 $(A \vdots E)$,用矩阵的初等行变换将 $(A \vdots E)$ 化为 $(E \vdots C)$,C 即为 A 的逆阵 A^{-1}.

【例 9.23】　求方阵 $A = \begin{pmatrix} 1 & 1 & 2 \\ 2 & 1 & -1 \\ 1 & -2 & 1 \end{pmatrix}$ 的逆矩阵.

【解】

$(A \vdots E) \longrightarrow \begin{pmatrix} 1 & 1 & 2 & \vdots & 1 & 0 & 0 \\ 2 & 1 & -1 & \vdots & 0 & 1 & 0 \\ 1 & -2 & 1 & \vdots & 0 & 0 & 1 \end{pmatrix} \xrightarrow[-r_1+r_3]{2r_1+r_2} \begin{pmatrix} 1 & 1 & 2 & \vdots & 1 & 0 & 0 \\ 0 & -1 & -5 & \vdots & -2 & 1 & 0 \\ 0 & -3 & -1 & \vdots & -1 & 0 & 1 \end{pmatrix} \xrightarrow{-r_2}$

$\begin{pmatrix} 1 & 1 & 2 & \vdots & 1 & 0 & 0 \\ 0 & 1 & 5 & \vdots & 2 & -1 & 0 \\ 0 & -3 & -1 & \vdots & -1 & 0 & 1 \end{pmatrix} \xrightarrow[-r_2+r_1]{3r_2+r_3} \begin{pmatrix} 1 & 0 & -3 & \vdots & -1 & 1 & 0 \\ 0 & 1 & 5 & \vdots & 2 & -1 & 0 \\ 0 & 0 & 14 & \vdots & 5 & -3 & 1 \end{pmatrix} \xrightarrow{\frac{1}{14}r_3}$

$\begin{pmatrix} 1 & 0 & -3 & \vdots & -1 & 1 & 0 \\ 0 & 1 & 5 & \vdots & 2 & -1 & 0 \\ 0 & 0 & 1 & \vdots & \frac{5}{14} & -\frac{3}{14} & \frac{1}{14} \end{pmatrix} \xrightarrow[3r_3+r_1]{-5r_3+r_2} \begin{pmatrix} 1 & 0 & 0 & \vdots & \frac{1}{14} & \frac{5}{14} & \frac{3}{14} \\ 0 & 1 & 0 & \vdots & \frac{3}{14} & \frac{1}{14} & -\frac{5}{14} \\ 0 & 0 & 1 & \vdots & \frac{5}{14} & -\frac{3}{14} & \frac{1}{14} \end{pmatrix}$

$$\text{所以 } \boldsymbol{A}^{-1} = \begin{vmatrix} \dfrac{1}{14} & \dfrac{5}{14} & \dfrac{3}{14} \\ \dfrac{3}{14} & \dfrac{1}{14} & -\dfrac{5}{14} \\ \dfrac{5}{14} & -\dfrac{3}{14} & \dfrac{1}{14} \end{vmatrix}.$$

9.4.3　逆矩阵的运算性质

(1) 若 $\boldsymbol{AB} = \boldsymbol{E}$(或 $\boldsymbol{BA} = \boldsymbol{E}$),则 $\boldsymbol{B} = \boldsymbol{A}^{-1}, \boldsymbol{A} = \boldsymbol{B}^{-1}$.

事实上,由 $\boldsymbol{AB} = \boldsymbol{E}$,得 $|\boldsymbol{AB}| = |\boldsymbol{A}| \, |\boldsymbol{B}| = |\boldsymbol{E}| = 1$,故 $|\boldsymbol{A}| \neq 0$,于是 $\boldsymbol{A}$ 可逆,在等式 $\boldsymbol{AB} = \boldsymbol{E}$ 两边同时左乘 $\boldsymbol{A}^{-1}$,即得 $\boldsymbol{B} = \boldsymbol{A}^{-1}$,同理易得 $\boldsymbol{A} = \boldsymbol{B}^{-1}$.

这一结论说明,如果要验证 $\boldsymbol{B}$ 是 $\boldsymbol{A}$ 的逆矩阵,只要验证一个等式 $\boldsymbol{AB} = \boldsymbol{E}$ 或 $\boldsymbol{BA} = \boldsymbol{E}$ 即可,不必再按定义验证两个等式.

(2) $(\boldsymbol{A}^{-1})^{-1} = \boldsymbol{A}$.

(3) 若 $\boldsymbol{A}$ 可逆,则 $\boldsymbol{A}^{\mathrm{T}}$ 也可逆,且 $(\boldsymbol{A}^{\mathrm{T}})^{-1} = (\boldsymbol{A}^{-1})^{\mathrm{T}}$.

事实上,由于 $\boldsymbol{A}$ 可逆,则 $\boldsymbol{AA}^{-1} = \boldsymbol{E}$,所以 $(\boldsymbol{AA}^{-1})^{\mathrm{T}} = \boldsymbol{E}^{\mathrm{T}} = \boldsymbol{E}$,即 $(\boldsymbol{A}^{-1})^{\mathrm{T}} \boldsymbol{A}^{\mathrm{T}} = \boldsymbol{E}$,由逆矩阵的运算性质(1),得 $(\boldsymbol{A}^{\mathrm{T}})^{-1} = (\boldsymbol{A}^{-1})^{\mathrm{T}}$.

(4) 若 $\boldsymbol{A}, \boldsymbol{B}$ 均可逆,则 $\boldsymbol{AB}$ 也可逆,且 $(\boldsymbol{AB})^{-1} = \boldsymbol{B}^{-1} \boldsymbol{A}^{-1}$.

【例 9.24】　设 $\boldsymbol{A} = \begin{pmatrix} 0 & 1 & 2 \\ 1 & 1 & 4 \\ 2 & -1 & 0 \end{pmatrix}, \boldsymbol{B} = \begin{pmatrix} 2 & 1 \\ 5 & 3 \end{pmatrix}, \boldsymbol{C} = \begin{pmatrix} 1 & 3 \\ 2 & 0 \\ 3 & 1 \end{pmatrix}$,求满足 $\boldsymbol{AXB} = \boldsymbol{C}$ 的矩阵 $\boldsymbol{X}$.

【解】　若 $\boldsymbol{A}^{-1}, \boldsymbol{B}^{-1}$ 存在,则在 $\boldsymbol{AXB} = \boldsymbol{C}$ 的两边同时左称乘 $\boldsymbol{A}^{-1}$,右乘 $\boldsymbol{B}^{-1}$,得 $\boldsymbol{A}^{-1} \boldsymbol{AXBB}^{-1} = \boldsymbol{A}^{-1} \boldsymbol{CB}^{-1}$,即

$$\boldsymbol{X} = \boldsymbol{A}^{-1} \boldsymbol{CB}^{-1}.$$

由例 9.22 知 $\boldsymbol{A}^{-1} = \begin{pmatrix} 2 & -1 & 1 \\ 4 & -2 & 1 \\ -\dfrac{3}{2} & 1 & -\dfrac{1}{2} \end{pmatrix}$,又求得 $\boldsymbol{B}^{-1} = \begin{pmatrix} 3 & -1 \\ -5 & 2 \end{pmatrix}$.

从而

$$\boldsymbol{X} = \boldsymbol{A}^{-1} \boldsymbol{CB}^{-1} = \begin{pmatrix} 2 & -1 & 1 \\ 4 & -2 & 1 \\ -\dfrac{3}{2} & 1 & -\dfrac{1}{2} \end{pmatrix} \begin{pmatrix} 1 & 3 \\ 2 & 0 \\ 3 & 1 \end{pmatrix} \begin{pmatrix} 3 & -1 \\ -5 & 2 \end{pmatrix} = \begin{pmatrix} 3 & 7 \\ 3 & 13 \\ -1 & -5 \end{pmatrix} \begin{pmatrix} 3 & -1 \\ -5 & 2 \end{pmatrix}$$

$$= \begin{pmatrix} -26 & 11 \\ -56 & 23 \\ 22 & -9 \end{pmatrix}.$$

【例 9.25】　已知 x_1, x_2, x_3 到 y_1, y_2, y_3 的线性变换为:

$$\begin{cases} y_1 = x_2 + 2x_3 \\ y_2 = x_1 + x_2 + 4x_3 \\ y_3 = 2x_1 - x_2 \end{cases}$$

试求以 y_1,y_2,y_3 到 x_1,x_2,x_3 的线性变换(即用 y_1,y_2,y_3 来表示 x_1,x_2,x_3).

【解】 设 $A = \begin{pmatrix} 0 & 1 & 2 \\ 1 & 1 & 4 \\ 2 & -1 & 0 \end{pmatrix}, X = \begin{pmatrix} x_1 \\ x_2 \\ x_3 \end{pmatrix}, Y = \begin{pmatrix} y_1 \\ y_2 \\ y_3 \end{pmatrix}$,则所给线性变换的矩阵形式为:

$$Y = AX.$$

若 A^{-1} 存在,则两边左乘 A^{-1},得到 $X = A^{-1}Y$,由例 9.22 可知 A^{-1} 存在,于是

$$X = A^{-1}Y = \begin{pmatrix} 2 & -1 & 1 \\ 4 & -2 & 1 \\ -\dfrac{3}{2} & 1 & -\dfrac{1}{2} \end{pmatrix}\begin{pmatrix} y_1 \\ y_2 \\ y_3 \end{pmatrix} = \begin{pmatrix} 2y_1 - y_2 + y_3 \\ 4y_1 - 2y_2 + y_3 \\ -\dfrac{3}{2}y_1 + y_2 - \dfrac{1}{2}y_3 \end{pmatrix}$$

从而,得到从 y_1,y_2,y_3 到 x_1,x_2,x_3 的线性变换为:

$$\begin{cases} x_1 = 2y_1 - y_2 + y_3 \\ x_2 = 4y_1 - 2y_2 + y_3 \\ x_3 = -\dfrac{3}{2}y_1 + y_2 - \dfrac{1}{2}y_3. \end{cases}$$

习题 9.4

1. 求下列方阵的逆矩阵:

(1) $\begin{pmatrix} 1 & 2 & -3 \\ 0 & 1 & 2 \\ 0 & 1 & 1 \end{pmatrix}$;

(2) $\begin{pmatrix} 1 & -3 & 2 \\ -3 & 0 & 1 \\ 1 & 1 & -1 \end{pmatrix}$.

2. 设矩阵 $A = \begin{pmatrix} 1 & 1 \\ 0 & -2 \\ 2 & 0 \end{pmatrix}, B = \begin{pmatrix} 1 & 2 & -3 \\ 0 & -1 & 2 \end{pmatrix}$,计算 $(BA)^{-1}$.

3. 解下列矩阵方程:

(1) $\begin{pmatrix} 0 & -1 \\ 1 & 0 \end{pmatrix}X = \begin{pmatrix} 2 & 2 \\ 1 & 1 \end{pmatrix}$;

(2) $\begin{pmatrix} 3 & 1 \\ 2 & 1 \end{pmatrix}X = \begin{pmatrix} 2 & 1 & 0 \\ 3 & 0 & -1 \end{pmatrix}$.

4. 已知 $A = \begin{pmatrix} 2 & 1 & 1 \\ 3 & -1 & 2 \\ 1 & -1 & 0 \end{pmatrix}$,设 $f(\lambda) = \lambda^2 - 2\lambda - E$,求 $f(A)$.

5. 试证:设 A 是 n 阶矩阵,若 $A^3 = O$,则 $(E - A)^{-1} = E + A + A^2$.

9.5 线性方程组

9.5.1 线性方程组的概念与克莱姆法则

1. 线性方程组的概念

与二元、三元线性方程组类似,含 n 个未知量,由 m 个线性方程构成的线性方程组的一般形式为:

$$\begin{cases} a_{11}x_1 + a_{12}x_2 + \cdots + a_{1n}x_n = b_1 \\ a_{21}x_1 + a_{22}x_2 + \cdots + a_{2n}x_n = b_2 \\ \qquad\qquad\qquad \vdots \\ a_{m1}x_1 + a_{m2}x_2 + \cdots + a_{mn}x_n = b_m. \end{cases} \tag{8}$$

方程组(8)可以用矩阵表示,即 $AX = B$.

其中 $A = \begin{pmatrix} a_{11} & a_{12} & \cdots & a_{1n} \\ a_{21} & a_{22} & \cdots & a_{2n} \\ \vdots & \vdots & \vdots & \vdots \\ a_{m1} & a_{m2} & \cdots & a_{mn} \end{pmatrix}$ 称为方程组(8)的系数矩阵, $B = \begin{pmatrix} b_1 \\ b_2 \\ \vdots \\ b_m \end{pmatrix}$ 称为方程组(8)的

常数项矩阵, $X = \begin{pmatrix} x_1 \\ x_2 \\ \vdots \\ x_n \end{pmatrix}$ 称为方程组(8)的未知量矩阵.

如果未知量的个数 n 与方程的个数 m 相等,那么未知量的系数就可以构成一个行列式.此时就能利用行列式来研究方程组的有关解的问题 —— 克莱姆法则.

2. 克莱姆法则

【定理 9.5】(克莱姆法则)　设含有 n 个未知量 $x_1, x_2, \cdots, x_n$,由 n 个方程所组成的线性方程组

$$\begin{cases} a_{11}x_1 + a_{12}x_2 + \cdots + a_{1n}x_n = b_1 \\ a_{21}x_1 + a_{22}x_2 + \cdots + a_{2n}x_n = b_2 \\ \qquad\qquad\qquad \vdots \\ a_{n1}x_1 + a_{n2}x_2 + \cdots + a_{nn}x_n = b_n \end{cases} \tag{9}$$

如果(9)的系数行列式不等于零,即

$$D = \begin{vmatrix} a_{11} & a_{12} & \cdots & a_{1n} \\ a_{21} & a_{22} & \cdots & a_{2n} \\ \vdots & \vdots & \vdots & \vdots \\ a_{n1} & a_{n2} & \cdots & a_{nn} \end{vmatrix} \neq 0,$$

那么,方程组(9)有唯一解 $x_j = \dfrac{D_j}{D}(j = 1, 2, \cdots, n)$.

其中行列式 $D_j (j = 1, 2, \cdots n)$ 是把 D 的第 j 列元素用方程组右端的常数项代替后得到的 n 阶行列式.即

$$D_j = \begin{vmatrix} a_{11} & \cdots & a_{1,j-1} & b_1 & a_{1,j+1} & \cdots & a_{1n} \\ a_{21} & \cdots & a_{2,j-1} & b_2 & a_{2,j+1} & \cdots & a_{2n} \\ \vdots & \vdots & \vdots & \vdots & \vdots & \vdots & \vdots \\ a_{n1} & \cdots & a_{n,j-1} & b_n & a_{n,j+1} & \cdots & a_{nn} \end{vmatrix}$$

*【证明】　先证 $x_1 = \dfrac{D_1}{D}, x_2 = \dfrac{D_2}{D}, \cdots x_n = \dfrac{D_n}{D}$ 是方程组(7)的一组解,即

$$a_{i1}\frac{D_1}{D} + a_{i2}\frac{D_2}{D} + \cdots + a_{in}\frac{D_n}{D} = b_i \quad (i = 1, 2, \cdots, n) \text{ 成立}.$$

为此,构造 $n+1$ 阶行列式

$$\begin{vmatrix} b_i & a_{i1} & \cdots & a_{in} \\ b_1 & a_{11} & \cdots & a_{1n} \\ \vdots & \vdots & \vdots & \vdots \\ b_n & a_{n1} & \cdots & a_{nn} \end{vmatrix} \quad (i=1,2,\cdots,n)$$

该行列式有两行元素相同,其值为 0. 按第一行展开,由于第一行中元素 a_{ij} 的代数余子式为

$$(-1)^{1+j+1} \begin{vmatrix} b_1 & a_{11} & \cdots & a_{1,j-1} & a_{1,j+1} & \cdots & a_{1n} \\ b_2 & a_{21} & \cdots & a_{2,j-1} & a_{2,j+1} & \cdots & a_{2n} \\ \vdots & \vdots & \vdots & \vdots & \vdots & \vdots & \vdots \\ b_n & a_{n1} & \cdots & a_{n,j-1} & a_{n,j+1} & \cdots & a_{nn} \end{vmatrix}$$

$$= (-1)^{j+2} \cdot (-1)^{j-1} \begin{vmatrix} a_{11} & \cdots & a_{1,j-1} & b_1 & a_{1,j+1} & \cdots & a_{1n} \\ a_{21} & \cdots & a_{2,j-1} & b_2 & a_{2,j+1} & \cdots & a_{2n} \\ \vdots & \vdots & \vdots & \vdots & \vdots & \vdots & \vdots \\ a_{n1} & \cdots & a_{n,j-1} & b_n & a_{n,j+1} & \cdots & a_{nn} \end{vmatrix} = (-1)^{2j+1} D_j = -D_j.$$

所以有 $\qquad\qquad b_i D - a_{i1} D_1 - \cdots - a_{in} D_n = 0,$

即 $\qquad\qquad a_{i1} \dfrac{D_1}{D} + a_{i2} \dfrac{D_2}{D} + \cdots + a_{in} \dfrac{D_n}{D} = b_i \quad (i=1,2,\cdots,n).$

故 $x_1 = \dfrac{D_1}{D}, x_2 = \dfrac{D_2}{D}, \cdots x_n = \dfrac{D_n}{D}$ 是方程组(9)的一组解.

再证方程组(9)只有这一组解.

设方程组(9)另有一组解 $x_1 = c_1, x_2 = c_2, \cdots x_n = c_n$. 则有

$$\begin{cases} a_{11} c_1 + a_{12} c_2 + \cdots + a_{1j} c_j + \cdots + a_{1n} c_n = b_1 \\ a_{21} c_1 + a_{22} c_2 + \cdots + a_{2j} c_j + \cdots + a_{2n} c_n = b_2 \\ \qquad\qquad\qquad \vdots \\ a_{n1} c_1 + a_{n2} c_2 + \cdots + a_{nj} c_j + \cdots + a_{nn} c_n = b_n \end{cases}.$$

依次用 D 中第 j 列元素的代数余子式 $A_{1j}, A_{2j}, \cdots, A_{nj}$ 乘上面各恒等式,再把他们两端分别相加,得

$$c_1 \sum_{i=1}^{n} a_{i1} A_{ij} + c_2 \sum_{i=1}^{n} a_{i2} A_{ij} + \cdots + c_j \sum_{i=1}^{n} a_{ij} A_{ij} + \cdots + c_n \sum_{i=1}^{n} a_{in} A_{ij} = \sum_{i=1}^{n} b_i A_{ij},$$

而

$$\sum_{i=1}^{n} a_{ik} A_{ij} = \begin{cases} 0, & k \neq j \\ D, & k = j \end{cases}.$$

上等式化为 $\qquad\qquad c_j D = D_j \quad (j=1,2,\cdots,n).$

因 $D \neq 0$,所以

$$c_1 = \dfrac{D_1}{D}, \ c_2 = \dfrac{D_2}{D}, \ \cdots, \ c_n = \dfrac{D_n}{D}.$$

故原方程组(9)只有唯一一组解 $x_1 = \dfrac{D_1}{D}, \ x_2 = \dfrac{D_2}{D}, \ \cdots, \ x_n = \dfrac{D_n}{D}$. 证毕.

【例 9.26】 解线性方程组

$$\begin{cases} x_1 + x_2 + x_3 = 5 \\ 2x_1 + x_2 - x_3 + x_4 = 1 \\ x_1 + 2x_2 - x_3 + x_4 = 2 \\ x_2 + 2x_3 + 3x_4 = 3. \end{cases}$$

【解】　方程组的系数行列式

$$D = \begin{vmatrix} 1 & 1 & 1 & 0 \\ 2 & 1 & -1 & 1 \\ 1 & 2 & -1 & 1 \\ 0 & 1 & 2 & 3 \end{vmatrix} = 18 \neq 0$$

因此,由克莱姆法则知,此方程组有唯一解.经计算

$$D_1 = \begin{vmatrix} 5 & 1 & 1 & 0 \\ 1 & 1 & -1 & 1 \\ 2 & 2 & -1 & 1 \\ 3 & 1 & 2 & 3 \end{vmatrix} = 18, D_2 = \begin{vmatrix} 1 & 5 & 1 & 0 \\ 2 & 1 & -1 & 1 \\ 1 & 2 & -1 & 1 \\ 0 & 3 & 2 & 3 \end{vmatrix} = 36,$$

$$D_3 = \begin{vmatrix} 1 & 1 & 5 & 0 \\ 2 & 1 & 1 & 1 \\ 1 & 2 & 2 & 1 \\ 0 & 1 & 3 & 3 \end{vmatrix} = 36, D_4 = \begin{vmatrix} 1 & 1 & 1 & 5 \\ 2 & 1 & -1 & 1 \\ 1 & 2 & -1 & 2 \\ 0 & 1 & 2 & 3 \end{vmatrix} = -18,$$

由公式,得

$$x_1 = \frac{18}{18} = 1, \quad x_2 = \frac{36}{18} = 2, \quad x_3 = \frac{36}{18} = 2, \quad x_4 = \frac{-18}{18} = -1.$$

克莱姆法则给出的结论很完美,讨论了方程组(9)解的存在性、唯一性和求解公式,在理论上有重大价值.若不考虑克莱姆法则中的求解公式,可以得到下面重要的定理.

【定理 9.6】　如果线性方程组(9)的系数行列式 $D \neq 0$,那么方程组(9)一定有解,且解是唯一的.

在线性方程组(9)中,右端的常数 $b_1, b_2, \cdots, b_n$ 不全为 0 时,(9)称为非齐次线性方程组(记作 $AX = B$).当 $b_1, b_2, \cdots, b_n$ 全为 0 时,(9)称为齐次线性方程组(记作 $AX = O$)

$$\begin{cases} a_{11}x_1 + a_{12}x_2 + \cdots + a_{1n}x_n = 0 \\ a_{21}x_1 + a_{22}x_2 + \cdots + a_{2n}x_n = 0 \\ \quad\quad\quad\quad \vdots \\ a_{n1}x_1 + a_{n2}x_2 + \cdots + a_{nn}x_n = 0 \end{cases} \tag{10}$$

显然 $x_1 = x_2 = \cdots = x_n = 0$ 一定是方程组(10)的一组解,这个解叫做齐次线性方程组(10)的零解.如果有一组不全为零的数是(10)的解,则它叫做齐次线性方程组(10)的非零解.

齐次线性方程组(10)一定有零解,但不一定有非零解.

对于齐次线性方程组(10)应用定理 9.6,则可以得到以下定理:

【定理 9.7】　如果齐次线性方程组(10)的系数行列式 $D \neq 0$,则方程组(10)只有零解.

根据定理 9.7,如果齐次线性方程组(10)有非零解,则它的系数行列式必为零.即 $D = 0$ 是齐次线性方程组(10)有非零解的必要条件,可以证明这一条件也是充分条件.

【定理 9.8】　齐次线性方程组(10)有非零解的充分必要条件为系数行列式 $D = 0$.

【例 9.27】　问 λ 取何值时,齐次线性方程组

$$\begin{cases} (\lambda + 3)x_1 + x_2 + 2x_3 = 0 \\ \lambda x_1 + x_3 = 0 \\ 2\lambda x_2 + (\lambda + 3)x_3 = 0 \end{cases}$$

有非零解?

【解】 若方程组存在非零解,则由定理 9.8 知,它的系数行列式

$$D = \begin{vmatrix} \lambda+3 & 1 & 2 \\ \lambda & 0 & 1 \\ 0 & 2\lambda & \lambda+3 \end{vmatrix} = 0,$$

即 $\lambda(\lambda-9) = 0$.解得 $\lambda = 0$ 或 $\lambda = 9$.故 $\lambda = 0$ 或 $\lambda = 9$ 时方程组有非零解.

【例 9.28】 判断下列齐次线性方程组解的情况:

$$(1)\begin{cases} x_1 + x_2 + x_3 - x_4 = 0 \\ x_1 + x_2 - x_3 + x_4 = 0 \\ x_1 - x_2 + x_3 + x_4 = 0 \\ -x_1 + x_2 + x_3 + x_4 = 0; \end{cases} \qquad (2)\begin{cases} 2x_1 + x_2 - x_3 + x_4 = 0 \\ -x_1 + 3x_2 + x_3 - x_4 = 0 \\ 0x_1 + x_2 + 2x_3 - 2x_4 = 0 \\ 3x_1 + 0x_2 - 2x_3 + 2x_4 = 0. \end{cases}$$

【解】 (1)系数行列式

$$D = \begin{vmatrix} 1 & 1 & 1 & -1 \\ 1 & 1 & -1 & 1 \\ 1 & -1 & 1 & 1 \\ -1 & 1 & 1 & 1 \end{vmatrix} = \begin{vmatrix} 0 & 2 & 2 & 0 \\ 0 & 2 & 0 & 2 \\ 0 & 0 & 2 & 2 \\ -1 & 1 & 1 & 1 \end{vmatrix} = \begin{vmatrix} 2 & 2 & 0 \\ 2 & 0 & 2 \\ 0 & 2 & 2 \end{vmatrix} = -16 \neq 0.$$

所以方程组仅有零解 $x_1 = x_2 = x_3 = x_4 = 0$.

(2)系数行列式

$$D = \begin{vmatrix} 2 & 1 & -1 & 1 \\ -1 & 3 & 1 & -1 \\ 0 & 1 & 2 & -2 \\ 3 & 0 & -2 & 2 \end{vmatrix}$$

最后两列元素对应成比例,所以 $D = 0$.故方程组除零解 $x_1 = x_2 = x_3 = x_4 = 0$ 外,还有非零解.

可以验证 $x_1 = x_2 = 0, x_3 = 1, x_4 = -1$ 是方程组的解(非零解)且 $x_1 = x_2 = 0, x_3 = c, x_4 = -c(c$ 为任何实数)都是方程组的解.这说明方程组有无穷多组非零解.

克莱姆法则的优点是解的形式简明,理论上有重要价值.但当 n 较大时,计算量很大.应用克莱姆法则求解方程组时,要注意克莱姆法则只适用于系数行列式不等于零的 n 个方程的 n 元线性方程组,它不适用于系数行列式等于零或方程个数与未知量个数不等的线性方程组.

9.5.2 解线性方程组的消元法

前面我们研究了方程的个数与未知量的个数相等,且系数行列式不等于零时的线性方程组可以利用克莱姆法则来求解,但方程的个数与未知量的个数不相等或系数行列式的值为零时,克莱姆法则失效,这就需要来研究解方程组的消元法.

1.线性方程组的增广矩阵

若 m 个方程,n 个未知量的线性方程组

$$\begin{cases} a_{11}x_1 + a_{12}x_2 + \cdots + a_{1n}x_n = b_1 \\ a_{21}x_1 + a_{22}x_2 + \cdots + a_{2n}x_n = b_2 \\ \qquad\qquad\qquad \vdots \\ a_{m1}x_1 + a_{m2}x_2 + \cdots + a_{mn}x_n = b_m \end{cases} \qquad (11)$$

当 $b_1, b_2, \cdots, b_m$ 不全为零时, 式(11)称为非齐次线性方程组,否则式(11)称为齐次线性方程组.

$$A = \begin{pmatrix} a_{11} & a_{12} & \cdots & a_{1n} \\ a_{21} & a_{22} & \cdots & a_{2n} \\ \vdots & \vdots & \vdots & \vdots \\ a_{m1} & a_{m2} & \cdots & a_{mn} \end{pmatrix}, \bar{A} = \begin{pmatrix} a_{11} & a_{12} & \cdots & a_{1n} & b_1 \\ a_{21} & a_{22} & \cdots & a_{2n} & b_2 \\ \vdots & \vdots & \vdots & \vdots & \vdots \\ a_{m1} & a_{m2} & \cdots & a_{mn} & b_m \end{pmatrix}, B = \begin{pmatrix} b_1 \\ b_2 \\ \vdots \\ b_m \end{pmatrix}$$

矩阵 A 和矩阵 $\bar{A}$ 分别称为方程组(11)的系数矩阵和增广矩阵.增广矩阵也可以表示为 $(A \vdots B)$,即 $\bar{A} = (A \vdots B)$.很显然用增广矩阵可以清楚地表示线性方程组 $AX = B$.因此对方程组的变换就是对增广矩阵的变换.

2. 解线性方程组的消元法

(1) 消元法的实质

消元法的实质是对线性方程组进行如下变换:

① 互换两个方程的位置.

② 用一个非零的数乘某个方程的两端;

③ 用一个非零的数乘某个方程后加到另一个方程上去;

显然,这三种变换不改变方程组的解,即线性方程组经过上述任意一种变换,所得的方程组与原线性方程组同解.

(2) 用消元法解线性方程组

解线性方程组的消元法的基本思想是:利用对方程组的同解变换,逐步消元,最后得到只含一个未知数的方程,求出这个未知数后,再逐步回代,求出其他未知数.由于线性方程组由其增广矩阵唯一确定,所以对线性方程组进行上述变换,相当于对其增广矩阵施行相应的初等行变换,这种解法叫做高斯消元法.

由前面的定理 9.1 知任意矩阵 $A = (a_{ij})_{m \times n}$ 都可通过初等变换化为等价标准形,即

$$A \cong D = \begin{pmatrix} E_r & K \\ O & O \end{pmatrix}.$$

不过,其中可能需要对矩阵进行交换两列变换.如果只限于进行初等行变换,E_r 中的元素 1 可能会分布在其他列中,但这并不影响对方程组的简化目的.这里暂不考虑这种例外的情况.

也就是说,增广矩阵 $\bar{A}$ 可以通过初等行变换转化为如下的阶梯形矩阵

$$P = \begin{pmatrix} 1 & 0 & \cdots & 0 & p_{1,r+1} & \cdots & p_{1n} & d_1 \\ 0 & 1 & \cdots & 0 & p_{2,r+1} & \cdots & p_{2n} & d_2 \\ \vdots & \vdots & \vdots & \vdots & \vdots & \vdots & \vdots & \vdots \\ 0 & 0 & \cdots & 1 & p_{r,r+1} & \cdots & p_{rn} & d_r \\ 0 & 0 & \cdots & 0 & 0 & \cdots & 0 & d_{r+1} \\ \vdots & \vdots & \vdots & \vdots & \vdots & \vdots & \vdots & \vdots \\ 0 & 0 & \cdots & 0 & 0 & \cdots & 0 & 0 \end{pmatrix} \quad (r \leqslant n)$$

初等行变换将方程组转化为同解方程组,即原方程组与以阶梯形矩阵 P 为增广矩阵的

方程组是同解方程组.

【例 9.29】 求解线性方程组 $\begin{cases} 2x_2 - x_3 = 1 \\ 2x_1 + 2x_2 + 3x_3 = 5 \\ x_1 + 2x_2 + 2x_3 = 4. \end{cases}$

【解】 对增广矩阵实施初等行变换,将其化为行简化阶梯形矩阵.

$$\bar{A} = \begin{pmatrix} 0 & 2 & -1 & 1 \\ 2 & 2 & 3 & 5 \\ 1 & 2 & 2 & 4 \end{pmatrix} \xrightarrow{r_1 \leftrightarrow r_3} \begin{pmatrix} 1 & 2 & 2 & 4 \\ 2 & 2 & 3 & 5 \\ 0 & 2 & -1 & 1 \end{pmatrix} \xrightarrow{-2r_1 + r_2} \begin{pmatrix} 1 & 2 & 2 & 4 \\ 0 & -2 & -1 & -3 \\ 0 & 2 & -1 & 1 \end{pmatrix} \xrightarrow[r_2 + r_3]{r_2 + r_1}$$

$$\begin{pmatrix} 1 & 0 & 1 & 1 \\ 0 & -2 & -1 & -3 \\ 0 & 0 & -2 & -2 \end{pmatrix} \xrightarrow{-\frac{1}{2}r_3} \begin{pmatrix} 1 & 0 & 1 & 1 \\ 0 & -2 & -1 & -3 \\ 0 & 0 & 1 & 1 \end{pmatrix} \xrightarrow[r_3 + r_2]{-r_3 + r_1}$$

$$\begin{pmatrix} 1 & 0 & 0 & 0 \\ 0 & -2 & 0 & -2 \\ 0 & 0 & 1 & 1 \end{pmatrix} \xrightarrow{-\frac{1}{2}r_2} \begin{pmatrix} 1 & 0 & 0 & 0 \\ 0 & 1 & 0 & 1 \\ 0 & 0 & 1 & 1 \end{pmatrix}.$$

故原方程组的同解方程组为 $\begin{cases} x_1 = 0 \\ x_2 = 1 \\ x_3 = 1 \end{cases}$,即为线性方程组的解.

【例 9.30】 求解线性方程组

$$\begin{cases} -3x_1 - 3x_2 + 14x_3 + 29x_4 = -16 \\ x_1 + x_2 + 4x_3 - x_4 = 1 \\ -x_1 - x_2 + 2x_3 + 7x_4 = -4. \end{cases} \tag{12}$$

【解】 对增广矩阵实施初等行变换,将其化为行简化阶梯形矩阵

$$\bar{A} = \begin{pmatrix} -3 & -3 & 14 & 29 & -16 \\ 1 & 1 & 4 & -1 & 1 \\ -1 & -1 & 2 & 7 & -4 \end{pmatrix} \xrightarrow{r_1 \leftrightarrow r_2} \begin{pmatrix} 1 & 1 & 4 & -1 & 1 \\ -3 & -3 & 14 & 29 & -16 \\ -1 & -1 & 2 & 7 & -4 \end{pmatrix} \xrightarrow[r_1 + r_3]{3r_1 + r_2}$$

$$\begin{pmatrix} 1 & 1 & 4 & -1 & 1 \\ 0 & 0 & 2 & 2 & -1 \\ 0 & 0 & 0 & 0 & 0 \end{pmatrix} \xrightarrow{-4r_3 + r_2} \begin{pmatrix} 1 & 1 & 4 & -1 & 1 \\ 0 & 0 & 2 & 2 & -1 \\ 0 & 0 & 6 & 6 & -3 \end{pmatrix} \xrightarrow{-3r_2 + r_3}$$

$$\begin{pmatrix} 1 & 1 & 4 & -1 & 1 \\ 0 & 0 & 2 & 2 & -1 \\ 0 & 0 & 0 & 0 & 0 \end{pmatrix} \xrightarrow{\frac{1}{2}r_2} \begin{pmatrix} 1 & 1 & 4 & -1 & 1 \\ 0 & 0 & 1 & 1 & -\frac{1}{2} \\ 0 & 0 & 0 & 0 & 0 \end{pmatrix} \xrightarrow{-4r_2 + r_1} \begin{pmatrix} 1 & 1 & 0 & -5 & 3 \\ 0 & 0 & 1 & 1 & -\frac{1}{2} \\ 0 & 0 & 0 & 0 & 0 \end{pmatrix}$$

故原方程组的同解方程组为 $\begin{cases} x_1 + x_2 - 5x_4 = 3 \\ x_3 + x_4 = -\frac{1}{2} \end{cases}$.

将含未知量 x_2, x_4 的项移到等式右边,得

$$\begin{cases} x_1 = -x_2 + 5x_4 + 3 \\ x_3 = -x_4 - \frac{1}{2} \end{cases},\text{其中 } x_2, x_4 \text{ 可以取任意实数.} \tag{13}$$

显然,只要未知量 x_2, x_4 分别任意取定一个值,如 $x_2 = 1, x_4 = 0$ 代入表达式(13)中均可

以得到一组相应的值：$x_1 = 2, x_3 = -0.5$，从而得到方程组（12）的一个解

$$\begin{cases} x_1 = 2 \\ x_2 = 1 \\ x_3 = -0.5 \\ x_4 = 0. \end{cases}$$

由于未知量 x_2, x_4 的取值是任意实数，故方程组（12）的解有无穷多个. 由此可知，表达式（13）表示了方程组（12）的所有解. 表达式（13）中等号右端的未知量 x_2, x_4 称为自由未知量，用自由未知量表示其他未知量的表达式（13）称为方程组（12）的一般解，当表达式（13）中的未知量 x_2, x_4 取定一组解（如 $x_2 = 1, x_4 = 0$）得到方程组（12）的一个解（如 $x_1 = 2, x_2 = 1$，$x_3 = -0.5, x_4 = 0$），称之为方程组（12）的特解.

如果将表达式（13）中的自由未知量 x_2, x_4 取任意实数 C_1, C_2，得方程组（12）的一般解为：

$$\begin{cases} x_1 = -C_1 + 5C_2 + 3 \\ x_2 = C_1 \\ x_3 = -C_2 - \dfrac{1}{2} \\ x_4 = C_2. \end{cases}$$

3. 线性方程组有解的条件

我们知道线性方程组的增广矩阵都可以化为如下形式的阶梯形矩阵：

$$\boldsymbol{P} = \begin{pmatrix} 1 & 0 & \cdots & 0 & p_{1,r+1} & \cdots & p_{1n} & d_1 \\ 0 & 1 & \cdots & 0 & p_{2,r+1} & \cdots & p_{2n} & d_2 \\ \vdots & \vdots & \vdots & \vdots & \vdots & \vdots & \vdots & \vdots \\ 0 & 0 & \cdots & 1 & p_{r,r+1} & \cdots & p_{rn} & d_r \\ 0 & 0 & \cdots & 0 & 0 & \cdots & 0 & d_{r+1} \\ \vdots & \vdots & \vdots & \vdots & \vdots & \vdots & \vdots & \vdots \\ 0 & 0 & \cdots & 0 & 0 & \cdots & 0 & 0 \end{pmatrix}$$

方程组化为如下同解方程组：

$$\begin{cases} x_1 + p_{1,r+1}x_{r+1} + \cdots + p_{1n}x_n = d_1 \\ x_2 + p_{2,r+2}x_{r+1} + \cdots + p_{2n}x_n = d_2 \\ \qquad\qquad\qquad \vdots \\ x_r + p_{r,r+1}x_{r+1} + \cdots + p_{rn}x_n = d_r \\ 0 = d_{r+1} \end{cases}.$$

容易得到如下定理：

【定理 9.9】　线性方程组（9）有解的充分必要条件是方程组的系数矩阵 A 与增广矩阵 $\overline{A}$ 的秩相等，即 $r(A) = r(\overline{A})$.

【定理 9.10】　若线性方程组（9）有解，即 $r(A) = r(\overline{A}) = r$，则

（1）若 $r = n$，方程组有唯一解；

（2）若 $r < n$，方程组有无穷多个解.

【注】　对于齐次线性方程组

（1）若 $r(A) = n$，则方程组有唯一的零解；

(2) 若 $r(A) = r < n$，则方程组有无穷多个解.

【**例 9.31**】　当 λ 取何值时，非齐次线性方程组 $\begin{cases} -2x_1 + x_2 + x_3 = -2 \\ x_1 - 2x_2 + x_3 = \lambda \\ x_1 + x_2 - 2x_3 = \lambda^2 \end{cases}$ 有解？并求出它

的解.

【**解**】　$\overline{A} = \begin{pmatrix} -2 & 1 & 1 & -2 \\ 1 & -2 & 1 & \lambda \\ 1 & 1 & -2 & \lambda^2 \end{pmatrix} \xrightarrow{\frac{1}{2}r_1} \begin{pmatrix} -1 & 1/2 & 1/2 & -1 \\ 1 & -2 & 1 & \lambda \\ 1 & 1 & -2 & \lambda^2 \end{pmatrix} \xrightarrow[r_1+r_3]{r_1+r_2}$

$\begin{pmatrix} -1 & 1/2 & 1/2 & -1 \\ 0 & -3/2 & 3/2 & \lambda-1 \\ 0 & 3/2 & -3/2 & \lambda^2-1 \end{pmatrix} \xrightarrow{r_2+r_3} \begin{pmatrix} -1 & 1/2 & 1/2 & -1 \\ 0 & -3/2 & 3/2 & \lambda-1 \\ 0 & 0 & 0 & (\lambda-1)(\lambda+2) \end{pmatrix}$

当 $\lambda = 1$ 或 $\lambda = -2$ 时，$r(A) = r(\overline{A}) = 2 < 3$，方程组有解且有无穷多解.

(1) 当 $\lambda = 1$ 时，对应的同解方程组为

$$\begin{cases} -x_1 + \dfrac{1}{2}x_2 + \dfrac{1}{2}x_3 = -1 \\ -\dfrac{3}{2}x_2 + \dfrac{3}{2}x_3 = 0 \end{cases},$$

设 $x_3 = C$，则方程组的一般解为：
$$x_1 = C+1, x_2 = C, x_3 = C \quad (C \text{ 为任意常数}).$$

(2) 当 $\lambda = -2$ 时，对应的同解方程组为

$$\begin{cases} -x_1 + \dfrac{1}{2}x_2 + \dfrac{1}{2}x_3 = -1 \\ -\dfrac{3}{2}x_2 + \dfrac{3}{2}x_3 = -3 \end{cases},$$

设 $x_3 = C$，则方程组的一般解为：
$$x_1 = C+2, x_2 = C+2, x_3 = C \quad (C \text{ 为任意常数}).$$

习题 9.5

1. 用克莱姆法则解线性方程组：

(1) $\begin{cases} x_2 + 2x_3 = 1 \\ x_1 + x_2 + 4x_3 = 1 \\ 2x_1 - x_2 = 2; \end{cases}$ 　(2) $\begin{cases} x_1 - x_2 + x_3 - 2x_4 = 2 \\ 2x_1 - x_3 + 4x_4 = 4 \\ 3x_1 + 2x_2 + x_3 = -1 \\ 4x_1 + 2x_3 - 2x_4 = 3. \end{cases}$

2. λ 取何值时，齐次线性方程组 $\begin{cases} \lambda x + y + z = 0, \\ x + \lambda y - z = 0, \\ 2x - y + z = 0 \end{cases}$ 只有零解.

3. 当 k 取何值时，下列齐次线性方程组有非零解：

(1) $\begin{cases} x_1 + x_2 + kx_3 = 0 \\ -x_1 + kx_2 + x_3 = 0 \\ x_1 - x_2 + 2x_3 = 0; \end{cases}$ 　(2) $\begin{cases} 3x_1 + 2x_2 - 3x_3 = 0 \\ x_1 + kx_2 - x_3 = 0 \\ 2x_1 - x_2 + x_3 = 0. \end{cases}$

4. 求下列线性方程组的一般解：

$$(1) \begin{cases} x_1 - 3x_2 + 2x_3 + x_4 = 0 \\ -x_1 + 2x_2 - x_3 + 2x_4 = 0 \\ x_1 - 2x_2 + 3x_3 - 2x_4 = 0; \end{cases} \qquad (2) \begin{cases} 2x_1 - 5x_2 + 2x_3 = -3 \\ x_1 + 2x_2 - x_3 = 3 \\ -2x_1 + 14x_2 - 6x_3 = 12. \end{cases}$$

5. 设线性方程组为 $\begin{cases} 2x_1 - x_2 + x_3 = 1 \\ -x_1 - 2x_2 + x_3 = -1, \\ x_1 - 3x_2 + 2x_3 = c \end{cases}$

试问 c 为何值时, 方程组有解? 若方程组有解, 求出一般解.

6. 设线性方程组为 $\begin{cases} x_1 + x_3 = 2 \\ x_1 + 2x_2 - x_3 = 0 \\ 2x_1 + x_2 - ax_3 = b \end{cases}$,

讨论当 a, b 为何值时, 方程组无解? 有唯一解? 有无穷多解?

7. 设齐次线性方程组 $\begin{cases} x_1 - 3x_2 + 2x_3 = 0 \\ 2x_1 - 5x_2 + 3x_3 = 0, \\ 3x_1 - 8x_2 + \lambda x_3 = 0 \end{cases}$

问 λ 取何值时方程组有非零解, 并求一般解.

本章小结

本章主要介绍了 n 阶行列式的概念、性质和计算方法, 矩阵的概念、特殊矩阵、矩阵的运算、可逆矩阵的概念和逆矩阵的判别和求法、矩阵的秩; 最后介绍了线性方程组克莱姆法则, 求解线性方程组的消元法, 线性方程组解的结构.

1. 计算行列式的值

n 阶行列式是一个数, 通过计算可以求出最终的数值.

a_{ij} 的代数余子式 A_{ij} 只与 a_{ij} 所在的位置有关, 而与 a_{ij} 本身大小无关.

行列式可以按任意一行(或列)展开, 可以将一个较高阶的行列式化简为一些低阶的行列式的和, 简化行列式计算.

计算行列式有下列方法:

(1) 二阶、三阶行列式利用对角线法则计算;

(2) 用行列式按照某一行(列)展开来计算, 选择零元素较多的行(或列)进行展开;

(3) 利用行列式的性质, 化为三角行列式进行计算;

(4) 交替使用性质、定理对行列式降阶.

在行列式的计算中, 首先要观察分析行列式各行(或列)元素的构造特点, 然后利用行列式的性质化简行列式, 同时要注意尽量避免分数运算, 避免计算错误.

2. 矩阵的运算

矩阵的运算主要包括: 矩阵加法、矩阵的数乘、矩阵乘法、矩阵转置和矩阵的初等行变换, 要求掌握这些运算方法和运算规则, 记住矩阵运算必须满足的一定条件, 注意矩阵运算与数的运算的不同之处.

矩阵乘法的条件是: 左矩阵 A 的列数等于右矩阵 B 的行数.

一般情况下, 矩阵乘法不满足交换律和消去律. 即 $AB = BA$ 不一定成立; 且当 $AB = AC$ 时, 即使有 $A \neq O$ 也不能得出 $B = C$ 的结论. 只有当 A 是可逆矩阵(即 $|A| \neq 0$)时, 由 $AB =$

$AC \Rightarrow B = C$.

当矩阵 A, B 满足 $AB = BA$ 时,称矩阵 A 与 B 是可交换的.

两个非零矩阵的乘积可能是零矩阵.

矩阵经过初等行变换后,对应元素一般不相等,因此矩阵之间不能用等号连接,而是用 "→" 连接,表示两个矩阵之间存在某种关系.

3. 可逆矩阵的判别和求逆矩阵

只有方阵才有可逆矩阵的概念,只有非奇异矩阵(即矩阵的行列式不等于零)才存在逆矩阵.

n 阶矩阵 A 可逆的充分必要条件为 $|A| \neq 0$,或者 $r(A) = n$.

设 A 和 B 都是 n 阶矩阵,如果 $AB = E$ 成立,则 A 和 B 都是可逆的.

求逆矩阵的方法:

(1) 利用伴随矩阵:$A^{-1} = \dfrac{A^*}{|A|}$. 伴随矩阵 A^* 中元素的排列顺序与一般矩阵中元素的排列顺序不同.

(2) 利用初等行变换:$(A \vdots E) \xrightarrow{初等行变换} (E \vdots A^{-1})$. 用初等行变换法求逆矩阵时,不能用列变换.

4. 求矩阵的秩

求矩阵秩的方法:用初等行变换将矩阵 A 化为阶梯矩阵,则 $r(A)$ 等于阶梯形矩阵中非零行的行数. 矩阵的初等变换不改变矩阵的秩.

5. 方程组的基本概念主要有:线性方程组及其矩阵表示,方程组的系数矩阵,常数矩阵,增广矩阵等概念. 方程组的一般解、特解、全部解等概念.

6. 利用消元法求解线性方程组的一般解.

首先写出增广矩阵 $(A \vdots B)$,并用初等行变换将其化成阶梯形矩阵;然后判断方程组是否有解;在有解的情况下,写出阶梯形矩阵对应的方程组,并用回代的方法求解;或者继续用初等行变换将阶梯形矩阵化成行简化阶梯形矩阵,写出方程组的一般解.

7. 线性方程组解的判定.

设 $AX = B$,则 $AX = B$ 有解 $\Leftrightarrow r(A) = r(A \vdots B)$,且当 $r(A) = n$ 时,$AX = B$ 有唯一解;当 $r(A) < n$ 时,$AX = B$ 有无穷多解.

设 $AX = 0$,则 $AX = 0$ 只有零解 $\Leftrightarrow r(A) = n$;$AX = 0$ 有非零解 $\Leftrightarrow r(A) < n$.

当齐次线性方程组 $AX = 0$ 的未知量个数大于方程个数($m < n$)时,一定有非零解.

综合练习

一、填空题

1. 一阶行列式 $|-2|$ 的值等于_____.

2. 行列式 $\begin{vmatrix} 2 & -1 & 1 \\ 3 & 0 & 1 \\ 4 & -4 & 3 \end{vmatrix}$ 中元素(-4)的代数余子式的值为_____.

3. 设矩阵 $A = \begin{bmatrix} 1 & 0 & 4 & -5 \\ 3 & -2 & 3 & 2 \\ 2 & 1 & 6 & -1 \end{bmatrix}$，则 A 中元素 $a_{23} = $ _____.

4. 设矩阵 $A = \begin{bmatrix} 1 & 0 & 1 \\ 2 & 1 & 1 \end{bmatrix}$，$B = \begin{bmatrix} 1 & 2 \\ 1 & -3 \\ -1 & 4 \end{bmatrix}$，则 $[A + B^{\mathrm{T}}]^{\mathrm{T}} = $ _____，$(AB)^{\mathrm{T}} = $ _____.

5. 设 A, B 为 n 阶矩阵，则等式 $(A - B)^2 = A^2 - 2AB + B^2$ 成立的充分必要条件是 _____.

6. 已知矩阵 $A = \begin{bmatrix} 1 & 0 & 0 \\ 0 & 2 & 0 \\ 0 & 0 & -3 \end{bmatrix}$，则 $A^{-1} = $ _____.

7. 设矩阵 $A = \begin{bmatrix} 1 & -2 & 0 \end{bmatrix}$，$B = \begin{bmatrix} 2 & 1 \\ -1 & 0 \\ 0 & 1 \end{bmatrix}$，则 $AB = $ _____.

8. 设矩阵 $A = \begin{bmatrix} 3 & 6 & 0 \\ 0 & 1 & -2 \\ 3 & -1 & 9 \end{bmatrix}$，$B = \begin{bmatrix} 2 & -6 \\ 9 & 1 \\ 0 & 8 \end{bmatrix}$，则矩阵 A 与 B 的乘积 AB 的第 3 行第 1 列的元素的值是 _____.

9. 设 A 为 $m \times n$ 矩阵，B 为 $s \times t$ 矩阵，若 AB 与 BA 都可进行运算，则有关系式 _____.

10. 设 $A = \begin{bmatrix} 1 & 3 \\ -1 & -2 \end{bmatrix}$，则 $E - 2A = $ _____.

11. 当 a _____ 时，矩阵 $A = \begin{bmatrix} 1 & 3 \\ -1 & a \end{bmatrix}$ 可逆.

12. 设 $A = \begin{bmatrix} 1 & 0 & 2 \\ a & 0 & b \\ 2 & 3 & -1 \end{bmatrix}$，当 $a = $ _____，$b = $ _____ 时，A 是对称矩阵.

13. 当 $\lambda = $ _____ 时，矩阵 $\begin{bmatrix} 1 & 2 & 3 & 4 \\ -1 & -1 & -5 & -4 \\ 0 & 2 & -4 & \lambda \end{bmatrix}$ 的秩最小.

14. 若线性方程组 $\begin{cases} 3x_1 - 2x_2 = 0 \\ \lambda x_1 + 2x_2 = 0 \end{cases}$ 有非零解，则 $\lambda = $ _____.

15. 若 $r(A \vdots B) = 4$，$r(A) = 3$，则线性方程组 $AX = B$ _____.

16. 线性方程组 $AX = B$ 的增广矩阵 $\widetilde{A}$ 化成阶梯形矩阵后为
$$\widetilde{A} \rightarrow \begin{bmatrix} 1 & 2 & 0 & 1 & 0 \\ 0 & 4 & 2 & -1 & 1 \\ 0 & 0 & 0 & 0 & d+1 \end{bmatrix},$$
则当 d _____ 时，方程组 $AX = B$ 有解，且有 _____ 解.

17. 设线性方程组 $A_{m \times n} X_n = 0$，若 _____，则方程组有非零解.

18. 设线性方程组 $A_{m \times n} X_n = B$，若 _____，则方程组有唯一解.

19. 设线性方程组 $\boldsymbol{A}_{m \times n} \boldsymbol{X}_n = \boldsymbol{B}$,若_____,则方程组有无穷多解.

20. 非齐次线性方程组 $\boldsymbol{AX} = \boldsymbol{B}$ 有唯一解,则齐次线性方程组 $\boldsymbol{AX} = \boldsymbol{0}$ _____解.

二、单项选择题

1. 四阶行列式 $\begin{vmatrix} a_1 & 0 & 0 & b_1 \\ 0 & a_2 & b_2 & 0 \\ 0 & b_3 & a_3 & 0 \\ b_4 & 0 & 0 & a_4 \end{vmatrix} = ($ $)$.

A. $a_1 a_2 a_3 a_4 - b_1 b_2 b_3 b_a$　　　　　　B. $a_1 a_2 a_3 a_4 + b_1 b_2 b_3 b_a$

C. $(a_1 a_2 - b_1 b_2)(a_3 a_4 - b_3 b_4)$　　　D. $(a_2 a_3 - b_2 b_3)(a_1 a_4 - b_1 b_4)$

2. 设 $\boldsymbol{A}$ 为 3×4 矩阵,$\boldsymbol{B}$ 为 5×2 矩阵,若矩阵 $\boldsymbol{ACB}^{\mathrm{T}}$ 有意义,则矩阵 $\boldsymbol{C}$ 为(   )型.

A. 4×5　　　　　B. 4×2　　　　　C. 3×5　　　　　D. 3×2

3. 设 $\boldsymbol{A}, \boldsymbol{B}, \boldsymbol{C}$ 均为 n 阶矩阵,且 $\boldsymbol{A}$ 为对称矩阵,则下列结论或等式成立的是(   ).

A. $(\boldsymbol{A} + \boldsymbol{B})^2 = \boldsymbol{A}^2 + 2\boldsymbol{AB} + \boldsymbol{B}^2$　　　B. 若 $\boldsymbol{AB} = \boldsymbol{AC}$ 且 $\boldsymbol{A} \neq \boldsymbol{0}$ 则 $\boldsymbol{B} = \boldsymbol{C}$

C. $[\boldsymbol{A}(\boldsymbol{A} - \boldsymbol{B})]^{\mathrm{T}} = \boldsymbol{A}^2 - \boldsymbol{B}^{\mathrm{T}}\boldsymbol{A}$　　　D. 若 $\boldsymbol{A} \neq \boldsymbol{0}, \boldsymbol{B} \neq \boldsymbol{0}$,则 $\boldsymbol{AB} \neq \boldsymbol{0}$

4. 设 $\boldsymbol{A}, \boldsymbol{B}$ 均为同阶可逆矩阵,则下列等式成立的是(   ).

A. $(\boldsymbol{AB})^{\mathrm{T}} = \boldsymbol{A}^{\mathrm{T}}\boldsymbol{B}^{\mathrm{T}}$　　　　　　B. $(\boldsymbol{AB})^{\mathrm{T}} = \boldsymbol{B}^{\mathrm{T}}\boldsymbol{A}^{\mathrm{T}}$

C. $(\boldsymbol{AB}^{\mathrm{T}})^{-1} = \boldsymbol{A}^{-1}(\boldsymbol{B}^{\mathrm{T}})^{-1}$　　　D. $(\boldsymbol{AB}^{\mathrm{T}})^{-1} = \boldsymbol{A}^{-1}(\boldsymbol{B}^{-1})^{\mathrm{T}}$

5. 矩阵 $\boldsymbol{A} = \begin{bmatrix} 1 & 0 & 0 \\ 0 & 1 & 0 \\ 0 & 4 & 0 \end{bmatrix}$ 的秩为(   ).

A. 0　　　　　　B. 1　　　　　　C. 2　　　　　　D. 3

6. 下列说法正确的是(   ).

A. $\boldsymbol{O}$ 矩阵一定是方阵　　　　　　B. 可转置的矩阵一定是方阵

C. 数量矩阵一定是方阵　　　　　　D. 若 $\boldsymbol{A}$ 与 $\boldsymbol{A}^{\mathrm{T}}$ 可进行乘法运算,则 $\boldsymbol{A}$ 一定是方阵

7. 设 $\boldsymbol{A}$ 是可逆矩阵,且 $\boldsymbol{A} + \boldsymbol{AB} = \boldsymbol{E}$,则 $\boldsymbol{A}^{-1} = ($ $)$.

A. $\boldsymbol{E} - \boldsymbol{B}$　　　　B. $\boldsymbol{E} + \boldsymbol{B}$　　　　C. $\boldsymbol{B}$　　　　D. $(\boldsymbol{E} - \boldsymbol{AB})^{-1}$

8. 设 $\boldsymbol{A}$ 是 n 阶可逆矩阵,k 是不为 0 的常数,则 $(k\boldsymbol{A})^{-1} = ($ $)$.

A. $k\boldsymbol{A}^{-1}$　　　　B. $\dfrac{1}{k^n}\boldsymbol{A}^{-1}$　　　　C. $-k\boldsymbol{A}^{-1}$　　　　D. $\dfrac{1}{k}\boldsymbol{A}^{-1}$

9. 设 $\boldsymbol{A}$ 是 4 阶方阵,若秩$(\boldsymbol{A}) = 3$,则(   ).

A. $\boldsymbol{A}$ 可逆　　　　　　B. $\boldsymbol{A}$ 的阶梯矩阵有一个 0 行

C. $\boldsymbol{A}$ 有一个 0 行　　　　D. $\boldsymbol{A}$ 至少有一个 0 行

10. 设 $\boldsymbol{A}, \boldsymbol{B}$ 为同阶方阵,则下列说法正确的是(   ).

A. 若 $\boldsymbol{AB} = \boldsymbol{0}$,则必有 $\boldsymbol{A} = \boldsymbol{0}$ 或 $\boldsymbol{B} = \boldsymbol{0}$

B. 若 $\boldsymbol{AB} \neq \boldsymbol{0}$,则必有 $\boldsymbol{A} \neq \boldsymbol{0}, \boldsymbol{B} \neq \boldsymbol{0}$

C. 若秩$(\boldsymbol{A}) \neq 0$,秩$(\boldsymbol{B}) \neq 0$,则秩$(\boldsymbol{AB}) \neq 0$

D. 秩$(\boldsymbol{A} + \boldsymbol{B}) = $ 秩$(\boldsymbol{A}) + $ 秩$(\boldsymbol{B})$

11. 设 $\boldsymbol{A}$ 为 3×2 矩阵,$\boldsymbol{B}$ 为 2×3 矩阵,则下列运算中(   )可以进行.

A. $\boldsymbol{AB}$　　　　　B. $\boldsymbol{AB}^{\mathrm{T}}$　　　　　C. $\boldsymbol{A} + \boldsymbol{B}$　　　　　D. $\boldsymbol{BA}^{\mathrm{T}}$

12. 线性方程组 $\begin{cases} x_1 + x_2 = 1 \\ x_3 + x_4 = 0 \end{cases}$ 解的情况是(　　).

A. 无解　　　　　　B. 只有 0 解　　　　　C. 有唯一非 0 解　　　D. 有无穷多解

13. 线性方程组 $\mathbf{AX} = 0$ 只有零解,则 $\mathbf{AX} = \mathbf{B}(\mathbf{B} \neq 0)$(　　).

A. 有唯一解　　　　B. 可能无解　　　　C. 有无穷多解　　　D. 无解

14. 当(　　)时,线性方程组 $\mathbf{AX} = \mathbf{B}(\mathbf{B} \neq 0)$ 有唯一解,其中 n 是未知量的个数.

A. $r(\mathbf{A}) = r(\widetilde{\mathbf{A}})$

B. $r(\mathbf{A}) = r(\widetilde{\mathbf{A}}) - 1$

C. $r(\mathbf{A}) = r(\widetilde{\mathbf{A}}) = n$

D. $r(\mathbf{A}) = n, r(\widetilde{\mathbf{A}}) = n + 1$

15. 若线性方程组的增广矩阵为 $\widetilde{\mathbf{A}} = \begin{bmatrix} 1 & \lambda & 2 \\ 2 & 1 & 4 \end{bmatrix}$,则当 $\lambda = ($　　$)$ 时,线性方程组有无穷多解.

A. 1　　　　　　　B. 4　　　　　　　C. 2　　　　　　　D. $\dfrac{1}{2}$

16. 以下结论正确的是(　　).

A. 方程个数小于未知量个数的线性方程组一定有解.

B. 方程个数等于未知量个数的线性方程组一定有唯一解.

C. 方程个数大于未知量个数的线性方程组一定无解.

D. 以上结论都不对.

17. 若非齐次线性方程组 $\mathbf{A}_{m \times n} \mathbf{X} = \mathbf{B}$ 满足(　　),那么该方程组无解.

A. $r(\mathbf{A}) = n$　　　B. $r(\mathbf{A}) = m$　　　C. $r(\mathbf{A}) \neq r(\widetilde{\mathbf{A}})$　　　D. $r(\mathbf{A}) = r(\widetilde{\mathbf{A}})$

三、解答题

1. 计算下列行列式:

(1) $\begin{vmatrix} 1 & 2 & 0 & 1 \\ 2 & 4 & -1 & 1 \\ -1 & 3 & 4 & 2 \\ 1 & 3 & 6 & 5 \end{vmatrix}$;

(2) $\begin{vmatrix} 4 & 2 & 3 & 4 \\ 1 & 5 & 3 & 4 \\ 1 & 2 & 6 & 4 \\ 1 & 2 & 3 & 7 \end{vmatrix}$;

(3) $\begin{vmatrix} 1 & 9 & 103 & -3 \\ 2 & -8 & 198 & 2 \\ 3 & 7 & 299 & 1 \\ 4 & -5 & 405 & -5 \end{vmatrix}$;

(4) $\begin{vmatrix} c & a & d & b \\ a & c & d & b \\ a & c & b & d \\ c & a & b & d \end{vmatrix}$.

2. 证明 $\begin{vmatrix} ax+by & ay+bz & az+bx \\ ay+bz & az+bx & ax+by \\ az+bx & ax+by & ay+bz \end{vmatrix} = (a^3 + b^3) \begin{vmatrix} x & y & z \\ y & z & x \\ z & x & y \end{vmatrix}$.

3. 设 $\mathbf{A} = \begin{bmatrix} 1 & -2 \\ 3 & 0 \\ -4 & 2 \\ 5 & 6 \end{bmatrix}, \mathbf{B} = \begin{bmatrix} 0 & -1 & 3 & 4 \\ 2 & 5 & -6 & -2 \end{bmatrix}$,计算 $\mathbf{A}^{\mathrm{T}} + \mathbf{B}, 2\mathbf{A} - \mathbf{B}^{\mathrm{T}}, \mathbf{BA}, \mathbf{AB}, \mathbf{A}^{\mathrm{T}}\mathbf{B}^{\mathrm{T}}$.

4. 计算:

(1) $\begin{bmatrix} -2 & 1 \\ 5 & 3 \end{bmatrix} \begin{bmatrix} 0 & 1 \\ 1 & 0 \end{bmatrix}$;

(2) $\begin{bmatrix} 0 & 2 \\ 0 & -3 \end{bmatrix} \begin{bmatrix} 1 & 1 \\ 0 & 0 \end{bmatrix}$;

$(3)\begin{bmatrix} -1 & 2 & 5 & 4 \end{bmatrix}\begin{bmatrix} 3 \\ 0 \\ -1 \\ 2 \end{bmatrix};$

$(4)\begin{bmatrix} 1 & 2 & 3 \\ -1 & 2 & 2 \\ 1 & -3 & 2 \end{bmatrix}\begin{bmatrix} -1 & 2 & 4 \\ 1 & 4 & 3 \\ 2 & 3 & -1 \end{bmatrix} - \begin{bmatrix} 2 & 4 & 5 \\ 6 & 1 & 0 \\ 3 & -2 & 7 \end{bmatrix}.$

5. 将下列矩阵化为阶梯形矩阵：

$(1)\begin{bmatrix} 7 & -2 & 0 & 1 \\ -1 & 4 & 5 & -3 \\ 2 & 0 & 3 & 8 \end{bmatrix};$

$(2)\begin{bmatrix} -3 & 0 & 1 & 5 \\ 2 & -1 & 4 & 7 \\ 1 & 3 & 0 & 6 \\ 2 & 0 & -4 & 5 \end{bmatrix}.$

6. 求矩阵 $\begin{bmatrix} 3 & -2 & 0 & 1 & -7 \\ -1 & -3 & 2 & 0 & 4 \\ 2 & 0 & -4 & 5 & 1 \\ 4 & 1 & -2 & 1 & -11 \end{bmatrix}$ 的秩.

7. 设 $\boldsymbol{A} = \begin{bmatrix} 1 & 2 & 4 \\ 2 & \lambda & 1 \\ 1 & 1 & 0 \end{bmatrix}$，求 λ 使秩($\boldsymbol{A}$)有最小值.

8. 验证下列矩阵 $\boldsymbol{A}, \boldsymbol{B}$ 是否互为逆矩阵.

$(1)\boldsymbol{A} = \begin{bmatrix} 8 & -4 \\ -5 & 3 \end{bmatrix}, \boldsymbol{B} = \begin{bmatrix} \dfrac{3}{4} & 1 \\ \dfrac{5}{4} & 2 \end{bmatrix};$

$(2)\boldsymbol{A} = \begin{bmatrix} 1 & -2 & 5 \\ -3 & 0 & 4 \\ 2 & 1 & 6 \end{bmatrix}, \boldsymbol{B} = \begin{bmatrix} -4 & 17 & -8 \\ 26 & -4 & -19 \\ -3 & -5 & -6 \end{bmatrix}.$

9. 已知 $\boldsymbol{A}^{-1} = \begin{bmatrix} 1 & 2 & 1 \\ 0 & 1 & 3 \\ 1 & 2 & 4 \end{bmatrix}, \boldsymbol{B}^{-1} = \begin{bmatrix} 2 & 1 & 0 \\ -1 & 2 & 1 \\ -2 & 3 & 1 \end{bmatrix}$，求 $(1)(\boldsymbol{AB})^{-1}; (2)(\boldsymbol{A}^{\mathrm{T}}\boldsymbol{B})^{-1}.$

10. 求下列矩阵的逆矩阵：

$(1)\begin{bmatrix} 1 & 2 & 2 \\ 2 & 1 & -2 \\ 2 & -2 & 1 \end{bmatrix};$

$(2)\begin{bmatrix} 3 & -2 & -5 \\ 2 & -1 & -3 \\ -4 & 0 & 1 \end{bmatrix}.$

11. 解下列矩阵方程：

$(1)\begin{bmatrix} 1 & -2 & 0 \\ 4 & -2 & -1 \\ -3 & 1 & 2 \end{bmatrix}\boldsymbol{X} = \begin{bmatrix} -1 & 4 \\ 2 & 5 \\ 1 & -3 \end{bmatrix};$

$(2)\begin{bmatrix} 1 & 0 & 2 \\ 0 & 1 & -3 \\ 1 & 1 & 1 \end{bmatrix}\boldsymbol{X} = \begin{bmatrix} 1 \\ 1 \\ 1 \end{bmatrix};$

$(3)\boldsymbol{X}\begin{bmatrix} 3 & -1 & 2 \\ 1 & 0 & -1 \\ -2 & 1 & 4 \end{bmatrix} = \begin{bmatrix} 3 & 0 & -2 \\ -1 & 4 & 1 \end{bmatrix};$

(4) $\begin{bmatrix} \dfrac{1}{2} & 1 & -1 \\ 0 & \dfrac{1}{3} & 0 \\ 0 & 0 & \dfrac{1}{2} \end{bmatrix} \boldsymbol{X} = \begin{bmatrix} 1 & 0 \\ 4 & -2 \\ -1 & 3 \end{bmatrix}.$

12. 已知齐次线性方程组 $\begin{cases} \lambda_1 x_1 + x_2 + x_3 = 0 \\ x_1 + \lambda_2 x_2 + x_3 = 0 \\ x_1 + 2\lambda_2 x_2 + x_3 = 0 \end{cases}$ 有非零解，求 λ_1, λ_2.

13. 当 λ 取何值时，线性方程组 $\begin{cases} x_1 + x_2 + x_3 = 1 \\ 2x_1 + x_2 - 4x_3 = \lambda \\ -x_1 + 5x_3 = 1 \end{cases}$ 有解? 并求一般解.

14. 问线性方程组 $\begin{cases} -x_1 + x_2 - x_3 = 0 \\ x_1 - 2x_2 - x_3 = 0 \\ x_1 - x_2 + ax_3 = 0 \end{cases}$ ，当 a 为何值时有非零解，并求出其一般解.

15. 求下列非齐次线性方程组的全部解.

$$\begin{cases} -5x_1 + x_2 + 2x_3 - 3x_4 = 11 \\ x_1 - 3x_2 - 4x_3 + 2x_4 = -5 \\ -9x_1 - x_2 - 4x_4 = 17 \\ 3x_1 + 5x_2 + 6x_3 - x_4 = -1. \end{cases}$$

第 10 章 概率与统计初步

本章知识结构导图

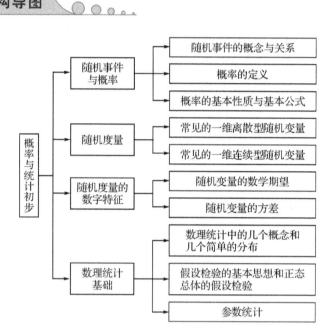

概率论是研究随机现象的一门学科,是数学的一个重要分支.它在科学研究、工农业生产及经济管理上有着广泛的应用.数理统计是运用概率论的知识,对要研究的随机现象进行多次观察和试验,然后作出种种合理的估计和推断的数学分支.本章将介绍概率与数理统计中的一些基础概念和方法.

10.1 随机事件与概率

10.1.1 随机事件的概念与关系

1.随机现象

在自然界和人们的活动中经常会遇到各种各样的现象,这些现象大体可分为两类:确定性现象和随机现象.

在一定条件下,事先可以断言必然会发生某种结果,这种现象称为确定性现象.例如在标准大气压下,纯水加热到 100℃ 一定会沸腾.

在一定条件下,事先不能断言会出现哪种结果,这类现象称为随机现象.例如往桌子上掷一枚硬币,可能正面朝上,也可能反面朝上.

对于随机现象,人们事先不能断定它将发生哪一种结果. 从表面上看好像结果是不可捉摸的,纯粹是偶然性在起支配作用. 其实不然,实践证明,随机现象在相同条件下重复进行多次观察,通常总能呈现某种规律性. 例如,往桌子上多次重复掷一枚硬币,出现正面朝上与反面朝上的次数比约为1:1. 因有人作过这个观察,在12000次的重复观察中,发现正面向上有6019次,在24000次的重复观察中,正面向上有12012次. 这些数据告诉我们,对这一随机现象,经过大量次重复观察,确实呈现出一个内在规律:"正面向上"和"反面向上"几乎各占一半. 这种通过大量次重复观察所呈现的某种规律,称为随机现象的统计规律性.

我们把对随机现象进行和观察或实验统称为随机试验(简称试验). 随机试验是研究随机现象的手段. 随机试验有以下特点:

(1) 可以在相同条件下重复进行;

(2) 每次试验的可能结果不止一个,并且能事先明确试验的所有可能结果;

(3) 进行一次试验之前不能确定哪一个结果会出现.

2. 随机事件

随机试验中可能出现的结果称为随机事件(简称事件). 通常用大写字母 A、B、C 等表示.

【例 10.1】 "往桌子上掷一枚硬币"是条件,每投掷一次硬币是一次试验. 可能出现的结果,正面向上是一个事件,正面向下也是一个事件,为表达方便可分别表示为 A、B,即 $A =$ "正面向上",$B =$ "正面向下".

【例 10.2】 "往桌子上投掷一颗骰子"是条件,每投掷一次骰子是一次试验. 6 种可能结果的每一种都是随机事件,我们用 $A_i =$ "点数为 i"表示$(i = 1, 2, \cdots, 6)$. 此外"点数为奇数"也是一个事件,记为 C,$C =$ "点数为奇数". 但是,事件 $A_1, A_2, \cdots, A_6$ 与事件 C 有所不同,事件 $A_i(i = 1, 2, \cdots, 6)$ 只含一个试验结果,而事件 C 含有 3 个可能的试验结果,我们称只包含一个试验结果的时间为基本事件. 这里 $A_1, A_2, \cdots, A_6$ 都是基本事件,由两个或两个以上的基本事件组成的事件叫做复合事件,例如事件 C 是复合事件.

每次试验中一定发生的事件称为必然事件,记作 Ω. 每次试验中一定不发生的时间称为不可能事件,记作 $\varnothing$. 如在例 10.2 中,"点数大于 0"是必然事件;"点数为 8"是不可能事件. 必然事件、不可能事件同属于确定性范畴,都不是随机事件,但是为了便于讨论,把必然事件和不可能事件当做特殊的随机事件.

随机试验的每一种可能结果称为该试验的一个样本点. 样本点的全体组成的集合称为这个随机试验的样本空间,也用 Ω 表示. 引入样本空间后,我们就可以从集合论的角度来描述随机事件以及它们之间的关系,并进行运算. 显然,随机试验中任意一个事件都是样本空间的子集. 必然事件就是样本空间,不可能事件则是空集. 基本事件是一个样本点组成的集合.

在例 10.1 中,样本点有两个:正面向上,正面向下,分别记为 ω_0,ω_1,则基本事件为两个:$\{\omega_0\}$,$\{\omega_1\}$,样本空间 $\Omega = \{\omega_0, \omega_1\}$.

在例 10.2 中,样本点有 6 个:点数为 1,点数为 2,$\cdots$,点数为 6,记 $\omega_i =$ "点数为 i"$(i = 1, 2, \cdots, 6)$ 则基本事件为$\{\omega_1\}$,$\{\omega_2\}$,$\{\omega_3\}$,$\{\omega_4\}$,$\{\omega_5\}$,$\{\omega_6\}$,样本空间 $\Omega = \{\omega_1, \omega_2, \cdots, \omega_6\}$,事件 $C = \{$点数为奇数$\} = \{\omega_1, \omega_3, \omega_5\}$.

【例 10.3】 袋中装有编号为 1、2 的两个白球,和编号为 3 的一个黑球,随机地、不放回地取两次,每次取一个球,考察这两个球的编号,试写出样本空间,并写出下列随机事件.

【解】　$\Omega = \{(1,2),(1,3),(2,1),(2,3),(3,1),(3,2)\}$,

A:"第一次取得黑球",$A = \{(3,1),(3,2)\}$;

B:"第一次取得白球",$B = \{(1,2),(1,3),(2,1),(2,3)\}$;

C:"两次都取得白球",$C = \{(1,2),(2,1)\}$;

D:"第一次取得白球,第二次取得黑球",$D = \{(1,3),(2,3)\}$.

3. 随机事件间的关系与运算

在研究随机试验时,我们发现一个随机试验往往有很多随机事件,其中有些比较简单,有些比较复杂,在实际问题中,常常需要把一个复杂的事件分解成若干个较为简单的事件,还需分析事件之间的关系,由于随机事件是样本空间 Ω 的子集,因此我们可以用集合论的观点和方法以及使用文氏图来讨论事件之间的关系.

(1) 事件的包含与相等

如果事件 A 发生必然导致事件 B 发生,那么称事件 B 包含事件 A(或事件 A 包含于事件 B),记作 $B \supset A$(或 $A \subset B$),见图 10.1 所示.

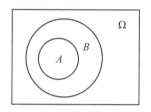

图 10.1

例如,一件产品合格是指它的直径和长度都合格.则"直径不合格"必然导致"产品不合格",所以"产品不合格"包含"直径不合格".为了方便起见,规定对于任一事件 A,有 $\varnothing \subset A$. 显然,对于任一事件 A,有 $A \subset \Omega$.

如果 $A \subset B$ 且 $B \supset A$,那么称事件 A 与 B 相等,记作 $A = B$.

(2) 事件的并(或和)

事件 A 与事件 B 中至少有一个发生的事件称为事件 A 与事件 B 的并(或和),记作 $A \bigcup B$(或 $A + B$),见图 10.2 所示.

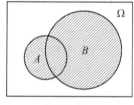

图 10.2

例如,"产品不合格"便是"直径不合格"与"长度不合格"两事件的并事件.

类似地,n 个事件 $A_1, A_2, \cdots, A_n$ 至少有一个发生的事件称为 n 个事件的并(或和),记作

$$A_1 \bigcup A_2 \bigcup \cdots \bigcup A_n = \bigcup_{i=1}^{n} A_i (\text{或 } A_1 + A_2 + \cdots + A_n = \sum_{i=1}^{n} A_i).$$

(3) 事件的交(或积)

事件 A 与事件 B 同时发生的事件称为事件 A 与事件 B 的交(或积),记作 $A \bigcap B$(或 AB),见图 10.3 所示.

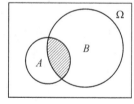

图 10.3

例如,"产品合格"便是"直径合格"与"长度合格"两事件的交事件.

类似地,n 个事件 $A_1, A_2, \cdots, A_n$ 同时发生的事件称为 n 个事件的交(或积),记作

$$A_1 \bigcap A_2 \bigcap \cdots A_n = \bigcap_{i=1}^{n} A_i (\text{或 } A_1 A_2 \cdots A_n).$$

(4) 事件的互斥(或互不相容)

如果事件 A 与事件 B 不能同时发生,即 $A \bigcap B = \varnothing$,那么称事件 A 与事件 B 为互斥(或互不相容)的,见图 10.4 所示.

例如,对于例 10.2 中所说的随机试验,事件"点数为 2"与事件"点数为奇数"互斥.

类似地,n 个事件 $A_1,A_2,\cdots,A_n$ 中任意两个事件都不可能同时发生,即 $A_i \bigcap A_j = \varnothing(i \neq j;i,j = 1,2,\cdots,n)$,那么称 n 个事件为两两互斥的.

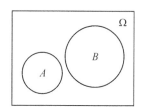

图 10.4

(5) 事件的对立(或互逆)

如果事件 A 与事件 B 既不能同时发生,又必定有一个发生,即 $A \bigcup B = \Omega,A \bigcap B = \varnothing$,那么称事件 A 与事件 B 对立(或互逆),并称事件 A 与事件 B 是互为对立事件(或逆事件),记作 $\overline{A} = B$ 和 $\overline{B} = A$,见图 10.5 所示.

例如,事件"直径不合格"与事件"直径合格"是对立事件.

【注】　对立事件是互斥的,但互斥事件不一定是对立事件.

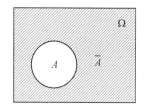

图 10.5

(6) 事件的差

事件 A 发生而事件 B 不发生的事件称为事件 A 与事件 B 的差,记作 $A - B$. 显然 $A - B = A \bigcap \overline{B}$,见图 10.6 所示.

例如,事件"直径合格但长度不合格"便是事件"直径合格"与事件"长度合格"的差事件.

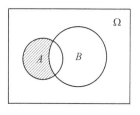

图 10.6

事件之间的运算和集合的运算一样,遵循下面的规律:

(1) 交换律:$A \bigcup B = B \bigcup A,A \bigcap B = B \bigcap A$;

(2) 结合律:$(A \bigcup B) \bigcup C = A \bigcup (B \bigcup C),(A \bigcap B) \bigcap C = A \bigcap (B \bigcap C)$;

(3) 分配律:$(A \bigcup B) \bigcap C = (A \bigcap C) \bigcup (B \bigcap C),(A \bigcap B) \bigcup C = (A \bigcup C) \bigcap (B \bigcup C)$;

(4) 对偶律:$\overline{A \bigcup B} = \overline{A} \bigcap \overline{B},\overline{A \bigcap B} = \overline{A} \bigcup \overline{B}$.

【例 10.4】　掷一颗骰子的试验,观察出现的点数;事件 A 表示"奇数点";B 表示"点数小于 5";C 表示"小于 5 的偶数点"用集合的列举法表示下列事件:$\Omega,A,B,C,A \bigcup B,A - B,B - A,A \bigcap B,A \bigcap C,\overline{A} \bigcup B$.

【解】　$\Omega = \{1,2,3,4,5,6\},A = \{1,3,5\},B = \{1,2,3,4\},C = \{2,4\},A \bigcup B = \{1,2,3,4,5\},A - B = \{5\},B - A = \{2,4\},A \bigcap B = \{1,3\},A \bigcap C = \varnothing,\overline{A} \bigcup B = \{1,2,3,4,6\}$.

【例 10.5】　某运动员参加三项比赛,用 A_i 表示事件"第 i 项比赛获胜"($i = 1,2,3$). 试用 A_1,A_2,A_3,表示下列事件:(1) 只有第一项比赛获胜;(2) 只有一项比赛获胜;(3) 三项比赛都获胜;(4) 至少有一项比赛获胜.

【解】　(1)"只有第一项比赛获胜"意味着第二、第三项比赛都未获胜,即事件 A_1 发生,且事件 A_2 与 A_3 都未发生,所以事件"只有第一项比赛获胜"可表示为 $A_1 \bigcap \overline{A_2} \bigcap \overline{A_3}$.

(2)"只有一项比赛获胜"并不指定第几项获胜,三个事件"第 i 项比赛获胜"($i = 1,2,3$) 中任意一个发生,都意味着事件"只有一项比赛获胜"发生,所以事件"只有一项比赛获胜"可表示为 $(A_1 \bigcap \overline{A_2} \bigcap \overline{A_3}) \bigcup (\overline{A_1} \bigcap A_2 \bigcap \overline{A_3}) \bigcup (\overline{A_1} \bigcap \overline{A_2} \bigcap A_3)$.

(3) 事件"三项比赛都获胜"意味着 A_1,A_2,A_3 同时发生,所以这一事件可表示为 $A_1 \bigcap A_2 \bigcap A_3$.

(4) 事件"至少有一项比赛获胜"就是事件 A_1,A_2,A_3 至少有一个发生,所以这一事件可表示为 $A_1 \bigcup A_2 \bigcup A_3$.

10.1.2 概率的定义

1. 概率的统计定义

随机事件在一次试验中可能发生,也可能不发生,具有不确定性.但是,在大量重复试验中,它发生的可能性具有一定的规律性.随机事件出现的可能性大小的数量指标为该事件的概率.下面先介绍事件发生频率的概念.

【**定义 10.1**】 在相同条件下进行 n 次重复试验,如果事件发生了 k 次,则比值 $\dfrac{k}{n}$ 称为事件 A 发生的频率,记作 $f_n(A)$,即

$$f_n(A) = \frac{k}{n}.$$

如例 10.1 中,我们将硬币抛掷 5 次、50 次、500 次,各做 10 遍,得数据如表 10.1 所示,其中事件 $A=$"正面朝上",表示次试验中事件 A 发生了 k 次,$f_n(A)$ 表示 A 发生的频率.

表 10.1

实验序号	$n=5$		$n=50$		$n=500$	
	k	$f_n(A)$	k	$f_n(A)$	k	$f_n(A)$
1	2	0.4	22	0.44	251	0.502
2	3	0.6	25	0.50	249	0.498
3	1	0.2	21	0.42	256	0.512
4	5	1.0	25	0.50	253	0.506
5	1	0.2	24	0.48	251	0.502
6	2	0.4	21	0.42	246	0.492
7	4	0.8	18	0.36	244	0.488
8	2	0.4	24	0.48	258	0.516
9	3	0.6	27	0.54	262	0.524
10	3	0.6	31	0.62	247	0.494

从表 10.1 上可以看出,随着掷硬币次数的增多,频率越来越明显地呈现出稳定性.表的最后一列显示,当掷硬币的次数充分大时,正面朝上的频率在常数 0.5 附近摆动.

一般地,只要试验是在相同条件下进行的,那么,随机事件发生的频率会逐渐稳定于某个常数 p,它反映出事件固有的属性.这种属性是对事件发生的可能性大小进行量测的客观基础,因而可用这个常数 p 作为事件的概率.

【**定义 10.2**】 (概率的统计定义) 在相同条件下进行重复随机试验,当试验次数充分大时,事件 A 发生的频率总在某一确定值 p 附近摆动,而且随着试验次数的增多,这种摆动的幅度越来越小,则称 p 为事件 A 的概率,记作 $P(A)=p$,即

$$P(A) = p.$$

根据上述定义,在抛掷硬币试验中,事件"正面朝上"的概率等于 $\dfrac{1}{2}$.

在许多实际问题中,直接用上述定义求事件的概率是困难的,有时甚至是不可能的,因此,可以取 n 充分大时的频率作为概率的近似值.

2. 概率的古典定义

从上面知道,随机事件的概率,一般可以通过大量重复试验求得其近似值,这通常是比较困难的.对于某些随机事件,也可以不通过重复试验,而只通过对一次试验中可能出现的

结果的分析来计算其概率.

在例 10.1 掷硬币试验中,样本空间 $\Omega = \{\omega_0, \omega_1\}$,样本点 ω_0, ω_1 分别表示正面朝上、正面朝下,且基本事件 $\{\omega_0\}, \{\omega_1\}$ 发生的可能性,均为 1/2.

在例 10.2 中,样本空间 Ω 中有 6 个样本点,若设样本点 ω_i 表示骰子的点数为 i,则 $\Omega = \{\omega_1, \omega_2, \cdots, \omega_6\}$,并且基本事件 $\{\omega_1\}, \{\omega_2\}, \cdots, \{\omega_6\}$ 发生的可能性都相等,均为 1/6.

由此可见,这两个试验具有如下两个共同的特点:

(1) 试验结果的个数是有限的,即样本空间所包含的样本点个数是有限的;

(2) 试验中每个基本事件发生的可能性相同.

具有上述两个特点的试验称为古典概型.

对于古典概型,事件 A 发生的概率如下定义:

【定义 10.3】 (概率的古典定义)　对于古典概型,若样本空间所含的样本点总数为 n,事件 A 所含的样本点个数为 m,则事件 A 的概率为 $\dfrac{m}{n}$,即

$$P(A) = \frac{m}{n}.$$

【例 10.6】　从 1 到 10 这十个自然数中任取一数

(1) 求随机试验的样本空间;

(2) 设事件 A 为"任取的一数是奇数",求 $P(A)$;

(3) 设事件 B 为"任取的一数是 4 的倍数",求 $P(B)$;

(4) 求 $P(A \bigcup B)$.

【解】　(1) 取的数可以是 1 到 10 这十个自然数中的任意一个,每一个数被取到的可能性相同.若以 i 表示"任取一数字为 i"的样本点($i = 1, 2, \cdots, 10$),则样本空间 $\Omega = \{1, 2, 3, 4, 5, 6, 7, 8, 9, 10\}$.

(2) 事件 $A = \{1, 3, 5, 7, 9\}$,含有 5 个样本点,所以 $P(A) = 5/10 = 1/2$;

(3) 事件 $B = \{4, 8\}$,含有 2 个样本点,所以 $P(B) = 2/10 = 1/5$;

(4) 事件 $A \bigcup B$ 表示"任取的一数是奇数或是 4 的倍数",即 $A \bigcup B = \{1, 3, 5, 7, 9, 4, 8\}$,含有 7 个样本点,所以 $P(A \bigcup B) = 7/10$

【注】　例 10.6 中事件 A 与事件 B 是互不相容的,即 $A \bigcap B = \varnothing$.这时有

$$P(A \bigcup B) = P(A) + P(B)$$

【例 10.7】　掷甲、乙两颗均匀的骰子,求点数之和为 7(设为 A)的概率.

【解】　$\Omega = \{(1,1), (1,2), (1,3), (1,4), (1,5), (1,6), (2,1), (2,2), (2,3), (2,4), (2,5), (2,6), (3,1), (3,2), (3,3), (3,4), (3,5), (3,6), (4,1), (4,2), (4,3), (4,4), (4,5), (4,6), (5,1), (5,2), (5,3), (5,4), (5,5), (5,6), (6,1), (6,2), (6,3), (6,4), (6,5), (6,6)\}$,可见,$n = 36, m = 6$,则 $P(A) = 6/36 = 1/6$.

【例 10.8】　盒中有 5 只红球和 3 只白球,从中随机地取出 4 只球.

(1) 设事件 A 为"取到的都是红球",求 $P(A)$;

(2) 设事件 B 为"恰取到 1 只白球",求 $P(B)$;

(3) 设事件 C 为"至少取到 1 只白球",求 $P(C)$.

【解】　从 8 只球中随机地取出 4 只,共有 $C_8^4 = 70$ 种取法.样本空间所含的样本点总数是 70.

（1）事件 A 发生，相当于在 5 只红球中随机地取 4 只，因而事件 A 所含的样本点个数是 $C_5^4 = 5$，所以

$$P(A) = \frac{C_5^4}{C_8^4} = \frac{5}{70} = \frac{1}{14};$$

（2）事件 B 发生，相当于取到 1 只白球和 3 只红球，事件 B 所含的样本点个数是 $C_3^1 C_5^3 = 30$，所以

$$P(B) = \frac{C_3^1 C_5^3}{C_8^4} = \frac{30}{70} = \frac{3}{7};$$

（3）直接考虑事件 C 较困难，为此考虑它的对立事件 $\overline{C}$，$\overline{C}$ = "取到的都是红球"，事件 $\overline{C}$ 含有 C_5^4 个样本点，因而事件 C 所含的样本点个数是 $C_8^4 - C_5^4 = 65$，所以

$$P(C) = \frac{C_8^4 - C_5^4}{C_8^4} = \frac{65}{70} = \frac{13}{14}.$$

【例 10.9】　已知有 30 件产品，其中 26 件正品、4 件次品，现从中抽取 3 次，每次任取 1 件，试求在下列情况下取出的 3 件都是正品的概率.

（1）每次取出 1 件后不放回，再继续取下 1 件；

（2）每次取出 1 件后放回，再继续取下 1 件.

【解】　（1）这种抽样称为不放回抽样.这时样本空间包含的样本点总数为：

$$C_{30}^1 C_{29}^1 C_{28}^1 = 24360,$$

事件 A = "取出 3 件都是正品" 所包含的样本点个数为 $26 \times 25 \times 24 = 15600$，所以

$$P(A) = \frac{15600}{24360} \approx 0.6404;$$

（2）这种抽样称为放回抽样.这时样本空间包含的样本点总数为：

$$30 \times 30 \times 30 = 27000,$$

事件 A = "取出 3 件都是正品" 所包含的样本点个数为 $26 \times 26 \times 26 = 17576$，所以

$$P(A) = \frac{17576}{27000} \approx 0.6510.$$

10.1.3　概率的基本性质与基本公式

1. 概率的基本性质

随机事件的概率具有如下性质：

【性质 10.1】　对任一事件 A，有 $0 \leqslant P(A) \leqslant 1$. 特别地，$P(\Omega) = 1$，$P(\varnothing) = 0$.

【性质 10.2】　对于事件 A 与 B，若 $A \subset B$，则 $P(A) \leqslant P(B)$，$P(B-A) = P(B) - P(A)$.

【性质 10.3】　若 A、B 两事件互不相容，则

$$P(A \bigcup B) = P(A) + P(B).$$

概率的这条性质称为概率的加法公式.

【推论 10.1】　若 $A_1, A_2, \cdots, A_n$ 是 n 个两两互不相容的事件，则

$$P\left(\bigcup_{i=1}^n A_i\right) = \sum_{i=1}^n P(A_i).$$

这一推论刻画了概率的有限可加性.

【推论 10.2】　对任一事件 A，有

$$P(\overline{A}) = 1 - P(A).$$

【性质 10.4】　　如果 A 与 B 是两个任意事件,则 $P(A \bigcup B) = P(A) + P(B) - P(A \bigcap B)$. 这个性质称为概率的一般加法公式(或广义加法公式).

【例 10.10】　　甲、乙两人做同一个实验,已知甲成功率为 0.82,乙成功率为 0.74,甲、乙两人都成功的概率为 0.63,问至少有一人成功的概率.

【解】　　设事件 $A =$ "甲成功",$B =$ "乙成功",$A \bigcap B =$ "甲、乙两人都成功",于是:

$$P(A \bigcup B) = P(A) + P(B) - P(A \bigcap B) = 0.82 + 0.74 - 0.63 = 0.93.$$

【例 10.11】　　从一批含有一等品、二等品和废品的产品中任取一件,取得一等品、二等品的概率分别为 0.73 和 0.21,求产品的合格品率及废品率.

【解】　　分别用 A_1、A_2 及 A 表示取出 1 件是一等品、二等品及合格品的事件,则 $\overline{A}$ 表示取出 1 件是废品的事件,按题意有

$$A = A_1 \bigcup A_2 \text{ 且 } A_1 \bigcap A_2 = \varnothing,$$
$$P(A) = P(A_1 \bigcup A_2) = P(A_1) + P(A_2) = 0.73 + 0.21 = 0.94,$$
$$P(\overline{A}) = 1 - P(A) = 1 - 0.94 = 0.06.$$

2. 条件概率与乘法公式

在实际问题中,常会遇到在已知事件 B 已经发生的附加条件下求事件 A 发生的概率,称这种概率为事件 A 在事件 B 已发生条件下的条件概率,简称为 A 对 B 的条件概率,记作 $P(A \mid B)$.

例如,两台车床加工同一种零件共 100 个,其中第一台车床加工 40 个,次品有 5 个;第二台车床加工 60 个,次品有 10 个. 现从 100 个零件中任取一个,已知取出的零件是第二台车床加工的,求取出的零件是正品的概率. 若设事件 A 为"取出的零件是正品",事件 B 为"取出的零件是第二台车床加工的",则所求概率是 $P(A \mid B)$. 第二台车床工加工 60 个零件,其中正品为 50 个,易知,$P(A \mid B) = 50/60$. 注意到事件 $A \bigcap B$ 表示"取出的零件是第二台车床加工的正品",这一事件的概率 $P(A \bigcap B) = 50/100$,又事件 B 的概率是 $P(B) = 60/100$. 于是

$$P(A \mid B) = \frac{50}{60} = \frac{50/100}{60/100} = \frac{P(A \bigcap B)}{P(B)}.$$

一般情况下,我们把这个算式作为条件概率的定义.

【定义 10.4】　　设 A, B 是两个事件,且 $P(B) > 0$,称

$$P(A \mid B) = \frac{P(AB)}{P(B)} \quad (\text{其中 } AB = A \bigcap B),$$

为在事件 B 发生的条件下事件 A 发生的条件概率.

类似地,如果 $P(A) > 0$,则事件 B 在事件 A 已发生条件下的条件概率为

$$P(B \mid A) = \frac{P(AB)}{P(A)}.$$

于是得到:

$$P(AB) = P(B)P(A \mid B) = P(A)P(B \mid A)$$

称为概率的乘法公式.

【例 10.12】　　已知 $P(B) = 0.6, P(A) = 0.5, P(B \mid A) = 0.4$,求 $P(A \bigcup B)$

【解】　　$P(A \bigcup B) = P(A) + P(B) - P(AB) = P(A) + P(B) - P(A)P(B \mid A) = 0.5 + 0.6 - 0.5 \times 0.4 = 0.9$

【例 10.13】　　某种动物活到 15 岁的概率为 0.8,活到 20 岁的概率为 0.4,问现龄为 15 岁

的这种动物活到 20 岁的概率为多少?

【解】 设事件 A 表示"活到 15 岁",B 表示"活到 20 岁",则 $B|A$ 表示"现龄为 15 岁的动物活到 20 岁". 因为"活到 20 岁"一定"活到 15 岁",所以 $B \subseteq A$,从而 $AB = B$.

$$P(B \mid A) = \frac{P(AB)}{P(A)} = \frac{P(B)}{P(A)} = \frac{0.4}{0.8} = \frac{1}{2}.$$

3. 事件的独立性

一般说来,条件概率 $P(B \mid A)$ 与概率 $P(B)$ 是不等的,但在某些情形下,它们是相等的. 例如,袋中装有 4 个红球、5 个白球,从中任取两次,每次任取一球,记事件 A 表示"第一次取出红球",事件 B 表示"第二次取出红球",则在无放回情形下 $P(B \mid A) = 3/8$ 且 $P(B) = P(A)P(B \mid A) + P(\bar{A})P(B \mid A) = \frac{4}{9} \times \frac{3}{8} + \frac{5}{9} \times \frac{4}{8} = \frac{4}{9}$,两者不等;而在有放回情形下,显然有 $P(B \mid A) = P(B) = 4/9$.

等式 $P(B \mid A) = P(B)$ 表明事件 A 发生与否对事件 B 发生的概率没有影响,这时,由乘法公式可得:

$$P(AB) = P(A)P(B \mid A) = P(A)P(B)$$

【定义 10.5】 对于事件 A 与 B,若

$$P(AB) = P(A)P(B)$$

则称事件 A 与事件 B 相互独立.

一般地,若 n 个事件 $A_1, A_2, \cdots, A_n$ 中任何一个事件发生的可能性都不受其他一个或几个事件发生与否的影响,则称这 n 个事件是相互独立的,显然有

$$P(A_1, A_2, \cdots, A_n) = P(A_1)P(A_2) \cdots P(A_n).$$

【定理 10.1】 若事件 A 与 B 相互独立,则 $\bar{A}$ 与 B,A 与 $\bar{B}$,$\bar{A}$ 与 $\bar{B}$ 都相互独立.

【证明】 因为事件 A 与 B 相互独立,所以 $P(AB) = P(A)P(B)$,又 $A = AB \cup A\bar{B}$,且 AB 与 $A\bar{B}$ 互不相容,所以,

$$P(A) = P(AB) + P(A\bar{B})$$

于是 $P(A\bar{B}) = P(A) - P(AB) = P(A) - P(A)P(B) = P(A)(1 - P(B)) = P(A)P(\bar{B})$,即 A 与 $\bar{B}$ 相互独立,其余类似可证.

【例 10.14】 甲、乙两人向同一目标射击,已知甲的命中率为 0.65,乙的命中率为 0.45,求目标被击中的概率.

【解1】 设事件 A 为"甲击中目标",事件 B 为"乙击中目标",则"目标被击中"可表示为 $A \cup B$,且由问题的实际意义可知事件 A 发生与否不影响事件 B 的发生,反之亦然,即事件 A 与 B 相互独立.

因为 $P(A) = 0.65$,$P(B) = 0.45$,A 与 B 相互独立,所以

$$P(A \cup B) = P(A) + P(B) - P(AB) = P(A) + P(B) - P(A)P(B)$$
$$= 0.65 + 0.45 - 0.65 \times 0.45 = 0.8075$$

【解2】 因为 $P(\overline{A \cup B}) = P(\bar{A}\bar{B}) = P(\bar{A})P(\bar{B})$,所以

$$P(A \cup B) = 1 - P(\bar{A})P(\bar{B}) = 1 - [1 - P(A)][1 - P(B)]$$
$$= 1 - 0.35 \times 0.55 = 0.8075$$

事件的相互独立性,可以推论到有限个事件的情形,三个事件 A, B, C 相互独立,必须满足下列四个等式:

$$\begin{cases} P(AB) = P(A)P(B) \\ P(BC) = P(B)P(C) \\ P(AC) = P(A)P(C) \\ P(ABC) = P(A)P(B)P(C) \end{cases}$$

若只满足前面等式,只能说明事件 A,B,C 两两独立.

【注】　A 与 B 相互独立,A 与 B 互不相容是两个不同的概念,不能混淆,两者是不能同时成立的.

习题 10.1

1. 写出下列随机试验的样本的空间:

(1) 将一枚硬币连掷 3 次,观察正面 H,反面 T 出现的情形;

(2) 将一枚硬币连掷 5 次,观察出现正面的次数;

(3) 袋中装有编号为 1,2 和 3 的球,随机地取两个,考察这两个球的编号;

(4) 袋中装有编号为 1,2 和 3 的球,依次随机地取出两次,每次取一个,不放回,考察这两个球的编号;

(5) 掷甲、乙两颗骰子,观察出现的点数之和.

2. 设 A、B、C 为任意三个事件,试用 A、B、C 表示下列事件:

(1) 只有 B 发生；　　　　　　　　(2) 只有 B 不发生；

(3) 至少有一个发生；　　　　　　　(4) 恰有一个发生；

(5) 没有一个发生；　　　　　　　　(6) 至少两个不发生；

(7) 至多有两个发生；　　　　　　　(8) 至多三个发生.

3. 有一批产品 100 件,其中合格品是 95 件,不合格的 5 件,求:

(1) 恰取得 1 件次品的概率；　　　　(2) 至少取 1 件次品的概率.

4. 掷一颗均匀的骰子,求:

(1) 出现偶数点的事件 A；　　　　　(2) 出现奇数点事件 B.

(3) 出现点数不超过 4 次的事件 C 的概率.

5. 某射手射击一次,击中 10 环的概率为 0.24,击中 9 环的概率为 0.28,击中 8 环的概率为 0.31,求:

(1) 这位射手一次射击至多击中 8 环的概率；

(2) 这位射手一次射击至少击中 8 环的概率.

6. 已知某产品的次品率为 4%,正品中 75% 为一级品,求任选一件产品是一级产品的概率.

7. 设 $P(A) = 0.5, P(B) = 0.4$,若 A 与 B 互不相容,则 $P(A \bigcup B) = $ _____；若 A 与 B 相互独立,则 $P(A \bigcup B) = $ _____；若 $P(B \mid A) = 0.6$ 则 $P(A \bigcup B) = $ _____.

8. 甲、乙两人射击,甲命中的概率为 0.7,乙命中的概率为 0.8,今甲、乙各自独立射击一发,求:

(1) 两人都中靶的概率；

(2) 至少有一人中靶的概率.

10.2 随机变量

随机变量及其分布是概率论中极为重要的概念,它的引入既实现了随机试验的数量化描述,又为微积分这一工具进入概率论提供了方便,从而把随机事件及其概率引向深入.

10.2.1 常见的一维离散型随机变量与应用

1. 随机变量

随机试验的可能结果可以是数量,也可以不是数量,但可以在引入若干实数值之后,实现试验结果的数量化.先看以下几个例子.

【例 10.15】 已知一批产品中有 6 件正品、4 件次品,从中任取 3 件,如果 ξ 表示抽得的次品数,易知被取 3 件中所含的次品件数 ξ 是一个变量,它可能取值为 0,1,2,3.

【例 10.16】 抛掷一枚硬币的两个可能结果是"出现分值朝上"或"出现国徽朝上",为了方便起见,将每一个结果用一个实数表示,即"1"表示"出现分值朝上","0"表示"出现国徽朝上".于是,硬币在一次抛掷中正面朝上的次数 η 是一个变量,它可能取值为 0,1.

【例 10.17】 测试某种电子元件的寿命(单位:h).如果用 μ 表示其寿命,易知 μ 是一个变量,它的可能取值为区间 $[0, +\infty)$ 上的某个数.

以上例子表明:随机试验的结果可以用取值是随机的变量来表示,这种变量称为随机变量.

【定义 10.6】 设 Ω 为样本空间,如果对于每一个问题可能结果 $\omega \in \Omega$,变量 ξ 都有一个确定的实数值 $\xi(\omega)$ 与之对应,则称 ξ 为定义在 Ω 上的随机变量,也叫做一维随机变量.本章仅讨论此类型随机变量.

通常用希腊字母 ξ, η, μ 等表示随机变量,而用 x, y, z 等表示相应随机变量的取值.

引入随机变量以后,随机事件可以用随机变量的取值来表示,例如,例 10.15 中的次品件数为随机变量 ξ,设 $A_i = \{$被取的 3 件中恰有 i 件次品$\}$,于是 $\{\xi = i\}$ 作为事件可以与 A_i 不加区分地予以运用,即可写成

$$A_i = \{\xi = i\}(i = 0,1,2,3).$$

对于例 10.16,随机变量 η 是正面朝上的次数,故有 $A_i = \{\eta = i\}(i = 0,1)$.

随机变量的不同取值,实质上形成了一系列的随机事件,所以随机变量这一概念远比随机事件广泛深刻.

对于一个随机变量,如果仅知道它可能取哪些值常常是不够的,更有意义的是应该知道它取某个值或取值在某个区间上的概率.

容易计算,在例 10.15 中,随机变量 ξ 可能取值的概率分别是

$$P(A_0) = P\{\xi = 0\} = \frac{C_4^0 C_6^3}{C_{10}^3} = \frac{1}{6},$$

$$P(A_1) = P\{\xi = 1\} = \frac{C_4^1 C_6^2}{C_{10}^3} = \frac{1}{2},$$

$$P(A_2) = P\{\xi = 2\} = \frac{C_4^2 C_6^1}{C_{10}^3} = \frac{3}{10},$$

$$P(A_3) = P\{\xi = 3\} = \frac{C_4^3 C_6^0}{C_{10}^3} = \frac{1}{30}.$$

据此还可以计算随机变量 ξ 取值在某一区间上的概率. 如：

$$P\{0 \leqslant \xi < 2\} = P\{\xi = 0\} + P\{\xi = 1\} = 2/3,$$
$$P\{\xi > 3\} = P\{\varnothing\} = 0,$$
$$P\{\xi \leqslant 3\} = P\{\xi = 0\} + P\{\xi = 1\} + P\{\xi = 2\} + P\{\xi = 3\} = 1.$$

由此可见，随机变量不仅具有取值的随机性，而且具有取值的统计规律性，即随机变量取某一个值或某些值的概率是完全正确的.

2. 分布函数

由随机变量的意义可知，对于任意确定的实数 x，概率 $P\{\xi \leqslant x\}$ 总是存在的，为此引入分布函数的概念.

【定义 10.7】　设 ξ 为一随机变量，x 为任意实数，则称定义在实数轴上的函数

$$F(x) = P\{\xi \leqslant x\}$$

为随机变量 ξ 的概率分布函数，简称 ξ 的分布函数.

如果将 ξ 看作随机点的坐标，则分布函数 $F(x)$ 值就表示 ξ 落在区间 $(-\infty, x]$ 内的概率，且有

$$P\{a < \xi \leqslant b\} = P\{\xi \leqslant b\} - P\{\xi \leqslant a\} = F(b) - F(a)$$
$$P\{\xi > a\} = 1 - P\{\xi \leqslant a\} = 1 - F(a).$$

分布函数具有如下性质：

(1) $F(x)$ 是非负、有界且单调不减的函数，即 $0 \leqslant F(x) \leqslant 1$；若 $x_1 < x_2$，则 $F(x_1) \leqslant F(x_2)$.

(2) $\lim\limits_{x \to -\infty} F(x) = 0$，$\quad \lim\limits_{x \to +\infty} F(x) = 1$.

(3) $F(x)$ 是处处右连续，即 $\lim\limits_{x \to x_0^+} F(x) = F(x_0)(-\infty < x_0 < +\infty)$.

【例 10.18】　设随机变量 ξ 的分布函数为

$$F(x) = \begin{cases} 0, & x < 1 \\ \ln x, & 1 \leqslant x < e \\ 1, & x \geqslant e \end{cases}$$

求 (1) $P\{\xi \leqslant 2\}$；(2) $P\{0 < \xi \leqslant 3\}$；(3) $P\{\xi > 2\}$.

【解】　(1) $P\{\xi \leqslant 2\} = F(2) = \ln 2$；

(2) $P\{0 < \xi \leqslant 3\} = F(3) - F(0) = 1 - 0 = 1$；

(3) $P\{\xi > 2\} = 1 - F(2) = 1 - \ln 2$.

3. 分布列

如果随机变量 ξ 可能取的值是有限个或可列个，则称 ξ 为离散型随机变量.

可列也称可数，简单地说，如果一组无穷多个数可以按照某种规则把它们按顺序排列起来，这组数就叫做可列的，否则就叫做不可列的. 例如，整数集、有理数集都是可列的，无理数集、实数集则是不可列的.

例 10.15 中，任意抽取 3 件产品，所抽得的次品数 ξ 为离散型随机变量，而例 10.17 中电子元件的寿命 μ，无法按照一定次序一一排列出来，所以它不是离散型随机变量.

为了全面描述离散型随机变量 ξ，除了知道随机变量取什么值之外，还要知道随机变量 ξ 取值的概率规律，这就是分布列的概念.

设 ξ 为一个离散型随机变量，它所有可能取的值为 $x_1, x_2, \cdots$，事件 $\{\xi = x_i\}$ 的概率为

$p_i(i=1,2,\cdots)$,即

$$p\{\xi=x_i\}=p_i \quad (i=1,2,\cdots)$$

称为离散型随机变量 ξ 的分布列(或分布律),分布列也可用表格的形式绘出(见如下).

ξ	x_1	x_2	$\cdots$	x_i	$\cdots$
P	p_1	p_2	$\cdots$	p_i	$\cdots$

易知,任一离散型随机变量的分布列具有如下性质:

(1) $p_i \geqslant 0 \quad (i=1,2,\cdots)$;

(2) $\sum_i p_i = 1$.

【例 10.19】 对于例 10.15,求抽得的次品的分布列.

【解】 由前节可知,ξ 的取值为 0,1,2,3,即:

ξ	0	1	2	3
P	1/6	1/2	3/10	1/30

【例 10.20】 设随机变量 ξ 的分布列为:

ξ	0	1	2
P	0.2	0.5	0.3

试求 ξ 的分布函数,并作出其图形.

【解】 根据分布函数的定义:$F(x)=P\{\xi \leqslant x\}(-\infty < x < +\infty)$,由随机变量 ξ 所取的值分几种情况讨论.

当 $x < 0$ 时,有 $F(x)=P\{\xi \leqslant x\}=P\{\varnothing\}=0$;

当 $0 \leqslant x < 1$ 时,有 $F(x)=P\{\xi \leqslant x\}=P\{\xi=0\}=0.2$;

当 $1 \leqslant x < 2$ 时,有 $F(x)=P\{\xi \leqslant x\}=P\{\xi=0\}+P\{\xi=1\}=0.7$;

当 $x \geqslant 2$ 时,有 $F(x)=P\{\xi \leqslant x\}=P\{\Omega\}=1$.

于是,所求的分布函数为

$$F(x)=\begin{cases} 0, & x<0 \\ 0.2, & 0 \leqslant x < 1 \\ 0.7, & 1 \leqslant x < 2 \\ 1, & x \geqslant 2 \end{cases}$$

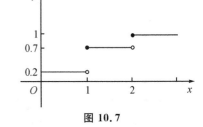

图 10.7

$F(x)$ 的图形如图 10.7 所示.

4. 几种常用的离散型随机变量的分布(两点分布、二项分布、泊松分布)

(1) 两点分布

设随机变量 ξ 有分布列:

ξ	0	1
P	p	q

即

$$P\{\xi=k\}=p^k q^{1-k}(k=0,1)$$

其中 $0 < p < 1, p+q=1$,则称 ξ 服从以 p 为参数的两点分布,记作 $\xi \sim (0,1)$.

两点分布也叫做 0—1 分布或贝努里分布.凡是只取两种状态或可归结为两种状态的随机试验均可用两点分布来描述,如抛掷硬币的反面或正面,一颗种子的不发芽还是发芽,一次天气预报为无雨或有雨,新生婴儿进行性别登记等问题.

（2）二项分布

设随机变量 ξ 有分布列

ξ	0	1	2	$\cdots$	k	$\cdots$	n
P	q^n	$C_n^1 p^1 q^{n-1}$	$C_n^2 p^2 q^{n-2}$	$\cdots$	$C_n^k p^k q^{n-k}$	$\cdots$	p^k

或简写为：$P\{\xi = k\} = C_n^k p^k q^{n-k}, k = 0, 1, 2, \cdots, n$.

其中 $0 < p < 1, p + q = 1$，则称 ξ 服从以 n，p 为参数的二项分布，记作 $\xi \sim B(n, p)$.

对于 n 重贝努里试验，如果用 ξ 表示事件 A 在 n 次试验中出现的次数，并设 $P(A) = p$，则 ξ 是服从二项分布，即 $\xi \sim B(n, p)$.

【例 10.21】　某车间有 9 台机床，间歇性用电，每台机床在 1h 内平均用电 12min，若按 6 台机床同时用电来配备动力，问超过负荷的概率是多少？

【解】　因为每台机床用电的概率为 $p = 12/60 = 0.2$，而 9 台机床同时用电的概率服从 $n = 9, p = 0.2$ 的二项分布，因此，超过负荷的概率为

$$P\{\xi > 6\} = P\{\xi = 7\} + P\{\xi = 8\} + P\{\xi = 9\}$$
$$= C_9^7 (0.2)^7 (0.8)^2 + C_9^8 (0.2)^8 (0.8)^1 + C_9^9 (0.2)^9 \approx 0.0003$$

这说明，超负荷的可能性非常小，因此，可以决定按 9 台机床同时用电来配备动力，这就能够避免浪费，取得更大的节约效果.

（3）泊松分布

设随机变量 ξ 有分布列：

ξ	0	1	2	$\cdots$	k	$\cdots$
P	$e^{-\lambda}$	$\lambda e^{-\lambda}$	$\dfrac{\lambda^2}{2!} e^{-\lambda}$	$\cdots$	$\dfrac{\lambda^k}{k!} e^{-\lambda}$	$\cdots$

即 $P\{\xi = k\} = \dfrac{\lambda^k}{k!} e^{-\lambda} (k = 0, 1, 2, \cdots; \lambda > 0)$. 则称 ξ 服从以 λ 为参数的泊松分布，记作 $\xi \sim \pi(\lambda)$.

产生泊松分布的客观背景是：

单位"时间"内需要"服务"的"顾客"数，并假设在不相重叠的"时间"区间内需要"服务"的"顾客"数相互独立. 这里所指的"时间"、"服务"、"顾客"都是广义的概念. 如：单位时间内，某种商品的销售量；单位时间内，访问某个网站的人数；单位长度内，某棉纱的疵点数. 所以，泊松分布在经济、管理、自然科学领域都是十分重要的.

【例 10.22】　商店某种商品日销量 $\xi \sim \pi(5)$（单位：件），试求下列事件的概率：（1）日销至少 1 件；（2）日销超过 1 件；（3）日销正好 1 件.

【解】　（1）"日销至少 1 件"的概率为：

$$P\{\xi \geqslant 1\} = \sum_{k=1}^{+\infty} \frac{5k}{k!} e^{-5} = 0.993262,$$

或

$$P\{\xi \geqslant 1\} = 1 - P\{\xi = 0\} = 1 - e^{-5} = 0.993262;$$

（2）"日销超过 1 件"的概率为：

$$P\{\xi > 1\} = P\{\xi \geqslant 2\} = \sum_{k=2}^{+\infty} \frac{5k}{k!} e^{-5} = 0.959572;$$

（3）"日销正好 1 件"的概率为：

$$P\{\xi = 1\} = P\{\xi \geqslant 1\} - P\{\xi \geqslant 2\} = 0.993262 - 0.959572 = 0.03369$$

或

$$P\{\xi = 1\} = 5e^{-5} = 0.03369.$$

$P\{\xi \geqslant 1\}$ 和 $P\{\xi \geqslant 2\}$ 的值可从泊松公布表中查得.

【例 10.23】 设 $\xi \sim \pi(\lambda)$,已知 $P\{\xi = 1\} = P\{\xi = 2\}$,求 $P\{\xi = 3\}$.

【解】 λ 未知,需先求 λ.

$$P\{\xi = 1\} = \frac{\lambda}{1!}e^{-\lambda} = \lambda e^{-\lambda},$$

$$P\{\xi = 2\} = \frac{\lambda}{2!}e^{-\lambda} = \frac{1}{2}\lambda e^{-\lambda},$$

由已知得 $\lambda e^{-\lambda} = \frac{1}{2}\lambda e^{-\lambda}$,解得 $\lambda_1 = 2$, $\lambda_2 = 0$(舍去)则

$$P\{\xi = 3\} = \frac{2^3}{3!}e^{-2} = \frac{4}{3}e^{-2} = 0.18045.$$

10.2.2 常见的一维连续型随机变量及应用

已经知道电子元件的寿命 μ 不是离散型随机变量,现在讨论非离散型随机变量的概率规律.

1. 分布密度

由于连续型随机变量的可能取值是不能一一列举的,因此讨论它的分布列是不合适的,为此引入分布密度.

设 ξ 是一个随机变量,$F(x)$ 是它的分布函数,如果存在非负数可积函数 $p(x)$,使得对于任意实数 x,有

$$F(x) = P\{\xi \leqslant x\} = \int_{-\infty}^{x} p(t)dt,$$

则称 ξ 为连续型随机变量,而 $p(x)$ 叫做 ξ 的概率分布密度,简称分布密度.

显然,密度函数 $p(x)$ 具有以下性质:

(1)$p(x) \geqslant 0$;

(2)$\int_{-\infty}^{+\infty} p(x)dx = 1$;

(3)$P\{a < \xi \leqslant b\} = \int_{a}^{b} p(x)dx$;

(4) 如果 $p(x)$ 在 x 处连续,则 $F'(x) = f(x)$.

$F(x)$ 等于曲线 $y = p(x)$ 在 $(-\infty, x]$ 上曲边梯形面积,如图 10.8(1) 所示.性质(2)说明曲线 $y = p(x)$ 和 x 轴之间的面积等于1,如图 10.8(2) 所示.性质(3) 表示 $P\{a < \xi \leqslant b\}$ 等于曲线 $y = p(x)$ 在区间 $(a, b]$ 上的曲边梯形的面积,如图 10.8(3) 所示.

应该指出的是:连续型随机变量 ξ 取任一指定实数 a 的概率为0,即 $P\{\xi = a\} = 0$. 这是因为,对任意实数 $h > 0$,

$$0 \leqslant P\{\xi = a\} \leqslant P\{a - h < \xi \leqslant a\} = \int_{a-h}^{a} p(x)dx.$$

而 $\lim\limits_{h \to 0} \int_{a-h}^{a} p(x)dx = 0$,所以 $P\{\xi = 0\} = 0$.

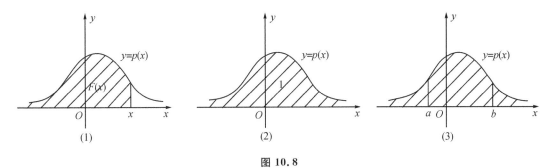

图 10.8

从而当计算连续型随机变量落在某一区间内的概率时,不必区分该区间是否包含端点,即有

$$P\{a \leqslant \xi \leqslant b\} = P\{a \leqslant \xi < b\} = P\{a < \xi \leqslant b\} = P\{a < \xi < b\} = \int_a^b p(x)\mathrm{d}x.$$

连续型随机变量取个别值的概率为零,这是与离散型随机变量截然不同的一个重要特点.

【例 10.24】　设随机变量 ξ 有分布密度

$$p(x) = \begin{cases} kx, & 0 < x < 1 \\ 0, & \text{其他} \end{cases}$$

试求(1)待定常数 k;(2)分布函数 $F(x)$;(3)概率 $P\{1/3 \leqslant \xi < 2\}$.

【解】　(1)由 $1 = \int_{-\infty}^{+\infty} p(x)\mathrm{d}x$ 得 $\int_0^1 kx\mathrm{d}x = \frac{k}{2}x^2 \big|_0^1 = \frac{k}{2} = 1$,即 $k = 2$;

(2)$F(x) = \int_{-\infty}^x p(t)\mathrm{d}t$

当 $x < 0$ 时,$F(x) = \int_{-\infty}^x 0\mathrm{d}t = 0$,

当 $0 < x \leqslant 1$ 时,$F(x) = \int_{-\infty}^x p(t)\mathrm{d}t = \int_{-\infty}^x 0\mathrm{d}t + \int_0^x 2t\mathrm{d}t = x^2$,

当 $x \geqslant 1$ 时,$F(x) = \int_{-\infty}^x p(t)\mathrm{d}t = \int_{-\infty}^x 0\mathrm{d}t + \int_0^x 2t\mathrm{d}t + \int_1^x 0\mathrm{d}t = 1$,

$$F(x) = \begin{cases} 0, & x < 0 \\ x^2, & 0 \leqslant x < 1; \\ 1, & x \geqslant 1 \end{cases}$$

(3)$P\{1/3 \leqslant \xi < 2\} = \int_{1/3}^2 p(x)\mathrm{d}x = \int_{1/3}^1 2x\mathrm{d}x + \int_1^2 0\mathrm{d}x = 8/9$ 或 $P\{1/3 \leqslant \xi < 2\} = F(2)$ $- F(1/3) = 1 - (1/3)^2 = 8/9$.

2.几种常见连续型随机变量的概率分布(均匀分布、指数分布、正态分布)

(1)均匀分布

设随机变量 ξ 在有限区间 $[a, b]$ 上取值,其分布密度为:

$$p(x) = \begin{cases} \dfrac{1}{b-a}, & a \leqslant x \leqslant b \\ 0, & \text{其他} \end{cases}$$

其中 $b > a$ 为常数,则称 ξ 服从以 a,　b 为参数的均匀分布,记作 $\xi \sim U(a, b)$.

如果 $\xi \sim U(a, b)$,可求得 ξ 的分布函数为:

$$p(x) = \begin{cases} 0, & x < a \\ \dfrac{x-a}{b-a}, & a \leqslant x < b. \\ 1, & x \geqslant b \end{cases}$$

均匀分布的分布密度 $p(x)$ 与分布函数 $F(x)$ 的图形如图 10.9 所示.

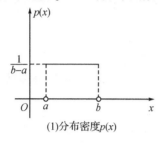 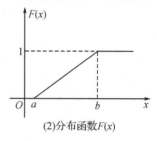

(1)分布密度$p(x)$　　　　　(2)分布函数$F(x)$

图 10.9

计算机上浮点数运算的舍入误差,可以认为是服从均匀分布的随机变量.

(2)指数分布

设随机变量 ξ 有分布密度

$$p(x) = \begin{cases} \lambda e^{-\lambda x}, & x \geqslant 0 \\ 0, & x < 0 \end{cases}$$

其中 $\lambda > 0$ 为常数,则称 ξ 服从以 λ 为参数的指数分布,记作 $\xi \sim E(\lambda)$. 服从指数分布的变量的分布函数为:

$$F(x) = \int_{-\infty}^{x} p(t)\,\mathrm{d}t = \begin{cases} 1 - e^{-\lambda x}, & x \geqslant 0 \\ 0, & x < 0 \end{cases}.$$

指数分布的分布密度 $p(x)$ 与分布函数 $F(x)$ 的图形如图 10.10 所示.

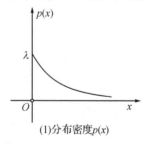 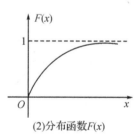

(1)分布密度$p(x)$　　　　　(2)分布函数$F(x)$

图 10.10

在实际应用中,动物的寿命和电子元件的寿命的分布都近似地服从指数分布.

(3)正态分布

设随机变量 ξ 有分布密度

$$p(x) = \frac{1}{\sqrt{2\pi}\sigma} e^{-\frac{(x-\mu)^2}{2\sigma^2}} \quad (-\infty < x < +\infty)$$

其中 μ, σ 为常数,且 $\sigma > 0$,则称 ξ 服从以 μ, σ 为参数的正态分布,记作 $\xi \sim N(\mu, \sigma^2)$. 正态分布是概率论中最重要的一个分布. 因高斯首先将它应用于误差研究,故也叫做高斯分布(或误差分布).

(1)$p(x)$ 有水平渐近线 $y = 0$;

$(2)\,p(x)$ 有两个拐点 $\left(\mu\pm\sigma,\dfrac{1}{\sqrt{2\pi}\sigma}e^{-\frac{1}{2}}\right)$;

$(3)\displaystyle\int_{-\infty}^{+\infty}\dfrac{1}{\sqrt{2\pi}\sigma}e^{-\frac{(x-\mu)^2}{2\sigma^2}}\,\mathrm{d}x=1.$

特别地,参数 $\mu=0,\sigma=1$ 的正态分布 $N(0,1)$ 叫做标准正态分布.为了与一般的正态分布相区别,将标准正态分布的分布密度与分布函数专门分别记为 $\varphi(x)$ 与 $\Phi(x)$,即

$$\varphi(x)=\frac{1}{\sqrt{2\pi}}e^{-\frac{x^2}{2}}\,(-\infty<x<+\infty),$$

$$\Phi(x)=\int_{-\infty}^{x}\varphi(t)\,\mathrm{d}t=\frac{1}{\sqrt{2\pi}}\int_{-\infty}^{x}e^{-\frac{t^2}{2}}\,\mathrm{d}t,$$

并且有 $\displaystyle\lim_{x\to+\infty}\Phi(x)=\frac{1}{\sqrt{2\pi}}\int_{-\infty}^{+\infty}e^{-\frac{t^2}{2}}\,\mathrm{d}t=1,$ $\varphi(x)$ 的图形如图 10.11(2) 所示.

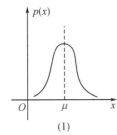 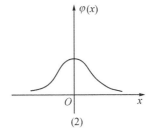

图 10.11

在自然现象和社会现象中,大量的随机变量都服从正态分布,例如,仪器测量误差、人的身高、射击的偏差、电子管中的噪声电流或电压、某个年级某学科考试成绩等等,它们都服从这种"中间大,两头小"的正态分布.正态分布在概率论与数理统计的理论及应用中占有极其重要的地位.

服从标准正态分布 $N(0,1)$ 的随机变量 ξ 落在某个区间内的概率可查标准正态分布函数 $\Phi(x)$ 的数值表.查表的方法为:

(1) 当 $x\in[1,3.5)$ 时,可从表中直接查出 $\Phi(x)$ 的数值;

(2) 当 $x\geqslant 3.5$ 时,$\Phi(x)\approx 1$;

(3) 当 $x<0$ 时,可按公式 $\Phi(-x)=1-\Phi(x)$ 来计算 $\Phi(x)$ 的值.

【例 10.25】　设 $\xi\sim N(0,1)$,用标准正态分布表计算:

$(1)\,P\{\xi<2.35\};(2)\,P\{\xi<-1.24\};(3)\,P\{|\xi|\leqslant 1.54\}.$

【解】　$(1)\,P\{\xi<2.35\}=\Phi(2.35)=0.9906;$

$(2)\,P\{\xi<-1.24\}=\Phi(-1.24)=1-\Phi(1.24)=1-0.8925=0.1075;$

$(3)\,P\{|\xi|\leqslant 1.54\}=p\{-1.54\leqslant\xi\leqslant 1.54\}=\Phi(1.54)-\Phi(-1.54)=\Phi(1.54)-$
$[1-\Phi(1.54)]=2\Phi(1.54)-1=2\times 0.9382-1=0.8764.$

对于一般正态分布的概率计算,有

$$F(x)=\Phi\left(\frac{x-\mu}{\sigma}\right).$$

由于 $F(x)=\dfrac{1}{\sqrt{2\pi}\sigma}\displaystyle\int_{-\infty}^{x}e^{-\frac{(t-\mu)^2}{2\sigma^2}}\,\mathrm{d}t,$ 令 $\underline{u=\dfrac{t-\mu}{\sigma}}\mathrm{d}t\dfrac{1}{\sqrt{2\pi}}\displaystyle\int_{-\infty}^{\frac{x-\mu}{\sigma}}e^{-\frac{u^2}{2}}\,\mathrm{d}u=\Phi\left(\dfrac{x-\mu}{\sigma}\right),$

所以 $p\{\xi\leqslant x\}=F(x)=\Phi\left(\dfrac{x-\mu}{\sigma}\right).$

【例 10.26】 设 $\xi \sim N(1,2^2)$,计算(1)$P\{\xi>3\}$;(2)$P\{0.5<\xi<9.2\}$.

【解】 (1)$P\{\xi>3\} = 1-P\{\xi\leqslant 3\} = 1-F(3) = 1-\Phi\left(\dfrac{3-1}{2}\right) = 1-0.8413 = 0.1587$;

(2)$P\{0.5<\xi<9.2\} = F(9.2)-F(0.5) = \Phi\left(\dfrac{9.2-1}{2}\right)-\Phi\left(\dfrac{0.5-1}{2}\right) = \Phi(4.1)-\Phi(-0.25) = \Phi(4.1)+\Phi(1.25)-1 = 1+0.5987-1 = 0.5987$.

【例 10.27】 设 $\xi \sim N(\mu,\sigma^2)$,试求:

(1)$P\{|\xi-\mu|<\sigma\}$;(2)$P\{|\xi-\mu|<2\sigma\}$;(3)$P\{|\xi-\mu|<3\sigma\}$.

【解】 (1)$P\{|\xi-\mu|<\sigma\} = P\{\mu-\sigma<\xi<\mu+\sigma\} = \Phi\left(\dfrac{\mu+\sigma-\mu}{\sigma}\right)-\Phi\left(\dfrac{\mu-\sigma-\mu}{\sigma}\right) = \Phi(1)-\Phi(-1) = 2\Phi(1)-1 = 2\times0.8413-1 = 0.6826$;

(2)$P\{|\xi-\mu|<2\sigma\} = \Phi(2)-\Phi(-2) = 0.9544$;

(3)$P\{|\xi-\mu|<3\sigma\} = \Phi(3)-\Phi(-3) = 0.9974$.

其中,最后一个算式揭示了一个极为重要的统计规律性,习惯上称为"3σ"规则,它表明在一次随机试验中,服从正态分布的随机变量几乎可以肯定落在区间$(\mu-3\mu,\mu+3\sigma)$之内,因为 ξ 的概率几乎等于 1. 在现代企业管理和生产中常用"3σ"规则进行质量管理和控制.

习题 10.2

1. 试用随机变量表示下列事件:

(1) 口袋内有 5 只乒乓球,编号分别为 1,2,3,4,5,从中任取一球,试表示事件"取出的球号码为 4","取出的球的号码不超过 3";

(2) 一批运动员参加了 100m 跑比赛,并记录了他们的成绩,其中最快的为 10s,最慢的为 12s. 现任意取一名运动员考察其成绩,试表示事件"成绩在 10s 与 11s 之间","成绩大于 10.5s".

2. 一个 3 小盒子中有 7 支铅笔,其中 4 支使红铅笔,3 支使蓝铅笔,现从小盒中任取 3 支铅笔,设取出的红铅笔支数为 ξ,求:

(1)ξ 的分布列;(2)$p\{1<\xi\leqslant 2\}$.

3. 设随机变量的分布列为:

ξ	-1	0	1
P	$\dfrac{1}{3}$	$\dfrac{1}{6}$	$\dfrac{1}{2}$

求:(1) 分布函数 $F(x)$;(2)$p\left\{\left|\xi<\dfrac{1}{2}\right|\right\}$;(3)$p\left\{\xi<\dfrac{1}{3}\right\}$.

4. 设随机变量 ξ 的分布列为:

ξ	0	1
P	$9C^2-C$	$3-8C$

试设定常数 C.

5. 设连续型随机变量 ξ 的分布函数为:

$$F(x) = \begin{cases} 0, & x<0 \\ Ax^2, & 0\leqslant x<1 \\ 1, & x\geqslant 1, \end{cases}$$

试求(1) 系数 A;(2)ξ 落在区间$(0.3,0.7)$ 内的概率;(3)ξ 的概率分布密度 $p(x)$.

6.某电话交换台每分钟收到的呼叫次数 ξ 服从参数$\lambda = 4$ 的泊松分布,求:

(1) 每分钟恰好收到 8 次呼叫的概率;

(2) 每分钟收到呼叫的次数大于 10 的概率.

7.假设打一次电话所用时间(单位:min)ξ 服从参数$\lambda = 0.2$ 的指数分布,如某人刚好在你面前走进电话亭,试求你等待:

(1) 超过 10min 的概率;

(2)10min 到 20min 的概率.

8.某城市每天的耗电率为 ξ,其密度函数有

$$p(x) = \begin{cases} 12(1-x^2), & 0 < x < 1 \\ 0, & \text{其他} \end{cases}$$

如果发电厂每天的供电量为 80 万 kW/h,问任意一天供电量不足的概率为多少?

9.设 $\xi \sim N(0,1)$,试求:

(1)$p\{2 < \xi \leqslant 5\}$;　　　　　　　　(2)$p\{-3 < \xi < 9\}$;

(3)$p\{|\xi| > 2\}$;　　　　　　　　　　(4)$p\{\xi > 3\}$;

(5)$p\{\xi > C\} = p\{\xi \leqslant C\}$,确定 C.

10.某标准件厂生产的螺栓长度 $\xi \sim N(10.05, 0.06^2)$.若规定长度在$(10.05\pm0.12)$mm 范围内为合格品,从一批螺栓中任取一只,求该螺栓为不合格的概率.

10.3　随机变量的数字特征

随机变量的分布函数完整地描述了它取值的概率规律.然而,找出随机变量的分布函数并不是一件容易的事.在实际问题中有时仅需知道随机变量的某个侧面(或某些特征),例如,评价一个班级学生的学习情况,只需着重考察各门功课的平均成绩以及每个学生的成绩与这个班级平均成绩的偏离程度.这些能反映随机变量某种特征的数字在概率论中叫做随机变量的数字特征,下面介绍数字特征中常用的数学期望和方差.

10.3.1　随机变量的数学期望

1.离散型随机变量的数学期望

为了描述一组事物的大致情况,经常使用平均值这个概念,例如,从一批钢筋中,随机抽取 10 根测定它的抗拉强度指标,测得抗拉强度 ξ(单位:MPa) 分别为:
$$110,120,120,125,125,125,130,130,135,140$$
于是,10 根钢筋的平均抗拉强度指标为$(110+120+120+125+125+125+130+130+135$
$+ 140) \times \frac{1}{10} = 110 \times \frac{1}{10} + 120 \times \frac{2}{10} + 125 \times \frac{3}{10} + 130 \times \frac{2}{10} + 135 \times \frac{1}{10} + 140 \times \frac{1}{10} = 126.$

抗拉强度有 6 个不同强度的值(单位:MPa):110,120,125,130,135,140,它们的平均值为 126MPa.由此可见,10 根钢筋的平均抗拉强度依次乘以其在检测中出现的频率 1/10,2/10,3/10,2/10,1/10,1/10 后的和.由于对于不同的实验,随机变量取值的频率往往不一样,也就是说,如果另外再抽取 10 根钢筋进行检测,所得的平均抗拉强度可能是不同的,这主要是由于频率的波动所引起的,为此,用概率代替频率以消除这种波动性.

设离散型随机变量 ξ 的分布列

ξ	x_1	x_2	$\cdots$	x_k	$\cdots$
p	p_1	p_2	$\cdots$	p_k	$\cdots$

【定义 10.8】 如果级数 $\sum\limits_{k}^{\infty} x_k p_k$ 绝对收敛（即 $\sum\limits_{k}^{\infty}|x_k|p_k$ 收敛，）则称级数和为随机变量 ξ 的数学期望，记作 $E(\xi)$，即

$$E(\xi) = \sum_{k}^{\infty} x_k p_x,$$

当级数 $\sum\limits_{k}^{\infty} x_k p_x$ 发散时，则 ξ 不存在数学期望值.

数学期望值是以概率为权的加权平均，体现了随机变量 ξ 取值的集中位置或平均水平，所以数学期望值也称均值.

显然，离散模型的数学期望由它的分布列唯一确定.

【例 10.28】 设随机变量 ξ 服从参数为 P 的 $0 \sim 1$ 分布，求 $E(\xi)$.

【解】 ξ 的分布列为

ξ	0	1
P	$1-p$	p

其中 $0 < p < 1$. $E(\xi) = 0 \times p\{\xi=0\} + 1 \times p\{\xi \times 1\} = 0 \times (1-p) + 1 \times p = p$，可见 $0 \sim 1$ 分布的参数 p 就是随机变量 ξ 的数学期望值.

通过计算还可得另外两个常用离散型随机变量的数学期望：

(1) 若 $\xi \sim B(n,p)$，则 $E(\xi) = np$；

(2) 若 $\xi \sim P(\lambda)$，则 $E(\xi) = \lambda$.

【例 10.29】 某车间甲、乙两工人，在一天生产中出现废品的概率分布

工人	甲				乙			
废品数	0	1	2	3	0	1	2	3
概率	0.4	0.3	0.2	0.1	0.3	0.5	0.2	0

若两人每日加工的零件数量相等，问谁的技术较好？

【解】 仅从分布概率来看，很难给出答案，但若根据其数学期望

甲：$E(\xi) = 0 \times 0.4 + 1 \times 0.3 + 2 \times 0.2 + 3 \times 0.1 = 1$，

乙：$E(\xi) = 0 \times 0.3 + 1 \times 0.5 + 2 \times 0.2 + 3 \times 0 = 0.9$，

则可判定乙的技术较好，因为在长期生产中，甲的废品数比乙多 10%.

2. 连续型随机变量的数学期望

【定义 10.9】 设连续型随机变量 ξ 的分布密度为 $P(x)$，如果广义积分 $\int_{-\infty}^{+\infty} xp(x)\mathrm{d}x$ 绝对收敛 $[$即 $\int_{-\infty}^{+\infty}|x|p(x)\mathrm{d}x$ 收敛$]$ 则称积分值为 ξ 的数学期望. 记作 $E(\xi)$，即

$$E(\xi) = \int_{-\infty}^{+\infty} xp(x)\mathrm{d}x,$$

当广义积分 $\int_{-\infty}^{+\infty}|x|p(x)\mathrm{d}x$ 发散时，则称 ξ 不存在数学期望值.

显然，连续随机变量的数学期望由它的分布密度唯一确定.

【例 10.30】　设随机变量 ξ 服从区间 $[a,b]$ 上的均匀分布, 求 $E(\xi)$.

【解】　ξ 的密度函数为:

$$p(x) = \begin{cases} \dfrac{1}{b-a}, & a < x < b \\ 0, & \text{其他} \end{cases}$$

则 $E(\xi) = \displaystyle\int_{-\infty}^{+\infty} x p(x)\mathrm{d}x = \int_a^b x \frac{1}{b-a}\mathrm{d}x = \frac{a+b}{2}$.

通过计算可得另外两个常用连续型随机变量的数学期望值:

(1) 若 $\xi \sim E(\lambda)$, 则 $E(\xi) = \dfrac{1}{\lambda}$;

(2) 若 $\xi \sim N(\mu, \sigma^2)$, 则 $E(\xi) = \mu$.

3. 随机变量函数的数学期望

(1) 随机变量函数

在实际中, 有时不能直接得到某个随机变量的分布, 而只能得到与它有关的另一个随机变量的分布. 例如, 我们需要分析一批零件的圆截面面积 S 的分布, 这里 S 是 d 的函数: $S = \dfrac{1}{4}\pi d^2$, 需要根据 d 的分布去讨论 S 的分布.

【定义 10.10】　设 ξ 为随机变量, $f(x)$ 为一元函数, 则 η 是轴的横截面面积, 则 η 是 ξ 的函数, 即 $\eta = \dfrac{1}{4}\xi^2$.

(2) 随机变量函数的数学期望

如果用定义计算 $E[f(\xi)]$, 需要先求出 $\eta = f(\xi)$ 的分布, 然而, 求 $f(\xi)$ 的分布有时很麻烦. 是否还可有其他方法呢? 下面的定理给出了一种直接求解的手段.

【定理 10.2】　设 ξ 为随机变量, 且 $\eta = f(\xi)$, 其中 $f(x)$ 为连续函数,

(1) 若 ξ 是离散型随机变量, 其分布列为:

$$P\{\xi = x_k\} = p_k \quad (k = 1, 2, \cdots),$$

如果级数 $\displaystyle\sum_k^{\infty} f(x_k) p_k$ 绝对收敛, 则 η 的数学期望为:

$$E(\eta) = E[f(\xi)] = \sum_k^{\infty} f(x_k) p_k;$$

(2) 若 ξ 为连续型随机变量, 其分布密度为 $p(x)$, 如果广义积分 $\displaystyle\int_{-\infty}^{+\infty} f(x) p(x)\mathrm{d}x$ 绝对收敛, 则 η 的数学期望为:

$$E(\eta) = E[f(\xi)] = \int_{-\infty}^{+\infty} f(x) p(x)\mathrm{d}x.$$

由此可见, 求随机变量函数 $\eta = f(\xi)$ 的数学期望, 可以不必先求出 η 的概率分布, 仅需知道随机变量 ξ 的概率分布即可.

【例 10.31】　设随机变量的分布列为:

ξ	-1	0	1
P	0.2	0.3	0.5

且 $\eta = \xi^2 + 2\xi$, 求 $E(\eta)$.

【解】 $f(x_k) = x_k^2 + 2x_2$ $(k = 1, 2, 3)$,

$$E(\eta) = E(\xi^2 + 2\xi) = \sum_{k=1}^{3} (x_k^2 + 2x_k) p_k$$

$$= [(-1)^2 + 2 \times (-1)] \times 0.2 + (0^2 + 2 \times 0) \times 0.3 + (1^2 + 2 \times 1) \times 0.5 = 1.3.$$

【例 10.32】 设随机变量 ξ 的密度函数为:

$$p(x) = \begin{cases} \dfrac{1}{2}x, & 0 < x \leqslant 2 \\ 0, & \text{其他} \end{cases}$$

试求 $E(\xi^2)$.

【解】 由公式得:

$$E(\xi^2) = \int_{-\infty}^{+\infty} x^2 p(x) \mathrm{d}x = \int_0^2 \frac{1}{2} x^3 \mathrm{d}x = \frac{1}{8} x^4 \Big|_0^2 = 2.$$

4. 数学期望的性质

(1) 如果 C 为常数,则 $E(C) = C$;

(2) 设 ξ 为随机变量,C 为常数,则 $E(C\xi) = CE(\xi)$;

(3) 设 ξ 为随机变量,a、b 为常数,则 $E(a\xi + b) = aE(\xi) + b$;

(4) 设 ξ, η 为两个随机变量,则 $E(\xi \pm \eta) = E(\xi) \pm E(\eta)$;

(5) 设随机变量 ξ, η 相互独立,则 $E(\xi\eta) = E(\xi)E(\eta)$.

例 10.31 中,$E(\xi^2) = (-1)^2 \times 0.2 + 0^2 \times 0.3 + 1^2 \times 0.5 = 0.7$,$E(\xi) = (-1) \times 0.2 + 0 \times 0.3 + 1 \times 0.5 = 0.3$,由性质(4)得

$$E(\xi^2 + 2\xi) = E(\xi^2) + 2E(\xi) = 0.7 + 2 \times 0.3 = 1.3.$$

10.3.2 随机变量的方差

1. 方差的概念

数学期望是非常重要的数字特征,但是在实际问题中只知道随机变量的数学期望往往是不够的,还需要弄清随机变量取值与其数学期望的偏离程度,例如,有两批钢筋,每批十根,它们的抗拉强度(单位:MPa)依次为:

第一批:110、120、120、125、125、125、130、130、135、140;

第二批:90、100、120、125、125、130、135、145、145、145.

这两批钢筋的抗拉强度的平均值都是 126MPa,但是第一批钢筋的抗拉强度与平均抗拉强度的偏差较小,质量比较稳定,第二批钢筋的抗拉强度与平均抗拉强度的偏差较大,质量相对不稳定. 由此可见,在实际问题中,除要了解随机变量的数学期望外,一般还要知道随机变量的取值与其数学期望的偏离程度. 那么如何去度量随机变量的取值与其数学期望的偏离程度呢?自然可以用均值 $E[|\xi - E(\xi)|]$ 来度量,但由于上式带有绝对值符号,不便于计算,因此通常采用 $E[\xi - E(\xi)]^2$ 来表示随机变量 ξ 与其均值 $E(\xi)$ 的偏离程度.

【定义 10.11】 设 ξ 为随机变量,如果 $E[\xi - E(\xi)]^2$ 存在,则称它为 ξ 的方差,记作 $D(\xi)$,即 $D(\xi) = E[\xi - E(\xi)]^2$.

方差的算术平方根称为均方差或标准差,记 $\sigma(\xi)$,即:

$$\sigma(\xi) = \sqrt{D(\xi)} = \sqrt{E[\xi - E(\xi)]^2}.$$

按数学期望的性质,由于 $E(\xi)$ 是一个常数,因此

$$D(\xi) = E[\xi - E(\xi)]^2 = E\{\xi^2 - 2\xi E(\xi) + [E(\xi)]^2\} = E(\xi^2) - 2E(\xi)E(\xi) + [E(\xi)]^2$$
$$= E(\xi^2) - [E(\xi)]^2,$$

即

$$D(\xi) = E(\xi^2) - [E(\xi)]^2.$$

于是,对于离散型随机变量,有

$$D(\xi) = E[\xi - E(\xi)]^2 = \sum_k^{\infty} [x_k - E(\xi)]^2 p_k.$$

对于连续型随机变量,有

$$D(\xi) = E[\xi - E(\xi)]^2 = \int_{-\infty}^{+\infty} [x - E(\xi)]^2 p(x)\mathrm{d}x.$$

可见,随机变量的方差是一个非负数,对于离散型随机变量由它的分布列唯一确定,对于连续随机变量由它的分布密度唯一的确定.

【例 10.33】　计算上述引例中第一批、第二批钢筋抗拉强度的方差 $D(\xi_1)$ 和 $D(\xi_2)$.

【解】　$E(\xi_1) = E(\xi_2) = 126$

$$D(\xi_1) = (110 - 126)^2 \times \frac{1}{10} + (120 - 126)^2 \times \frac{2}{10} + (125 - 126)^2 \times \frac{3}{10} + (130 - 126)^2 \times$$

$$\frac{2}{10} + (135 - 126)^2 \times \frac{1}{10} + (140 - 126)^2 \times \frac{1}{10} = 64,$$

$$D(\xi_2) = (90 - 126)^2 \times \frac{1}{10} + (100 - 126)^2 \times \frac{1}{10} + (120 - 126)^2 \times \frac{1}{10} + (125 - 126)^2 \times$$

$$\frac{2}{10} + (130 - 126)^2 \times \frac{1}{10} + (135 - 126)^2 \times \frac{1}{10} + (145 - 126)^2 \times \frac{3}{10} = 319,$$

因为 $D(\xi_1) < D(\xi_2)$,故第一批钢筋比第二批钢筋质量稳定.

【例 10.34】　设随机变量 ξ 服从区间 $[a, b]$ 上的均匀分布,求 $D(\xi)$.

【解】　由例 31,$E(\xi^2) = \frac{a+b}{2}$,又

$$E(\xi^2) = \int_{-\infty}^{+\infty} x^2 p(x)\mathrm{d}x = \int_a^b x^2 \frac{1}{b-a}\mathrm{d}x = \frac{1}{3}(b^2 + ab + a^2),$$

所以

$$D(\xi) = E(\xi^2) - [E(\xi)]^2 = \frac{(b-a)^2}{12}.$$

为方便起见,现将几个常用的随机变量的数学期望和方差汇集于如下表格.

分布名称	概率分布	数学期望	方差
两点分布	$P\{\xi = 1\} = p, P\{\xi = 0\} = q$ $(0 < p < 1, p + q = 1)$	p	pq
二项分布	$P\{\xi = k\} = C_n^k p^k q^{n-k}$ $(k = 0, 1, \cdots, n)(0 < p < 1, p + q = 1)$	np	npq
泊松分布	$P\{\xi = k\} = \frac{\lambda^k}{k!} e^{-\lambda}$ $(\lambda > 0, k = 0, 1, 2, \cdots)$	λ	λ
均匀分布	$p(x) = \begin{cases} \dfrac{1}{b-a}, & a \leqslant x \leqslant b \\ 0, & \text{其他} \end{cases}$	$\dfrac{a+b}{2}$	$\dfrac{(b-a)^2}{12}$

分布名称	概率分布	数学期望	方差
指数分布	$p(x) = \begin{cases} \lambda e^{-\lambda x}, & x \geqslant 0 \\ 0, & x < 0 \end{cases} (\lambda > 0)$	$\dfrac{1}{\lambda}$	$\dfrac{1}{\lambda^2}$
正态分布	$p(x) = \dfrac{1}{\sqrt{2\pi}\sigma} e^{-\frac{(x-\mu)^2}{2\sigma^2}} \ (\sigma > 0)$	μ	σ^2

2. 方差的性质

(1) 如果 C 为常数,则 $D(C) = 0$;

(2) 设 ξ 为随机变量,C 为常数,则 $D(C\xi) = C^2 D(\xi)$;

(3) 设随机变量 ξ, η 相互独立,则 $D(\xi \pm \eta) = D(\xi) + D(\eta)$.

【例 10.35】 设 $\xi \sim \pi(\lambda)$,求 $E(\xi^2 + \xi + 1)$.

【解】 由数学期望的性质和泊松分布的期望、方差得:

$E(\xi^2 - \xi + 1) = E(\xi^2) - E(\xi) + 1 = D(\xi) + [E(\xi)]^2 - E(\xi) + 1 = \lambda + \lambda^2 - \lambda + 1 = \lambda^2 + 1.$

【例 10.36】 设 $\xi \sim U(2,8), \eta \sim N(4,1)$,$\xi$ 与 η 相互独立,求 $E(\xi - 2\eta), D(\xi - 2\eta)$.

【解】 $E(\xi - 2\eta) = E(\xi) - 2E(\eta) = \dfrac{2+8}{2} - 2 \times 4 = -3; D(\xi - 2\eta) = D(\xi) +$

$(-2)^2 D(\eta) = \dfrac{(8-2)^2}{12} + 4 \times 1 = 7.$

【例 10.37】 设 $\xi \sim B(n,p)$,已知 $E(\xi) = 8, D(\xi) = 1.6$,求 n, p.

【解】 由二项分布的期望与方差得

$$E(\xi) = np = 8, D(\xi) = npq = 1.6,$$

得 $8q = 1.6$,所以 $q = 0.2$,从而

$$p = 1 - q = 0.8, n = 10.$$

习题 10.3

1. 盒中有 5 个球,其中 2 个是红球,随机地取到的红球个数,求 (1)$E(\xi)$,(2)$D(\xi)$.

2. 设随机变量 ξ 有密度函数 $p(x) = \begin{cases} 3x^2/8, & 0 \leqslant x \leqslant 2 \\ 0, & \text{其他} \end{cases}$,求 $E(\xi), E(2\xi - 1), D(\xi)$.

3. 设 ξ 有如下分布列:

ξ	0	1	2	3
P	0.1	0.2	0.3	0.4

求 $E(\xi^2 - 2\xi + 3)$.

4. 设 ξ 的密度函数为 $p(x) = \begin{cases} (x+1)/4, & 0 \leqslant x < 2 \\ 0, & \text{其他} \end{cases}$,求 $D(\xi)$.

5. 设 $\xi \sim U(a,b), \eta \sim N(4,3)$,$\xi$ 与 η 有相同的期望和方差,求 a,b 的值.

10.4 数理统计基础

随机变量的分布函数给出了随机现象在大量试验下所呈现出的统计规律性. 然后在实际问题中,随机变量的分布往往是未知的,或者由于现象的某些事实而知道其概型,但不知其分布函数中所含的参数,这就需要从所研究的对象全体中抽取一部分进行观测或试验以

取得信息,从而对整体作出推断.由于观测和试验是随机现象,依据有限个观测或试验对整体所作出的推论不可能绝对准确,多少总含有一定程度的不确定性,而不确定性用概率的大小来表示是最恰当了,概率大,推断就比较可靠;概率小,推断就比较不可靠.数理统计学中,一个基本问题就是依据观测或试验所取得有限的信息对整体如何推断的问题.每个推断必须伴随一定的概率以表明推断的可靠程度.这种伴随有一定概率的推断称为统计推断.

10.4.1　数理统计中的几个概念和几个简单的分布

1.总体与样本

例如,工厂生产一批灯泡,要依使用寿命作为检验灯泡的质量标准,当规定寿命低于1500h者为次品时,那么这批灯泡次品率的确定,可以归结求灯泡寿命 X 这个随机变量的分布函数 $F(x)$,即 $P\{x \leqslant 1500\} = F(1500)$ 就是所要求的次品率.出于寿命试验是破坏性的,显然要想通过了解每只灯泡寿命来计算次品率是不现实的,故只能从整批灯泡中,选取一些灯泡作寿命试验,并记录结果,然后根据这组数据来推断整批灯泡的寿命情况,以解决提出的问题.

在数理统计中,把研究对象的全部元素组成的集合叫做总体(或母体),记为 X、Y、Z、$\cdots$,而组成总体的每个元素叫做个体,如上例中该批灯泡的寿命的全体为总体,其中每只灯泡的寿命为个体.

从总体 X 中进行随机抽样观察,抽取 n 个个体 $X_1,X_2,\cdots,X_n$ 叫做总体 X 的样本(或子样),n 叫做样本容量.在实际应用中,一般称 $n \geqslant 5$ 的样本为大样本,$n < 50$ 的样本为小样本,因为每一个 $X_i(i = 1,2,\cdots,n)$ 是从总体 X 中随机抽取的,所以 $X_1,X_2,\cdots,X_n$ 应看成 n 个随机变量,在每一次抽取后,它们都是确定的数值,记作 $x_1,x_2,\cdots,x_n$,叫做样本观测值,简称样本值.

统计推断方法就是根据样本所提供的信息对总体中的未知参数,甚至总体的分规律进行估计、检验.为了使样本能客观地反映总体的特性,通常要求样本满足以下两点:

(1)同一性:$X_i(i = 1,2,\cdots,n)$ 与总体 X 具有相同的分布;

(2)独立性:$X_1,X_2,\cdots,X_n$,是相互独立的随机变量.

满足上述两条性质的样本叫做简单随机样本.当总体有限时,通常采用放回抽样的方法,得到简单随机样本,对无限总体或个体的数目 N 很大的总体可采用不放回抽样.实际应用中,只要 $n/N < 0.1$,用不放回抽样得到地样本 $X_1,X_2,\cdots,X_n$,可以近似地看作简单随机样本.今后如不特别声明,所指样本均为简单随机样本.

2.统计量

为了通过样本 $X_1,X_2,\cdots,X_n$ 推断总体 X 的特性,需要就所关心问题构造样本的某种函数,如果 $f(X_1,X_2,\cdots,X_n)$ 是样本 $X_1,X_2,\cdots,X_n$ 构成的函数,且不包含样本来自总体分布的未知参数,则称函数 $f(X_1,X_2,\cdots,X_n)$ 为统计量.

例如,设总体 $X \sim N(\mu,\sigma^2)$,其中 μ 和 σ^2 未知,$X_1,X_2,\cdots,X_n$ 是取自总体 X 的一个大小为 n 的样本,则

$$f(X_1,X_2,\cdots,X_n) = \max\{X_1,X_2,\cdots,X_n\},$$
$$f(X_1,X_2,\cdots,X_n) = X_1 + X_2 - X_3,$$

均为统计量,而

$$f(X_1, X_2, \cdots, X_n) = \frac{1}{2}(X_1 + X_2) - \mu,$$

$$f(X_1, X_2, \cdots, X_n) = \frac{X_1}{\sigma^2},$$

不是统计量,因为它们含有总体的未知参数.

统计量作为样本的函数也是随机变量,只要给定总体 X 的分布,便可根据概率知识推出统计量的分布,称统计量的分布为抽样分布.

下面介绍几个常用的统计量.

设 $X_1, X_2, \cdots, X_n$ 是来自总体 X 的一个样本,$x_1, x_2, \cdots, x_n$ 是该样本的观察值,常用的统计量有:

(1) 样本平均值(均值) $\overline{X} = \frac{1}{n} \sum\limits_{i=1}^{n} X_i$;

(2) 样本方差 $S^2 = \frac{1}{n-1} \sum\limits_{i=1}^{n} (X_i - \overline{X})^2$;

(3) 样本均方差(标准差) $S = \sqrt{S^2}$;

(4) 样本 k 阶原点矩 $A_k = \frac{1}{n} \sum\limits_{i=1}^{n} X_i^k, k = 1, 2, \cdots$;

(5) 样本 k 阶中心矩 $B_k = \frac{1}{n} \sum\limits_{i=1}^{n} (X_i - \overline{X})^k, k = 1, 2, \cdots$.

它们对应的观察值是:

$$\overline{x} = \frac{1}{n} \sum_{i=1}^{n} x_i, \quad s^2 = \frac{1}{n-1} \sum_{i=1}^{n} (x_i - \overline{x})^2, \quad s = \sqrt{s^2},$$

$$a_k = \frac{1}{n} \sum_{i=1}^{n} x_i^k, \quad b_k = \frac{1}{n} \sum_{i=1}^{n} (x_i - \overline{x})^k, \quad k = 1, 2, \cdots,$$

这里,样本方差是除以 $n-1$,而不是 n,后面将说明其理由.

【例 10.38】 样本观测值为:

　　4.5　2.0　1.0　1.5　3.4　4.5　6.5　5.0　3.5　4.0

试求样本均值和样本方差.

【解】 $\overline{x} = \frac{1}{10} \sum\limits_{i=1}^{10} x_i = \frac{1}{10}(4.5 + 2.0 + 1.0 + 1.5 + 3.4 + 4.5 + 6.5 + 5.0 + 3.5 + 4.0)$
$= 3.59$,

$s^2 = \frac{1}{10-1} \sum\limits_{i=1}^{10} (x_i - \overline{x})^2 = \frac{1}{9}\big[(4.5 - 3.59)^2 + (2.0 - 3.59)^2 + (1.0 - 3.59)^2$
$+ (1.5 - 3.59)^2 + (3.4 - 3.59)^2 + (4.5 - 3.59)^2 + (6.5 - 3.59)^2 + (5.0 - 3.59)^2$
$+ (3.5 - 3.59)^2 + (4.0 - 3.59)^2\big] = 2.881.$

由于样本是随机变量,因此,作为样本的函数的统计量也是随机变量,也有其统计规律和概率分布,我们称统计量的分布为抽样分布.下面介绍几个在数理统计常用的抽样分布.

3. $\overline{x}$ 的分布

【定理 10.3】 设总体 $X \sim N(\mu, \sigma^2)$,$X_1, X_2, \cdots, X_n$ 是取自总体 X 的一个样本,则样本均值

$$\overline{X} \sim N\left(\mu, \frac{\sigma^2}{n}\right).$$

把 $\overline{X}$ 标准化,并记作 U,则有

$$U = \frac{\overline{X} - \mu}{\sigma / \sqrt{n}} \sim N(0, 1).$$

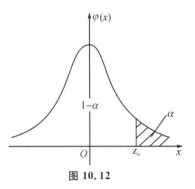

图 10.12

对于给定的 $a \in (0, 1)$,查标准正态分布表可得数值 z_a(图 10.12),使其满足 z

$$P\{U \leqslant z_a\} = \int_{-\infty}^{z_a} \varphi(x) \mathrm{d}x = 1 - a$$

即

$$P\{U \leqslant z_a\} = a$$

我们通常称这样的数值 z_a 为临界值.

当 $a = 0.05$ 时,$P\{U \leqslant z_{0.05}\} = 1 - 0.05$,即 $\Phi(z_{0.05}) = 0.95$,查标准正态分布表得 $z_{0.05} = 1.645$.

4. χ^2 分布

【定义 10.12】　设总体 $X \sim N(0, 1)$,$X_1, X_2, \cdots, X_n$ 是取自总体 X 的一个样本,则称随机变量

$$\chi^2 = X_1^2 + X_2^2 + \cdots + X_n^2$$

的分布为自由度为 n 的 χ^2 分布,记为 $\chi^2 \sim \chi^2(n)$.

χ^2 分布的密度函数 $p(x)$ 的图形如图 10.13 所示,它是一种不对称分布,当自由度 n 较大时,χ^2 分布渐近于正态分布.

对于给定的 $a \in (0, 1)$,可由已知的自由度 n 查 χ^2 分布表,求出满足

$$P\{\chi^2 > \chi_a^2(n)\} = a,$$

即

$$P\{\chi^2 \leqslant \chi_a^2(n)\} = 1 - a,$$

的临界值 $\chi_a^2(n)$(图 10.14).

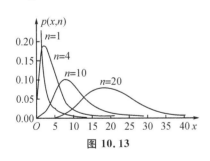

图 10.13

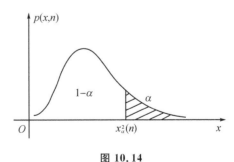

图 10.14

例如,当 $a = 0.95$,$n = 20$ 时,查 χ^2 分布表得到临界值

$$\chi_{0.95}^2(20) = 10.85$$

使

$$P\{\chi^2 > 10.85\} = 0.95.$$

【定理 10.4】　设总体 $X \sim N(\mu, \sigma^2)$,$X_1, X_2, \cdots, X_n$ 是取自总体 X 的一个样本,则有

(1) 统计量 $\dfrac{n-1}{\sigma^2} S^2$ 服从自由度为 $n - 1$ 的 χ^2 分布,即

$$\frac{n-1}{\sigma^2}S^2 \sim x^2(n-1);$$

（2）样本均值$\overline{X}$和样本方差S^2相互独立.

5. t 分布

【定义 10.13】 设随机变量 $X \sim N(0,1)$，$Y \sim x^2(n)$，且 X 与 Y 相互独立，则称随机变量

$$T = \frac{X}{\sqrt{Y/n}}$$

的分布为自由度为 n 的 t 分布，记为 $T \sim t(n)$.

自由度为 n 的 t 分布的刻度函数 $p(x)$ 的图形如图 10.15 所示，它关于直线 $x = 0$ 对称，当自由度 n 较大（一般 $n \geqslant 50$）时，t 分布近似于标准正态分布 $N(0,1)$.

对于给定的 $a \in (0,1)$，可以由已知的自由度 n 查 t 分布表，求出满足

$$P\{T > t_a(n)\} = a,$$

即

$$P\{T \leqslant t_a(n)\} = 1 - a$$

的临界值 $t_a(n)$（图 10.16）.

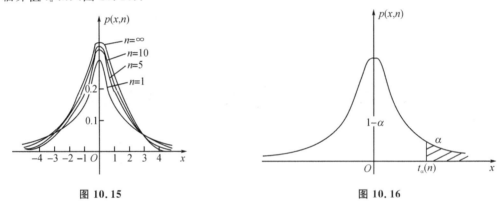

图 10.15   图 10.16

例如，当 $a = 0.05$，$n = 6$ 时，查 t 分布表，得

$$t_{0.05}(6) = 1.943,$$

使

$$P\{T \leqslant 1.943\} = 0.05.$$

【定理 10.5】 设总体 $X \sim N(\mu, \sigma^2)$，$X_1, X_2, \cdots, X_n$ 是取自总体 X 的一个样本，$\overline{X}$ 和 S 分别为样本均值和样本标准差，则有：

$$T = \frac{\overline{X} - \mu}{S/\sqrt{n}} \sim t(n-1).$$

10.4.2 假设检验的基本思想和正态总体的假设检验

1. 假设检验的基本概念

假设检验通常是由直观或经验对观测对象总体的某种性态作出假设，然后抽取样本，根据样本信息对假设的正确性进行推断.下面我们通过例子来介绍假设检验的基本概念.

【例 10.39】 某食品厂自动包装机的装包量 X 在正常情况下服从正态分布 $N(\mu, 12^2)$，每包的标准重量规定为 500g，为了检验包装机工作是否正常，现随机抽验装好的 9 包食品，测得其重量为（单位：g）

$$514, 508, 516, 498, 506, 517, 505, 510, 507$$

问自动包装机工作是否正常?

在此例中,自动包装机的包装量 X 是一个随机变量,且 $X \sim N(\mu, 12^2)$. 检验包装机工作是否正常,就是检验所装的食品的平均重量是否符合标准为 500g,即检验等式"$\mu = 500\text{g}$"是否成立. 因而可对总体的均值作出假设

$$H_0 : \mu = 500,$$

然后利用测得的 9 个数据(样本观测值)来推断假设 H_0 的正确性,从而作出拒绝或接受假设 H_0 的决定.

上面这个例子是先对总体作出某种假设(记为 H_0),然后利用样本信息对假设 H_0 进行检验,从而作出拒绝还是接受假设 H_0 的决定,这种统计方法称为假设检验.

在一个统计问题中仅提出一个统计假设,要实现的也仅是判断这一统计假设是否成立,这类检验问题称为显著性检验. 上例中的 H_0 通常称为原假设(或零假设),与原假设一起存在的另一个假设 H_1 称为备择假设(或对立假设). 假如原假设 $H_0 : \mu = \mu_0$,备择假设可以是 $H_0 : \mu \neq \mu_0$. 在进行显著性检验时,一般不写出备择假设.

由样本作出拒绝或接受假设 H_0 的决定是以小概率原理为准则的. 小概率原理认为:在一次检验(观察)中,小概率事件几乎是不可能发生的. 如果在所作假设成立的条件下,小概率事件在一次试验中竟然发生了,那么我们有理由怀疑原假设的正确性,从而拒绝该假设. 什么算小概率事件?一般来说,没有一个统一的规定,在假设检验中概率为 $0.01, 0.05$ 的事件就算小概率事件,有时也把 0.10 包括在内.

在例 10.39 中,如果假设包装机工作正常,即假设 $H_0 : \mu = 500$ 正确,则装包量

$$X \sim N(500, 12^2),$$

样本均值

$$\overline{X} \sim N\left(500, \frac{12^2}{9}\right),$$

因而统计量

$$U = \frac{\overline{X} - 500}{12/\sqrt{9}} \sim N(0, 1).$$

给定小概率 a,称为显著性水平,查标准正态分布表可得临界值 $z_{\frac{a}{2}}$(图 10.17),使其满足

$$P\{|U| > z_{\frac{a}{2}}\} = a, \quad \text{即} \quad P\{|U| \leqslant z_{\frac{a}{2}}\} = 1 - \frac{\alpha}{2}.$$

如果取 $\alpha = 0.05$ 则由标准正态分布表得

$$z_{\frac{a}{2}} = z_{0.025} = 1.96,$$

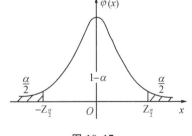

图 10.17

使 $P\{|U| > 1.96\} = 0.05$,即 $P\left\{\left|\dfrac{\overline{X} - 500}{12/\sqrt{9}}\right| > 1.96\right\} =$

0.05,于是 $\left\{\left|\dfrac{\overline{x} - 500}{12/\sqrt{9}}\right| > 1.96\right\}$ 是小概率事件,对于所给的样本观测值,计算得 $\left|\dfrac{\overline{x} - 500}{12/\sqrt{9}}\right| =$

$2.25 > 1.96$,这就是小概率事件 $\left\{\left|\dfrac{\overline{x} - 500}{12/\sqrt{9}}\right| > 1.96\right\}$ 竟然在一次抽样中发生了,因而我们有理由怀疑原假设 H_0 的正确性,从而拒绝原假设 H_0,即认为包装机工作不正常.

拒绝原假设 H_0 的区域称为拒绝域. 例如上例中的拒绝域为 $\left|\dfrac{\overline{x}-500}{12/\sqrt{9}}\right| > 1.96$，即 $(-\infty,-1.96)\bigcup(1.96,+\infty)$. 拒绝域以外的区域称为接受域. 例如上例中的接受域为 $\left|\dfrac{\overline{x}-500}{12/\sqrt{9}}\right| \leqslant 1.96$，即 $[-1.96,1.96]$.

综上所述，可得假设检验的一般步骤如下：

(1) 根据给定问题提出原假设 H_0；

(2) 构造适当的统计量，在 H_0 城里的条件下确定它的分布；

(3) 选取适当的显著性水平 α，由统计量的分布确定对应于 α 的临界值，求出拒绝域；

(4) 由样本值计算统计量的值. 若该值落入拒绝域，则拒绝假设 H_0；否则，接受假设 H_0.

前面已经说过，假设检验是根据样本信息对假设 H_0 的正确性进行推断. 由于样本的随机性及按小概率原理判断 H_0，因此难免会犯下列两类错误：

(1) 当 H_0 实际上为真时，我们可能犯拒绝 H_0 的错误，这类"齐真"的错误称为第一类错误. 犯这类错误的概率等于显著性水平 α.

(2) 当 H_0 实际上不真时，我们也有可能接受 H_0，这类"取伪"的错误称为第二类错误. 犯这类错误的概率记为 β.

在样本容量一定的情况下，犯这两类错误的概率 α 和 β 不可能同时减少，减少其中一个，另一个往往就会增大. 在实际应用中，通常是控制犯第一类错误的概率，即给出显著性水平 α，α 的大小视具体情况而定，通常 α 取 $0.1,0.05,0.01,0.005$ 等值.

2. 一个正态总体均值的假设检验

设总体 $X \sim N(\mu,\sigma^2)$，$X_1,X_2,\cdots,X_n$ 是取自总体 X 的样本，样本均值和样本方差分别为 $\overline{X}$ 和 S^2.

已知 σ^2，检验 $\mu = \mu_0$ 检验步骤如下：

(1) 提出假设 $H_0:\mu = \mu_0$；

(2) 构造统计量 $U = \dfrac{\overline{X}-\mu_0}{\sigma/\sqrt{n}}$，当 H_0 成立时，$U \sim N(0,1)$；

(3) 对给定的显著性水平 α，查标准正态分布表得临界值 $z_{\frac{\alpha}{2}}$（图 10.17），使其满足

$$P\left\{|U| > z_{\frac{\alpha}{2}}\right\} = \alpha$$

由此得到 H_0 的拒绝为 $|U| > z_{\frac{\alpha}{2}}$；

(4) 利用样本值 $x_1,x_2,\cdots,x_n$ 算得统计量 U 的值为：

$$u = \dfrac{\overline{x}-\mu_0}{\sigma/\sqrt{n}},$$

若 u 落入拒绝域，即 $|u| > z_{\frac{\alpha}{2}}$，则拒绝假设 H_0；否则，若 u 落入接受域，即 $|u| \leqslant z_{\frac{\alpha}{2}}$，则接受假设 H_0.

这种检验法称之为 U 检验法.

【例10.40】 某厂生产的维尼龙纤度在正常条件下服从正态分布 $X \sim N(1.38,0.08^2)$，某日抽取 6 根纤维，测得其纤度为 $1.38,1.41,1.48,1.44,1.43,1.50$，试问该天维尼龙纤度的均值有无显著变化（$\alpha = 0.05$）？

【解】 (1) 提出假设 $H_0:\mu = \mu_0 = 1.38$；

(2) 构造统计量 $U = \dfrac{\overline{X} - 1.38}{0.08/\sqrt{6}}$，当 H_0 成立时，有 $U \sim N(0,1)$;

(3) 由 $\alpha = 0.05$，查正态分布表得临界值 $z_{\frac{\alpha}{2}} = z_{0.025} = 1.96$，因而 H_0 得拒绝域为 $|U| > 1.96$;

(4) 由样本观测值算出 $\overline{x} = 1.44$，统计量 U 的值为：

$$u = \frac{\overline{x} - 1.38}{0.08/\sqrt{6}} = \frac{1.44 - 1.38}{0.08/\sqrt{6}} \approx 1.837,$$

因为 $|u| = 1.837 < 1.96$，所以接受原假设 H_0，即认为该天维尼龙纤度的均值在 $\alpha = 0.05$ 时无显著变化.

2. 未知 σ^2，检验 $u = u_0$ 检验步骤如下

(1) 提出假设 $H_0 : \mu = \mu_0$.

(2) 构造统计量 $T = \dfrac{\overline{X} - u_0}{S/\sqrt{n}}$，当 H_0 成立时，$T \sim t(n-1)$.

(3) 对给定的显著性水平 α，由自由度 $n-1$ 查 t 分布表，可得临界值 $t_{\frac{\alpha}{2}}(n-1)$（图 10.18），使其满足：

$$p\{|T| > t_{\frac{\alpha}{2}}(n-1)\} = \alpha,$$

由此得到 H_0 的拒绝域为 $|T| > t_{\frac{\alpha}{2}}(n-1)$.

(4) 利用样本值 $x_1, x_2, \cdots, x_n$ 算得统计量 T 的值为：

$$t = \frac{\overline{x} - \mu_0}{s/\sqrt{n}}$$

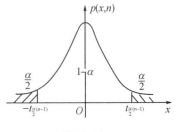

图 10.18

若 t 落入拒绝域，即 $|t| > t_{\frac{\alpha}{2}}(n-1)$，则拒绝假设 H_0. 否则，若 $|t| \leqslant t_{\frac{\alpha}{2}}(n-1)$，则接受假设 H_0.

这种检验法称之为 t 的检验法.

【例 10.41】　在例 10.40 中假设 σ^2 未知，即维尼龙纤度 $X \sim N(1.38, \sigma^2)$，某日抽取 6 根纤维，测得其纤度为 $1.38, 1.41, 1.48, 1.44, 1.43, 1.50$，试问该天维尼龙纤度的均值有无显著变化（$\alpha = 0.05$）?

【解】　(1) 作出假设提出假设 $H_0 : \mu = \mu_0 = 1.38$;

(2) 构造统计量

$$T = \frac{\overline{X} - 1.38}{S/\sqrt{6}}$$

当 H_0 成立时，$T \sim t(6-1) = T(5)$;

(3) 由 $\alpha = 0.05, n = 6$ 时，查 t 分布表，得 $t_{0.025}(5) = 2.571$，因而 H_0 的拒绝域为 $|T| > 2.571$;

(4) 由样本观测值得 $\overline{x} = 1.44, s = 0.0443$，统计量 T 的值为

$$t = \frac{\overline{x} - 1.38}{s/\sqrt{6}} = \frac{1.44 - 1.38}{0.0443/\sqrt{6}} \approx 3.318,$$

因为 $|t| = 3.318 > 2.571$，所以拒绝原假设 H_0，即认为该天维尼龙纤度的均值在 $\alpha = 0.05$ 时有显著变化.

3. 一个正态总体方差的假设检验

设总体 $X \sim N(\mu, \sigma^2)$，$X_1, X_2, \cdots, X_n$ 是取自总体 X 的样本，样本方差为 S^2，检验 $\sigma^2 = \sigma_0^2$.

检验步骤如下：

(1) 提出假设 $H_0: \sigma^2 = \sigma_0^2$；

(2) 构造统计量 $\chi^2 = \dfrac{n-1}{\sigma_0^2} S^2$，当假设 H_0 成立时，统计量 $\chi^2 \sim \chi^2(n-1)$；

(3) 对给定的显著性水平 α，由自由度 $n-1$ 查 χ^2 分布表可得临界值 $\chi^2_{1-\frac{\alpha}{2}}(n-1)$ 和 $\chi^2_{\frac{\alpha}{2}}(n-1)$（图 10.19），使

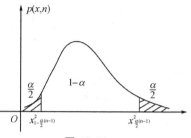

图 10.19

$$P\left\{\chi^2 > \chi^2_{\frac{\alpha}{2}}(n-1)\right\} = P\left\{\chi^2 \leqslant \chi^2_{1-\frac{\alpha}{2}}(n-1)\right\} = \frac{\alpha}{2},$$

从而得到拒绝域为

$$\left[0, \chi^2_{1-\frac{\alpha}{2}}(n-1) \bigcup \left(\chi^2_{\frac{\alpha}{2}}(n-1), +\infty\right)\right];$$

(4) 利用样本观测值算得统计量 x^2 的值为

$$\chi^2 = \frac{n-1}{\sigma_0^2} s^2,$$

若 χ^2 落入拒绝域，则拒绝假设 H_0. 否则，接受假设 H_0.

上述检验法称为 χ^2 检验法.

【例 10.42】 某工厂生产的仪表，已知其寿命服从正态分布，寿命方差经测定为 $\sigma^2 = 150$. 现在由于新工人增多，对生产的一批产品进行检验，抽取 10 个样品测得其寿命（单位：h）为 1801,1785,1812,1792,1782,1795,1825,1787,1807,1792，问这批仪表的寿命方差差异是否显著（$\alpha = 0.05$）？

【解】 (1) 提出假设 $H_0: \sigma^2 = \sigma_0^2 = 150$；

(2) 构造统计量 $\chi^2 = \dfrac{10-1}{150} S^2$，当 H_0 成立时，$\chi^2 \sim \chi^2(10-1)$；

(3) 对 $\alpha = 0.05$，查 χ^2 分布表，得临界值

$$\chi^2_{1-0.05/2}(9) = 2.700, \chi^2_{0.05/2}(9) = 19.023$$

从而得拒绝域为 $[0, 2.700) \bigcup (19.023, +\infty)$；

(4) 由样本观测值得 $s^2 = 182.4$，

$$\chi^2 = \frac{10-1}{150} s^2 = \frac{9}{150} \times 182.4 = 10.94,$$

因为 $\chi^2 = 10.94$ 落入接受域 $[2.700, 19.023]$，所以可接受假设 H_0，即认为这批仪表的寿命方差无显著差异.

现将前面三种参数的假设检验，列表归纳于如下表中.

假设 H_0	检验法		选用统计量	分布	拒绝域
$\mu = \mu_0$	σ^2 已知	u	$U = \dfrac{|\overline{X} - \mu|}{\sigma/\sqrt{n}}$	$N(0,1)$	$\left(-\infty, -z_{\frac{\alpha}{2}}\right) \bigcup \left(z_{\frac{\alpha}{2}}, +\infty\right)$
	σ^2 未知	t	$T = \dfrac{\overline{X} - \mu}{\dfrac{s}{\sqrt{n}}}$	$t(n-1)$	$\left(-\infty, -t_{\frac{\alpha}{2}}(n-1)\right) \bigcup \left(t_{\frac{\alpha}{2}}(n-1), +\infty\right)$
$\sigma^2 = \sigma_0^2$	μ 未知	χ^2	$\chi^2 = \dfrac{(n-1)S^2}{\sigma_0^2}$	$\chi^2(n-1)$	$\left(0, \chi^2_{1-\frac{\alpha}{2}}(n-1)\right) \bigcup \left(\chi^2_{1-\frac{\alpha}{2}}(n-1), +\infty\right)$

10.4.3　参数估计

对于某些随机的参数,现在可以根据以往的经验或理论分析来判断总体的分布类型,但其中所含的参数一般是未知的.这类已知总体的分布类型,通过样本来估计总体分布中的未知参数的问题便是我们所要讨论的参数估计问题.

参数估计包括两个方面:一是点估计参数的大小,即点估计问题;二是估计参数所在的范围,即区间估计问题.

1. 参数的点估计

设 θ 是总体 X 的分布中的未知参数,点估计问题就是由样本 $X_1,X_2,\cdots,X_n$ 构造一个统计量 $\hat{\theta}=\hat{\theta}(X_1,X_2,\cdots,X_n)$ 来估计未知参数 θ,我们称统计量 $\hat{\theta}$ 为 θ 的估计量,对应于样本 X_1,$X_2,\cdots,X_n$ 的一组观测值 $x_1,x_2,\cdots,x_n$,估计量 $\hat{\theta}$ 的值 $\hat{\theta}=\hat{\theta}(X_1,X_2,\cdots,X_n)$ 称为 θ 的估计值,仍简记为 $\hat{\theta}$.今后我们将不特别强调估计量和估计值的区别,统称为估计.

下面介绍一种常见的点估计方法:矩估计法.

用样本矩作为相应总体矩的估计,称为矩估计法.

设 $X_1,X_2,\cdots,X_n$ 是总体 X 的一个样本,总体的二阶矩存在,则总体均值 μ 和方差 σ^2 的估计量分别是样本均值 $\overline{X}$ 和样本方差 S^2,即

$$\hat{\mu}=\overline{X}=\frac{1}{n}\sum_{i=1}^{n}X_i,$$

$$\hat{\sigma}^2=S^2=\frac{1}{n-1}\sum_{i=1}^{n}(X_i-\overline{X})^2.$$

【例 10.43】　设某种灯泡的寿命 $X\sim N(\mu,\sigma^2)$,其中 μ,σ^2 都未知,在这批灯泡中随机抽取 10 只,测得其寿命(单位:h) 如下:948,1067,919,1196,785,1126,936,918,1156,920,试用矩估计法估计 μ 和 σ^2.

【解】　μ 和 σ^2 的估计量分别是:

$$\hat{\mu}=\overline{X}=\frac{1}{n}\sum_{i=1}^{n}X_i \text{ 和 } \hat{\sigma}^2=S^2=\frac{1}{n-1}\sum_{i=1}^{n}(X_i-\overline{X})^2,$$

由题设,样本容量 $n=10$,样本观测值 $x_1=948,x_2=1067,x_3=919,x_4=1196,x_5=785$,$x_6=1126,x_7=936,x_8=918,x_9=1156,x_{10}=920$,$\mu$ 和 σ^2 的估计值分别是:

$$\hat{\mu}=\overline{x}=\frac{1}{10}\sum_{i=1}^{10}X_i=997.1,$$

$$\hat{\sigma}^2=s^2=\frac{1}{10-1}\sum_{i=1}^{10}(x_i-\overline{x})^2=17304.77.$$

【例 10.44】　设总体 X 的密度函数为:

$$p(x,\theta)=\begin{cases}(\theta+1)x^{\theta}, & 0<x<1;\\ 0, & \text{其他.}\end{cases}$$

求参数 θ 的估计量.

【解】　$E(X)=\int_{-\infty}^{+\infty}xp(x,\theta)\mathrm{d}x=\int_0^1(\theta+1)x^{\theta+1}\mathrm{d}x=\frac{\theta+1}{\theta+2}x^{\theta+2}\Big|_0^1=\frac{\theta+1}{\theta+2}$,由 $\hat{E}(X)=\overline{X}$,得 θ 的矩估计量为:

$$\hat{\theta}=\frac{2\overline{X}-1}{1-\overline{X}}.$$

2.估计量的评价标准

主要评价标准有三个:无偏性、有效性、一致性.这里主要讨论无偏性和有效性.

(1)无偏性

我们通常希望估计量的取值在未知参数真值附近徘徊,且它的数学期望等于未知参数的真值.

【定义 10.14】 设 $\hat{\theta}$ 是未知参数 θ 的一个估计量,如果

$$E(\hat{\theta}) = \theta,$$

则称 $\hat{\theta}$ 为 θ 的无偏估计量.

(2)有效性

我们还要求估计量的取值密集于未知参数真值附近,即方差尽可能的小.

【定义 10.15】 设 $\hat{\theta}_1$ 和 $\hat{\theta}_2$ 是 θ 的两个无偏估计量,如果

$$D(\hat{\theta}_1) < D(\hat{\theta}_2),$$

则称 $\hat{\theta}_1$ 比 $\hat{\theta}_2$ 有效.

【例 10.45】 设总体 $X \sim N(\mu, \sigma^2)$,$X_1, X_2, \cdots, X_n$ 是取自总体 X 的一个样本,试证明:样本均值 $\overline{X}$ 和样本方差 S^2 分别是 μ 和 σ 的无偏估计量.

【解】 因为 $E(\overline{X}) = E\left(\dfrac{1}{n}\sum\limits_{i=1}^{n}X_i\right) = \dfrac{1}{n}\sum\limits_{i=1}^{n}E(X_i) = \dfrac{1}{n}n\mu = \mu$,所以 $\overline{X}$ 是总体数学期望 $E(x) = \mu$ 的一个无偏估计量.

又因为

$$
\begin{aligned}
E(S^2) &= E\left[\frac{1}{n-1}\sum_{i=1}^{n}(X_i-\overline{X})^2\right] = \frac{1}{n-1}E\left\{\sum_{i=1}^{n}\left[(X_i-\mu)-(\overline{X}-\mu)\right]^2\right\} \\
&= \frac{1}{n-1}E\left[\sum_{i=1}^{n}(X_i-\mu)^2 - 2(\overline{X}-\mu)\sum_{i=1}^{n}(X_i-\mu) + \sum_{i=1}^{n}(\overline{X}-\mu)^2\right] \\
&= \frac{1}{n-1}E\left[\sum_{i=1}^{n}(X_i-\mu)^2 - 2n(\overline{X}-\mu)^2 + n(\overline{X}-\mu)^2\right] \\
&= \frac{1}{n-1}E\left[\sum_{i=1}^{n}(X_i-\mu)^2 - n(\overline{X}-\mu)^2\right] = \frac{1}{n-1}\left[nD(X) - nD(\overline{X})\right] \\
&= \frac{1}{n-1}\left[n\sigma^2 - n\frac{\sigma^2}{n}\right] = \sigma^2,
\end{aligned}
$$

所以 S^2 是总体方差 $D(X) = \sigma^2$ 的无偏估计量.

若 S^2 的表达式中,除数是 n 而不是 $n-1$,记作 $S^{*2} = \dfrac{1}{n}\sum\limits_{i=1}^{n}(X_i-\overline{X})^2$ 则

$$E(S^{*2}) = E\left[\frac{n-1}{n} \times \frac{1}{n-1}\sum_{i=1}^{n}(X_i-\overline{X})^2\right] = E\left(\frac{n-1}{n}S^2\right) = \frac{n-1}{n}\sigma^2 \neq \sigma^2.$$

可见 $\sigma^2 = S^{*2}$ 不是 σ^2 的无偏估计量.这就是样本方差常用 S^2,而不是 S^{*2} 的原因.

【例 10.46】 设总体 $X \sim N(\mu, 1)$,X_1, X_2 是取自 X 的一个样本,试证:估计量 $\hat{\mu}_1 = \dfrac{1}{4}X_1 + \dfrac{3}{4}X_2$,$\hat{\mu}_2 = \dfrac{1}{5}X_1 + \dfrac{4}{5}X_2$,$\hat{\mu}_3 = \dfrac{1}{6}X_1 + \dfrac{5}{6}X_2$ 都是 μ 的无偏估计,并指出哪一个更有效.

【解】 计算数学期望

$$E(\hat{\mu}_1) = \frac{1}{4}E(X_1) + \frac{3}{4}E(X_2) = \frac{1}{4}\mu + \frac{3}{4}\mu = \mu,$$

$$E(\hat{\mu}_2) = \frac{1}{5}E(X_1) + \frac{4}{5}E(X_2) = \frac{1}{5}\mu + \frac{4}{5}\mu = \mu,$$

$$E(\hat{\mu}_3) = \frac{1}{6}E(X_1) + \frac{5}{6}E(X_2) = \frac{1}{6}\mu + \frac{5}{6}\mu = \mu,$$

所以估计量 $\hat{\mu}_1, \hat{\mu}_2, \hat{\mu}_3$ 都是 μ 的无偏估计.

又因为

$$D(\hat{\mu}_1) = \frac{1}{16}D(X_1) + \frac{9}{16}D(X_2) = \frac{5}{8},$$

$$D(\hat{\mu}_2) = \frac{1}{25}D(X_1) + \frac{16}{25}D(X_2) = \frac{17}{25},$$

$$D(\hat{\mu}_3) = \frac{1}{36}D(X_1) + \frac{25}{36}D(X_2) = \frac{13}{18},$$

得 $D(\hat{\mu}_1) < D(\hat{\mu}_2) < D(\hat{\mu}_3)$,所以用 $\hat{\mu}_1 = \frac{1}{4}X_1 + \frac{3}{4}X_2$ 作为 μ 的无偏估计量比 $\hat{\mu}_2, \hat{\mu}_3$ 更有效.

3. 参数的区间估计

用点估计来估计总体参数,即使是无偏且有效地估计量,也会由于样本的随机性,从一个样本算得估计量的值不一定恰是所要估计的参数值. 而且,即使真正相等,由于参数本身是未知的,也无从肯定这种相等. 也就是说,由点估计得到的参数估计值没有给出它与真值之间的可靠程度,在实际应用中往往还需要知道参数的估计值落在其真值附近的一个范围. 为此,我们要求由样本构造一个以较大的概率包含真实参数的一个范围或区间,这种带有概率的区间称为置信区间,通过构造一个置信区间对未知参数进行估计的方法称为区间估计.

设 θ 为总体 X 的未知参数,由样本 $X_1, X_2, \cdots, X_n$ 构造两个统计量 $\theta_1 = \theta_1(X_1, X_2, \cdots, X_n)$ 和 $\theta_2 = \theta_2(X_1, X_2, \cdots, X_n)$,如果对于给定的 $a \in (0,1)$,有

$$P\{\theta_1 < \theta < \theta_2\} = 1 - a,$$

则称随机区间 (θ_1, θ_2) 为 θ 的置信度为 $1 - a$ 的置信区间;θ_1 和 θ_2 分别称为置信下限和置信上限.

（1）正态总体均值的区间估计

设总体 $X \sim N(\mu, \sigma^2)$, $X_1, X_2, \cdots, X_n$ 是取自总体 X 的一个样本,$\overline{X}$ 和 S^2 分别是样本均值和样本方差.

（i）已知总体方差 σ^2,求均值 μ 的 $1 - a$ 置信区间

设总体 $X \sim N(\mu, \sigma^2)$,则 $\overline{X} \sim \left(\mu, \frac{\sigma^2}{n}\right)$,统计量

$$U = \frac{\overline{X} - \mu}{\sigma/\sqrt{n}} \sim N(0, 1),$$

对于给定的 $a \in (0, 1)$,由标准正态分布表求满足

$$P\left\{|U| < z_{\frac{a}{2}}\right\} = 1 - a,$$

或

$$P\left\{\mu < z_{\frac{a}{2}}\right\} = 1 - \frac{a}{2},$$

的临界值 $z_{\frac{a}{2}}$（图 10.20），从而有

$$P\left\{\frac{|\overline{X}-\mu|}{\sigma/\sqrt{n}} < z_{\frac{a}{2}}\right\} = 1-a,$$

也即

$$P\left\{\overline{X}-\frac{\sigma}{\sqrt{n}}z_{\frac{a}{2}} < \overline{X}+\frac{\sigma}{\sqrt{n}}z_{\frac{a}{2}}\right\} = 1-a,$$

由此得到总体均值 μ 的 $1-a$ 置信区间为：

$$\left|\overline{X}-\frac{\sigma}{\sqrt{n}}z_{\frac{a}{2}}, \overline{X}+\frac{\sigma}{\sqrt{n}}z_{\frac{a}{2}}\right|.$$

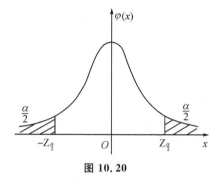

图 10.20

【例 10.47】 某车间生产滚珠，已知其直径服从正态分布 $N(\mu,0.06)$. 今从某天产品中随机的抽取 6 个，测得直径（单位：mm）为

$$14.6, 15.1, 14.9, 14.8, 15.2, 15.1,$$

试求滚珠直径 X 的均值 μ 的置信区间（$a=0.05$）.

【解】 $\overline{x}=\frac{1}{6}\sum_{i=1}^{6}x_i = 14.95$，由 $a=0.05$，有 $P\left\{U < z_{\frac{a}{2}}\right\} = 1-\frac{a}{2}$，即

$$\varphi\left(z_{\frac{a}{2}}\right) = 1-\frac{a}{2} = 0.975，查标准正态分布表得 z_{\frac{a}{2}} = 1.96.$$

由已知 $\sigma=\sqrt{0.06}$，$n=6$ 从而：

$$\frac{\sigma}{\sqrt{n}}z_{\frac{a}{2}} = \frac{\sqrt{0.06}}{\sqrt{6}}\times 1.96 = 0.196,$$

$$\overline{X}-\frac{\sigma}{\sqrt{n}}z_{\frac{a}{2}} = 14.95-0.196 \approx 14.75,$$

$$\overline{X}+\frac{\sigma}{\sqrt{n}}z_{\frac{a}{2}} = 14.95+0.196 \approx 15.15,$$

由此得到滚珠直径 μ 的 $1-a=95\%$ 置信区间为

$$(14.75, 15.15).$$

（ii）总体方差 σ^2 未知，求均值 μ 的 $1-a$ 置信区间

由于 σ^2 未知，用 σ^2 的无偏估计量

$$S^2 = \frac{1}{n-1}\sum_{i=1}^{n}(X_i-\overline{X})^2,$$

代替 σ^2，统计量

$$T = \frac{\overline{X}-\mu}{\frac{s}{\sqrt{n}}} \sim t(n-1),$$

对于给定的 $a \in (0,1)$，由 t 分布表求出使得

$$P\left\{|t| < t_{\frac{a}{2}}(n-1)\right\} = 1-a$$

成立的临界值 $t_{\frac{a}{2}}(n-1)$（图 10.21），从而有

$$P\left\{-t_{\frac{a}{2}}(n-1) < \frac{\overline{X}-\mu}{\frac{s}{\sqrt{n}}} < t_{\frac{a}{2}}(n-1)\right\} = 1-a,$$

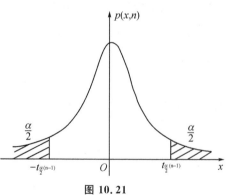

图 10.21

也即
$$P\left\{\overline{X}-\frac{S}{\sqrt{n}}t_{\frac{a}{2}}(n-1)<\mu<\overline{X}+\frac{S}{\sqrt{n}}t_{\frac{a}{2}}(n-1)\right\}=1-a,$$

所以,均值 μ 的置信度为 $1-a$ 的置信区间为:
$$\left[\overline{X}-\frac{S}{\sqrt{n}}t_{\frac{a}{2}}(n-1),\overline{X}+\frac{S}{\sqrt{n}}t_{\frac{a}{2}}(n-1)\right].$$

由样本观测值得样本均值 $\overline{x}$ 和样本标准差 s,则均值 μ 的置信度为 $1-a$ 的置信区间为
$$\left[\overline{x}-\frac{s}{\sqrt{n}}t_{\frac{a}{2}}(n-1),\overline{x}+\frac{s}{\sqrt{n}}t_{\frac{a}{2}}(n-1)\right].$$

【例 10.48】 在例 10.47 中假设方差 σ^2 未知,试求滚珠 X 的 μ 的 95% 的置信区间.

【解】 由样本观测值算得(可利用带统计功能的计算器)
$$\overline{x}=\frac{1}{n}\sum_{i=1}^{6}x_i=14.95,s=\sqrt{\frac{1}{n-1}\sum_{i=1}^{6}(x_i-\overline{x})^2}=0.2258,$$

$a=0.05,n=6,$查 t 分布表,得 $t_{0.025}(5)=2.571,$

则
$$\frac{s}{\sqrt{n}}t_{\frac{a}{2}}(n-1)=\frac{0.2258}{\sqrt{6}}\times 2.571\approx 0.237,$$

$$\overline{x}-\frac{S}{\sqrt{n}}t_{\frac{a}{2}}(n-1)=14.95-0.237\approx 14.71,$$

$$\overline{x}+\frac{S}{\sqrt{n}}t_{\frac{a}{2}}(n-1)=14.95+0.237\approx 15.19,$$

由此得到滚珠直径 μ 的 95% 的置信区间为
$$(14.71,15,19).$$

(2) 正态总体方差的区间估计

设总体均值 μ 未知,求总体方差 σ^2 的 $1-a$ 置信区间.

已知统计量
$$\chi^2=\frac{(n-1)S^2}{\sigma^2}\sim\chi^2(n-1),$$

对于给定的 $a\in(0,1)$,由自由度为 $n-1$ 的 χ^2 分布表,求出使得
$$P\left\{\chi^2_{1-\frac{a}{2}}(n-1)<\frac{(n-1)S^2}{\sigma^2}<\chi^2_{\frac{a}{2}}(n-1)\right\}=1-a,$$

即
$$P\left\{\frac{(n-1)S^2}{\chi^2_{\frac{a}{2}}(n-1)}<\sigma^2<\frac{(n-1)S^2}{\chi^2_{1-\frac{a}{2}}(n-1)}\right\}=1-a,$$

成立的临界值 $\chi^2_{1-\frac{a}{2}}(n-1)$ 和 $\chi^2_{\frac{a}{2}}(n-1)$(图 10.22),于是得到方差 σ^2 的 $1-\alpha$ 的置信区间为:
$$\left[\frac{(n-1)S^2}{\chi^2_{\frac{a}{2}}(n-1)},\frac{(n-1)S^2}{\chi^2_{1-\frac{a}{2}}(n-1)}\right],$$

标准差 σ 的 $1-\alpha$ 置信区间为:

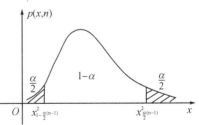

图 10.22

$$\left(\sqrt{\frac{n-1}{\chi_{\frac{\alpha}{2}}^2(n-1)}}S, \sqrt{\frac{n-1}{\chi_{1-\frac{\alpha}{2}}^2(n-1)}}S\right).$$

由样本观测值得样本方差 s^2,则方差 σ^2 的 $1-\alpha$ 的置信区间为:

$$\left(\frac{(n-1)s^2}{\chi_{\frac{\alpha}{2}}^2(n-1)}, \frac{(n-1)s^2}{\chi_{1-\frac{\alpha}{2}}^2(n-1)}\right),$$

标准差 σ 的 $1-\alpha$ 置信区间为:

$$\left(\sqrt{\frac{n-1}{\chi_{\frac{\alpha}{2}}^2(n-1)}}s, \sqrt{\frac{n-1}{\chi_{1-\frac{\alpha}{2}}^2(n-1)}}s\right).$$

【例 10.49】 某手表厂生产的手表的走时误差(单位:s/h)服从正态分布,检验员从装配线上随机抽取 9 只进行检测,检测的结果如下:

$$-4, 0, 3.1, 2.5, -2.9, 0.9, 1.1, 2.0, -3.0, 2.8$$

求该手表走时误差的方差 σ^2 的 90% 置信区间.

【解】 由样本观测值算得

$$\overline{x} = 0.278, \quad s^2 = 7.804,$$

由 $1-\alpha = 90\%$ 即 $\alpha = 0.10$,查 χ^2 分布表可得临界值

$$\chi_{1-\frac{\alpha}{2}}^2(n-1) = \chi_{0.95}(8) = 2.733, \chi_{\frac{\alpha}{2}}^2(n-1) = \chi_{0.05}^2(8) = 15.507,$$

则

$$\frac{(n-1)s^2}{\chi_{\frac{\alpha}{2}}^2(n-1)} = \frac{8 \times 7.804}{15.507} \approx 4.03,$$

$$\frac{(n-1)s^2}{\chi_{1-\frac{\alpha}{2}}^2(n-1)} = \frac{8 \times 7.804}{2.733} \approx 22.84,$$

所以手表走时误差的方差 σ^2 的 90% 置信区间为:

$$(4.03, 22.84).$$

正态总体的参数 μ 与 σ^2 的 $1-\alpha$ 置信区间见如下表.

估计参数		统计量	置信区间
μ	σ^2 已知	$U = \dfrac{\lvert \overline{X} - \mu}{\sigma/\sqrt{n}} \sim N(0,1)$	$\left(\overline{X} - \dfrac{\sigma}{\sqrt{n}}z_{\frac{\alpha}{2}}, \overline{X} + \dfrac{\sigma}{\sqrt{n}}z_{\frac{\alpha}{2}}\right)$
	σ^2 未知	$T = \dfrac{\overline{X} - \mu}{\frac{s}{\sqrt{n}}} \sim t(n-1)$	$\left(\overline{X} - \dfrac{S}{\sqrt{n}}t_{\frac{\alpha}{2}}(n-1), \overline{X} + \dfrac{S}{\sqrt{n}}t_{\frac{\alpha}{2}}(n-1)\right)$
σ^2	μ 未知	$\chi^2 = \dfrac{(n-1)S^2}{\sigma^2} \sim \chi^2(n-1)$	$\left(\dfrac{(n-1)s^2}{\chi_{\frac{\alpha}{2}}^2(n-1)}, \dfrac{(n-1)s^2}{\chi_{1-\frac{\alpha}{2}}^2(n-1)}\right)$

习题 10.4

1.设总体 $X \sim N(\mu, \sigma^2)$ 其中,μ 已知,σ^2 未知,又 $X_1, X_2, \cdots, X_n$ 是总体 X 的一个样本.试指出下列哪些是统计量,哪些不是统计量:

$$(1) \sum_{i=1}^{n} X_i; \qquad\qquad (2) \sum_{i=1}^{n} X_i^2; \qquad\qquad (3) \frac{\overline{X} - \mu}{\frac{s}{\sqrt{n}}}.$$

2. 有 $n = 10$ 的样本：$1.2, 1.4, 1.9, 2.0, 1.5, 1.5, 1.6, 1.4, 1.8, 1.4$，求样本平均值、样本方差、样本标准差(注：使用有"$stat$"一统计功能的计算器，由"$M+$"键逐个输入样本值，可直接得到 $\overline{x}, s, \sum x_i, \sum x_i^2$ 等的值).

3. 查表求下列各值：

(1) $z_{0.05}, z_{0.05/2}, z_{0.9}$；

(2) $\chi_{0.1}^2(5), \chi_{0.9}^2(5), \chi_{0.05/2}^2(5), \chi_{1-0.05/2}^2(5)$；

(3) $t_{0.05}(10), t_{0.05/2}(10)$.

4. 设总体 $X \sim N(1, 0.04)$，$X_1, X_2, \cdots, X_{16}$ 是取自总体的一个样本，试求：

(1) $\overline{X} = \frac{1}{16} \sum_{i=1}^{16} X_i$ 的分布；

(2) $P\{0.95 \leqslant \overline{X} \leqslant 1.05\}$.

(3) 已知 $P\{\overline{X} > \lambda\} = 0.05$，求 λ 的值.

5. 根据以往资料分析，某种电子元件的使用寿命服从正态分布，$\sigma^2 = 11.25^2$. 现从某周内生产的一批电子元件中随机地抽取 9 只，测得其使用寿命(h)为

$$2315, 2360, 2340, 2325, 2350, 2320, 2335, 2335, 2325$$

问这批电子元件的平均使用寿命可否是 2350h($\alpha = 0.05$)？

6. 某厂生产的维尼纶在正常生产条件下纤度服从正态分布 $N(1.405, 0.048^2)$. 某日抽取 5 根纤维，测得其纤度为

$$1.32, 1.55, 1.36, 1.40, 1.44$$

问这天生产的维尼纶纤度的均值有无显著变化($\alpha = 0.05$)？

7. 已知某种矿砂的含镍量 X 服从正态分布. 现测定了 5 个样品，镍的质量分数(％)测定值为

$$3.25, 3.27, 3.24, 3.26, 3.24$$

问在显著性水平 $\alpha = 0.01$ 下能否认为这批矿砂的镍的质量分数是 3.25％？

8. 某种轴料的椭圆度服从正态分布，现从一批该轴料中抽取 15 件测量其椭圆度，计算得到样本标准差 $s = 0.035$. 试问这批轴料椭圆度的总体方差与规定方差 $\sigma_0^2 = 0.0004$ 有无差异($\alpha = 0.05$)？

9. 设某批食品的有效期 $X \sim N(\mu, \sigma^2)$，其中 μ, σ^2 是未知参数，现从中随机抽取 5 个样品进行测试，测得有效期(单位：天)如下：$1050, 1031, 1078, 1021, 1065$，试用矩估计法估计 μ 和 σ^2.

10. 设总体 X 服从区间 $(a, 1)$ 上的均匀分布，有样本 $X_1, X_2, \cdots, X_n$，求未知参数 a 的矩估计量.

11. 设 X_1, X_2, X_3 为总体的一个样本. 试证明：统计量

$$T_1(X_1, X_2, X_3) = \frac{2}{5} X_1 + \frac{1}{5} X_2 + \frac{2}{5} X_3;$$

$$T_2(X_1, X_2, X_3) = \frac{1}{6} X_1 + \frac{1}{3} X_2 + \frac{1}{2} X_3;$$

$$T_3(X_1, X_2, X_3) = \frac{1}{7} X_1 + \frac{3}{14} X_2 + \frac{9}{14} X_3.$$

都是总体 X 的数学期望 $E(X)$ 的无偏估计量,并指出哪一个更有效.

11.已知铁液含碳量(单位:质量分数%)在正常情况下服从正态分布,其方差 $\sigma^2 = 0.108^2$.现测定 9 炉铁液,其平均含碳量数值为 4.484.求铁液平均碳的质量分数为 95% 置信区间.

12.纤度是衡量纤维粗细度的一个量,某生产的化纤纤度 $X \sim N(\mu,\sigma^2)$,抽取 9 根纤维,测量其纤度为:1.36,1.49,1.43,1.41,1.37,1.40,1.32,1.42,1.47.试求 μ 的置信度为 0.95 的置信区间.

本章小结

一、概率的计算

1.统计性定义:$f_n(A) \xrightarrow[n \to \infty]{}$ 稳定值 $P(A)$;

2.概率的性质;

3.古典概型:$P(A) = $ 样本点为的有利数 / 样本点总数;

4.一般加法公式:$P(A+B) = P(A) + P(B) - P(AB)$;

5.条件概率:$P(A|B) = \dfrac{P(AB)}{P(B)}$;

一般乘法公式:$P(AB) = P(A|B)P(B)$;

当 A,B 相互独立时:$P(AB) = P(A)P(B)$.

二、常见的一维随机变量的重要分布

离散随机变量	连续随机变量
两点分布 $P\{\xi = k\} = p^k(1-p)^{1-k}$	均匀分布 $U(a,b)$ $p(x) = \begin{cases} \dfrac{1}{b-a}, & a \leqslant x \leqslant b \\ 0, & 其他 \end{cases}$
二项分布 $B(n,p)$ $P\{\xi = k\} = C_n^k p^k (1-p)^{n-k}$	指数分布 $E(\theta)$ $p(x) = \begin{cases} \dfrac{1}{\theta}e^{-\frac{x}{\theta}}, & x > 0 \\ 0, & 其他 \end{cases}$
泊松分布 $P(\lambda)$ $P\{\xi = k\} = \dfrac{\lambda^k}{k!}e^{-\lambda}$	正态分布 $N(\mu,\sigma^2)$ $p(x) = \dfrac{1}{\sqrt{2\pi}\sigma}e^{-\frac{(x-\mu)^2}{2\sigma^2}}$ $(\sigma > 0)$

三、随机变量的数学期望与方差

1.

离散随机变量	连续随机变量
$E(\xi) = \sum\limits_{k}^{\infty} x_k p_x$	$E(\xi) = \int_{-\infty}^{+\infty} xp(x)\mathrm{d}x$
$D(\xi) = E(\xi^2) - [E(\xi)]^2 = \sum\limits_{k}^{\infty} [x_k - E(\xi)]^2 p_k$	$D(\xi) = \int_{-\infty}^{+\infty} [x - E(\xi)]^2 p(x)\mathrm{d}x$

2. 几种常见分布的数学期望与方差

分布名称	概率分布	数学期望	方差
两点分布	$P\{\xi=1\}=p, P\{\xi=0\}=q$ $(0<p<1, p+q=1)$	p	pq
二项分布	$P\{\xi=k\}=C_n^k p^k q^{n-k}$ $(k=0,1,\cdots,n)(0<p<1, p+q=1)$	np	npq
泊松分布	$P\{\xi=k\}=\dfrac{\lambda^k}{k!}e^{-\lambda}$ $(\lambda>0, k=0,1,2,\cdots)$	λ	λ
均匀分布	$p(x)=\begin{cases}\dfrac{1}{b-a}, & a\leqslant x\leqslant b \\ 0, & 其他\end{cases}$	$\dfrac{a+b}{2}$	$\dfrac{(b-a)^2}{12}$
指数分布	$p(x)=\begin{cases}\lambda e^{-\lambda x}, & x\geqslant 0 \\ 0, & x<0\end{cases}(\lambda>0)$	$\dfrac{1}{\lambda}$	$\dfrac{1}{\lambda^2}$
正态分布	$p(x)=\dfrac{1}{\sqrt{2\pi}\sigma}e^{-\frac{(x-\mu)^2}{2\sigma^2}}\ (\sigma>0)$	μ	σ^2

3. 数学期望的性质

(1) 如果 C 为常数,则 $E(C)=C$;

(2) 设 ξ 为随机变量,C 为常数,则 $E(C\xi)=CE(\xi)$;

(3) 设 ξ 为随机变量,a、b 为常数,则 $E(a\xi+b)=aE(\xi)+b$;

(4) 设 ξ,η 为两个随机变量,则 $E(\xi\pm\eta)=E(\xi)\pm E(\eta)$;

(5) 设随机变量 ξ,η 相互独立,则 $E(\xi\eta)=E(\xi)E(\eta)$.

4. 方差的性质

(1) 如果 C 为常数,则 $D(C)=0$;

(2) 设 ξ 为随机变量,C 为常数,则 $D(C\xi)=C^2D(\xi)$;

(3) 设随机变量 ξ,η 相互独立,则 $D(\xi\pm\eta)=D(\xi)+D(\eta)$.

四、数理统计初步

1. 常见统计量及抽样分布

$\overline{X}$	$\overline{X}=\dfrac{1}{n}\sum\limits_{i=1}^{n}X_i$	$\overline{X}\sim N\left(\mu,\dfrac{\sigma^2}{n}\right)$
χ^2	$\chi^2=\sum\limits_{i=1}^{n}x_i^k$	$\chi^2\sim\chi^2(n)$
t	$t=\dfrac{X}{\sqrt{Y/n}}$	$t\sim t(n)$

2. $X \sim N(\mu,\sigma^2)$ 对 μ,σ^2 进行假设检验显著性水平 α

	原假设 H_0	备择假设 H_1	检验统计量	拒绝域
σ^2 为已知，μ 的检验（U 检验法）	$\mu = \mu_0$ $\mu \leqslant \mu_0$ $\mu \geqslant \mu_0$	$\mu \neq \mu_0$ $\mu > \mu_0$ $\mu < \mu_0$	$U = \dfrac{\overline{X} - \mu_0}{\sigma/\sqrt{n}} \sim N(0,1)$	$\lvert U \rvert > Z_{\frac{\alpha}{2}}$ $U > Z_\alpha$ $U < -Z_\alpha$
σ^2 为未知，μ 的检验（t 检验法）	$\mu = \mu_0$ $\mu \leqslant \mu_0$ $\mu \geqslant \mu_0$	$\mu \neq \mu_0$ $\mu > \mu_0$ $\mu < \mu_0$	$t = \dfrac{\overline{X} - \mu_0}{s/\sqrt{n}} \sim t(n-1)$	$\lvert t \rvert > t_{\frac{\alpha}{2}}(n-1)$ $t > t_\alpha(n-1)$ $t < -t_\alpha(n-1)$
σ^2 的检验（χ^2 检验法）	$\sigma^2 = \sigma_0^2$ $\sigma^2 \leqslant \sigma_0^2$ $\sigma^2 \geqslant \sigma_0^2$	$\sigma^2 \neq \sigma_0^2$ $\sigma^2 > \sigma_0^2$ $\sigma^2 < \sigma_0^2$	$\chi^2 = \dfrac{(n-1)S^2}{\sigma_0^2} \sim \chi^2(n-1)$	$\lvert \chi^2 \rvert > \chi^2_{\frac{\alpha}{2}}(n-1)$ $\chi^2 < \chi^2_{1-\frac{\alpha}{2}}(n-1)$ $\chi^2 > \chi^2_\alpha(n-1)$ $\chi^2 < \chi^2_{1-\alpha}(n-1)$

3. 总体 $X \sim F(x,\theta)$，$x_1,x_2,\cdots,x_n$ 对 θ 进行估计

点估计	统计量 $\hat{\theta} = \hat{\theta}(x_1,x_2,\cdots,x_n) \to \theta$ 估计量 矩估计法：求解：$\mu_i = A_i, i = 1,2,\cdots,k$ $\hat{\mu} = \overline{X} = \dfrac{1}{n}\sum\limits_{i=1}^{n} x_i$ $\hat{\sigma}^2 = S^2 = \dfrac{1}{n-1}\sum\limits_{i=1}^{n}(x_i - \overline{X})^2$
估计量的优良性	无偏性：$E(\hat{\theta}) = \theta$ 有效性：$D(\hat{\theta}_1) < D(\hat{\theta}_2)$
区间估计	$X \sim N(\mu,\sigma^2)$，对 μ 进行区间估计 （1）求 μ 的置信区间，σ^2 为已知 （2）求 μ 的置信区间，σ^2 未知 （3）求 σ^2 的置信区间

4. $X \sim N(\mu,\sigma^2)$ 对 μ,σ^2 进行区间估计置信度 $1-\alpha$

估计参数	统计量	置信区间
求 μ 的置信区间，σ^2 为已知	$\dfrac{\lvert \overline{X} - \mu \rvert}{\sigma/\sqrt{n}} \sim N(0,1)$	$\left(\overline{X} - \dfrac{\sigma}{\sqrt{n}}z_{\frac{\alpha}{2}},\ \overline{X} + \dfrac{\sigma}{\sqrt{n}}z_{\frac{\alpha}{2}}\right)$
求 μ 的置信区间，σ^2 为未知	$\dfrac{\overline{X} - \mu}{\dfrac{s}{\sqrt{n}}} \sim N(0,1)$	$\left(\overline{X} - \dfrac{S}{\sqrt{n}}t_{\frac{\alpha}{2}}(n-1),\ \overline{X} + \dfrac{S}{\sqrt{n}}t_{\frac{\alpha}{2}}(n-1)\right)$
求 σ^2 的置信区间	$\dfrac{(n-1)S^2}{\sigma^2} \sim \chi^2(n-1)$	$\left(\dfrac{(n-1)s^2}{\chi^2_{\frac{\alpha}{2}}(n-1)},\ \dfrac{(n-1)s^2}{\chi^2_{1-\frac{\alpha}{2}}(n-1)}\right)$

综合练习

1. 随机抽捡 3 件产品, 设 A 表示"3 件中至少有一件次品", B 表示"3 件中至少有两件是次品", C 表示"3 件都是正品". 问 $\overline{A}$, $A \bigcup B$, AC 各表示什么事件?

2. 设 $\Omega = \{a, b, c, d, e, f, g\}$, $A = \{a, c, d\}$, $B = \{d, f, g\}$, $C = \{b, c, d, e\}$, 试表述下列事件:

(1) $A \bigcup B$. (2) $A\overline{C}$. (3) $\overline{(A \bigcup B)C}$.

3. 以 A, B, C 分别表示某城市居民订阅日报、晚报、和体育报. 试用 A, B, C 表示以下事件:

(1) 只订阅日报; (2) 只订日报和晚报; (3) 只订一种报; (4) 正好订两种报; (5) 至少订阅一种报; (6) 不订阅任何报; (7) 至多订阅一种报; (8) 三种报纸都订阅; (9) 三种报纸不全订阅.

4. 同时掷两枚质地均匀的硬币, 求:

(1) 两枚都是正面朝上的概率;

(2) 一枚正面朝上, 另一枚反面朝上的概率.

5. 三人独立地破译一个密码, 各人能译出密码的概率分别是 $1/5, 1/3, 1/4$. 求密码破译出的概率.

6. 一个宿舍中住有 6 位同学, 计算下列事件:

(1)6 人中至少有 1 人生日在 10 月份; (2)6 人中恰有 4 人生日在 10 月份.

7. 某种电子元件能使用 3000h 的概率是 0.75, 能使用 5000h 的概率是 0.5. 一元件已使用了 3000h, 问能用到 5000h 的概率是多少?

8. 猎人对一只野兽射击, 直至首次命中为止. 由于时间紧迫, 它最多只能射击 4 次, 如果猎人每次射击命中的概率为 0.7, 并记住这段时间内猎人没有命中次数为 ξ, 求: (1) ξ 的分布列; (2) $P\{0 \leqslant \xi \leqslant 2\}$.

9. 设自动生产线在调整以后出现废品的概率为 $p = 0.1$, 当生产过程中出现废品时立即进行调整, X 代表在两次调整之间生产的合格品数, 试求: (1) X 的概率分布; (2) $P(X \geqslant 5)$.

10. 设随机变量 X 服从参数 λ 的 Poisson(泊松) 分布, 且 $P(X = 0) = \dfrac{1}{2}$, 求: (1) λ; (2) $P(X > 1)$.

11. 公交汽车每隔 5min 有一班汽车通过. 假设乘客在车站上的候车时间为 ξ, 若 ξ 在 $[0, 5]$ 上服从均匀分布, 求:

(1) 密度函数 $p(x)$; (2) 分布函数 $F(x)$; (3) 候车时间不超过 2min 的概率.

12. 已知随机变量 X 的概率分布为 $P(X = 1) = 0.2$, $P(X = 2) = 0.3$, $P(X = 3) = 0.5$, 试求:

(1) X 的分布函数; (2) $P(0.5 \leqslant X \leqslant 2)$; (3) 画出 $F(x)$ 的曲线.

13. 设连续型随机变量 X 的分布函数为: $F(x) = \begin{cases} 0, & x < -1 \\ 0.4, & -1 \leqslant x < 1 \\ 0.8, & 1 \leqslant x < 3 \\ 1, & x \geqslant 3 \end{cases}$, 试求:

(1)X 的概率分布;(2)$P(X < 2 | X \neq 1)$.

14. 设 $X \sim N(-1,16)$,试计算(1)$P(X < 2.44)$;(2)$P(X > -1.5)$;(3)$P(|X| < 4)$.

15. 某批钢材的强度 $\xi \sim N(200,18^2)$. 现从中任取一件.

(1) 求取出的钢材的钢材强度不低于 180MPa 的概率;

(2) 如果要以 99% 的概率保证强度不低于 150,问这批钢材是否合格?

16. 某班的一次数学考试成绩 $\xi \sim N(70,10^2)$,按规定 85 分以上为优秀,60 分以下为不合格,求:

(1) 成绩达到优秀的学生占全班的百分之几?

(2) 成绩不及格的学生占全班的百分之几?

17. 某科统考成绩 X 近似服从正态分布 $N(70,10^2)$,第 100 名的成绩为 60 分,问第 20 名成绩约为多少分?

18. 设总体 $X \sim N(\mu,\sigma^2)$ 其中,μ 已知,σ^2 未知,又 $X_1,X_2,\cdots,X_n$ 是总体 X 的一个样本,试指出下列哪些是统计量,哪些不是统计量:

(1) $\dfrac{1}{\sigma^2} \sum\limits_{i=1}^{n} (X_i - \mu)^2$;(2) $\min\limits_{1 \leqslant i \leqslant n} X_i$;(3) $\dfrac{1}{\sigma}(X_1 + X_2 + X_3) - \mu$.

19. 试推导样本方差 $S^2 = \dfrac{1}{n-1} \sum\limits_{i=1}^{n} (X_i - \overline{X})^2$ 的简化公式:

$$S^2 = \dfrac{1}{n-1}\Big(\sum\limits_{i=1}^{n} X_i^2 - n\overline{X^2} \Big).$$

20. 从切割机加工的批金属棒中抽取 9 段,测得其长度(cm) 如下:

$$49.6,49.3,49.7,50.3,50.6,49.8,49.7,51.0,50.2,$$

设金属棒长度服从正态分布,其标准长度为 50cm. 能否判断这台切割机加工的金属棒是合格的($\alpha = 0.05$)?

21. 在正常情况下,某肉类加工厂生产的小包装纯精肉每包重量 X 服从正态分布,标准差 $\sigma = 10$g. 某日抽取 12 包,测得其重量(单位:g) 为

$$501 \ 497 \ 483 \ 492 \ 510 \ 503 \ 478 \ 494 \ 483 \ 496 \ 502 \ 513,$$

问该日生产的纯精肉每包重量的标准差是否正常($\alpha = 0.10$)?

22. 设总体 X 的密度函数为 $p(x) = \begin{cases} 2(\theta - x)/\theta^2, & 0 < x < \theta \\ 0 \end{cases}$,有样本 $X_1,X_2,\cdots,X_n$,求未知参数 θ 的矩估计量;若有 $n = 5$ 的样本:0.3,0.9,0.5,1.1,0.2,求 θ 的矩估计值.

23. 甲、乙两台机床同时加工一批零件,每加工 1000 件零件,甲、乙两台机床所出的次品次为 ξ 和 η,已知随机变量 ξ,η 的分布列为

ξ	0	1	2	3
P	0.7	0.2	0.06	0.04

η	0	1	2	3
P	0.74	0.12	0.1	0.05

问哪台机床加工质量比较稳定?

24. 甲,乙两位打字员每页出错个数分别用 ξ,η 表示,分布律如下,问哪位打字员打印的量较好?

ξ	0	1	2	3	4
P	0.2	0.2	0.3	0.2	0.1

η	0	1	2	3	4
P	0.1	0.2	0.1	0.5	0.1

25. 设 ξ 的密度函数为 $p(x) = \begin{cases} a+bx, & 0 < x < 1 \\ 0, & \text{其他} \end{cases}$，已知 $E(\xi) = 0.6$，求 a 和 b 的值.

26. 设随机变量 X 的概率密度为 $f(x) = \begin{cases} 2(1-x), & 0 \leqslant x \leqslant 1 \\ 0, & \text{其他} \end{cases}$，求 EX 与 DX.

27. 某路公共汽车起点站每 5 分钟发出一辆车，每个乘客到达起点站的时刻在发车间隔的 5 分钟内均匀分布，求每个乘客候车时间的期望（假定汽车到站时，所能候车的乘客都能上车）.

28. 某电器元件的使用寿命 X（单位：h）服从参数为 λ 的指数分布，随机取 5 个元件做寿命试验，得寿命为：1.5, 0.8, 2.1, 1.7, 1.9.（1）求 λ 的矩估计值.（2）用中位数 $\tilde{x}$ 估计 λ 的值.

29. 测试铝的密度（单位：kg/m³）16 次，测得 $\overline{x} = 2.705s = 0.029$，设测量结果服从正态分布，求铝的密度的 95% 置信区间.

30. 假设初生男婴的体重服从正态分布，随机地测定 12 名，测得其体重（单位：g）如下：

$$3100 \quad 2520 \quad 3000 \quad 3000 \quad 3600 \quad 3160$$
$$3560 \quad 3320 \quad 2280 \quad 2600 \quad 3400 \quad 2540$$

试求初生男婴体重的标准差 σ 的 95% 置信区间.

第 11 章　MATLAB 简介

本章知识结构导图

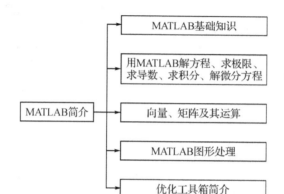

11.1　MATLAB 基础知识

MATLAB 是 Matrix Laboratory 的缩写,是 Mathworks 公司于 1984 年推出的一套科学计算软件,分为总包和若干工具箱.具有强大的矩阵计算和数据可视化能力.一方面可以实现数值分析、优化、统计、偏微分方程数值解、自动控制、信号处理、系统仿真等若干个领域的数学计算,另一方面可以实现二维、三维图形绘制、三维场景创建和渲染、科学计算可视化、图像处理、虚拟现实和地图制作等图形图像方面的处理.同时,MATLAB 是一种解释式语言,简单易学、代码短小高效、计算功能强大、图形绘制和处理容易、可扩展性强.其优势在于:

(1)矩阵的数值运算、数值分析、模拟;

(2)数据可视化、2D/3D 的绘图;

(3)可以与 FORTRAN、C/C++做数据链接;

(4)几百个核心内部函数;

(5)大量可选用的工具箱.

11.1.1　MATLAB 数学软件基本知识介绍

常用的进入 MATLAB 方法是鼠标双击 Windows 桌面上的 MATLAB 图标,以快捷方式进入(如果没有图标,可在桌面上新建“快捷方式”,将 MATLAB“图标”置于桌面).

在 MATLAB 的环境中,键入 quit(或 exit)并回车,将退出 MATLAB,返回到 Windows 桌面.也可以用鼠标单击 MATLAB 命令窗口右上方的关闭按钮“×”退出 MATLAB.如果想用计算机做另外的工作而不退出 MATLAB,这时可以单击 MATLAB 命令窗口右上方的极小化按钮"—",暂时退出(并没有真正退出)MATLAB 并保留了工作现场,随时可以单击 Windows 任务栏(屏幕下方)中的 MATLAB 标记以恢复命令窗口继续工作.

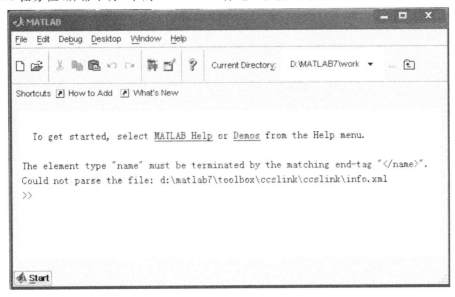

图 11.1

"＞＞"是 MATLAB 的提示符号(Prompt),但在 PC 中文视窗系统下,由于编码方式不同,此提示符号常会消失不见,但这并不会影响到 MATLAB 的运算结果.

假如我们想计算$[(1+2)\times 3-4]\div 2^3$,只需在提示符"＞＞"后面输入"((1+2) * 3 - 4)/2^3",然后按 Enter 键,命令窗口马上就会出现算式的结果 0.6250,并出现新的提示符等待新的运算命令的输入.

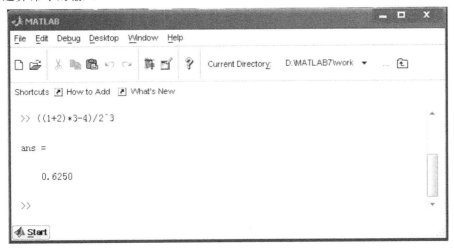

图 11.2

该命令行涉及加(＋)、减(—)、乘(＊)、除(/)及幂运算符($^\wedge$),MATLAB 运算的执行次序遵循的优先规则为:从左到右执行;幂运算具有最高级的优先级,乘法和除法具有相同的次优先级,加法和减法有相同的最低优先级;使用括号可以改变前述优先次序,并由最内层括号向外执行.

由于此例中没有指定计算结果赋值给哪个变量，MATLAB用"ans"来临时存储计算结果. "ans"是MATLAB用来存储结果的缺省变量名，属于特殊变量. 常用的特殊变量如表11.1所示.

表 11.1　特殊变量

特殊变量	取值	特殊变量	取值
ans	用于结果的缺省变量名	i,j	虚数单位 $\sqrt{-1}$
pi	圆周率	eps	浮点运算的相对精度
NaN	不定值,如 0/0	inf	正无穷大

MATLAB对所用的变量不用指定变量类型，它会根据所赋予变量的值或对变量所进行的操作来确定变量类型. 用sym、syms命令来定义变量. 如把前面的计算结果赋值给变量x，再由x构造一个新的变量，然后再将变量x赋新值. 执行命令和结果如下所示：

```
>>syms  x  y
>>x=((1+2)*3-4)/2^3
   x=
       0.6250
>>y=3*x+5      %这里乘号"*"一定要有,若写成 y=3x+5 则会出错.
   y=
       6.8750
>>x=3          %可以重新给 x 赋值
   x=
       3
>>y
   y=
       6.8750  %y 的值不会跟着改变,若想让 y 跟着改变,则再给 y 赋值 y=3*x+5
```

MATLAB可以把多个命令放在同一行，各命令用逗号","或分号";"分隔，逗号表示显示本命令结果，分号表示只执行该命令但不显示.

```
>>syms  r  l  s
>>r=1;l=2*pi*r,s=pi*r^2
   l=
       6.2832
   s=
       3.1416
```

MATLAB对变量名的要求是区分大小写，以字母开头. "clear"命令可以清除定义过的变量.

11.1.2　MATLAB 常用函数与计算

MATLAB的内部函数包括基本初等函数在内的一些函数，只要给定自变量的数据并知道函数名就可以计算出对应函数值见表11.2.

表 11.2　常用基本函数

名称	函数	名称	函数
正弦函数	$\sin(x)$	反正弦函数	$\mathrm{asin}(x)$
余弦函数	$\cos(x)$	反余弦函数	$\mathrm{acos}(x)$
正切函数	$\tan(x)$	反正切函数	$\mathrm{atan}(x)$
开平方	$\mathrm{sqrt}(x)$	以 e 为底的指数	$\exp(x)$
自然对数	$\log(x)$	以 10 为底的对数	$\log 10(x)$
绝对值	$\mathrm{abs}(x)$	符号函数	$\mathrm{sign}(x)$
最大值	$\max(x)$	最小值	$\min(x)$
求和	$\mathrm{sum}(x)$	取整	$\mathrm{fix}(x)$

通常 MATLAB 自变量采用弧度制,例如计算正弦函数在 $45°$（即 $\frac{\pi}{4}$）处的值,只需在 MATLAB 环境下键入 $\sin(\mathrm{pi}/4)$,计算机屏幕将显示出计算结果

　　ans＝0.7071.

如果需计算出正弦函数 $\sin30°,\sin45°,\sin60°$ 的值,可输入命令

　　＞＞x＝[pi/6,pi/4,pi/3];sin(x)

计算机屏幕将显示计算结果

　　ans＝
　　　　0.5000　　0.7071　　0.8660

这说明 MATLAB 可以同时计算出某一函数在多个点处的值,而且所用的格式与数学书写格式几乎是完全一致的.

在命令窗口中键入表达式 $z=x^2+e^{x+y}-y\ln x-3$,并求 $x=2,y=4$ 时的值.

　　symsx　y　z
　　x＝2;y＝4;
　　z＝x^2＋exp(x+y)－y*log(x)－3

可以运算出结果是 401.6562.注意变量要区分字母的大小写,标点符号必须是在英文状态下输入.

11.2　用 MATLAB 软件解方程、求极限、导数、积分、微分方程

11.2.1　用 MATLAB 软件解方程

命令格式:solve('方程','变量')

【例 11.1】　求方程 $x^2=4$ 的根.

　　＞＞solve('x^2－4＝0','x')
　　　　ans＝
　　　　　－2
　　　　　2

【例 11.2】　求方程 $x-\sin x=1/2$ 的根.

>>solve($'$x$-$sin(x)$=$1/2$'$,$'$x$'$)

 ans$=$

  1.4973003890958923146815215409476

【注】 这个命令只适合求一元方程的根.

11.2.2 用 MATLAB 软件求极限

命令格式:limit(函数名,变量,趋近值)

     limit(函数名)   %默认变量趋向于零

     limit(函数名,变量,趋近值,$'$left or right$'$)   %表示求左右极限

【例 11.3】 求极限 $\lim\limits_{x\to0}\dfrac{\sin x}{x}$.

>>limit(sin(x)/x)

 ans$=$

  1

【例 11.4】 求 $\lim\limits_{x\to1}\dfrac{x^2-1}{x^2+3x-4}$.

>>limit((x^2$-$1)/(x^2$+$3$*$x$-$4),x,1)

 ans$=$

  2/5

【例 11.5】 求 $\lim\limits_{x\to-\infty}e^x$.

>>limit(exp(x),x,$-$inf)

 ans$=$

  0

【例 11.6】 求 $\lim\limits_{x\to+\infty}\dfrac{\sin x}{x}$.

>>limit(sin(x)/x,x,inf)

 ans$=$

  0

【注】 正无穷大用"inf"表示,负无穷大用"$-$inf"表示.

【例 11.7】 求 $\lim\limits_{x\to0^-}\dfrac{|x|}{x}$ 和 $\lim\limits_{x\to0^+}\dfrac{|x|}{x}$.

>>limit(abs(x)/x,x,0,$'$left$'$)

 ans$=$

  $-$1

>>limit(abs(x)/x,x,0,$'$right$'$)

 ans$=$

  1

11.2.3　用 MATLAB 软件求导数

命令格式：diff(函数名)　　　　　　　%表示求函数的一阶导数；

　　　　　diff(函数名,变量名,n)　　%表示函数对该变量求 n 阶导数.

【例 11.8】　求函数 $y = \sin^2 \dfrac{1}{x}$ 的导数.

> diff((sin(1/x))^2)
> ans=
> $-(2 * \cos(1/x) * \sin(1/x))/x^2$

【例 11.9】　求 x^x 的导数

```
>>diff(x^x)
    ans=
        x * x^(x-1)+x^x * log(x)
```

【例 11.10】　求 x^n 的 1 阶和 10 阶导数.

```
>>diff(x^n)
    ans=
        n * x^(n-1)
>>diff(x^n,x,10)
    ans=
        n * x^(n-10) * (n-1) * (n-2) * (n-3) * (n-4) * (n-5) * (n-6) * (n-
7) * (n-8) * (n-9)
```

11.2.4　用 MATLAB 软件求积分

命令格式：int(函数名)　　　%求不定积分

　　　　　int(函数名,a,b)　%求在[a,b]区间内的定积分

【例 11.11】　求不定积分 $\displaystyle\int 2x \mathrm{d}x$.

```
>>int(2 * x)
    ans=
        x^2
```

【注】　求不定积分得到的结果,只是被积函数的一个原函数,并没有加常数 C.

【例 11.12】　求不定积分 $\displaystyle\int \sin x \mathrm{d}x$.

```
>>int(sin(x))
    ans=
        -cos(x)
```

【例 11.13】　求定积分 $\displaystyle\int_0^\pi \sin x \mathrm{d}x$.

$>>$int(sin(x),0,pi)

   ans$=$

    2

【例 11.14】 求定积分 $\int_0^1 \sqrt{1-x^2}\,dx$（即求四分之一个单位圆的面积）.

int(sqrt(1$-$x^2),0,1)

ans$=$

  pi/4

11.2.5 用 MATLAB 软件解微分方程

在 MATLAB 中,用大写字母 D 表示微分方程的导数.例如 Dy 表示 y',D2y 表示 y'';D2y$+$Dy$-6*$x$+2=0$ 表示微分方程 $y''+y'-6x+2=0$;Dy(1)$=2$ 表示 $y'(1)=2$.

命令格式:dsolve('微分方程','初始条件','变量')

若不给出初始条件,则求方程的通解.如不指定变量,将定为默认自变量.

【例 11.15】 求解微分方程 $y''=y'+e^x$.

$>>$dsolve('D2y$=$Dy$+$exp(x)','x')

   ans$=$

   exp(x)$*$x$-$exp(x)$+$exp(x)$*$C1$+$C2

【例 11.16】 求解微分方程 $y''+4y=3x,y(0)=0,y'(0)=1$.

$>>$dsolve('D2y$+4*$y$=3*$x','y(0)$=0$,Dy(0)$=1$','x')

   ans$=$

   1/8$*$sin(2$*$x)$+3/4*$x

11.3 向量、矩阵及其运算

MATLAB 之所以成名,是由于它具备了比其他软件更全面、更强大的矩阵运算功能.MATLAB 所有的数值功能都是以矩阵为基本单位进行的,所有的标量（整数、实数和复数）可以看作是 1×1 矩阵,行向量和列向量可分别看作 $1\times n$ 和 $n\times1$ 矩阵.

11.3.1 向量的表示及运算

1.向量的生成

我们先对向量的运算作一简单介绍.要对向量进行运算,首先要生成向量,生成向量最直接的方法就是在命令窗口中直接输入各分量.所有的分量用空格、逗号或分号分隔,按次序写在中括号"[]"中,用空格和逗号分隔生成行向量,用分号分隔生成列向量.

```
>>x=[1  2],y=[3,4],z=[5;6]
    x=
        1    2
    y=
        3    4
    z=
        5
        6
```

生成行向量还可以用冒号表达式或 linspace 函数两种方法.冒号表达式的格式为 $n:s:m$,它产生从实数 n 开始,步长为 s,不超过 m 的行向量.若 s 缺省,则默认步长为 1,即 $n:m$ 同 $n:1:m$ 等价.

```
>>a=2:5
    a=
        2    3    4    5
>>b=1:2:12
    b=
        1    3    5    7    9    11
>>c=1:-0.2:0.1
    c=
        1.0000   0.8000   0.6000   0.4000   0.2000
```

linspace 函数的格式有两种:linspace(x_1,x_2)和 linspace(x_1,x_2,n).前者表示以 x_1 为首分量,x_2 为末分量的 100 维线性等分行向量,后者产生以 x_1 为首分量,x_2 为末分量的 n 维线性等分行向量.

```
>>linspace(1,9,5)
    ans=
        1    3    5    7    9
```

列向量可以对行向量使用转置命令:单引号“'”得到.

```
>>syms  d  e
>>d=linspace(1,5,3);e=d'
    e=
        1
        3
        5
```

2. 向量的运算

向量与标量之间的加、减、乘、除等简单数学运算是对向量的每个分量施加运算.

```
>>x=1:7;x1=x+1,x2=x*2-1,x3=sin(x)
  x1=
      2    3    4    5    6    7    8
  x2=
      1    3    5    7    9    11   13
  x3=
      0.8415   0.9093   0.1411  -0.7568  -0.9589  -0.2794
  0.6570
```

向量与标量之间的幂运算要用".^".

```
>>x4=x.^2,x5=2.^x
  x4=
      1    4    9    16   25   36   49
  x5=
      2    4    8    16   32   64   128
```

格式相同的向量之间也可以进行加、减、乘、除及幂运算,格式为:加法"+"、减法"-"、乘法".*"、除法"./"或".\"、幂运算".^"

```
>>y1=1:4;y2=5:8;y3=y1+y2,y4=y1.*y2,y5=y1./y2,y6=y2.\y1,y7=y2.^y1
  y3=
      6    8    10   12
  y4=
      5    12   21   32
  y5=
      0.2000   0.3333   0.4286   0.5000
  y6=
      5.0000   3.0000   2.3333   2.0000
  y7=
      5        36       343      4096
```

11.3.2 矩阵的表示及运算

1.矩阵的表示

行向量和列向量均为特殊的矩阵,一般的矩阵具有多个行和多个列.生成矩阵的方法和生成向量的方法类似,在中括号"[ ]"中按次序输入矩阵的各元素,同行的元素之间用空格或逗号分隔,行与行用分号或回车符分隔.

```
>>[1,2,3,4;2,3,4,5;3;6]
  ans=
      1    2    3    4
      2    3    4    5
      3    4    5    6
```

2. 矩阵与标量的运算

同向量类似,矩阵与标量之间的加、减、乘、除等简单数学运算是对矩阵的每个元素施加运算,分别使用算子"+"、"−"、"＊"、"/".但作除法时,若将矩阵直接作为除数将会出错.

```
>>A=[1,2,3;4,5,6];
>>A1=1+A,A2=A−2,A3=A＊3,A4=A/4
  A1=
      2      3      4
      5      6      7
  A2=
     −1      0      1
      2      3      4
  A3=
      3      6      9
     12     15     18
  A4=
     0.2500     0.5000     0.7500
     1.0000     1.2500     1.5000
```

3. 矩阵与矩阵的运算

矩阵与矩阵之间的运算,必须符合矩阵的运算要求.如矩阵的加减使用算子"+"和"−",要求两矩阵必须有相同的行数和列数.

```
>>A=[1,2,3;3,2,1];
>>B=[−1,5,4;0,−3,1];
>>A+B
  ans=
      0      7      7
      3     −1      2
>>2＊A−3＊B
  ans=
      5    −11     −6
      6     13     −1
```

【注】　两矩阵相乘,使用算子"＊",前一矩阵的列数必须和后一矩阵的行数相同.

```
>>A=[1,2,3;3,2,1];B=[1,2;0,1;-1,3];
>>A*B
   ans=
      -2      13
       2      11
>>B*A
   ans=
       7       6       5
       3       2       1
       8       4       0
```

4. 常用矩阵函数

常用矩阵函数有 det、inv、rank、eig、poly、trace 等. 函数 det 用于求矩阵的行列式, inv 用于求逆矩阵, rank 用于求矩阵的秩, eig 用于求矩阵的特征值和特征向量, poly 用于求矩阵的特征多项式, trace 用于求矩阵的迹.

```
>>det([1,2,3;3,1,2;2,3,1])
   ans=
      18
>>inv([1,1,1,1;0,1,1,0;0,0,1,1;0,0,0,1])
   ans=
      1      -1      0       -1
      0       1     -1        1
      0       0      1       -1
      0       0      0        1
>>rank([1,2,2,2;0,1,1,0;1,0,1,1;0,1,0,1])
   ans=
      3
```

11.3.3 解线性方程组

1. 唯一解情况

若线性方程组 $AX = B$ 有唯一解, 即 A 可逆, 则方程组的解为 $X = A \backslash B$ (左除 A); 若线性方程组 $XA = B$ 有唯一解, 则方程组的解为 $X = B/A$ (右除 A). 如解线性方程组

$$\begin{pmatrix} 1 & -2 & 3 & 1 \\ 1 & 1 & -1 & -1 \\ 2 & -1 & 1 & 0 \\ 2 & 2 & 5 & -1 \end{pmatrix} \begin{pmatrix} x_1 \\ x_2 \\ x_3 \\ x_4 \end{pmatrix} = \begin{pmatrix} 7 \\ 2 \\ 7 \\ 18 \end{pmatrix}$$

的解可以用左除得到.

```
>> A = [1,-2,3,1;1,1,-1,-1;2,-1,1,0;2,2,5,-1];
>> B = [7;2;7;18];
>> A\B
   ans =
       3.0000
       1.0000
       2.0000
       0.0000
```

即线性方程组的解为 $\begin{cases} x_1 = 3 \\ x_2 = 1 \\ x_3 = 2 \\ x_4 = 0 \end{cases}$.

2. 无穷多解情况

用函数 rref 将其化增广矩阵 $\overline{A}$ 为最简形, 如线性方程组

$$\begin{cases} x_1 - 2x_2 + 3x_3 + x_4 + x_5 = 7 \\ x_1 + x_2 - x_3 - x_4 - 2x_5 = 2 \\ 2x_1 - x_2 + x_3 - 2x_5 = 7 \\ 2x_1 + 2x_2 + 5x_3 - x_4 + x_5 = 18 \end{cases}$$

```
>> rref([1,-2,3,1,1,7;1,1,-1,-1,-2,2;2,-1,1,0,-2,7;2,2,5,-1,1,18])
   ans =
       1    0    0    0   -2    3
       0    1    0    0   -1    1
       0    0    1    0    1    2
       0    0    0    1   -2    0
```

即线性方程组的解为

$$\begin{cases} x_1 = 3 + 2k \\ x_2 = 1 + k \\ x_3 = 2 - k \qquad k \text{ 为任意实数.} \\ x_4 = 2k \\ x_5 = k \end{cases}$$

【注】　线性方程组 $AX = B$ 有唯一解时也可以用 rref 命令求解.

11.4　MATLAB 图形处理

不管是数值计算还是符号计算, 无论计算的多么完美, 结果多么准确, 人们还是很难直接从一大堆原始数据中发现它们的含义, 而数据图形化能使视觉感官直接感受到数据的血多内在本质, 发现数据的内在联系, 可把数据的内在特征表现得淋漓尽致. MATLAB 具有强大的图形处理能力, 本节我们简单地介绍 MATLAB 关于二维图形、三维图形的一些常用命令.

11.4.1 二维图形

二维图形的绘制是 MATLAB 图形处理的基础,常用的函数是 fplot 函数和 plot 函数.

1. fplot 函数

fplot 是精确绘图函数,命令格式为:fplot('fun',[a,b]). 显示函数在区间[a,b]上图形. 如在区间[$-5,5$]上,函数 $y=x\sin x$ 的图像. 只要输入命令:

>>fplot('x * sin(x)',[$-5,5$])

就会出现图 11.3.

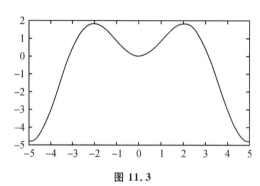

图 11.3

fplot 函数简单方便,但能处理的函数有限.

2. plot 函数

绘制二维函数图形最常用的函数是 plot 函数,plot 函数最常用的格式为:plot(x,y),其中 x 和 y 是长度相同的向量,它将绘出以 x 为横坐标、y 为纵坐标的散点图,默认在相邻两点间用线段相连,可以用控制符设置线型、颜色及标记.

如绘制 $0\sim2\pi$ 内 $\sin(x)$ 的图形.

>>x=linspace(0,2 * pi,50);y=sin(x);

　　　　　　　%产生 50 个数据点,如图 11.4,图形效果比较好.

>>plot(x,y)

>>x=linspace(0,2 * pi,10);y=sin(x);

　　　　　　　%产生 10 个数据点,如图 11.5,效果不好.

>>plot(x,y)

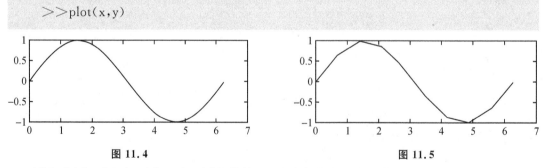

图 11.4　　　　　　　　　　　　　　**图 11.5**

若想在同一个坐标系内画出不同的曲线,只需将各曲线的散点横纵坐标向量依次填入 plot 后的括号中,用逗号分隔. 一般格式为:plot($x_1,y_1,x_2,y_2,\cdots,x_n,y_n$). 例如我们希望在同一坐标系内画出区间[$-2\pi,2\pi$]的正弦函数和余弦函数的图形(图 11.6),可用以下命令:

```
>>x=linspace(−2 * pi,2 * pi);        %默认产生 100 个数据点.
>>y1=sin(x);y2=cos(x);
>>plot(x,y1,x,y2)
```

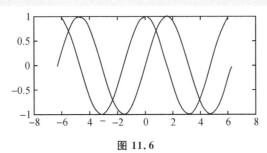

图 11.6

我们也可以使用 hold 命令来实现上述功能.MATLAB 只有一个图形窗口,在缺省状态下,画一个新的图形将会自动清除图形窗口中已有的图形,然后在此窗口中绘制新的图形.使用 hold on 命令之后,绘制新图形时将不再清除已有图形;使用 hold off 命令将恢复缺省状态.图 11.6 也可由下列命令来实现:

```
>>x=linspace(−2 * pi,2 * pi);y1=sin(x);y2=cos(x);
>>plot(x,y1);hold on;         %先画正弦函数图形.
>>plot(x,y2);hold off;        %后画余弦函数图形.
```

MATLAB 提供了一系列对曲线的线型、颜色及标记的控制符,如表 11.3 所示.

表 11.3

控制符	线型或标记	控制符	颜色	控制符	标记
—	实线	g	绿色	.	点
:	点线	m	品红色	O	圆圈
—.	点划线	b	蓝色	x	叉号
——	虚线	c	青色	+	加号
h	六角星	w	白色	*	星号
v	倒三角	r	红色	s	正方形
ˆ	正三角	k	黑色	d	菱形
>	左三角	y	黄色	p	五角星
<	右三角				

这些符号的不同组合可以为图形设置不同的线型、颜色及标记.调用时可以使用一个或多个控制符.若为多个,各控制符直接相连,不需任何分隔符.具体格式为:plot(x_1,y_1,'控制组合 1',x_2,y_2,'控制组合 2',…,x_n,y_n,'控制组合 n').如前述的正弦函数我们希望使用"点线、蓝色、黑圈"来描绘,余弦函数用"虚线、红色、五角星"来描绘(图 11.7),可使用如下命令:

```
>>x=linspace(−2 * pi,2 * pi);y1=sin(x);y2=cos(x);
>>plot(x,y1,':bo',x,y2,'−−rp')
```

我们还可以使用 grid,title,xlabel,ylabel 等命令在图形上添加网格、标题、x 轴注解、y 轴注解等.在图形的任何已知位置添加一字符串可以使用 text 命令,更为方便的是用鼠标的落地来确定添加字符串的位置的 gtext 命令. 由如下命令可以产生的图 11.8.

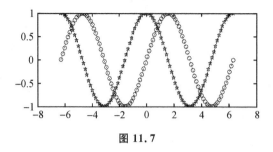

图 11.7

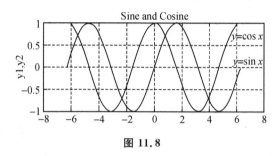

图 11.8

```
>>x=linspace(−2 * pi,2 * pi);y1=sin(x);y2=cos(x);
>>plot(x,y1,x,y2);
>>gridon;                  %显示网格;使用 gridoff 命令取消网格显示.
>>title('Sine and Cosine');%添加标题.
>>xlabel('x');             %添加 x 轴注解.
>>ylabel('y1,y2');         %添加 y 轴注解.
>>text(6.2,0,'y=sinx');    %在(6.2,0)处添加字符串 y=sinx
>>gtext('y=cosx');         %使用此命令后,鼠标在图形窗口会出现十字标跟随鼠标移
                            动,在需要的位置点击鼠标,即确定字符串 y=cosx 的放置位
                            置.
```

如果我们希望在图形窗口中同时出现几个坐标系,每个坐标系显示不同的图形. MAT-LAB 提供了 subplot 函数可以实现这样的功能,调用格式为:$subplot(m,n,p)$. 此命令本身并不绘制图形,它只是将图形窗口分割成 m 行 n 列共 $m \times n$ 个子窗口,子窗口从左到右,由上至下进行编号,并把 p 指定的子窗口设置为当前窗口.绘图 11.9 的命令如下:

```
>>x=linspace(−2 * pi,2 * pi);
>>y1=sin(x);y2=cos(x);y3=y1. * y2;
>>subplot(2,2,1);
>>plot(x,y1);title('y=sin(x)');
>>subplot(2,2,2);
>>plot(x,y2);title('y=cos(x)');
>>subplot(2,2,3);
>>plot(x,y3);title('sin(x) * cos(x)');
>>subplot(2,2,4);
>>plot(x,sin(x)+cos(x));title('sin(x)+cos(x)');
```

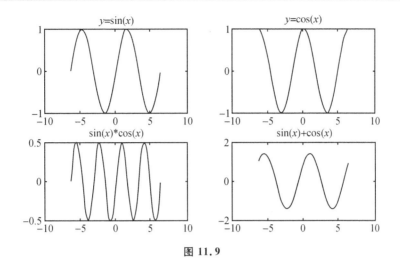

图 11.9

11.4.2　三维图形

plot3 命令将绘制二维图形的函数 plot 的特性扩展到三维空间. 除了数据多了一维外, 它的调用风格与 plot 相同, 具体调用格式为: plot3$(x_1, y_1, z_1,$ '控制组合 1', $x_2, y_2, z_2,$ '控制组合 2', $\cdots, x_n, y_n, z_n,$ '控制组合 n'), 这里的 xi, yi, zi 为格式相同的向量或矩阵, 控制组合的形式和 plot 函数相同. plot3 常用于绘制单变量的三维曲线. 如绘制函数 $x = t\sin t, y = t\cos t,$ $z = t$ 的常见图形 (图 11.10), 可使用如下命令:

```
>>t=linspace(0,20 * pi,1000);
>>plot3(t. * sin(t),t. * cos(t),t);
>>grid on;
>>xlabel('tsint');ylabel('tcost');zlabel('t');
```

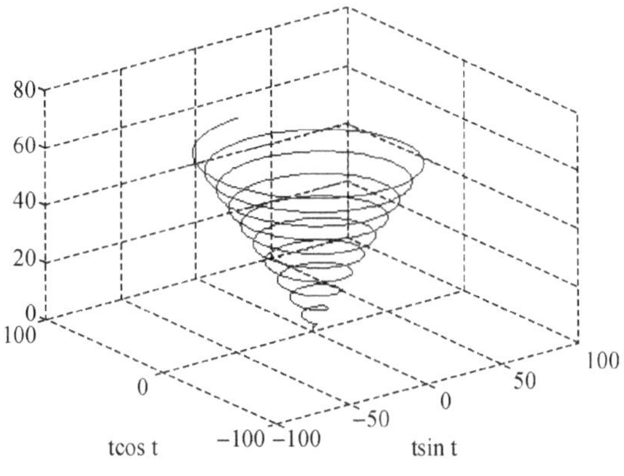

图 11.10 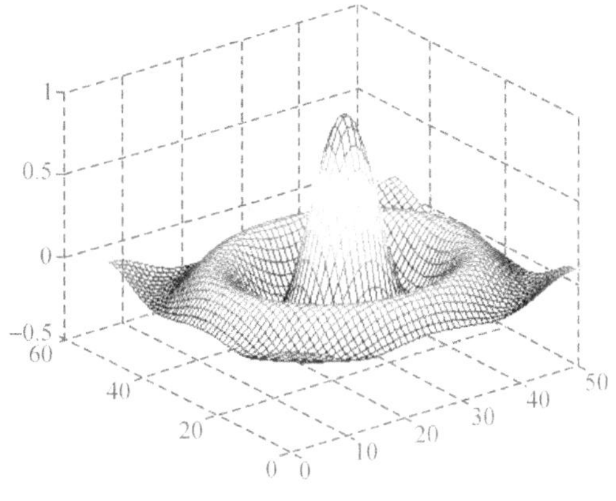　　　　　　　　　　　　　　　　　图 11.11

MATLAB 中绘制带网格的曲面图使用 mesh 函数. 此函数利用 $x-y$ 平面的矩形网格点对应的 z 轴坐标值, 在三维直角坐标系内各点一一画出, 然后用直线段将相邻的点联结起来形成网状曲面. MATLAB 中生成平面矩形网格点的函数为 meshgrid, 它的功能是利用给定的两个向量生成二维网格点.

mesh 函数的调用非常简单, 如我们希望绘制二元函数

$$z = \frac{\sin(\sqrt{x^2+y^2})}{\sqrt{x^2+y^2}}$$

的网格图(图 11.11),可使用如下命令:

```
>>x=linspace(-10,10,50);y=linspace(-10,10,50);
>>[xx,yy]=meshgrid(x,y);              %生成平面网格点.
>>r=sqrt(xx.^2+yy.^2);z=sin(r)./r;    %生成 z 坐标矩阵.
>>mesh(z)                             %生成网格图.
```

11.5 优化工具箱简介

开发 MATLAB 软件的初衷只是为了方便矩阵运算,随着其作为商业软件的推广,它不断吸收各学科各领域权威人士编写的实用程序,形成了一系列规模庞大、覆盖面广的工具箱,如优化、图形处理、信号处理、神经网络、小波分析、概率统计、偏微分方程、系统识别、鲁棒控制、模糊逻辑等工具箱,极大地方便了我们进行科学研究和工程应用. 由于数学建模中很多问题都可以转化为优化问题,本节我们简单介绍一下优化工具箱中的部分函数,为大家今后熟练使用 MATLAB 各工具箱函数奠定基础.

11.5.1 无约束最小值

函数 fminbond 用来寻找单变量函数在固定区间内的最小值点及最小值,常用调用格式为:$[x,fval]=\text{fminbnd}(fun,x_1,x_2)$. 返回函数 fun 在区间 (x_1,x_2) 上的最小值点 x 和对应的最小值 fval,fun 为目标函数的文件名句柄或目标函数的表达式字符串.

如求解函数 $f(x)=\sin x$ 在区间 $(0,2\pi)$ 内的最小值及最小值点,使用如下命令即可:

```
>>[x,fval]=fminbnd(@sin,0,2*pi)
```

其中符号"@"表明目标函数为 MATLAB 自定义的正弦函数 sin.m. 运行结果为:

```
x=
    4.7124
fval=
    -1.0000
```

如果目标函数不是 MATLAB 自定义的函数,若目标函数表达式比较简单,如求函数 $f(x)=\dfrac{\ln(1+x^2)}{x}$ 在区间 $(-3,2)$ 内的最小值及最小值点,可以直接用如下命令:

```
>>[x,fval]=fminbnd('log(1+x^2)/x',-3,2)      %注意单引号
x=
    -1.9803
fval=
    -0.8047
```

如果目标函数比较复杂,我们可以定义一个函数 M 文件,以函数 $f(x)=\dfrac{\ln(1+x^2)}{x}$ 为

例,编写一个文件名为 fun1. m 的 M 文件:

```
function f＝myfun(x)        %编写 M 文件时,此处的"myfun"与文件名可以不一致.
f＝log(1＋x^2)/x;           %注意要有分号.
```

然后调用 fminbnd 函数:

　　＞＞[x,fval]＝fminbnd(@fun1,－3,2)　%注意此处是"fun1"并不是"myfun".

　　fminsearch 和 fminunc 都是用来求无约束多元函数的最小值的函数,两个函数的常用格式为:$[x,fval]＝$fminsearch(fun,x_0)和$[x,fval]＝$fminunc(fun,x_0). 都是从初值 x_0 开始搜索函数 fun 的最小值点和最小值,但两个函数的搜索路线不相同. 当目标函数的阶数大于 2 时,使用 fminunc 比 fminsearch 更有效,当目标函数高度不连续时,使用 fminsearch 更有效. 如我们希望求出 $f(x)＝e^{x_1}(4x_1^2＋2x_2^2＋3x_1x_2＋2x_2＋3)$ 的最小值,首先编写目标函数的 M 文件 fun2. m:

```
functionf＝myfun(x)
f＝exp(x(1)) * (4 * x(1)^2＋2 * x(2)^2＋3 * x(1) * x(2)＋2 * x(2)＋3);
                                              %注意 x(1)、x(2)的写法.
```

然后调用 fminsearch 或 fminunc 函数:

　　＞＞[x,fval]＝fminsearch(@fun2,[0,0])　%"[0,0]"从初值(0,0)点开始搜索.

或

　　＞＞[x,fval]＝fminunc(@fun2,[0,0])

结果为:

```
x＝
    －0.2936    －0.2798
fval＝
    2.3771
```

　　fminsearch 和 fminunc 两个函数得到的最小值点可能是不相同的,这是由于两函数各自的搜索方向不同造成的,其实这两个函数可能只得到初值点附近的局部最小值(点),而不一定是全局最小值(点).

11.5.2　线性规划

　　线性规划问题是指目标函数和约束条件均为线性函数的问题,MATLAB 解决线性规划问题的标准格式为:

$$\min \quad f'x$$
$$\text{s. t.} \quad A \cdot x \leqslant b$$
$$A_{eq} \cdot x＝b_{eq}$$
$$lb \leqslant x \leqslant ub$$

其中 f,x,b,b_{eq},lb,ub 均为列向量,A,A_{eq} 为矩阵,$A \cdot x \leqslant b$ 为线性不等式约束条件,$Aeq \cdot x＝b_{eq}$ 为线性等式约束条件,$lb \leqslant x \leqslant ub$ 为变量 x 的取值范围. MATLAB 提供解决此标准形式的线性规划的函数为 linprog,其最常用的调用格式为:

　　$[x,fval]＝$linprog$(f,A,b,A_{eq},b_{eq},lb,ub)$

返回最小值点 x 和对应的最小值 fval. 若无某些约束条件,调用时对应位置的参数均用中括号"[]"代替. 如求解线性规划问题:

$$\max \quad -2x_1 - 3x_2 - 6x_3 + 5x_4$$

$$\text{s. t.} \quad x_1 - x_2 - 2x_3 - 4x_4 \leqslant 0$$

$$x_2 + x_3 - x_4 \geqslant 0$$

$$x_1 + x_2 + x_3 + x_4 = 1$$

$$x_1 \geqslant 0, x_2 \geqslant 0, x_3 \geqslant 0, x_4 \geqslant 0$$

首先输入目标函数及各约束条件中所涉的向量或矩阵:

```
>>f=[2;3;6;-5];
>>A=[1 -1 -2 -4;0 -1 -1 1];b=[0;0];
>>Aeq=[1 1 1 1];beq=[1];
>>lb=[0;0;0;0];
```

然后调用 linprog 函数:

```
>>[x,fval]=linprog(f,A,b,Aeq,beq,lb,[])   %无上界
  x=
      0.0000
      0.5000
      0.0000
      0.5000
  fval=
      -1.0000   %原目标函数最大值为1.
```

这里的向量或矩阵 f、A、b、A_{eq}、b_{eq}、lb 都是将原模型转化为标准形式后的向量或矩阵.

MATLAB 优化工具箱还提供了求解二次规划问题的 quadprog 函数,求解有非线性约束条件的多元函数的最小值的 fmincon 函数,等等. 以上只是对优化工具箱的简单介绍,各函数的详细用法请参照在线帮助系统.